民航特色专业系列教材

飞行性能与飞行计划

（第二版）

丁松滨　编著

科学出版社

北京

内 容 简 介

　　本书结合民航运输机的实际使用要求，系统地介绍飞机的飞行性能、载重平衡、飞行计划等方面的理论与应用知识。首先介绍相关的基础知识；然后按航班的飞行剖面介绍起飞、爬升和下降、巡航、进近和着陆各阶段的性能；最后介绍飞机的载重平衡计算的基本原理和方法，以及制定飞行计划的相关要求。在介绍有关基础理论知识和分析解决问题的方法时，较充分地考虑了相关规章的要求和实际中的应用。

　　本书可作为民航飞行技术、民航交通运输、空中交通管理等专业高年级本科生或研究生的教材，也可供民航运输中从事飞行、签派、空管等的相关人员参考。

图书在版编目(CIP)数据

飞行性能与飞行计划/丁松滨编著. —2 版. —北京：科学出版社，2023.12
民航特色专业系列教材
ISBN 978-7-03-077412-5

Ⅰ.①飞… Ⅱ.①丁… Ⅲ.①民用飞机-飞行品质-高等学校-教材
②民用飞机-飞行计划-高等学校-教材 Ⅳ.①V271

中国国家版本馆 CIP 数据核字(2023)第 252630 号

责任编辑：余 江 陈 琪 / 责任校对：王 瑞
责任印制：师艳茹 / 封面设计：马晓敏

科 学 出 版 社 出版
北京东黄城根北街 16 号
邮政编码：100717
http://www.sciencep.com
北京九州迅驰传媒文化有限公司 印刷
科学出版社发行　各地新华书店经销
*
2013 年 6 月第 一 版　　开本：787×1092　1/16
2023 年 12 月第 二 版　　印张：22 1/2
2023 年 12 月第九次印刷　字数：534 000

定价：79.00 元
(如有印装质量问题，我社负责调换)

前　言

党的二十大报告强调："必须坚持科技是第一生产力、人才是第一资源、创新是第一动力，深入实施科教兴国战略、人才强国战略、创新驱动发展战略，开辟发展新领域新赛道，不断塑造发展新动能新优势。"科技赋能民航，已成为民航创新发展的一个缩影。中国民航始终坚持科教创新，为高质量发展强基固本。新一轮科技革命和产业变革为民航高质量发展提供了机遇和动能，特别是随着新模式、新技术、新程序的出现，运行体系、运行环境的持续更新，民航比以往任何时候都迫切需要技术的支撑保障。

"飞行性能与飞行计划"是民航飞行技术专业的核心课程。本书以培养高素质国际化飞行人才为使命，依据民航对航线运输驾驶员的培养目标要求，参照国内外相关课程，并考虑民航运输其他相关专业的要求编写而成。

本书紧密结合民用大型运输机实际飞行中的使用需要和规章要求，较系统地介绍有关飞行性能的理论分析方法和实际应用知识。目的在于提高学生的基础理论素养，培养学生分析问题的能力，锻炼学生理论联系实际、运用所学知识解决实际问题的能力，培养学生遵守规章和执行标准程序的意识，为从事相关专业的工作和持续学习奠定扎实的理论和实际应用基础。

本书主要内容包括：第 1 章是对国际标准大气、飞行高度和飞行速度等基本概念、基础知识的介绍；第 2 章介绍现代民航运输机飞行性能分析的常用方法；第 3~6 章结合有关的飞行运行规章要求，介绍飞机的起飞、爬升和下降、巡航、进近和着陆等阶段的飞行性能；第 7 章介绍关于飞机载重与平衡的相关理论知识；第 8 章讲述飞行计划的有关知识。

本书结合多年教学实践，对第一版修订而成，其编写过程更是不断向前辈、兄弟院校的同行、民航企事业单位的专家不断学习的过程。本书紧跟我国航空产业和民航的发展步伐，力争体现《新时代民航强国建设行动纲要》《中国民航高质量发展指标框架体系（试行）》对国际化高素质飞行技术人才的要求。作者努力确保知识体系的完整性，重点加强基本概念、基础理论知识的梳理。

本书入选南京航空航天大学"2022 年创新创业教育精品教材"立项，感谢学校、学院相关领导和老师为本书的编写和出版给予的大力支持；在本书编写过程中，得到了许多行业专家以及一线的飞行、签派、管制、维修人员的关心与支持，感谢他们的无私奉献和帮助，使得本书理论与实际衔接得更加紧密；感谢使用本书第一版的教师、学生和读者提出的修改意见。最后感谢家人对我编写本书给予的关心、帮助和支持。

由于作者水平有限，书中难免有疏漏之处，敬请专家同行和读者批评指正，在此深表谢意。

丁松滨

2023 年 6 月于南京航空航天大学

目　　录

第1章 飞机性能分析计算的基础

飞机在空中飞行时的航迹取决于所受到的空气动力和推力，其所受到的空气动力以及作为其前进动力的发动机的推力或功率与飞行环境——大气条件密切相关，因此大气的压强、密度、温度、声速等参数是飞机飞行性能计算与分析的基础数据。同时飞机在其不同飞行阶段所使用的飞行速度和高度均有不同的含义，掌握大气参数的变化规律、飞行速度和高度的概念是做好飞机飞行性能分析与实际应用的基础。

1.1 国际标准大气

大气(atmosphere)指的是由地球引力场和磁场所束缚的包裹在固体地球表面的空气，是地球的组成部分之一，随着地球一起运动。大气的成分按体积分数计算包括：氮(N_2)约占 78%、氧(O_2)约占 21%、其他气体约占 1%。大气的成分、温度、密度、压强及其他物理属性在垂直方向上随高度而变化，在水平方向上是比较均匀的。

大气是飞机的飞行环境，飞机的空气动力和发动机推力等与大气的物理特性密切相关。表征大气主要物理属性的参数压强、密度、温度等都是随着高度和地理位置、季节、昼夜等条件变化的。因此，对于同一架飞机，在不同的大气条件下飞行的性能是不一样的。为了满足飞机设计和性能分析计算、处理和分析飞机的飞行试验数据，以及进行飞行性能参数计算等方面的需求，国际民航组织(international civil aviation organization, ICAO)制定了国际标准大气(international standard atmosphere, ISA)，作为计算、衡量、比较飞机性能的公共基础标准。ISA 模型是以北半球中纬度地区年平均大气物理属性测量的数据为依据建立起来的大气标准模型。

1.1.1 大气的性质

在分析大气对飞机性能的影响时，通常可以将大气看作连续介质(continuous medium)，即大气是由无数流体质点无间隙地、连续地分布在整个空间，大气的物理参数如温度、压强、密度等都是空间位置和时间的连续函数。同时把大气视为完全气体，即忽略大气的分子体积以及分子间的相互作用，并认为大气的比热比(ratio of specific heats)或绝热指数(adiabatic exponent)(大气的定压比热 C_P 与定容比热 C_V 之比)为常数，即 $k = C_P/C_V = 1.4$。

1. 大气的状态方程

大气的基本状态参数温度 T、压强 P、密度 ρ 满足如下方程：

$$P = \rho RT \tag{1-1}$$

其中，P 为大气的压强（N/m^2 或 lbf/ft^2[①]）；ρ 为大气的密度（kg/m^3 或 slug/ft^3[②]）；T 为大气的温度（K 或 °R[③]）；R 为大气的气体常数（R = 287.06（N·m）/（kg·K）或 1716（ft·lbf）/（slug·°R））。

2. 大气中的声速

声速是指声波在空气中传播的速度。声波是一种微弱的扰动波，在传播过程中只有压力波（压强）的变化引起传播介质疏密程度的变化而产生的振动，并没有物质的交换。在飞机的飞行性能分析中大气的声速是表征空气压缩性的参量或尺度。大气中声速取决于大气的温度，声速 c 的计算公式为

$$c = \sqrt{kRT} \tag{1-2}$$

3. 大气的静力学方程

平静大气的压强 P 随高度 h 的变化规律满足如下流体静力学方程（图 1-1）：

$$dP = -\rho g dh \tag{1-3}$$

其中，g 为重力加速度（m/s^2 或 ft/s^2）；h 为高度（m 或 ft）。

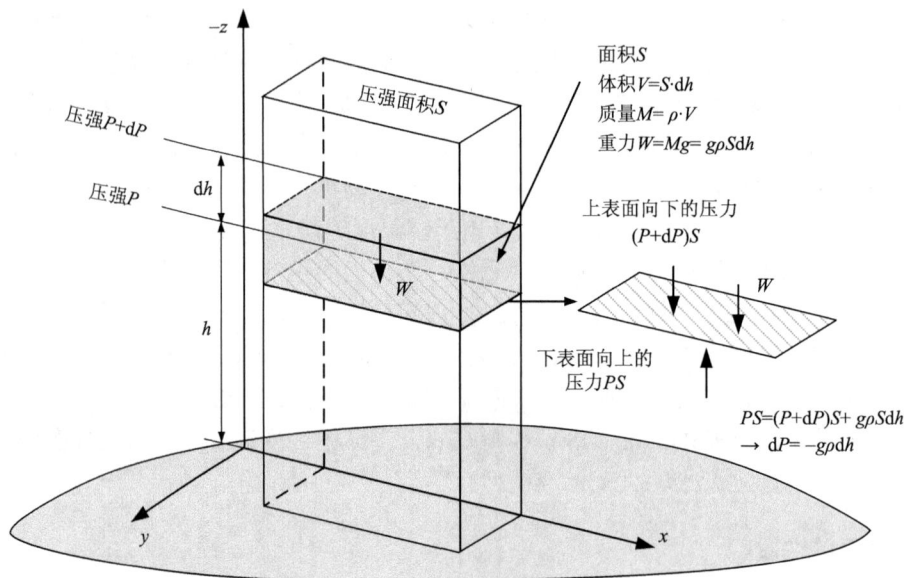

图 1-1　大气静力学方程

1.1.2　国际标准大气相关定义

国际民航组织制定的国际标准大气，是以北半球中纬度地区年平均大气物理属性参数的观测结果为依据，规定了大气的温度、压强、密度等参数的垂直分布律。其中，20km 高度范围以下的大气参数变化规律如下。

---

① 1lbf=4.44822N；1ft=3.048×10^{-1}m；1lbf/ft^2=4.78803×10Pa。

② 1slug=32.174lb=14.594kg；1slug/ft^3=515.38225kg/m^3。

③ 1°R=1.8K。

1. 国际标准大气海平面的相关大气参数

(1) 大气温度：

$$T_0 = 15℃\,(288.15\text{K}) = 59℉\,(518.67℉\text{R})$$

(2) 大气压强：

$$P_0 = 101225\text{Pa} = 2116.2\text{lb/ft}^2\,(=760\text{mmHg} = 29.92\text{inHg})^①$$

(3) 大气密度：

$$\rho_0 = 1.225\text{kg/m}^3 = 0.002377\text{slug/ft}^3\,(\text{lb}\cdot\text{s}^2/\text{ft}^4)$$

(4) 声速：

$$c_0 = 340.294\text{m/s} = 1225\text{km/h} = 1116.4\text{ft/s} = 661.4786\text{ n mile/h}$$

(5) 重力加速度：

$$g_0 = 9.80665\text{m/s}^2 = 32.17405\text{ft/s}^2$$

(6) 温度、压强、密度的基本关系式：

由式 (1-1) 可得

$$\rho = \frac{P}{RT} \tag{1-4}$$

将式 (1-4) 代入式 (1-3) 可得

$$\frac{\mathrm{d}P}{P} = -\frac{g}{R}\frac{\mathrm{d}h}{T} \tag{1-5}$$

当已知温度随高度的分布规律之后，即可根据式 (1-5) 计算出压强随高度的分布规律，进而根据式 (1-4) 可以计算出国际标准大气密度随高度的分布规律。

2. 国际标准大气的温度模型

国际标准大气的温度模型如图 1-2 所示。

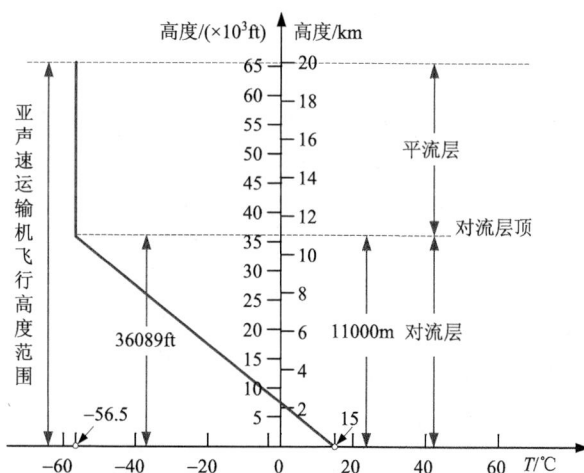

图 1-2　国际标准大气的温度模型

---

① 1mmHg=1.33322×10²Pa；1inHg=133×25.4Pa=3378.2Pa。

1) 对流层内（≤11km（36089ft））

对流层内国际标准大气的温度随高度的递减率为

$$\lambda = 6.5℃/km = 1.9812℃/(10^3ft) \approx 2℃/(10^3ft) = 3.56616°F/(10^3ft)$$

因此任一高度 h（km，10^3ft）上的大气温度记作 T_h，则

$$T_h = T_0 - \lambda h\ (℃) = 288.15 - \lambda h\ (K) \tag{1-6}$$

2) 平流层内（11～20km 或 36089～65617ft）

平流层内，即在高度为 11～20km（或 36089～65617ft）范围内的任一高度 h 上的大气温度保持不变，即为常数，并等于 11km 的温度，记作 T_h，则

$$T_h = -56.5℃ = 216.65K = -69.7°F = 390°R \tag{1-7}$$

飞机的飞行性能分析与计算，通常以 ISA 模型为基准进行比较和分析。在给定的高度飞行时，实际大气条件一般表达为 ISA±ΔT，其中 ΔT 表示实际的温度与该高度上标准大气的温度偏差。例如，飞机在 35000ft 的高度上飞行，该高度上实际温度为-45℃，而在 35000ft 高度的国际标准大气的温度为 ISA = 15-2×35 = -55℃。因此，实际温度比国际标准大气温度高 10℃，则认为飞行高度上的温度条件为 ISA+10℃。

3. 国际标准大气的压强模型

在 20km 以下国际标准大气的压强分为对流层内和平流层内两个计算模型，其变化规律如图 1-3 所示。

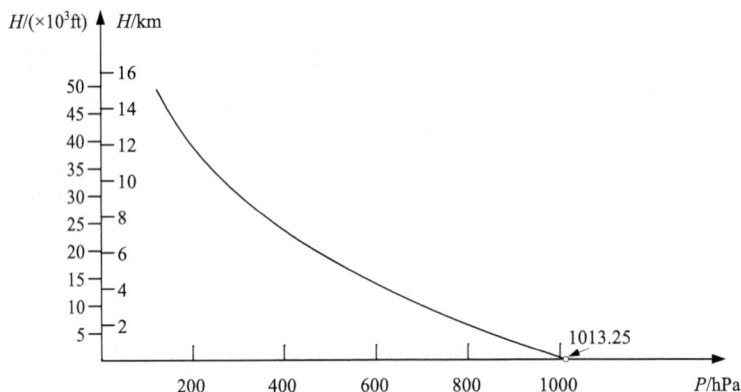

图 1-3　国际标准大气压强随高度变化率

1) 对流层内（0～11km 或 0～36089ft）

将式(1-6)代入式(1-5)，并考虑到在国际标准大气海平面上的温度和压强分别为 T_0 和 P_0，因此对流层内任意高度上的压强记作 P_h，则对流层内大气压强随高度的变化规律为

$$P_h = P_0\left(\frac{T_h}{T_0}\right)^{\frac{g}{R\lambda}} = P_0\left(1 - \frac{\lambda h}{T_0}\right)^{\frac{g_0}{R\lambda}} \tag{1-8}$$

把相关常数代入式(1-8)，可以得到对流层内标准大气压强 P_h 随高度的变化规律为

$$P_h = 101325 \times \left(\frac{288.15 - 0.0065h}{288.15} \right)^{5.25588} = 101325 \times (1 - 2.25577 \times 10^{-5}h)^{5.25588} \, (\text{N/m}^2)$$

或

$$P_h = 2116.2 \times (1 - 6.87488 \times 10^{-6}h)^{5.25588} \, (\text{lb/ft}^2)$$

2）平流层内（11～20km 或 36089～65617ft）

与对流层内大气压强随高度变化率的推导过程类似，可得平流层内大气压强 P_h 随高度的变化规律为

$$P_h = P_{11} e^{-\frac{g_0(h - h_{11})}{RT_{11}}} \tag{1-9}$$

其中，$P_{11} = 226.32\text{hPa}$（在 11000m 或 36089ft 高度的标准气压）；$T_{11} = 216.65\text{K}$（在 11000m 或 36089ft 高度的标准温度）；$h_{11} = 11000\text{m}$。

把相关常数代入式（1-9），可得平流层内标准大气压强 P_h 随高度的变化规律为

$$P_h = 22631.8 e^{1.734 - 0.000157h} \, (\text{N/m}^2)$$

$$P_h = 472.759 e^{1.734 - 0.00048h} \, (\text{lbf/ft}^2)$$

通常把与标准大气压对应的高度称为气压高度（pressure altitude，PA）。

4. 标准大气的密度模型

在 20km 以下标准大气的密度分为对流层内和平流层内两个计算模型，密度随高度的变化规律如图 1-4 所示。

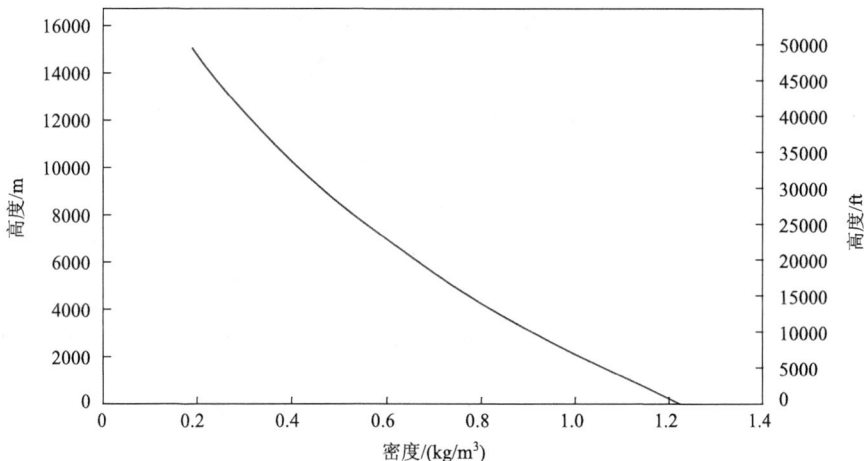

图 1-4　标准大气密度随高度的变化曲线

1）对流层内（$0 \leqslant h \leqslant 11000\text{m}$）大气密度

将式（1-6）和式（1-5）代入式（1-4）中，并将对流层内任一高度 h 的大气密度记作 ρ_h，则有

$$\rho_h = \rho_0 \left(\frac{T_h}{T_0}\right)^{\frac{g}{R\lambda}-1} = \rho_0 \left(1-\frac{\lambda}{T_0}\right)^{\frac{g}{R\lambda}-1} \tag{1-10}$$

将相关已知量代入式(1-10)可得

$$\rho_h = 1.225 \times \left(\frac{288.15-0.0065h}{288.15}\right)^{4.25588} \ (\text{kg/m}^3)$$

或

$$\rho_h = 0.002377 \times (1-6.87488\times10^{-6}h)^{4.25588} (\text{slug/ft}^3)$$

2) 平流层内(11~20km 或 36089~65617ft)大气密度

与对流层一样可以推出平流层内大气密度与高度的关系式为

$$\rho_h = \rho_{11}\text{e}^{-\frac{g_0(h-h_{11})}{RT_{11}}} \tag{1-11}$$

其中，ρ_{11} 为 11km 高度的密度。

将相关参数代入式(1-11)可得

$$\rho_h = 0.36392\text{e}^{1.734-0.000157h}(\text{kg/m}^3)$$

或

$$\rho_h = 0.00070616\text{e}^{1.734-0.00048h}(\text{slug/ft}^3)$$

5. 无量纲形式的大气参数

在飞机的性能分析与计算中，经常使用飞行高度 h 上的大气温度 T、压强 P、密度 ρ 与标准大气海平面的相应参数的比值，分别记为

温度比(temperature ratio)：$\theta = T/T_0$

压强比(pressure ratio)：$\delta = P/P_0$

密度比(density ratio)：$\sigma = \rho/\rho_0$

其中，下标"0"表示标准大气海平面上的值。温度比 θ、压强比 δ、密度比 σ 均是无量纲参数，本质上是飞行高度的函数，由式(1-1)可知其关系满足

$$\delta = \theta\sigma \tag{1-12}$$

1) 对流层内

当高度 h 在 11000m 或 36089ft 之下时，根据式(1-6)、式(1-8)、式(1-10)可得温度比、压强比、密度比分别为

$$\theta = T/T_0 = 1-2.25577\times10^{-5}h \qquad (h \text{ 的单位为 m 时})$$

$$\theta = T/T_0 = 1-6.87559\times10^{-6}h \qquad (h \text{ 的单位为 ft 时})$$

$$\delta = P/P_0 = (1-2.25577\times10^{-5}h)^{5.25588} \qquad (h \text{ 的单位为 m 时})$$

$$\delta = P/P_0 = (1-6.87559\times10^{-6}h)^{5.25588} \qquad (h \text{ 的单位为 ft 时})$$

$$\sigma = \rho/\rho_0 = (1-2.25577\times10^{-5}h)^{4.25588} \qquad (h \text{ 的单位为 m 时})$$

$$\sigma = \rho/\rho_0 = (1-6.87559\times10^{-6}h)^{4.25588} \qquad (h \text{ 的单位为 ft 时})$$

2)平流层内

当高度 h 在 $11\sim20$km 或($36089\sim65617$ft)范围时，根据式(1-7)、式(1-9)、式(1-11)可得温度比、压强比、密度比分别为

$$\theta = T/T_0 = 0.75186535 \qquad (h\ \text{的单位为 m 时})$$

$$\theta = T/T_0 = 0.75186535 \qquad (h\ \text{的单位为 ft 时})$$

$$\delta = P/P_0 = 0.2233609\exp[(11000-h)/6341.62] \qquad (h\ \text{的单位为 m 时})$$

$$\delta = P/P_0 = 0.2233609\exp[(36089-h)/20585.8] \qquad (h\ \text{的单位为 ft 时})$$

$$\sigma = \rho/\rho_0 = 0.2970756\exp[(11000-h)/6341.62] \qquad (h\ \text{的单位为 m 时})$$

$$\sigma = \rho/\rho_0 = 0.2970756\exp[(36089-h)/20585.8] \qquad (h\ \text{的单位为 ft 时})$$

1.1.3　标准大气表

为了方便使用，根据标准大气的温度模型、压强模型、密度模型编制如表 1-1、表 1-2 所示的标准大气表(表 1-1 为国际单位制的标准大气表，表 1-2 为英制的标准大气表)。

表 1-1　国际单位制的标准大气表

高度 /m	温度 /℃	压强 /hPa	密度 /(kg/m³)	温度比 $\theta = T/T_0$	压强比 $\delta = P/P_0$	密度比 $\sigma = \rho/\rho_0$	声速 /(m/s)	声速 /(km/h)	高度 /ft
15000	−56.50	121.63	0.194	0.7519	0.1200	0.1581	295.07	1062.26	49212
14500	−56.50	131.56	0.210	0.7519	0.1298	0.1711	295.07	1062.26	47572
14000	−56.50	142.30	0.227	0.7519	0.1404	0.1851	295.07	1062.26	45931
13500	−56.50	153.92	0.245	0.7519	0.1519	0.2003	295.07	1062.26	44291
13000	−56.50	166.49	0.265	0.7519	0.1643	0.2167	295.07	1062.26	42650
12500	−56.50	180.09	0.287	0.7519	0.1777	0.2345	295.07	1062.26	41010
12000	−56.50	194.80	0.311	0.7519	0.1922	0.2537	295.07	1062.26	39370
11500	−56.50	210.70	0.336	0.7519	0.2079	0.2746	295.07	1062.26	37729
11000	**−56.50**	**226.32**	**0.364**	**0.7519**	**0.2234**	**0.2971**	**295.07**	**1062.26**	**36089**
10500	−53.25	244.74	0.388	0.7631	0.2415	0.3165	297.28	1070.20	34448
10000	−50.00	264.36	0.413	0.7744	0.2609	0.3369	299.47	1078.08	32808
9500	−46.75	285.24	0.439	0.7857	0.2815	0.3583	301.64	1085.90	31168
9000	−43.50	307.42	0.466	0.7970	0.3034	0.3807	303.80	1093.67	29527
8500	−40.25	330.99	0.495	0.8083	0.3267	0.4042	305.94	1101.38	27887
8000	−37.00	356.00	0.525	0.8195	0.3513	0.4287	308.07	1109.04	26246
7500	−33.75	382.51	0.557	0.8308	0.3775	0.4544	310.18	1116.64	24606
7000	−30.50	410.61	0.590	0.8421	0.4052	0.4812	312.28	1124.20	22966
6500	−27.25	440.35	0.624	0.8534	0.4346	0.5093	314.36	1131.70	21325
6000	−24.00	471.81	0.660	0.8647	0.4656	0.5385	316.43	1139.16	19685
5500	−20.75	505.07	0.697	0.8759	0.4985	0.5691	318.49	1146.56	18044
5000	−17.50	540.20	0.736	0.8872	0.5331	0.6009	320.53	1153.92	16404
4500	−14.25	577.28	0.777	0.8985	0.5697	0.6341	322.56	1161.23	14764

续表

高度 /m	温度 /℃	压强 /hPa	密度 /(kg/m³)	温度比 $\theta=T/T_0$	压强比 $\delta=P/P_0$	密度比 $\sigma=\rho/\rho_0$	声速 /(m/s)	声速 /(km/h)	高度 /ft
4000	−11.00	616.40	0.819	0.9098	0.6083	0.6687	324.58	1168.50	13123
3500	−7.75	657.64	0.863	0.9210	0.6490	0.7047	326.59	1175.72	11483
3000	−4.50	701.09	0.909	0.9323	0.6919	0.7421	328.58	1182.90	9842
2500	−1.25	746.83	0.957	0.9436	0.7371	0.7811	330.56	1190.03	8202
2000	2.00	794.95	1.006	0.9549	0.7846	0.8216	332.53	1197.12	6562
1500	5.25	845.56	1.058	0.9662	0.8345	0.8637	334.49	1204.17	4921
1000	8.50	898.76	1.112	0.9774	0.8870	0.9075	336.44	1211.18	3281
500	11.75	954.61	1.167	0.9887	0.9421	0.9529	338.37	1218.15	1640
0	15.00	1013.25	1.225	1.0000	1.0000	1.0000	340.30	1225.07	0
−500	18.25	1074.78	1.285	1.0113	1.0607	1.0489	342.21	1231.96	−1640
−1000	21.50	1139.29	1.347	1.0226	1.1244	1.0996	344.11	1238.81	−3281

表 1-2　英制的标准大气表

高度 /ft	温度 /℉	压强 /(lbf/ft²)	密度 /(×10³slug/ft³)	温度比 $\theta=T/T_0$	压强比 $\delta=P/P_0$	密度比 $\sigma=\rho/\rho_0$	声速 /(ft/s)	声速/ kn(n mile/h)[①]	高度/m
50000	−69.62	242.89	0.3619	0.7520	0.1148	0.1522	968.17	573.63	15240
49000	−69.62	254.83	0.3797	0.7520	0.1204	0.1597	968.17	573.63	14935
48000	−69.62	267.36	0.3984	0.7520	0.1263	0.1676	968.17	573.63	14631
47000	−69.62	280.51	0.4180	0.7520	0.1326	0.1759	968.17	573.63	14326
46000	−69.62	294.30	0.4386	0.7520	0.1391	0.1845	968.17	573.63	14021
45000	−69.62	308.77	0.4602	0.7520	0.1459	0.1936	968.17	573.63	13716
44000	−69.62	323.95	0.4829	0.7520	0.1531	0.2031	968.17	573.63	13411
43000	−69.62	339.88	0.5066	0.7520	0.1606	0.2131	968.17	573.63	13107
42000	−69.62	356.59	0.5316	0.7520	0.1685	0.2236	968.17	573.63	12802
41000	−69.62	374.13	0.5578	0.7520	0.1768	0.2346	968.17	573.63	12497
40000	−69.62	392.52	0.5852	0.7520	0.1855	0.2462	968.17	573.63	12192
39000	−69.62	411.83	0.6140	0.7520	0.1946	0.2583	968.17	573.63	11887
38000	−69.62	432.08	0.6443	0.7520	0.2042	0.2710	968.17	573.63	11583
37000	−69.62	453.32	0.6760	0.7520	0.2142	0.2844	968.17	573.63	11278
36089	**−69.62**	**472.77**	**0.7063**	**0.7520**	**0.2234**	**0.2971**	**968.17**	**573.63**	**11000**
36000	−69.30	474.79	0.7087	0.7526	0.2244	0.2982	968.56	573.87	10973
35000	−65.74	498.04	0.7367	0.7595	0.2353	0.3099	972.97	576.48	10668
34000	−62.18	522.20	0.7655	0.7664	0.2468	0.3220	977.36	579.08	10363

---

① 1kn＝1n mile/h＝1.852km/h＝0.51444m/s。

续表

高度 /ft	温度 /°F	压强 /(lbf/ft²)	密度 /(×10³slug/ft³)	温度比 $\theta=T/T_0$	压强比 $\delta=P/P_0$	密度比 $\sigma=\rho/\rho_0$	声速 /(ft/s)	声速/ kn(n mile/h)	高度/m
33000	−58.61	547.30	0.7951	0.7732	0.2586	0.3345	981.73	581.67	10059
32000	−55.05	573.36	0.8257	0.7801	0.2709	0.3474	986.09	584.25	9754
31000	−51.48	600.43	0.8571	0.7870	0.2837	0.3606	990.42	586.82	9449
30000	−47.92	628.52	0.8894	0.7939	0.2970	0.3742	994.73	589.38	9144
29000	−44.36	657.66	0.9227	0.8007	0.3108	0.3882	999.03	591.92	8839
28000	−40.79	687.89	0.9569	0.8076	0.3251	0.4025	1003.31	594.46	8535
27000	−37.23	719.23	0.9920	0.8145	0.3399	0.4173	1007.57	596.98	8230
26000	−33.66	751.72	1.0281	0.8213	0.3552	0.4325	1011.81	599.49	7925
25000	−30.10	785.39	1.0653	0.8282	0.3711	0.4482	1016.03	601.99	7620
24000	−26.54	820.27	1.1034	0.8351	0.3876	0.4642	1020.24	604.49	7315
23000	−22.97	856.40	1.1426	0.8420	0.4047	0.4807	1024.43	606.97	7010
22000	−19.41	893.80	1.1829	0.8488	0.4224	0.4976	1028.60	609.44	6706
21000	−15.84	932.51	1.2242	0.8557	0.4407	0.5150	1032.75	611.90	6401
20000	−12.28	972.57	1.2666	0.8626	0.4596	0.5328	1036.89	614.35	6096
19000	−8.72	1014.01	1.3101	0.8694	0.4792	0.5512	1041.01	616.80	5791
18000	−5.15	1056.87	1.3548	0.8763	0.4994	0.5699	1045.12	619.23	5486
17000	−1.59	1101.19	1.4006	0.8832	0.5204	0.5892	1049.21	621.65	5182
16000	1.98	1147.00	1.4476	0.8901	0.5420	0.6090	1053.28	624.07	4877
15000	5.54	1194.33	1.4958	0.8969	0.5644	0.6293	1057.34	626.47	4572
14000	9.10	1243.24	1.5452	0.9038	0.5875	0.6501	1061.38	628.86	4267
13000	12.67	1293.76	1.5958	0.9107	0.6114	0.6714	1065.41	631.25	3962
12000	16.23	1345.93	1.6477	0.9175	0.6360	0.6932	1069.42	633.63	3658
11000	19.80	1399.79	1.7009	0.9244	0.6615	0.7156	1073.42	636.00	3353
10000	23.36	1455.38	1.7554	0.9313	0.6877	0.7385	1077.40	638.36	3048
9000	26.92	1512.74	1.8112	0.9382	0.7148	0.7620	1081.37	640.71	2743
8000	30.49	1571.92	1.8684	0.9450	0.7428	0.7860	1085.32	643.05	2438
7000	34.05	1632.97	1.9269	0.9519	0.7717	0.8107	1089.26	645.38	2134
6000	37.62	1695.91	1.9869	0.9588	0.8014	0.8359	1093.18	647.71	1829
5000	41.18	1760.81	2.0482	0.9656	0.8321	0.8617	1097.10	650.02	1524
4000	44.74	1827.71	2.1110	0.9725	0.8637	0.8881	1100.99	652.33	1219
3000	48.31	1896.65	2.1753	0.9794	0.8963	0.9151	1104.87	654.63	914
2000	51.87	1967.68	2.2410	0.9863	0.9298	0.9428	1108.74	656.93	610
1000	55.44	2040.84	2.3082	0.9931	0.9644	0.9711	1112.60	659.21	305
0	59.00	2116.20	2.3770	1.0000	1.0000	1.0000	1116.44	661.49	0
−1000	62.56	2193.79	2.4473	1.0069	1.0367	1.0296	1120.27	663.76	−305

1.2　高　　度

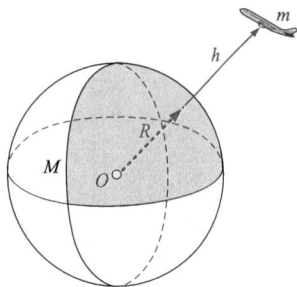

图 1-5　地球万有引力

高度作为物理空间的一个基本概念，在不同的行业其内涵是非常丰富的。通常讨论的某个点（或物体）、面的高度其本质是从某一个基准点或面到该点或面测量出来的垂直距离。考虑到空中飞行的飞机始终受到地球引力的影响（图 1-5），在确定飞机在空间的垂直位置时，一方面需要选定基准面，另一方面要选定测量的物理量，根据选定的物理量不同高度分为几何高度、位势高度、气压高度、密度高度、能量高度等。

1.2.1　高度的相关概念

高度作为物理空间的一个概念，通常是指由某个基准面至某一点之间的距离，因此一个物体具体高度的数值取决于测量高度的基准面。根据选择的基准面不同和是否考虑重力加速度随高度的变化，可以将高度分为几何高度、位势高度、气压高度和密度高度。

1. 几何高度

几何高度（geometrical height）是指用标准长度单位相对基准面测量出来的垂直距离。飞机飞行过程中使用的机场标高（airport elevation）、航图上的标高等均为几何高度，该高度是指自平均海平面（mean sea level，MSL）测量得到的。例如，机场标高就是以平均海平面为基准，测量至机场跑道最高点的垂直距离，常以 m 或 ft 为度量单位。

2. 位势高度

位势或重力势是指单位质量的物体相对于海平面所具有的势能，数值上等于将单位质量的物体运到该高度上所做的功。记质量为 m 的物体距地表面高度为 h（图 1-5），根据万有引力定理，该物体受到的地球吸引力 f 为

$$f = G \frac{mM}{(R+h)^2}$$

其中，M 为地球的质量；R 为地球的半径；G 为万有引力常数。由此可解得物体所受的重力加速度为

$$g(h) = G \frac{M}{(R+h)^2}$$

在高度 h 上物体的势能为

$$E_{\mathrm{G}h} = \int_0^h mg(z)\mathrm{d}z$$

位势高度（geopotential height）也称为重力势高度，是指一个假想的均匀引力场的高度（记作 H_{GH}），在该高度 H_{GH} 上一个物体所具有的势能等于在实际地球引力场中几何高度（记作 h）具有的势能（图 1-6），通常该均匀引力场是指重力加速度不随高度变化，且恒等于地球表面的重力加速度，即 $g_{\mathrm{GH}} = g_{H=0} = 9.80665\mathrm{m/s}^2$。位势高度是忽略高度对重力加速度的影响，则质量为 m 的物体在均匀引力场中的势能为

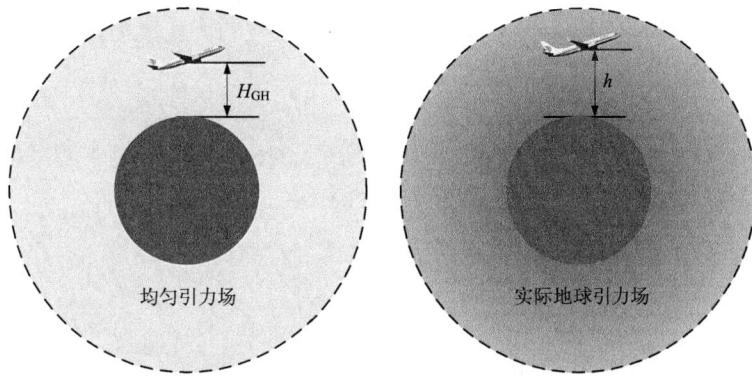

图 1-6　位势高度与几何高度的关系

$$E_{\text{GH}} = mg_{\text{GH}}H_{\text{GH}}$$

根据定义 $(E_{\text{Gh}} = E_{\text{GH}})$ 可得几何高度 h 与位势高度 H_{GH} 的关系为

$$mg_{\text{GH}}H_{\text{GH}} = \int_0^h mg(z)\mathrm{d}z \tag{1-13}$$

由式(1-13)可解得

$$H_{\text{GH}} = \frac{Rh}{R+h} = \frac{h}{1+h/R} \tag{1-14}$$

或

$$h = \frac{H_{\text{GH}}}{1 - H_{\text{GH}}/R} \tag{1-15}$$

根据式(1-14)或式(1-15)可得位势高度 H_{GH} 与几何高度 h 的数值对照如表 1-3 所示。

表 1-3　位势高度与几何高度对照表

H_{GH}/ft	0	1000	2000	5000	10000	15000	20000	25000	30000	35000	40000	45000
h/ft	0	1000.0478	2000.1914	5001.1963	10004.7862	15010.7715	20019.1539	25029.9351	30043.1168	35058.7009	40076.6889	45097.0826
$H_{\text{GH}}-h$/ft	0	−0.0478	−0.1914	−1.1963	−4.7862	−10.7715	−19.1539	−29.9351	−43.1168	−58.7009	−76.6889	−97.0826
$(H_{\text{GH}}-h)/H_{\text{GH}}$/%	0	0.0048	0.0096	0.0239	0.0479	0.0718	0.0958	0.1197	0.1437	0.1677	0.1917	0.2157

　　从表 1-3 可见，一般民航运输机通常飞行在几何高度 45000ft 之下，而在 45097ft 的几何高度上，几何高度与位势高度的相对误差不足 0.22%，因此在通常的性能分析与计算中，可以认为位势高度等于几何高度，重力加速度也认为是常数，不随高度变化。但是在进行飞机性能监控的计算时，为更准确地确定飞机性能的变化，一般要计入该变化。

　　3. 气压高度

　　气压高度(pressure altitude，PA)是指根据气压式高度表实际测得的飞行高度上的大气压强，按照与标准大气压强相等的原则确定的高度。例如，当飞机测得的实际飞行高度上的大气压强为 238.5hPa(498lbf/ft²)，而该值等于标准大气 35000ft 高度的压强，则该飞机的飞行(气压)高度即为 35000ft。

　　气压高度的获得是依据标准大气条件时压强与高度的变化模型，即对流层和平流层的气压高度是根据式(1-8)和式(1-9)得到的。

　　1) 对流层内气压高度与压强的关系

　　当压强大于对流层顶(11000m)的压强，即 $P_h \geqslant 226.3\text{hPa}$ 时，则表明高度位于对流层内，根据式(1-8)可得对流层内气压高度 H_{PA} 的表达式为

$$H_{\text{PA}} = \frac{T_0}{\lambda}\left[1 - \left(\frac{P_h}{P_0}\right)^{\frac{R\lambda}{g_0}}\right] \tag{1-16}$$

　　即

$$H_{\text{PA}} = 44330.8 \times \left[1 - \left(\frac{P_h}{P_0}\right)^{0.1902631}\right](\text{m})$$

$$H_{\text{PA}} = 145442 \times \left[1 - \left(\frac{P_h}{P_0}\right)^{0.1902631}\right](\text{ft})$$

　　2) 平流层内气压高度与压强的关系

　　当压强小于对流层顶(11km)的压强时即 $P_h < 226.3\text{hPa}$，则表明气压高度在平流层内(即讨论高度范围为 11～20km)，因此根据式(1-9)可得平流层内气压高度 H_{PA} 的表达式为

$$H_{\text{PA}} = h_{11} - \frac{RT_{11}}{g_0}\ln\frac{P_h}{P_{11}} \tag{1-17}$$

　　即

$$H_{\text{PA}} = 11000 - 6341.62\ln\frac{P_h}{P_{11}} = 11000 - 6341.62\ln\frac{\delta}{0.2233609}(\text{m})$$

$$H_{\text{PA}} = 36089 - 20805.8\ln\frac{P_h}{P_{11}} = 36089 - 20805.8\ln\frac{\delta}{0.2233609}(\text{ft})$$

　　3) 气压高度与几何高度的关系

　　很显然，当实际的大气为标准大气时，气压高度就是几何高度，两者相等。但是从气压高度的定义上可以看到，气压高度是仅根据大气压强的大小确定的高度，没有考虑温度的影响。而实际飞行中标准大气往往是不存在的，即依据实际大气压强的值可以确定出气压高度，但是该高度上的实际温度一般与该标准大气的温度并不相等，因此气压高度与几何高度一般并不相等。

　　在实际飞行时飞机手册中提供的飞机、发动机的性能参数都是根据气压高度和 $\text{ISA} \pm \Delta T$ 的数据给出的。但是在计算飞机的越障高度、爬升梯度、爬升率等参数时需要使用几何高度，特别是在飞机巡航飞行时，如果一发故障则飞机需要飘降，在飞行手册所给的飘降航迹中的高度是气压高度，而飘降过程所遇到的障碍物(如山峰的标高)的高度均为几何高度，因此经常需要将气压高度换算为几何高度。

　　为了得到气压高度与几何高度的关系，假设几何高度 h 上测得的实际大气压强为 P_h，

实际的温度和密度分别为 T_h 和 ρ_h，则有 $P_h = \rho_h R T_h$，因此 $\rho_h = P_h/(RT_h)$，将其代入大气静力学方程式(1-3)可得

$$\mathrm{d}h = -\frac{RT_h}{g} \cdot \frac{\mathrm{d}P_h}{P_h} \tag{1-18}$$

记所假设的几何高度 h 的大气压强 P_h 对应的气压高度为 H_{PA}，该气压高度上标准大气的温度和密度分别是 T_S 和 ρ_S，则大气静力学方程(1-3)可写作

$$\mathrm{d}P_h = -\rho_S g \mathrm{d}H_{PA} \tag{1-19}$$

同样由 $P_h = \rho_S \cdot R \cdot T_S$ 可得 $\rho_S = P_h/(R \cdot T_S)$，并将其代入式(1-19)可得

$$\frac{\mathrm{d}P_h}{P_h} = -\frac{g}{RT_S} \cdot \mathrm{d}H_{PA} \tag{1-20}$$

将式(1-20)代入式(1-18)可得

$$\mathrm{d}h = \frac{T_h}{T_S} \cdot \mathrm{d}H_{PA} \tag{1-21}$$

式(1-21)即为气压高度增量与几何高度增量之间的关系式。

(1) 对流层内气压高度与几何高度的关系式。

对流层内气压高度为 H_{PA} 处标准大气的温度 $T_S = T_0 - \lambda H_{PA}$，实际温度与标准温度的偏差量记作 ΔT，则 H_{PA} 与对应的几何高度 h 上的温度为 $T_h = T_S \pm \Delta T$，将 T_S 和 T_h 的表达式代入式(1-21)积分可得

$$h = H_{PA} - \frac{\Delta T}{\lambda} \ln\left(1 - \frac{\lambda}{T_0} H_{PA}\right) \tag{1-22}$$

将已知参数代入式(1-22)可得

$$h = H_{PA} - 153.846 \times \Delta T \cdot \ln(1 - 2.25577 10^{-5} H_{PA}) \quad (H_{PA} \text{ 的单位为 m})$$

$$h = H_{PA} - 504.745 \times \Delta T \cdot \ln(1 - 6.87559 10^{-6} H_{PA}) \quad (H_{PA} \text{ 的单位为 ft})$$

(2) 平流层内气压高度与几何高度的关系式。

在平流层内气压高度为 H_{PA} 处的标准大气的温度 $T_S = T_{11} = -56.5℃ = 216.65\mathrm{K}$，实际温度与标准温度的偏差量记作 ΔT，则 H_{PA} 与对应的几何高度 h 上的温度为 $T_h = T_{11} \pm \Delta T$，则将 T_S 和 T_h 的表达式代入式(1-21)积分可得

$$h - h_{11} = \frac{T_{11} + \Delta T}{T_{11}}(H_{PA} - H_{PA11}) \tag{1-23}$$

将已知参数代入式(1-23)可得

$$h = (1 + \Delta T/216.65) \cdot H_{PA} - 6.8971\Delta T \quad (H_{PA} \text{ 的单位为 m})$$

$$h = (1 + \Delta T/216.65) \cdot H_{PA} - 22.628\Delta T \quad (H_{PA} \text{ 的单位为 ft})$$

(3) 大气温度对实际飞行高度(几何高度)的影响。

飞机通常是按气压高度飞行的，实际上是按等压面飞行的。由上面的分析可见，实际温度与标准大气温度偏差越大，则实际的飞行高度(几何高度)与气压表指示的高度(气压高度)偏差也越大。高度表指示相同的气压高度，当实际温度高(低)于该气压高度的标

准大气温度时，实际的飞行高度(几何高度)大(小)于气压高度。根据式(1-22)和式(1-23)可以计算出实际温度与标准大气温度偏差 ΔT 对几何高度的影响，在图 1-7 中给出的是温度 ISA–30℃～ISA+30℃时，气压高度 H_{PA} 和几何高度 h 的关系曲线(图 1-7(a))，以及 H_{PA}(气压高度)与 h–H_{PA}(几何高度 h 与气压高度 H_{PA} 之差)的关系曲线(图 1-7(b))；同样可计算得到气压高度与几何高度的数值转换关系，如表 1-4 和表 1-5 所示。

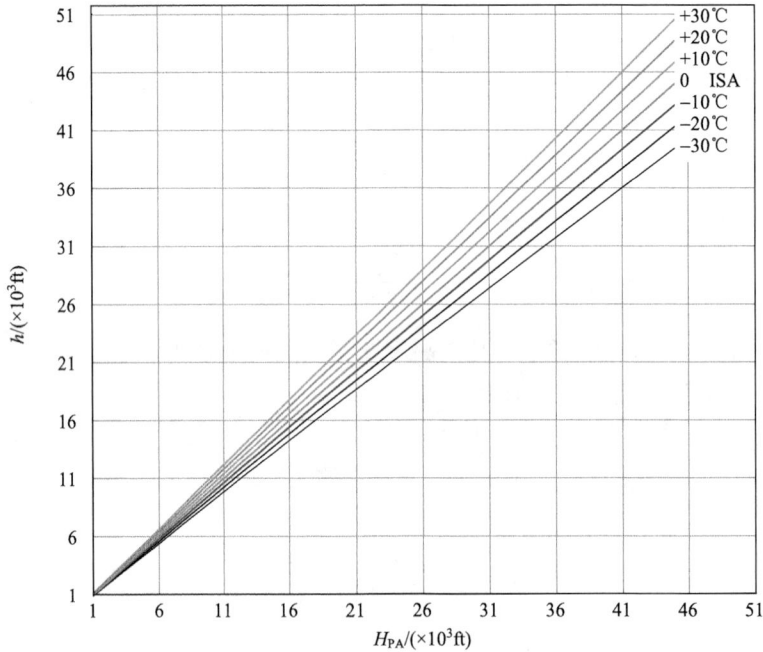

(a)气压高度 H_{PA} 和几何高度 h 关系曲线

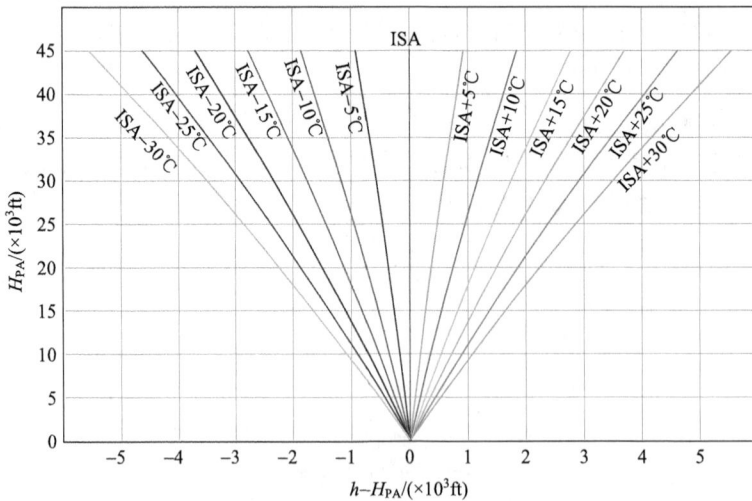

(b)气压高度 H_{PA} 和几何高度与气压高度之差(h–H_{PA})的关系曲线

图 1-7   温度偏差 ΔT 对气压高度 H_{PA} 和几何高度 h 以及 h–H_{PA} 的影响

表 1-4　气压高度转换为几何高度

气压高度 H_{PA}/ft	几何高度 h/ft												
	ISA												
	−30℃	−25℃	−20℃	−15℃	−10℃	−5℃	0	+5℃	+10℃	+15℃	+20℃	+25℃	+30℃
1000	896	913	930	948	965	983	1000	1017	1035	1052	1070	1087	1104
5000	4470	4559	4647	4735	4823	4912	5000	5088	5177	5265	5353	5441	5530
10000	8921	9101	9281	9461	9640	9820	10000	10180	10360	10539	10719	10899	11079
15000	13352	13626	13901	14176	14451	14725	15000	15275	15549	15824	16099	16374	16648
20000	17760	18133	18507	18880	19253	19627	20000	20373	20747	21120	21493	21867	22240
25000	22144	22620	23096	23572	24048	24524	25000	25476	25952	26428	26904	27380	27856
30000	26502	27085	27668	28251	28834	29417	30000	30583	31166	31749	32332	32915	33498
35000	30831	31526	32221	32916	33610	34305	35000	35695	36390	37084	37779	38474	39168
40000	35140	35950	36760	37570	38380	39190	40000	40810	41620	42430	43240	44050	44858
45000	39448	40373	41298	42224	43149	44075	45000	45925	46851	47776	48702	49627	50551

表 1-5　几何高度转换为气压高度

几何高度 h/ft	气压高度 H_{PA}/ft												
	ISA												
	−30℃	−25℃	−20℃	−15℃	−10℃	−5℃	0	+5℃	+10℃	+15℃	+20℃	+25℃	+30℃
1000	1117	1095	1075	1055	1036	1018	1000	983	966	950	935	920	905
5000	5594	5485	5380	5280	5183	5090	5000	4913	4830	4749	4670	4595	4522
10000	11215	10992	10777	10571	10373	10183	10000	9824	9653	9489	9331	9178	9030
15000	16866	16521	16191	15875	15572	15280	15000	14730	14471	14221	13980	13747	13523
20000	22551	22077	21625	21192	20778	20381	20000	19634	19282	18943	18617	18303	17999
25000	28273	27662	27080	26524	25994	25486	25000	24534	24086	23656	23242	22844	22460
30000	34037	33279	32558	31873	31220	30596	30000	29429	28882	28358	27854	27369	26903
35000	39837	38926	38061	37239	36456	35711	35000	34321	33671	33048	32451	31878	31327
40000	45641	44578	43569	42611	41698	40829	40000	39208	38452	37727	37034	36369	35731
45000	51445	50230	49078	47983	46940	45947	45000	44095	43231	42404	41611	40852	40123

4. 密度高度

密度高度(density altitude, DA)是指当已知飞机飞行高度的大气密度时，用与该密度值对应的标准大气的高度来表示飞行高度。在标准大气条件下，每个高度都对应唯一的密度，因此密度高度等于标准大气条件下给定密度值相对于标准大气海平面的高度。一般密度高度是通过相应的气压高度经温度修正得到的，主要用来计算飞机和发动机的性能。

实际飞行时的密度高度与气压高度通常是不相等的。根据大气的压强、密度、温度的基本关系式可得密度 $\rho = P/(RT)$，通常使用的是气压高度，即飞机在飞行时其高度上的大气压强 P_H 与标准大气该高度上的压强 P_{Hon} 相同，即 $P_H = P_{Hon}$，但由于季节昼夜温度的变化，该高度上的实际温度和密度往往与标准大气在该高度上的温度和密度是不相等的，因此其密度高度和气压高度也是不相等的。

当飞行高度上的压强为 P_H 时，根据 $P_H = P_{Hon}$ 确定的气压高度为 H_P，记标准大气的温度、密度分别为 T_{Hon}、ρ_{Hon}，则有

$$\rho_{Hon} = P_{Hon}/(RT_{Hon}) \tag{1-24}$$

飞行时该高度上实际大气的温度、密度分别记作 T_H、ρ_H，则有

$$\rho_H = P_{Hon}/(RT_H) \tag{1-25}$$

如果实际温度偏高(即在气压高度 H_P 上的实际温度高于该气压高度上的标准大气温度，即 $T_H > T_{Hon}$)，则由式(1-24)和式(1-25)可知密度 $\rho_H < \rho_{Hon}$，即温度高时的实际密度将小于该气压高度上的标准大气的密度 ρ_{Hon}。由于大气的密度越小对应的高度越高，按密度值 ρ_H 在标准大气表中确定的密度高度 H_{ρ_H} 将高于按密度值 ρ_{Hon} 在标准大气表中确定的密度高度 $H_{\rho_{Hon}}$。因此，飞行高度上的实际温度偏高时，大气的密度将与更高的气压高度上的密度相同，故将具有较高的密度高度。温度高于标准大气温度时的密度高度通常称为高密度高度(high density altitude)；反之，当温度低于相同气压高度上的标准大气温度时，大气密度将与标准大气较低层的密度相等，此高度具有较低的密度高度，称为低密度高度(low density altitude)。一般高密度高度既不利于飞机操控，也会使飞机性能下降，而低密度高度对飞行更有利。

1.2.2　飞机飞行使用的高度

确定飞机的高度首先要明确测量的基准面，根据选取的测量基准面不同通常分为高和高度。高(height)通常是指自某一个特定基准面(如机场跑道)量至一个平面、一个点或者可以视为一个点的物体的垂直距离；高度(altitude)通常是指自平均海平面量至一个平面、一个点或者可以视为一个点的物体的垂直距离。

根据气压表测高的原理，气压高度 H_{PA} 是大气压强 P 的函数 $H_{PA} = f(P)$，高度表(altimeter)的指示高度 H_{IA}(indicated altitude, IA)实质上是两个气压面之间的垂直距离(图1-8)，即飞行环境气压面的压强 P_{amb} 与调定的基准高度气压面 P_{set}(P_{QFE}、P_{QNH}、P_{QNE})之差对应的高度差，即指示高度 H_{IA} 是两个高度上压强的函数，即

$$H_{IA} = f(P_{set}) - f(P_{amb}) = 调定的基准面气压高度\ H_{set}(P_{set}) - 飞行环境气压高度\ H_{PA}(P_{amb})$$

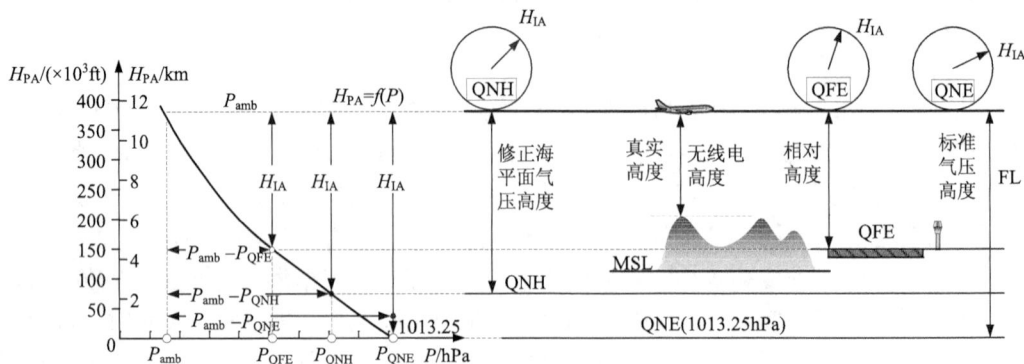

图 1-8　高度及其基准面

飞机位置上环境的大气压强 P_{amb} 是实际测得的；由于高度表指示的高度是气压高度，如图 1-8 所示，飞机距离跑道的相对高度和距离障碍物顶点的真实高度是几何高度（其测量的基准点为平均海平面(mean sea level, MSL)）。由表 1-4 和表 1-5 可以看出，只有在标准大气条件下气压高度和几何高度是相等的，而实际飞行时大多为非标准大气，因此高度表指示的气压高度与几何高度是不相等的。为了保障起飞、着陆和越障时的安全，必须将障碍物和飞机的高度统一使用一个基准面，通常使用修正海平面气压。实际飞行时高度表的基准气压面的压强由飞行员通过高度表的压力调定旋钮进行具体的选择和设定。

1. QNE、QFE、QNH 基准面

1) QNE

QNE 是标准大气海平面的压强，即 1013.25hPa(mbar) 或 29.92inHg。当高度表基准设定为 QNE 时，高度表指示的值即为标准气压高度，即飞机与 ISA 海平面的垂直距离。性能图表上的高度通常为标准气压高度。

2) QFE

QFE 是场面气压(station pressure)，即机场道面基准点的大气压强，通常是指着陆地区（跑道入口端）最高点的气压。特别如飞机停在机场跑道的道面上，把高度表的零点调到 1013.25hPa（或 29.92inHg），则高度表的读数即机场气压高度；若调整高度表小窗中的刻度数为 QFE，则高度表指零（或更准确地说是座舱距道面的高度）。一般从机场使用手册中获得的机场标高是指机场跑道基准面距离平均海平面的高度，是几何高度。通常飞行手册上给的高度都是气压高度。

3) QNH

QNH 是修正海平面气压，是场面气压按照国际标准大气条件订正到修正海平面得到的气压。当降落前飞行员使用 QNH 为基准面的调定值时，高度表指示高度即为飞机距离修正海平面的气压高度，该高度等于机场的标高与飞机距离跑道的气压高度之和。当飞机停在机场跑道道面上时，若高度表的基准调定为 QNH，则高度表指示的高度就是机场的标高。

QFE 和 QNH 都是发报用的代号，这两种气压高度常用于飞机的起飞和着陆过程。

2. 飞行高度层、过渡高度、过渡高和过渡高度层

实际飞行中常用的飞行高度层、过渡高度和过渡高度层均是指以标准气压 1013.25hPa 为基准面所测定的飞行垂直距离上的恒定气压间隔层，单位为 100ft。

飞行高度层(flight level, FL)是以标准大气海平面 1013.25hPa 为基准面，在飞行的垂直距离上保持恒定气压值的间隔层，飞机实际的飞行高度常用以百英尺为单位的飞行高度层来表示，如当飞机飞行在高度 33000ft 时表示为 FL330，飞行高度层是指以标准气压 1013.25hPa(hectopascals) 为基准面所测定的等压面，飞行垂直距离上各等压面之间具有规定的气压差。

过渡高度(transition altitude)是指一个特定的修正海平面气压高度，是机场空域内规定的一个高度。通常在此高度及其以下，航空器的垂直位置按修正海平面气压(QNH)高度表示。超过该高度飞行员必须将气压高度表的基准调定值改为标准大气海平面压强

(QNE)。

过渡高(transition height)是指一个特定的场面气压高度,是机场空域内规定的一个高度。在此高度及其以下,航空器的垂直位置按场面气压(QFE)确定。

过渡高度层(transition level)是指高于过渡高度的第一层飞行高度层,是机场空域内规定的一个高度。当飞机进近阶段,经过过渡高度层时,必须将高度表基准调定值改为QNH 或 QFE,过渡高度层由空中交通管制部门指定。在爬升时经过过渡高度层时,通常将高度表基准调定值改为 QNE。

3. 相对高度、绝对高度和真实高度

在飞机飞行过程中,测量高度的目的在于确保飞机相对地面以及飞机之间保持足够的安全裕度。为此,通过高度表基准值的调定,可以得到气压高度。气压高度与几何高度的关系如图 1-9 所示。

(1)相对高度(relative height)通常指飞机相对某一指定场面的垂直距离,如与机场跑道的距离。

(2)绝对高度(absolute altitude)通常指飞机到平均海平面的垂直距离。

(3)真实高度(true altitude)是指飞机与其正下方地表面的垂直距离。

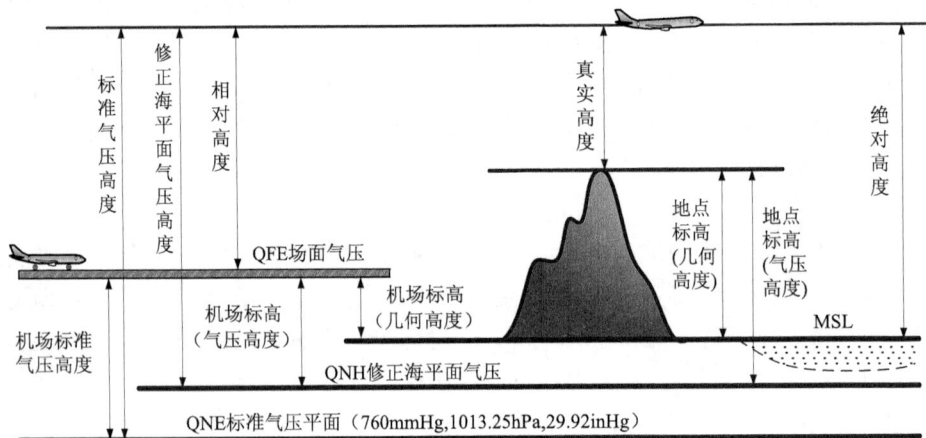

图 1-9 气压高度与几何高度的关系

1.2.3 标准大气偏差

在实际运行中,飞机各类使用手册中的数据多数是根据标准大气计算编制的,但是在实际飞行中严格讲是遇不到与标准大气一致的天气的,需要对实际大气参数进行修正,通常飞机飞行时是按照气压高度飞行的,也就是说飞机的飞行高度是与标准大气一致的,需要对密度或温度予以修正,大气的压强、温度、密度满足 $P=\rho RT$,因此只需对密度或温度修正一个,另一个自然就可得到,很显然温度的获得更方便,实际大气与标准大气的偏差通常仅指温度的偏差,一般表示为 $\text{ISA} \pm \Delta T$。

例 1-1 某飞机在某机场起飞,机场的 QFE 为 820hPa,温度为 15℃,求该机场的气压高度及其 ISA 偏差。

解：根据标准大气表（表 1-1），压强为 820hPa 的气压高度应该在压强 794.95hPa（对应的气压高度为 2000m，温度为 2.00℃）与压强 845.56hPa（对应的气压高度为 1500m，温度为 5.25℃）之间，通过线性插值计算可得气压高度 H_{PA} 为

$$H_{\text{PA}} = 2000 - \frac{820 - 794.95}{845.56 - 794.95} \times (2000 - 1500) = 1752.52(\text{m})$$

该机场高度处的标准大气温度为

$$T_{\text{ISA}} = 2 + \frac{820 - 794.95}{845.56 - 794.95} \times (5.25 - 2) = 3.6(℃)$$

针对该题，机场气压高度 1752.52m 的标准大气温度也可以直接根据标准大气的温度随高度的变化规律计算，即 $T_{\text{ISA}} = 15 - 0.0065 \times 1752.52 = 3.6(℃)$。

由于机场的实际温度为 15℃，因此该机场的温度偏差为 15–3.6 = 11.4（℃），即标准大气偏差为 ISA+11.4℃。

例 1-2　根据例 1-1 所给的条件，试计算该机场的密度高度。

解：由 $P = \rho RT$，可以计算出该机场的大气密度为

$$\rho = P/(RT) = (820 \times 100) \div [287.06 \times (15 + 273.15)] = 0.99134(\text{kg/m}^3)$$

根据标准大气表（表 1-1），密度为 0.99134（kg/m³）所对应的密度高度应该在密度 1.006（kg/m³）（对应的气压高度为 2000m）与密度 0.957（kg/m³）（对应的气压高度为 2500m）所对应的密度高度之间。线性插值计算可得密度为 1.003882（kg/m³）所对应的密度高度为 2152.63（m）。

例 1-3　已知飞机在气压高度 9000m 巡航飞行，试计算如下三种情况下该机场的密度高度。

①ISA+0℃；②ISA+10℃；③ISA–20℃。

解：已知飞机的气压高度为 9000m，查标准大气表 1-1 中 9000m 高度的标准大气参数分别为 $P_{H\text{on}} = 307.42\text{hPa}$、$T_{H\text{on}} = -43.50℃$（229.65K）、$\rho_{H\text{on}} = 0.466\text{kg/m}^3$。此时实际的压强、温度、密度分别记作 P_H、T_H、ρ_H。实际的气压高度 9000m，因此，实际 $P_H = P_{H\text{on}} = 307.42\text{hPa}$。

(1)当实际温度为 ISA+0℃时，即 $T_H = T_{H\text{on}} = -43.50℃$，密度为

$$\rho_H = P_{H\text{on}}/(RT_H) = 307.42 \times 100 \div [287.06 \times (-43.50 + 273.15)] = 0.466(\text{kg/m}^3)$$

此时 $\rho_H = \rho_{H\text{on}} = 0.466\text{kg/m}^3$，故其密度高度也为 9000m；由此可知在标准大气条件下，气压高度和密度高度的数值是相等的。

(2)当实际温度为 ISA+10℃时，即 $T_H = T_{H\text{on}}+10℃ = -43.50℃+10℃ = -33.50℃$，密度为

$$\rho_H = P_{H\text{on}}/(RT_H) = 307.42 \times 100 \div [287.06 \times (-33.50 + 273.15)] = 0.447(\text{kg/m}^3)$$

查标准大气表 1-1 可知 $\rho_H = 0.447\text{kg/m}^3$ 对应的密度高度应该在 $\rho = 0.466\text{kg/m}^3$（9000m）和 $\rho = 0.439\text{kg/m}^3$（9500m）之间，插值计算可得 $\rho_H = 0.447\text{kg/m}^3$ 对应的密度高度为 9351m，显然有气压高度 9000m<密度高度 9351m。由此可知，当大气的温度高于标准大气温度时，气压高度在数值上小于密度高度，即若某架飞机此时飞行在气压高度为

9000m 时，该高度上的密度高度为 9351m，通常称(温度高时)飞机飞行在高密度高度上。

(3)当实际温度为 ISA−20℃时，即 $T_H = T_{Hon}-10℃ = -43.50-20 = -63.50$(℃)，此时密度为

$$\rho_H = P_{Hon}/(RT_H) = 307.42×100÷[287.06×(-63.50+273.15)] = 0.511\text{kg/m}^3$$

查标准大气表 1-1 可知，$\rho_H = 0.511\text{kg/m}^3$ 对应的密度高度应该在 $\rho = 0.525/\text{m}^3$(8000m)和 $\rho = 0.495\text{kg/m}^3$(8500m)之间，插值计算可得 $\rho_H = 0.511\text{kg/m}^3$ 对应的密度高度为 8236m，显然有气压高度(9000m)>密度高度(8236m)。由此可知，当大气的温度低于标准大气温度时，气压高度在数值上大于密度高度，即若某架飞机此时飞行在气压高度 9000m 时，该高度上的密度高度为 8236m，通常称(温度低时)飞机飞行在低密度高度上。

1.3 飞 行 速 度

飞机的飞行速度以及飞行中需要时刻知道的高度、爬升率(下降率)、马赫数的参数，都是通过大气数据测量系统测得的全压、静压等参数经换算获得的。

1.3.1 空速表的测速原理

飞机相对大气的飞行速度，是根据飞机的全压、静压系统测得的，图 1-10 是空速表的基本工作原理示意图。空速表的指针是通过压差膜盒带动齿轮传动机构来转动的，通常模盒的伸缩量很小，齿轮传动机构起放大的作用。膜盒的伸缩量取决于总压和静压之差，总压和静压之差越大，则其变形越大，带动的指针转动角度也越大，表明速度也越大。因此，空速表指示的速度仅与压差膜盒的伸缩有关，当测得的总压和静压之差相同时，则指针转动角度相同，指示的速度也相同。

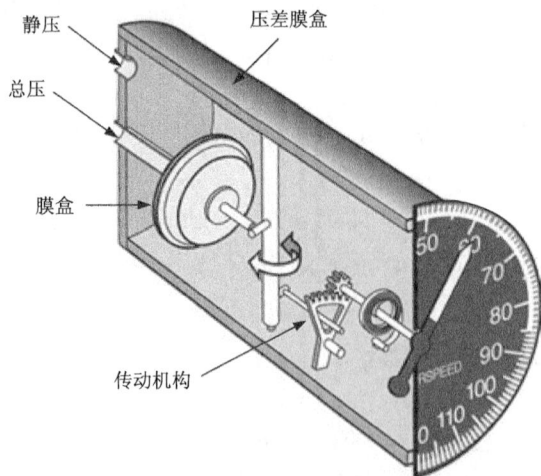

图 1-10　测速原理示意图

根据总压、静压、动压的关系，即伯努利方程(Bernoulli's equation)，可求得真实空速为

$$V_{\text{TAS}} = \sqrt{\frac{2(P_t - P_s)}{\rho}} \tag{1-26}$$

其中，P_t 为测得的总压；P_s 为静压；ρ 为飞行高度的大气密度。

考虑到高度飞行时空气压缩性的影响，根据可压缩气体的伯努利方程求得的真实空速为

$$V_{\text{TAS}} = \sqrt{\frac{2k}{k-1} \frac{P_s}{\rho} \left[\left(\frac{P_t}{P_s}\right)^{(k-1)/k} - 1 \right]} = \sqrt{\frac{2k}{k-1} \frac{P_s}{\rho} \left[\left(\frac{P_t - P_s}{P_s} + 1\right)^{(k-1)/k} - 1 \right]} \tag{1-27}$$

空速表是根据伯努利方程测量的，当测得总压与静压差 (P_t-P_s) 后，膜盒的伸缩与空速表的指针一一对应，即可求得速度。但是从式(1-26)或式(1-27)可以看出，由于不同飞行高度上的压强 P_s 和密度 ρ 不同，当总压与静压差 (P_t-P_s) 相同时，速度表指针偏转角度相同，指示的速度将一样，然而对应的飞机真实空速 V_{TAS} 却是不同的。

例 1-4　假设在标准大气条件下，飞机在高度分别为 0ft、5000ft、10000ft 和 35000ft 测得相同的总压与静压差均为 $P_t-P_s=170\text{hPa}$。

试根据伯努利方程计算，飞机在不同高度上飞行时对应的真实速度 V_{TAS} 是多少？

解：根据标准大气条件，将各参数代入式(1-26)和式(1-27)分别计算，结果如表 1-6 所示。

表 1-6　相同的总静压差在不同高度上对应的真实空速

参数		数值			
高度/ft		0	5000	10000	35000
压强/hPa		1013.25	842.9	696.6	238.3
密度/(kg/m³)		1.225	1.0555	0.9046	0.3796
总压与静压差 (P_t-P_s)/hPa		170	170	170	170
V_{TAS}/(m/s)	不考虑压缩性影响，用式(1-26)计算	166.6	179.5	193.9	299.3
	考虑压缩性影响，用式(1-27)计算	162.0	173.6	186.3	270.3

由表 1-6 的计算结果可以看出，当飞机上测得的总压与静压差相等时与其对应的真实空速的关系有如下两个结论。

(1)无论考虑还是不考虑空气的压缩性，所对应的真实空速都随着高度的增加(在式(1-27)中的密度随高度减小)而增大。

(2)在相同的高度上，考虑压缩性之后的真实速度小于不考虑压缩性的速度。

根据空速表的测速原理(图 1-10)，当总压与静压差 (P_t-P_s) 相等时，压差膜盒的伸缩程度是一样的，这样其带动的速度指针的偏转量就是一样的，即指示的速度值就是同一个；由式(1-26)和式(1-27)可知，大气压强 P_s 和密度 ρ 是随高度变化的，飞机真实空速 V_{TAS} 与测得的总压与静压差 (P_t-P_s) 并不是一一对应的，所以不可能把空速表的刻度对应成所有高度上的真实空速。为此空速表上的指针与飞行速度的数值对应关系，是根据标准大气条件海平面的压强和密度确定的，这样可以保障每个总压与静压差 (P_t-P_s) 仅有唯

一的速度与之对应。空速表上速度指针的刻度值都考虑了空气压缩性影响，在式(1-27)中静压和密度均取为常数并等于标准大气海平面的值，即 $P_s = P_0 = 1013.25\text{hPa}$ 和 $\rho = \rho_0 = 1.225\text{kg/m}^3$，空速表上显示的速度通常称为指示空速(indicated air speed, IAS) V_{IAS}，其与压强差的关系为

$$V_{IAS} = \sqrt{\frac{2k}{k-1} \frac{P_0}{\rho_0} \left[\left(\frac{P_t - P_s}{P_0} + 1 \right)^{\frac{k-1}{k}} - 1 \right]} \qquad (1\text{-}28)$$

因此通常空速表上指示的速度值并不是飞机飞行的真实速度，即不是飞机在该高度上飞行时所测得的总压与静压差 (P_t-P_s) 对应的真实空速。特别在不考虑制造、测量等任何误差时，根据式(1-28)得到的速度仅在标准大气条件海平面高度飞行时显示的速度才是真实空速。

1.3.2　空速的定义与修正

为了根据空速表的读数得到真实空速，一般要经过仪表误差、位置误差(压强测量误差)及压缩性等修正。

1. 指示空速

指示空速也称表速，记作 V_{IAS} 或 IAS，是经过了仪表误差修正后，空速表指示的速度。现在的空速表都已经修正过仪表误差，所以空速表的读数即指示空速。飞行员在飞行中主要使用指示空速，在飞机飞行手册和飞机使用手册以及性能图表中，给出的速度多数都用指示空速表示。

2. 校正空速

空速表的指示空速取决于测得的总压与静压值，飞机的总压与静压是靠安装在飞机上的总压管和静压管测得的。飞机在飞行过程中构型、姿态等的改变，会影响与总压管和静压管的相对位置，进而影响总压和静压测量的准确性，导致总压管和静压管测得的数据产生误差。这种与总压管和静压管的安装位置有关的误差一般称为位置误差。校正空速(calibrated air speed, CAS)是对指示空速经过位置误差修正后的空速表读数，记作 V_{CAS}。校正空速与指示空速的关系为

$$V_{CAS} = V_{IAS} + \Delta V_P \qquad (1\text{-}29)$$

其中，ΔV_P 为位置误差修正值。

位置误差修正值 ΔV_P 一般是通过试飞得到的，并在飞行手册中给出。ΔV_P 的值与飞机的迎角、襟翼位置、地面效应、风等因素有关。一般 ΔV_P 是通过试飞实际测得的，在各机型的飞行手册上会给出有关的修正曲线(图 1-11 为某型飞机起飞着陆时的速度、高度修正图)。理论上是在标准大气条件海平面高度飞行，经过位置修正之后得到的校正空速就是真实空速。校正空速多用于表示飞行试验的速度，如失速速度和起飞速度等。

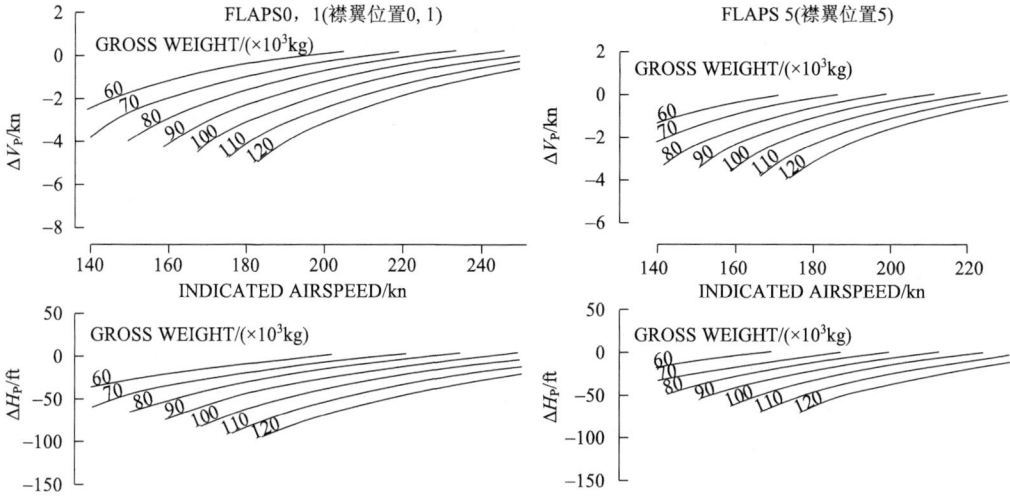

图 1-11　不同襟翼位置时的 ΔV_P 及 ΔH_P 修正图

3. 当量空速

根据空速表的测速原理，真实空速不仅与总压和静压差有关，还与飞行高度的压强、温度等参数有关。把校正空速 V_{CAS} 经过具体高度的绝热压缩流修正后得到的速度称为当量空速，记作 V_{EAS}。当量空速 (equivalent air speed, EAS) 以海平面标准大气状态为基准，是校正空速经过压缩流修正后得到的，因此有

$$V_{EAS} = V_{CAS} - \Delta V_C \qquad (1\text{-}30)$$

其中，ΔV_C 为绝热压缩修正值。

绝热压缩修正值 ΔV_C 可以计算或查飞机飞行手册中的图表得到，在亚声速范围内修正值如表 1-7 所示，该修正值与具体机型无关，只与飞行高度和校正空速有关。当量空速通常用于飞机强度以及所受载荷限制的计算。例如，在《运输类飞机适航标准》(CCAR-25-4) 关于"飞行机动和突风情况"飞行的规定中，飞行包线、机动包线和突风包线中的空速就是用当量空速表示的，且各种飞行限制的设计空速也是用当量空速表示的。

表 1-7　校正空速 V_{CAS} 修正到当量空速 V_{EAS} 数值表

H/ft	V_{CAS}/kn											
	100	140	180	220	260	300	340	380	420	460	500	540
50000	98	135	169	202								
49000	98	135	170	203								
48000	98	135	170	203	235							
47000	98	135	171	204	236							
46000	98	136	171	205	237							
45000	98	136	172	206	238							
44000	98	136	172	206	239							
43000	99	136	172	207	240							
42000	99	136	173	208	241							

续表

H/ft	V_{CAS}/kn											
	100	140	180	220	260	300	340	380	420	460	500	540
41000	99	137	173	208	242	274						
40000	99	137	174	209	243	275						
39000	99	137	174	209	243	276						
38000	99	137	174	210	244	277						
37000	99	137	174	210	245	278						
36000	99	137	175	211	246	279	311					
35000	99	138	175	211	246	280	313					
34000	99	138	175	212	247	281	314					
33000	99	138	176	212	248	282	316					
32000	99	138	176	213	249	283	317					
31000	99	138	176	213	249	284	318	351				
30000	99	138	176	214	250	285	319	352				
29000	99	138	177	214	250	286	320	354				
28000	99	138	177	214	251	287	321	355				
27000	99	139	177	215	251	287	322	357				
26000	99	139	177	215	252	288	323	358	392			
25000	100	139	177	215	252	289	324	359	393			
24000	100	139	178	216	253	290	325	360	395			
23000	100	139	178	216	253	290	326	362	396			
22000	100	139	178	216	254	291	327	363	398			
21000	100	139	178	216	254	291	328	364	399	434		
20000	100	139	178	217	255	292	329	365	400	435		
19000	100	139	178	217	255	293	330	366	402	437		
18000	100	139	178	217	255	293	330	367	403	439		
17000	100	139	179	217	256	294	331	368	404	440	475	
16000	100	139	179	218	256	294	332	369	405	442	477	
15000	100	139	179	218	256	295	332	370	407	443	479	
14000	100	139	179	218	257	295	333	371	408	444	481	
13000	100	140	179	218	257	296	334	371	409	446	482	
12000	100	140	179	218	257	296	334	372	410	447	484	521
11000	100	140	179	219	258	296	335	373	411	448	486	522
10000	100	140	179	219	258	297	335	374	412	450	487	524
9000	100	140	179	219	258	297	336	375	413	451	489	526
8000	100	140	179	219	258	298	336	375	414	452	490	528
7000	100	140	180	219	259	298	337	376	415	453	491	529
6000	100	140	180	219	259	298	337	377	415	454	493	531
5000	100	140	180	219	259	299	338	377	416	455	494	533
4000	100	140	180	220	259	299	338	378	417	456	495	534

续表

H/ft	V_{CAS}/kn											
	100	140	180	220	260	300	340	380	420	460	500	540
3000	100	140	180	220	259	299	339	378	418	457	497	536
2000	100	140	180	220	260	299	339	379	419	458	498	537
1000	100	140	180	220	260	300	340	379	419	459	499	539
0	100	140	180	220	260	300	340	380	420	460	500	540

4. 真实空速

真实空速(true air speed, TAS)是飞机飞行时相对于周围空气的真实速度,记作 V_{TAS}。由于空速表上刻度盘指针指示的速度是按照海平面标准大气状态标定的,实际上随着飞行高度的变化,大气密度也相应改变,空速表的指示速度是按标准大气海平面的密度计算的,但是当量空速与真实空速对应的总压与静压差相等,即动压相等,因此有

$$P_t - P_s = \frac{1}{2}\rho_0 V_{EAS}^2 = \frac{1}{2}\rho V_{TAS}^2 \tag{1-31}$$

其中,ρ 为飞行高度上的大气密度。由此可得真实空速与当量空速的关系:

$$V_{TAS} = V_{EAS}\sqrt{\frac{\rho_0}{\rho}} = \frac{V_{EAS}}{\sqrt{\sigma}} \tag{1-32}$$

或

$$V_{EAS} = V_{TAS}\sqrt{\frac{\rho}{\rho_0}} = V_{TAS}\sqrt{\sigma} \tag{1-33}$$

根据式(1-32)可以将当量空速转换为真实空速,结果如图 1-12 所示。

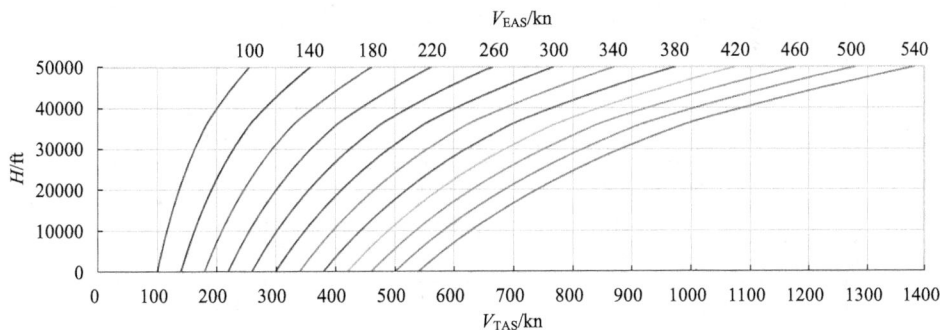

图 1-12　当量空速与真实空速的关系

通常在飞机的空气动力分析和性能计算中需要使用真实空速。但在飞机飞行手册或性能手册中使用更多的是指示空速和校正空速,这主要是由于利用 V_{IAS} 和 V_{CAS} 制成的相关图表通常比较简单;用 V_{IAS} 和 V_{CAS} 表示的操纵规律和限制的数据基本上为常数,因此便于飞行员掌握和使用。在亚声速范围内给出了由校正空速转换为真实空速的数值关系,如表 1-8 所示。

表 1-8　校正空速 V_{CAS} 修正到真实空速 V_{TAS} 数值表

H/ft	V_{CAS}/kn											
	100	140	180	220	260	300	340	380	420	460	500	540
50000	251	345	433	517								
49000	245	337	424	507								
48000	239	330	415	496	573							
47000	234	322	407	486	562							
46000	229	315	398	476	551							
45000	223	308	390	467	540							
44000	218	301	381	457	529							
43000	213	295	373	448	519							
42000	208	288	365	438	508							
41000	204	282	357	429	498	564						
40000	199	275	349	420	488	553						
39000	194	269	342	411	478	542						
38000	190	263	334	403	469	532						
37000	185	257	327	394	459	521						
36000	181	252	320	386	450	511	570					
35000	178	247	314	380	443	503	562					
34000	175	243	309	373	436	496	554					
33000	172	238	304	367	429	488	546					
32000	168	234	298	361	422	481	538					
31000	165	230	293	355	415	473	530	584				
30000	162	226	288	349	408	466	522	576				
29000	160	222	283	343	402	459	514	568				
28000	157	218	279	338	395	452	507	560				
27000	154	214	274	332	389	445	499	552				
26000	151	211	269	327	383	438	492	544	595			
25000	149	207	265	322	377	431	485	537	587			
24000	146	204	261	316	371	425	478	529	579			
23000	144	200	256	311	365	419	471	522	571			
22000	141	197	252	306	360	412	464	514	564			
21000	139	194	248	302	354	406	457	507	556	604		
20000	137	191	244	297	349	400	450	500	549	596		
19000	134	187	240	292	344	394	444	493	541	589		
18000	132	184	236	288	338	388	438	486	534	581		
17000	130	181	233	283	333	383	431	479	527	573	619	
16000	128	179	229	279	328	377	425	473	520	566	611	
15000	126	176	225	275	323	371	419	466	513	558	604	
14000	124	173	222	270	318	366	413	460	506	551	596	

续表

H/ft	V_{CAS}/kn											
	100	140	180	220	260	300	340	380	420	460	500	540
13000	122	170	218	266	314	361	407	453	499	544	589	
12000	120	168	215	262	309	355	402	447	492	537	581	625
11000	118	165	212	258	305	350	396	441	486	530	574	618
10000	116	162	209	254	300	345	390	435	479	523	567	610
9000	114	160	205	251	296	340	385	429	473	516	560	603
8000	113	158	202	247	291	336	380	423	467	510	553	595
7000	111	155	199	243	287	331	374	417	460	503	546	588
6000	109	153	196	240	283	326	369	412	454	497	539	581
5000	108	151	194	236	279	322	364	406	448	490	532	574
4000	106	148	191	233	275	317	359	401	443	484	526	567
3000	104	146	188	230	271	313	354	396	437	478	519	560
2000	103	144	185	226	267	308	349	390	431	472	513	553
1000	101	142	183	223	264	304	345	385	425	466	506	547
0	100	140	180	220	260	300	340	380	420	460	500	540

1.3.3　马赫数与真实空速

现代大型干线运输机在巡航时通常按照马赫数飞行。马赫数 M 为飞机的真实空速与飞行高度上的声速 c 之比，即

$$M = \frac{V_{TAS}}{c} \tag{1-34}$$

从式(1-34)可以看出，在对流层内温度随高度的增加而减小，声速也是随高度的增加而减小，因此飞机保持相同的巡航马赫数高度越高真实空速越小；在 11~20km 范围内温度不变、升速不变，因此相同马赫数对应的真实空速也相等。马赫数、校正空速、真实空速与高度之间的关系如图 1-13 所示。

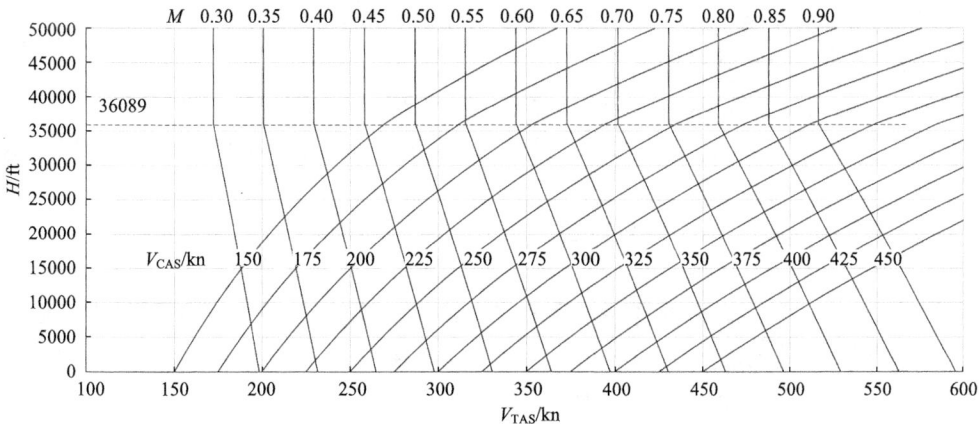

图 1-13　马赫数、校正空速、真实空速与高度之间的关系

1.4　发动机的性能

飞机前进是靠发动机提供推力的，目前民用运输机常用的发动机包括活塞式发动机、涡轮喷气发动机、涡轮螺旋桨发动机等。飞机上最先采用的活塞式发动机通常用在低空、低速的小型飞机上；涡轮喷气发动机一般用在高空、高速飞行的大型干线运输机上；最后出现的涡轮螺旋桨发动机兼具涡轮喷气发动机功率大、体积小和活塞式发动机经济性好的优点，主要用在中低空飞行的支线客机上。

1.4.1　活塞式发动机的性能

活塞式发动机具有工作可靠性高、成本和油耗较低等特点，在早期和目前大多数小型飞机上广泛使用。通常为了满足飞机的使用条件和用途，活塞式发动机分为不同类型：如按气缸的排列方式分为直列式、对列式、星形、V形、X形等发动机；按照气体进入气缸时是否被增压，分为吸气式发动机和增压式发动机；按照发动机的冷却方式分为液冷式发动机和气冷式发动机。活塞式发动机与螺旋桨作为飞机的动力装置，其主要任务是为飞机提供前进的动力。

1. 活塞式发动机做功的能力

(1)功率：单位时间内的做功量，国际单位制是千瓦(kW)，英美常用单位是马力(hp)，1马力(hp) = 550英尺·磅力/秒(ft·lbf/s)，单位的关系是1马力(hp) = 0.746千瓦(kW)。

(2)指示功率：单位时间内整个发动机所做的指示功。

(3)摩擦功率与机械损失：对于吸气式发动机，摩擦功率是指包括摩擦损失、进(排)气损失以及附属工作系统的耗功在内的功率损失之和，也是其机械损失。对于增压式发动机，其机械损失等于摩擦功率与增压器的耗功之和。

(4)有效功率 N_E：是指发动机输送给螺旋桨的功率，通常所说的发动机功率大多是指有效功率；对于吸气式发动机：有效功率 = 指示功率–摩擦功率；增压式发动机：有效功率 = 指示功率–摩擦功率–增压器功率。通常影响发动机有效功率的因素如下。

①发动机转速：在使用的转速范围内，有效功率随发动机转速增加而增大。

②进气压力和温度：进气压力增大或进气温度降低则有效功率增大，进气压力减小或进气温度升高则有效功率减小。

③大气压力和温度：大气压力和温度的影响特性是，随着飞行高度的增加，发动机的有效功率逐渐减小。增压式发动机的有效功率随高度增加而减小的速度要比吸气式发动机的更大。

④余气系数：通常余气系数在0.8~0.9时有效功率最大，偏离此范围时有效功率减小。

⑤滑油温度：滑油温度保持在要求的范围时，有效功率高，否则有效功率降低。

⑥飞行速度：速度高，气缸充填量大，有效功率大，否则有效功率小。

2. 活塞式航空动力装置的经济性

(1)机械效率：发动机的有效功率与指示功率之比。

（2）有效效率：发动机在每一个工作循环中所做的有效功和该循环中所加燃料的理论发热量之比。

（3）单位燃料消耗率：每产生单位功率在单位时间（小时）内所消耗的燃料质量。该值越小则发动机的经济性越好。

3. 发动机的主要工作状态

（1）起飞工作状态：是指发动机使用全油门和最大转速（一般比额定转速大 100～200r/min）时的工作状态，是发动机功率最大的工作状态，特点是全油门、最大转速工作，发动机温度高，各机件承受负荷大，所以通常规定其持续工作时间不得超过 5min。飞机在短跑道起飞、高温高原机场起飞、紧急起飞、复飞或快速爬升时使用起飞工作状态。

（2）额定工作状态：是指发动机设计时所规定的基准工作状态，该状态下的物理参数称为额定参数，例如，此状态下的功率和转速称为额定功率和额定转速。其功率一般比起飞工作状态低 10%～15%；转速小于最大转速 100～200r/min；连续使用时间不超过 1h。是正常起飞、大功率爬升、大速度飞行时使用的功率状态。

（3）最大连续工作状态：是指发动机不受连续工作时间限制时能够输出最大功率的工作状态。该工作状态下的功率称为最大连续功率，通常约为额定功率的 90%；该工作状态下的转速称为最大连续转速，一般约为额定转速的 96.6%，连续使用时间不受限制。最大连续工作状态一般用于飞机爬升阶段和高速度平飞。

（4）巡航工作状态：指通常情况下，飞机巡航飞行时发动机的工作状态。分别称该工作状态下的发动机功率和转速为巡航功率和巡航转速。飞机巡航飞行时间长，因此通常该状态下工作时的单位油耗最小。对于大多数发动机，其巡航功率为额定功率的 30%～75%。在实际飞行时，驾驶员一般根据飞行任务的需要，通过混合比操纵杆设置最佳功率工作状态或最经济工作状态。

（5）慢车工作状态：是指发动机维持稳定连续工作的最小转速工作状态，此时发动机的功率一般约为额定功率的 7%，油门位于最后，转速为最小转速。慢车工作状态常用于飞机着陆、快速下降、地面滑行等阶段。在慢车工作状态下，油气混合物较为富油，发动机的温度又低，电嘴易积炭，发动机工作的稳定性差，一般不要长时间处在慢车工作状态。

4. 高度对发动机性能的影响

（1）绝对升限：当在某一高度飞行时，发动机可能输出的最大功率仅能维持飞机平飞，即爬升率为零时对应的高度。

（2）使用升限：为了保障飞机具有足够的机动能力实现安全飞行，通常规定当飞机最大爬升率为某一值，如 100ft/min 时的高度，为使用升限或有效升限。

（3）发动机功率随高度变化的特点：当飞行速度一定时，活塞式发动机的功率将随飞行高度的增加而减小，变化特性如图 1-14 所示。当飞行速度一定时，活塞式发动机的有效功率随着高度的增加而减小。

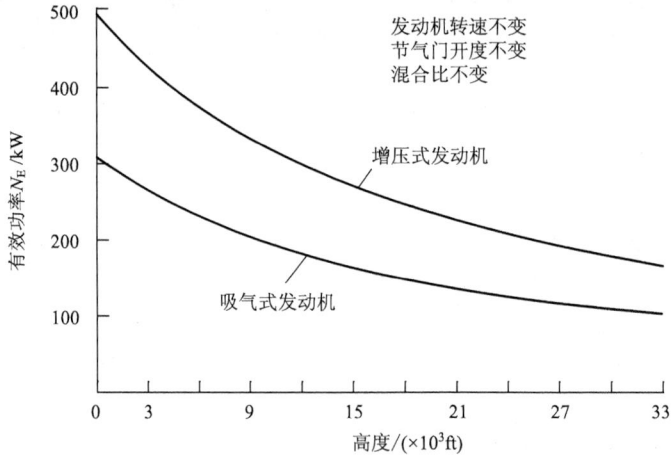

图 1-14　有效功率随高度的变化特性

5. 活塞式发动机综合性能曲线

1)吸气式发动机综合性能曲线

从图 1-15 可以看出，在转速相同时，随着高度的增加吸气式发动机的有效功率减小；在相同高度上，有效功率随转速的增加而增大。

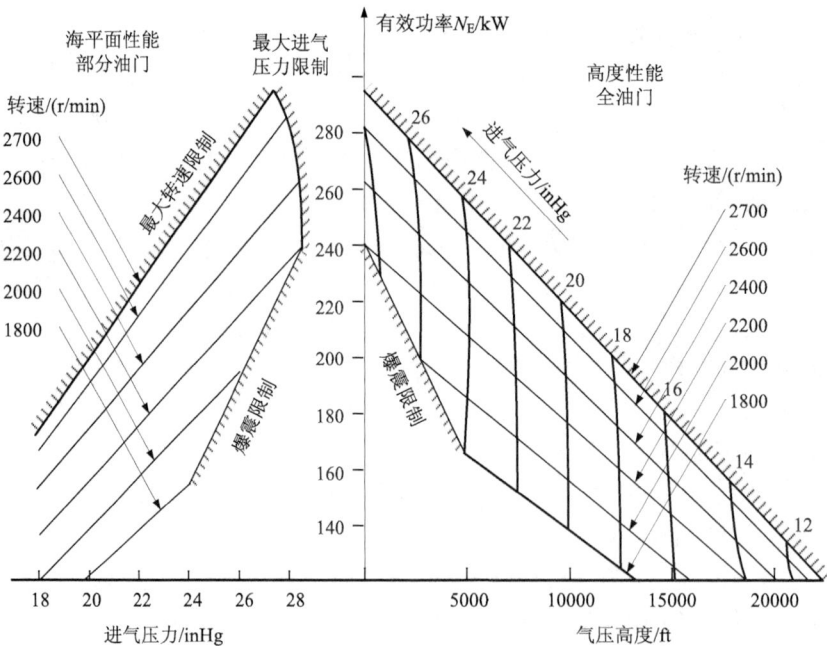

图 1-15　吸气式发动机综合性能曲线

2)增压式发动机综合性能曲线

增压式发动机综合性能曲线如图 1-16 所示。由图 1-16 可以看出，在海平面时，发动机的有效功率随进气压力的增大而增大；在进气压力相同时，转速越大有效功率越大。在空中飞行时，当转速不变时，气压高度增加则进气压力减小，同时有效功率也减小；当气压高度不变时，转速越大则进气压力越大，因而有效功率也越大。

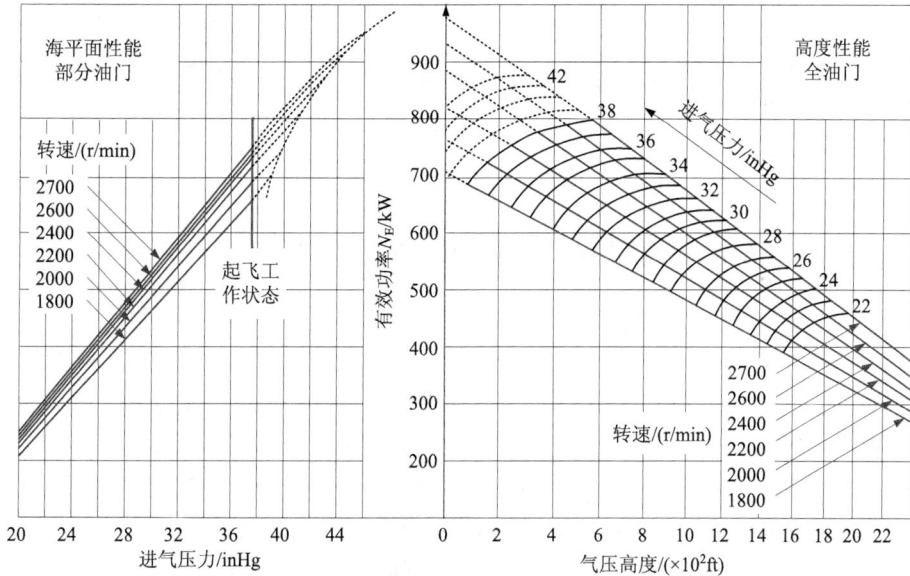

图 1-16　增压式发动机综合性能曲线

1.4.2　涡轮喷气发动机的性能

喷气发动机的产生使得飞机的飞行速度、飞行高度以及航程和航时获得了极大的提高。喷气发动机技术的进步对民用航空运输的发展产生了积极的推动作用，并使得民用航空运输企业的经济效益不断增加。

1. 涡轮喷气发动机概述

民用客机使用的喷气发动机，通常是带有压气机的涡轮喷气发动机，其主要组成部分包括进气道、压气机、燃烧室、涡轮、尾喷管等，如图 1-17 所示。其产生推力的工作原理就是牛顿第三定律。进入进气道的气流速度是 V_1（通常等于飞机的飞行速度）；空气流经压气机时，高速旋转的叶片对空气做功，使空气压缩、压强增大、流速增大；燃烧室把从压气机流入的高速高压空气与燃料混合并进行燃烧，燃料的化学能转变为热能。在燃烧室内，从燃烧室流出的具有很高能量的高温、高压燃气膨胀做功，将燃气的能量转变为机械功，使涡轮高速旋转并产生较大的功率，涡轮输出的机械能可以用来驱动压气机、风扇、螺旋桨等其他附件；尾喷管也称为排气喷管，主要作用是将从涡轮流出的高能量的燃气以较大的速度 V_2 排出发动机并产生推力，推力 T 的大小为

$$T = \dot{m}(V_2 - V_1) \tag{1-35}$$

其中，$\dot{m}$ 为单位时间流过发动机的气流质量（kg/s）；V_2 为气流流出发动机尾喷管的速度；V_1 是气流流入发动机进气道的速度。

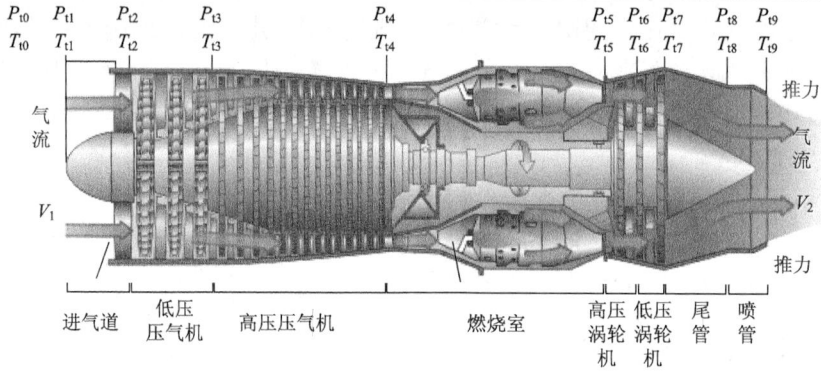

P_{t0} P_{t1} P_{t2} P_{t3} P_{t4} P_{t5} P_{t6} P_{t7} P_{t8} P_{t9}
T_{t0} T_{t1} T_{t2} T_{t3} T_{t4} T_{t5} T_{t6} T_{t7} T_{t8} T_{t9}

气流　推力　气流　V_1　V_2　推力

进气道　低压压气机　高压压气机　燃烧室　高压涡轮机　低压涡轮机　尾管　喷管

图 1-17　典型涡轮喷气发动机的组成

为了充分利用涡轮喷气发动机排出尾喷管的高温燃气带有的热能和动能，克服其耗油率高、经济性差的缺点，在其涡轮后再加装一套低压涡轮，使燃气在其中膨胀驱动此低压涡轮高速旋转并发出一定的功率，并将此涡轮的前轴从原来的高压涡轮、压气机转子的轴中穿过，带动一个直径比压气机大的风扇，这就构成了涡轮风扇发动机(图 1-18)。气流被风扇增压后由风扇出口分成两部分：一部分流入内涵道，燃烧后膨胀做功并带动涡轮和风扇，从尾喷管流出，称为内涵气流；一部分流入外涵道从喷管排出，称为外涵气流。内涵气流和外涵气流可以混合后排出也可以分别平行排出。外涵道气流被风扇增压后，在尾喷管膨胀加速被排出时，也会产生推力。因此，内、外涵道气流产生的推力之和是涡轮风扇发动机的总推力。内、外涵道气流的能量得到充分的利用，推进效率更高、经济性更好，适用于大型旅客运输机。

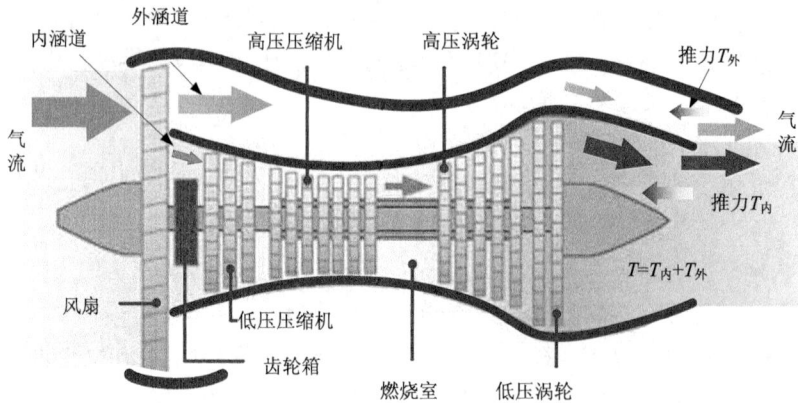

内涵道　外涵道　高压压缩机　高压涡轮　推力 $T_{外}$

气流　气流

推力 $T_{内}$

$T = T_{内} + T_{外}$

风扇　低压压缩机　齿轮箱　燃烧室　低压涡轮

图 1-18　涡轮风扇发动机原理示意图

为了发挥涡轮喷气发动机体积小、功率大的优点，在涡轮喷气发动机的基础结构之上，再加装一套涡轮(通常称为动力涡轮或低压涡轮)，燃气通过膨胀对其做功，驱动其高速旋转使动力涡轮发出一定的功率，其前轴穿过核心机(由压气机、燃烧室、高压涡轮

组成)的转子，并通过压气机前端的减速器带动螺旋桨，这就构成了涡轮螺旋桨发动机
(图 1-19)。高速旋转的螺旋桨把空气向后排，并由此产生前进的拉力；同时涡轮出口的
燃气在尾喷管膨胀加速被排出，也产生前进的推力，通常尾喷管排出的燃气速度较低，
因此反作用力较小，转化的有效推进功率也较小，通常占涡轮螺旋桨发动机总功率的 10%
左右。涡轮螺旋桨发动机的特点是比活塞发动机构造简单、振动小，单位重量的功率大，
体积小，具有较好的经济性。受螺旋桨动力的限制，适用于飞行速度较低，飞行高度较
低的飞机。

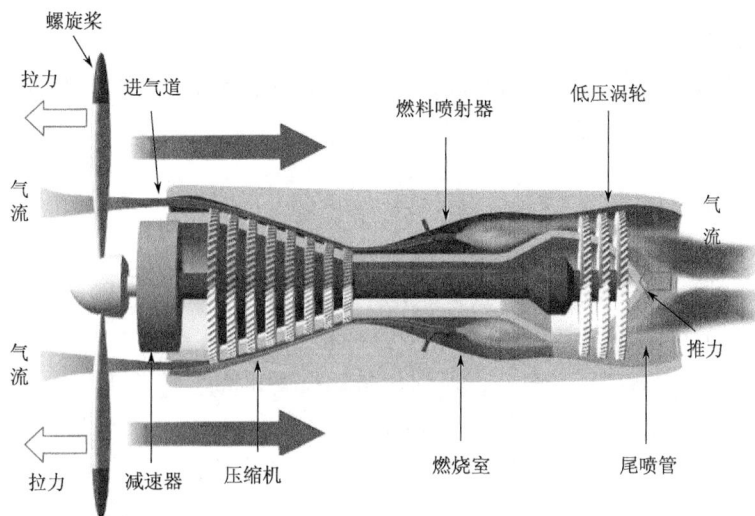

图 1-19　涡轮螺旋桨发动机原理示意图

　　为了结合涡轮螺旋桨发动机耗油率低和涡轮风扇发动机飞行速度高的优点，设计出
了桨扇发动机(图 1-20)。桨扇发动机可视为带先进高速螺旋桨的涡轮螺旋桨发动机，区
别在于涡轮螺旋桨发动机的螺旋桨是由涡轮通过减速器带动的，而桨扇发动机的螺旋桨

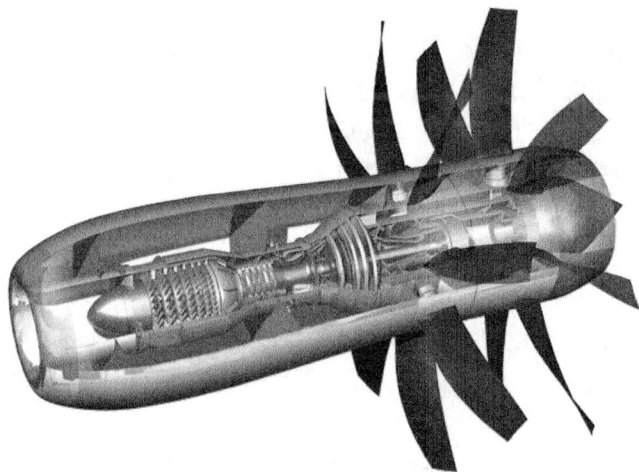

图 1-20　桨扇发动机原理示意图

和涡轮之间多数是无减速器的，因此桨扇发动机的螺旋桨转速非常快。在设计中，螺旋桨的叶型和叶片翼型都和涡桨发动机螺旋桨不同。先进高速螺旋桨是该类型发动机的特有关键部件，它带有多个宽弦、薄叶型、前缘尖锐并后掠的桨叶，能在较高的飞行速度下保持较高的效率。有的桨扇发动机采用双涡轮双层桨结构，两层桨转动方向相反，以提高效率。同时，桨扇发动机又可看作除去外涵道的超高涵道比涡轮风扇发动机，风扇置于发动机短舱之外并直接由涡轮带动。因此，桨扇发动机经常称为无限高涵道比的涡轮风扇发动机。桨扇发动机有涡轮风扇发动机类似的速度和性能，但在经济性上接近涡轮螺旋桨发动机。

2. 表征发动机推力 T 的参数

(1)发动机的压力比(engine pressure ratio, EPR)，是指低压涡轮后的总压(P_{t7})与低压压气机进口处的总压(P_{t2})之比(图 1-17)，即

$$EPR = \frac{P_{t7}}{P_{t2}}$$

对同一类型的发动机来说，EPR 越大则表明发动机的推力越大。EPR 是用来反映推力大小相对程度的参数。

(2)低压转子转速 N1 和核心机转速 N2。

涡扇发动机通常有两个转轴。低压涡轮带动风扇和低压压气机，组成低压转子，其转速表示为 N1。高压涡轮带动高压压气机，组成高压转子，其转速为 N2。一般涡扇发动机中风扇产生的推力占总推力的 80%左右，是发动机的重要参数，通常用低压转子的实际转速占其额定转速的百分比来表示发动机的推力大小，如某涡扇发动机工作时低压转子的实际转速为 1955r/min，其额定转速为 2300r/min，1955r/min÷2300r/min＝85%，则其推力大小用 85%N1 表示。

3. 发动机的基本工作状态

为合理使用发动机，在最大工作状态到最小工作状态的允许连续工作状态之间，规定了发动机几种常用的基本工作状态。

1)起飞/复飞推力状态

起飞(take-off power, TO)/复飞(go-around thrust, GA)推力状态是发动机可以使用的最大推力，是发动机压力比达到最大值对应的推力。这时，发动机转速 N1 和 N2 以及涡轮前燃气温度都达到相应的最大值，发动机各部件都承受最大的机械负荷和热负荷。因此，一般要严格限制最大推力状态的连续工作时间，一般不超过 5～10min，通常只用于飞机的起飞或复飞。

2)最大连续推力状态

最大连续推力(maximum continue thrust, MCT)是可以不受时间限制连续使用的最大推力状态。该状态的转速和推力都小于起飞状态。常用于最后爬升阶段、一发故障后的飘降阶段或一发故障继续起飞时，在工作的发动机达到起飞推力限制的使用时间之后。

3)最大爬升推力状态

最大爬升推力(maximum climb thrust, MCLT)是飞机爬升期间所能用的最大发动机推力状态，该状态的转速和推力都小于最大连续推力状态。

4)最大巡航推力状态

最大巡航推力(maximum cruise thrust, MCRT)是巡航飞行时使用的最大推力,小于最大爬升推力。连续使用时间不受限制,因此适宜长时间的远程航行或用于进场前的等待飞行。

5)慢车推力状态

慢车推力状态(idle power rating, IDLE)是发动机能稳定工作的最小转速的工作状态。一般转速只有最大转速的 20%～40%,推力为最大推力的 3%～5%。因为在这一状态下涡轮前燃气温度很高,所以慢车转速要严格控制。有的客机的发动机有两种慢车状态:一种是用于地面滑行时的慢车推力状态,此时转速、推力最小,最省油;一种是在进近着陆期间使用的空中慢车状态,转速稍高,稍费油一点,确保需要复飞时,能以最短的时间让发动机达到最大推力状态。

6)反推力工作状态

反推力(reverse thrust)是通过发动机的反推力装置,使发动机的推力方向改变,从而起缩短地面滑跑距离的作用,在着陆或一发失效中断起飞时使用。

4. 推力特性

通常称发动机的推力随高度和速度变化而改变的特性为发动机的推力特性。一般发动机的推力随高度的增加而减小,随速度的增加而减小,图 1-21 所示的是以起飞推力、最大爬升推力和最大连续推力为例的示意图。

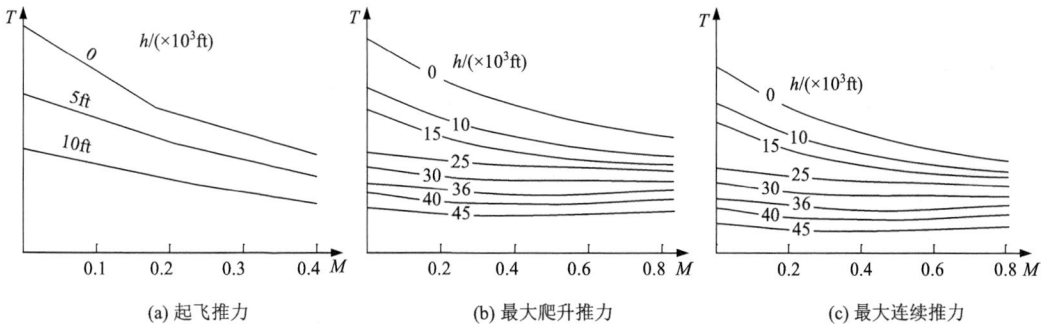

图 1-21　发动机的推力特性

习　　题

1-1　某飞机在某机场起飞,机场的 QFE 为 630hPa,温度为 $-22℃$,求该机场的气压高度、其标准大气的温度偏差、密度高度。

1-2　某机场的场压 QFE 为 1760.81lb/ft^2,温度为 $23℃$,求该机场的气压高度、标准大气的温度偏差、密度高度。

1-3　请利用 Excel 的计算功能(或其他编程语言或软件)绘制出本章的表 1-1 国际单位制的标准大气表。

1-4　请利用 Excel 的计算功能(或其他编程语言或软件)绘制出本章的表 1-2 英制的标准大气表。

1-5　在标准大气条件下，计算同一个马赫数随着气压高度 H_{PA} 改变所对应的真实空速 V_{TAS}，并以真实空速 V_{TAS} 为横坐标轴，以高度 H 为纵坐标轴，绘制出其关系图(参考图 1-13。其中，马赫数按等间隔 0.1 在 0.2～0.9 取值；高度按等间隔 1000m 在 0～15000m 取值)。

1-6　在标准大气条件下，计算同一个当量空速 V_{EAS} 随着气压高度 H_{PA} 改变所对应的真实空速 V_{TAS}，并以真实空速 V_{TAS} 为横坐标轴，以高度 H 为纵坐标轴，绘制出其关系图(参考图 1-13。其中校正空速 V_{CAS} 按等间隔 100km/h 在 200～900km/h 取值；高度按等间隔 1000m 在 0～15000m 取值)。

1-7　简述航空活塞发动机的工作状态及其特点。

1-8　简述喷气发动机的工作状态及其特点。

第 2 章　飞机飞行性能分析的常用方法

飞机完成一次航班飞行任务的过程，通常由飞机的构型、推力状态迥异的起飞、爬升、巡航、下降、进近着陆等不同阶段构成，且每个阶段的飞行符合相关规章程序和管制要求，因此若仅依靠完整的飞机运动方程通过解析或数值方法进行分析与计算，往往是难以满足需要的。而在一定的假设条件下，把飞机视为"准定常"直线运动，常用推力法、功率法、能量法等进行分析，能得出直观的、易于理解的结果，更便于掌握相关概念和分析主要问题。

2.1　推　力　法

推力法作为解析研究飞机基本飞行性能的主要方法之一，其核心是计算和分析飞行性能关键的中间数据——平飞需用推力，通常是按定常条件(高度一定、重量一定)，把定常平飞时的需用推力随速度变化的规律绘制出来。对于确定的飞行条件，当其发动机推力特性确定之后，其飞行性能主要取决于平飞需用推力特性，即取决于平飞需用推力随飞行速度(或马赫数)和飞行高度(密度)的变化规律。

2.1.1　飞机定常飞行状态方程

在分析飞机定常飞行时通常做如下假设：飞机的运动轨迹在铅垂面内，即飞机做无侧滑飞行；地球表面为平面，重力加速度为常量，无风；发动机推力作用线沿飞行速度方向线；在分析某个阶段飞行时忽略燃油的消耗，即飞机的重量近似为常量。飞机做定常飞行时的运动方程(图 2-1)一般可以写为

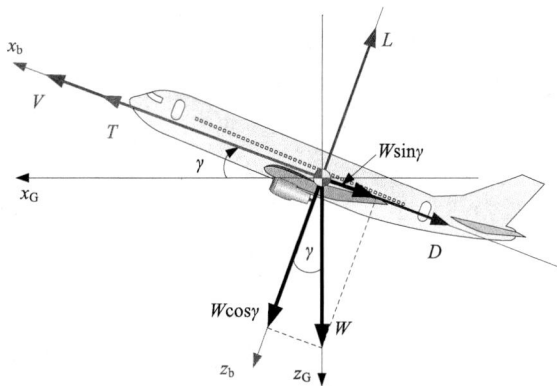

图 2-1　定常飞行时飞机受力分析

$$\begin{cases} T - D - W\sin\gamma = 0 \\ L - W\cos\gamma = 0 \\ \dfrac{\mathrm{d}X}{\mathrm{d}t} = V\cos\gamma \\ \dfrac{\mathrm{d}h}{\mathrm{d}t} = V\sin\gamma \end{cases} \tag{2-1}$$

其中，T 为飞机发动机的推力；D 为飞机的阻力；W 为飞机的重力(重量)；L 为飞机的升力；X 为飞机向前飞的距离；V 为飞机的速度；γ 为飞机的航迹倾角，即飞行速度与水平线的夹角；h 为飞机的高度。记 $\Delta T = T - D$，称为剩余推力。由方程(2-1)的第一个方程(阻力方程)可得

$$\Delta T = T - D = W\sin\gamma \tag{2-2}$$

由式(2-2)可知，飞机做定常飞行的航迹特性将取决于剩余推力 ΔT 的特性：当 $\Delta T > 0$，即 $T > D$ 时，$\gamma > 0$，飞机将做定常直线上升飞行；当 $\Delta T = 0$，即 $T = D$ 时，$\gamma = 0$，飞机将做定常水平直线飞行；当 $\Delta T < 0$，即 $T < D$ 时，$\gamma < 0$，飞机将做定常下滑飞行。

当飞机做水平飞行时，即 $\gamma = 0$，由方程(2-1)可得

$$\begin{cases} T = D = \dfrac{1}{2}\rho V^2 S C_{\mathrm{D}} \\ W = L = \dfrac{1}{2}\rho V^2 S C_{\mathrm{L}} \end{cases} \tag{2-3}$$

其中，S 为飞机的参考面积；C_{D} 为飞机的阻力系数；C_{L} 为飞机的升力系数。

2.1.2 飞机定常平飞需用推力曲线

1. 平飞需用推力 T_{RE} 曲线绘制方法

在给定高度($H = \mathrm{const}$)和重量($W = \mathrm{const}$)时，根据式(2-3)可以绘制出飞机定常平飞时需用推力 T_{RE} 随速度变化规律的曲线。首先由式(2-3)中的第二式(升力方程)可得

$$C_{\mathrm{L}} = \frac{2L}{\rho V^2 S} \overset{L=W}{=} \frac{2W}{\rho V^2 S} \overset{V=cM}{=} \frac{2W}{\rho c^2 S M^2} \tag{2-4}$$

式(2-3)中两式相除可得

$$\frac{T}{W} = \frac{D}{L} \Rightarrow T = \frac{W}{L/D} = \frac{W}{K} \tag{2-5}$$

飞机定常平飞需用推力 T_{RE} 曲线绘制方法步骤如下(c 为飞行高度上的声速；M 为飞行马赫数；S 为机翼的参考面积)。

(1)确定给定高度 H 上飞机的重量 W。

(2)按给定高度 H，查出该高度的大气密度 ρ 和声速 c，计算参数 ω：$\omega = \dfrac{2W}{\rho c^2 S}$。

(3)取一定的步长 ΔM，给定 n 个马赫数 $M_k = M_0 + k \cdot \Delta M (k = 1, 2, \cdots, n)$，由式(2-4)可以求出以不同马赫数 $M_k (k = 1, 2, \cdots, n)$ 飞行时所需的升力系数 $C_{\mathrm{L}k}$，即

$$C_{\mathrm{L}k} = \frac{2W}{\rho a^2 S M^2} = \frac{\omega}{M_k^2} \tag{2-6}$$

(4) 根据升力系数 $C_{\mathrm{L}k}$ 和对应的马赫数 $M_k(k=1,2,\cdots,n)$，可以从飞机的极曲线中查出所对应的阻力系数 $C_{\mathrm{D}k}(k=1,2,\cdots,n)$。

(5) 根据步骤 (3) 和 (4) 的计算结果，可以求出对应于各马赫数 $M_k(k=1,2,\cdots,n)$ 下飞机的升阻比 K_k，即 $K_k = C_{\mathrm{L}k}/C_{\mathrm{D}k}\ (k=1,2,\cdots,n)$。

(6) 利用式 (2-5)，计算出各马赫数 $M_k(k=1,2,\cdots,n)$ 下飞机的需用推力 $T_{\mathrm{RE}k}$，即 $T_{\mathrm{RE}k} = \dfrac{W}{K_k}$。

(7) 以 T_{RE} 为纵坐标，以 M 为横坐标，将计算出的 n 个对应点连成曲线即得到给定高度上、重量一定时飞机的平飞需用推力 T_{RE} 曲线 T_{RE}-M，如图 2-2 所示。

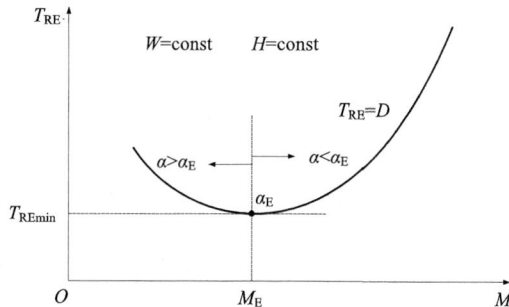

图 2-2 飞机的平飞需用推力 T_{RE} 曲线

2. 定常平飞需用推力随马赫数的变化特点

由式 (2-5)，即 $T=W/K$ 可见，定常平飞所需推力与飞机的重量成正比，与升阻比成反比，当重量一定时，以有利迎角 α_{E} 飞行时其升阻比最大，故对应的需用推力最小 (图 2-2 中的最低点)，一般称此飞行速度 (马赫数) 为平飞有利速度 (马赫数)，记作 $V_{\mathrm{E}}(M_{\mathrm{E}})$。由式 (2-6) 即 $C_{\mathrm{L}}=\omega/M^2$ 可知，升力系数与马赫数 M (真实速度) 的平方成反比，因此有以下结论。

当 $M>M_{\mathrm{E}}$ 时，平飞迎角小于有利迎角，此时升阻比随速度 (马赫数 M) 的增加 (即迎角减小) 而减小 (图 2-2)，故定常平飞所需推力随速度 (马赫数 M) 的增加而增大；

当 $M<M_{\mathrm{E}}$ 时，平飞迎角大于有利迎角，此时升阻比随速度 (马赫数 M) 的减小 (即迎角增加) 而减小 (图 2-2)，故定常平飞所需推力随速度 (马赫数 M) 的减小而增大。

3. 定常平飞需用推力 (阻力) 的分析

由式 (2-3) 可知，飞机定常平飞的需用推力等于阻力，因此

$$T_{\mathrm{RE}} = D = D_0 + D_\mathrm{i} = \frac{1}{2}\rho V^2 S C_{\mathrm{D}0} + \frac{1}{2}\rho V^2 S A C_{\mathrm{L}}^2 \tag{2-7}$$

其中，D_0 为零升阻力 (寄生阻力)；D_i 为飞机的升致阻力 (诱导阻力)；$C_{\mathrm{D}0}$ 为零升阻力系数；A 为升致因子 (一般为常数)；AC_{L}^2 为升致阻力系数。

将式(2-4)代入式(2-7)可得

$$T_{RE} = D = D_0 + D_i = \frac{1}{2}\rho V^2 S C_{D0} + \frac{2AW^2}{\rho V^2 S} \tag{2-8}$$

飞机定常平飞需用推力的分解特点如图 2-3 所示。在低速飞行时，因迎角较大，飞机阻力的主要成分是升致阻力；在大速度飞行时，零升阻力随速度的平方增大，因此成为阻力的主要成分。

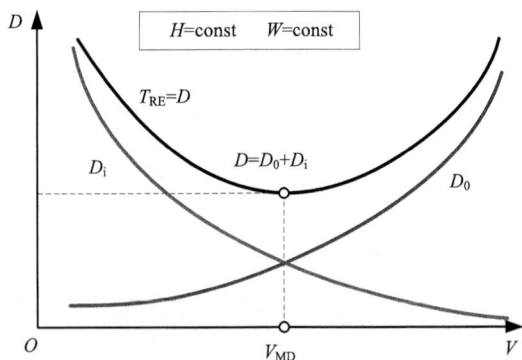

图 2-3　飞机定常平飞的需用推力的分解

例 2-1　已知：B737-800 飞机，机翼面积 $S = 1431\text{ft}^2$，天气为标准大气条件，飞行高度 $H = 27000\text{ft}$，质量 $W = 120000\text{lb}$，可选的巡航马赫数为 0.50、0.55、0.60、0.65、0.70、0.73、0.75、0.78、0.80、0.82、0.84、0.86、0.88、0.91，巡航飞行时的高速极曲线如图 2-4(可扫描二维码观看彩色图片)和表 2-1 所示。试计算各巡航马赫数飞行时的需用推力，并绘出定常平飞需用推力曲线。

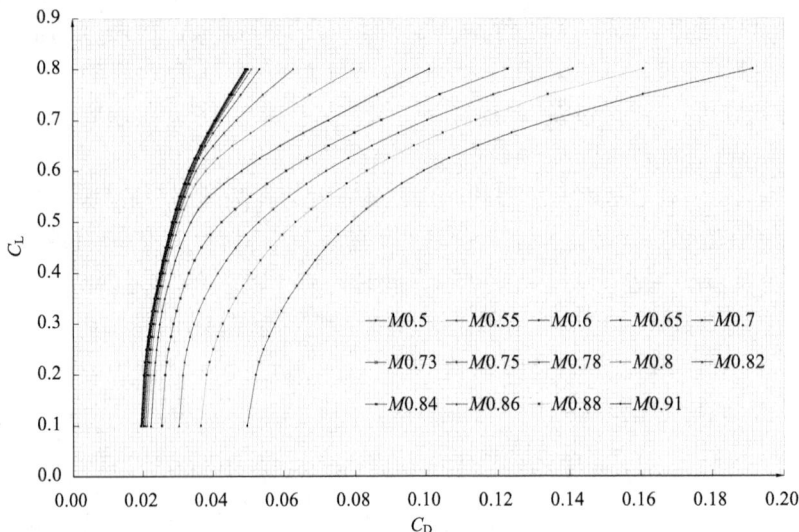

图 2-4

图 2-4　巡航飞行时的高速极曲线

表 2-1　B737-800 高速极曲线

C_D														C_L
$M=0.5$	$M=0.55$	$M=0.6$	$M=0.65$	$M=0.7$	$M=0.73$	$M=0.75$	$M=0.78$	$M=0.8$	$M=0.82$	$M=0.84$	$M=0.86$	$M=0.88$	$M=0.91$	所有 M
0.0193	0.0193	0.0194	0.0196	0.0198	0.0200	0.0202	0.0207	0.0212	0.0222	0.0252	0.0301	0.0365	0.0496	0.1000
0.0201	0.0202	0.0203	0.0204	0.0207	0.0209	0.0211	0.0215	0.0220	0.0231	0.0262	0.0313	0.0382	0.0520	0.2000
0.0204	0.0205	0.0206	0.0208	0.0210	0.0212	0.0214	0.0218	0.0223	0.0235	0.0266	0.0317	0.0390	0.0530	0.2250
0.0208	0.0209	0.0210	0.0212	0.0214	0.0216	0.0217	0.0221	0.0226	0.0238	0.0271	0.0324	0.0401	0.0543	0.2500
0.0213	0.0214	0.0215	0.0216	0.0218	0.0220	0.0221	0.0225	0.0230	0.0242	0.0278	0.0334	0.0414	0.0558	0.2750
0.0219	0.0220	0.0220	0.0222	0.0223	0.0225	0.0227	0.0230	0.0235	0.0247	0.0286	0.0345	0.0428	0.0576	0.3000
0.0225	0.0226	0.0226	0.0227	0.0229	0.0231	0.0232	0.0236	0.0242	0.0254	0.0294	0.0360	0.0444	0.0594	0.3250
0.0232	0.0232	0.0233	0.0234	0.0236	0.0238	0.0239	0.0243	0.0249	0.0262	0.0305	0.0376	0.0465	0.0614	0.3500
0.0239	0.0239	0.0240	0.0242	0.0243	0.0245	0.0247	0.0250	0.0256	0.0271	0.0317	0.0394	0.0486	0.0638	0.3750
0.0247	0.0247	0.0248	0.0250	0.0251	0.0253	0.0254	0.0258	0.0263	0.0281	0.0330	0.0415	0.0509	0.0662	0.4000
0.0254	0.0255	0.0256	0.0258	0.0260	0.0261	0.0263	0.0266	0.0272	0.0291	0.0347	0.0438	0.0535	0.0689	0.4250
0.0263	0.0264	0.0265	0.0267	0.0269	0.0270	0.0272	0.0275	0.0282	0.0304	0.0367	0.0464	0.0563	0.0718	0.4500
0.0271	0.0273	0.0274	0.0276	0.0278	0.0280	0.0281	0.0285	0.0293	0.0319	0.0393	0.0494	0.0596	0.0752	0.4750
0.0281	0.0282	0.0284	0.0286	0.0288	0.0290	0.0291	0.0295	0.0304	0.0337	0.0425	0.0530	0.0634	0.0790	0.5000
0.0291	0.0292	0.0294	0.0296	0.0299	0.0301	0.0303	0.0307	0.0316	0.0359	0.0463	0.0571	0.0678	0.0831	0.5250
0.0302	0.0304	0.0306	0.0308	0.0311	0.0314	0.0315	0.0320	0.0331	0.0390	0.0505	0.0616	0.0725	0.0876	0.5500
0.0315	0.0317	0.0319	0.0322	0.0325	0.0327	0.0329	0.0334	0.0352	0.0431	0.0553	0.0665	0.0776	0.0931	0.5750
0.0329	0.0331	0.0334	0.0336	0.0340	0.0342	0.0344	0.0352	0.0380	0.0481	0.0607	0.0720	0.0832	0.0994	0.6000
0.0346	0.0348	0.0351	0.0353	0.0356	0.0358	0.0361	0.0374	0.0414	0.0533	0.0666	0.0781	0.0895	0.1065	0.6250
0.0364	0.0366	0.0368	0.0371	0.0373	0.0375	0.0380	0.0401	0.0456	0.0591	0.0726	0.0846	0.0966	0.1146	0.6500
0.0384	0.0386	0.0388	0.0390	0.0392	0.0395	0.0402	0.0432	0.0507	0.0655	0.0797	0.0921	0.1048	0.1238	0.6750
0.0404	0.0406	0.0408	0.0410	0.0412	0.0416	0.0427	0.0466	0.0560	0.0726	0.0873	0.1003	0.1138	0.1349	0.7000
0.0446	0.0448	0.0450	0.0452	0.0456	0.0462	0.0480	0.0542	0.0675	0.0860	0.1039	0.1187	0.1340	0.1606	0.7500
0.0491	0.0493	0.0495	0.0498	0.0501	0.0510	0.0532	0.0628	0.0797	0.1009	0.1227	0.1410	0.1607	0.1913	0.8000

解：根据所给条件，平飞需用推力 T_{RE} 的具体计算步骤如下。

（1）标准大气条件飞行高度 $H=27000\text{ft}$，则声速 $c=1007.57\text{ft/s}=596.98\text{n mile}$，密度 $\rho=0.000992\text{slug/ft}^3$。

（2）计算对应的不同马赫数巡航飞行时飞机的真实空速，计算结果见表 2-2。

（3）计算对应的不同马赫数巡航飞行时飞机的升力系数，根据 $W=L$，有 $C_L=2W/(\rho SV_{TAS}^2)$，升力系数 C_L 计算结果见表 2-2。

（4）计算对应的不同马赫数巡航飞行时飞机的阻力系数。根据极曲线（图 2-4 或表 2-1）的数据可以插值计算出阻力系数，阻力系数 C_D 计算的结果见表 2-2。

（5）计算对应的不同马赫数巡航飞行时飞机的需用推力 T_{RE}。根据巡航飞行时推力等于阻力，即 $T_{RE}=0.5\rho SV_{TAS}^2 SC_D$ 可计算出给定的巡航马赫数对应的需用推力见表 2-2。

由表 2-2 计算结果可得给定条件下的平飞需用推力曲线如图 2-5 所示。

表 2-2　给定的巡航马赫数对应的真实空速、升力系数、阻力系数、需用推力

M	0.50	0.55	0.60	0.65	0.70	0.73	0.75	0.78	0.80	0.82	0.84	0.86	0.88	0.91
H/ft	27000													
ρ/(slug/ft^3)	0.000992													
c(ft/s)	1007.57													
c/(nam/h)	596.98													
V_{TAS}/(ft/s)	503.78	554.16	604.54	654.92	705.30	735.52	755.68	785.90	806.05	826.21	846.36	866.51	886.66	916.89
V_{TAS}/(nam/h)	298.49	328.34	358.19	388.04	417.89	435.79	447.73	465.64	477.58	489.52	501.46	513.40	525.34	543.25
C_L	0.711	0.587	0.494	0.421	0.363	0.333	0.316	0.292	0.278	0.264	0.252	0.240	0.229	0.215
C_D	0.0413	0.0324	0.0281	0.0256	0.0240	0.0233	0.0230	0.0229	0.0231	0.0241	0.0272	0.0322	0.0392	0.0526
T_{RE}/lbf	6973	6620	6838	7317	7924	8383	8749	9398	9979	10924	12943	16060	20501	29411

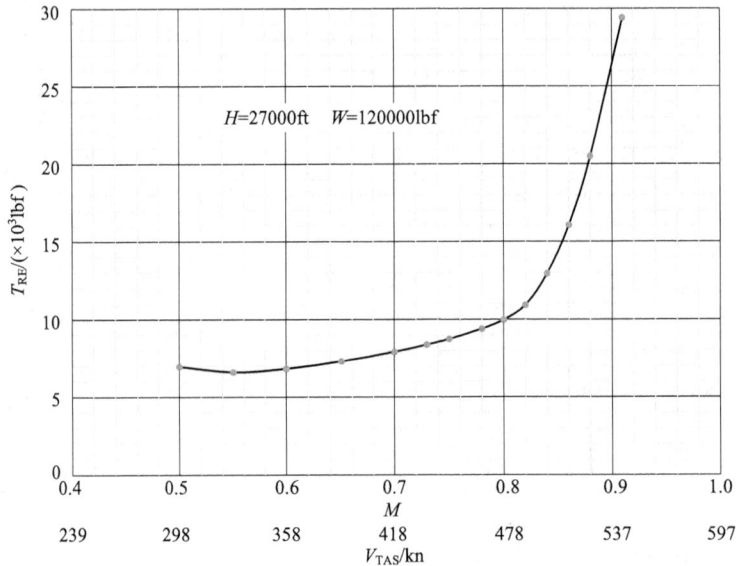

图 2-5　给定条件下的平飞需用推力曲线

2.1.3　影响平飞需用推力的主要因素

1. 飞机重量对平飞需用推力的影响

当高度和飞行迎角不变时，飞机的升力系数和升阻比亦将保持不变（C_L=const，K=const）。由式（2-5）即 $T=W/K$ 可知，在相同飞行迎角下，需用推力随重量的增大而增加；又由式（2-3）的第二式可得定常平飞速度为 $V = \sqrt{\dfrac{2W}{\rho S C_L}}$，因此在相同飞行迎角下，平飞

有利速度(最小阻力)随质量的增大而增加，变化特点如图 2-6 所示。

2. 平飞高度对平飞需用推力 T_{RE} 的影响

1)高度变化时平飞需用推力随当量空速 V_{EAS} 的变化规律

当飞机的质量不变时，飞行高度增加后，在低速飞行时可以忽略空气压缩性的影响，则飞机在保持同样的当量空速 V_{EAS} 时，其飞行迎角将保持不变，其阻力(等于需用推力)也不会改变，即不同高度上的 T_{RE}-V_{EAS} 曲线相同，如图 2-7 中的实线。当飞机高速飞行时，空气的压缩性逐渐显现，高亚声速飞行时必须计及压缩性的影响，其影响特性是当动压相同时，随着高度的增加对应的真实空速 V_{TAS} 将增大；同时随高度的增加空气温度降低，声速 c 也将减小，因此马赫数($M=V_{TAS}/c$)将增大。在高亚声速飞行时，计及空气压缩性的影响，将导致阻力系数增加，故需用推力将增大，如图 2-7 中的虚线部分所示。

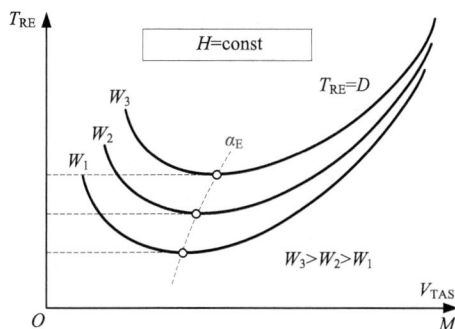

图 2-6　重量对平飞需用推力的影响

2)高度变化时平飞需用推力随真实空速的变化规律

当飞机重量和飞行迎角不变时，飞机的当量空速(V_{EAS})保持不变，即动压不变，因此真实空速随飞行高度而增大。若将不同高度上的需用推力随真实空速的变化 T_{RE}-V_{TAS} 曲线绘在一起，需用推力曲线将随飞行高度的增加而向右移动，最小阻力真实速度(有利真实空速)随高度增加而增大(图 2-8)。

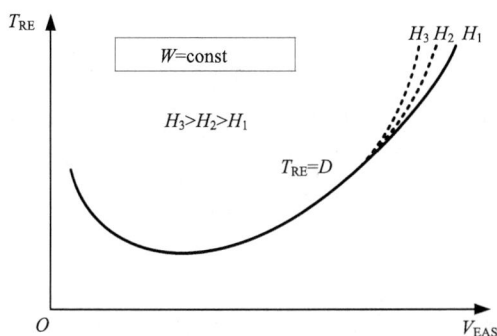

图 2-7　高度对 T_{RE}-V_{EAS} 变化规律的影响

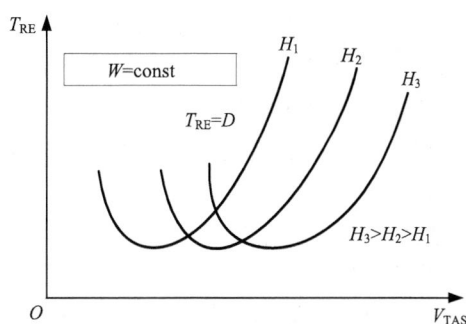

图 2-8　高度对 T_{RE}-V_{TAS} 变化规律的影响

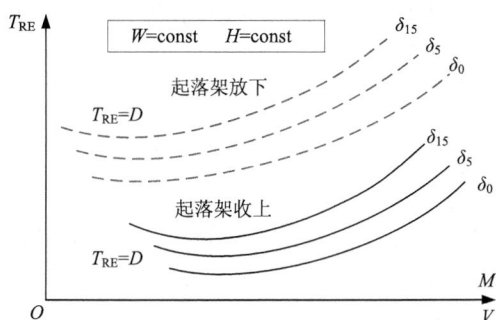

3)飞机构型对需用推力的影响

当飞机的起落架、襟翼、缝翼、扰流板或减速板等任意一个部件放下，都将改变飞机的气动外形，会导致飞机的升阻力特性发生变化。对于阻力通常是使其增大，尤其是放下起落架会明显增加飞机的废阻力。但对升力的影响是不同的，如襟副翼放下会使升力增大进而增大升阻比，飞机构型对需用推力的影响特性如图 2-9 所示。

图 2-9　不同构型时需用推力随速度的变化

2.1.4　利用推力曲线确定定常飞行状态的特征速度

在飞机的需用推力曲线图上，再绘出同一高度上发动机的可用推力曲线 T_{AV}，便得到该高度飞机的推力曲线图，如图 2-10 所示。

1. 推力曲线上的平飞特征点

1）最大平飞速度 V_{max}

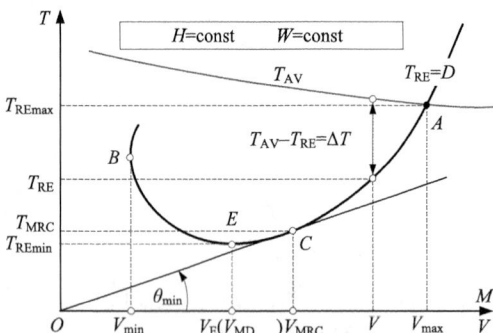

图 2-10　飞机的推力曲线图

飞机在一定高度和质量下，发动机在最大连续推力状态工作时，飞机做定常直线飞行所能达到的最大的稳定平飞速度，就是飞机在该高度上的最大平飞速度。最大平飞速度是理论上飞机平飞所能达到的最大速度，而并不是飞机实际的最大使用速度，由于飞机强度等限制，最大使用速度往往比最大平飞速度要小。它对应于可用推力曲线 T_{AV} 与需用推力曲线 T_{RE} 右侧交点 A 所对应的速度（马赫数），如图 2-10 所示。

2）最小平飞速度（平飞失速速度）V_{min}

最小平飞速度（V_{min}）是指达到临界迎角时，飞机能保持平飞的最小速度，即平飞失速速度，图 2-10 所示的 B 点所对应的速度（马赫数），此时的迎角为临界迎角，升力系数最大。

3）平飞有利速度（最小阻力速度）V_E

飞机保持平飞的需用推力取最小值 T_{REmin} 时对应的速度，即最小阻力速度，如图 2-10 中 E 点所对应的速度（马赫数）。此时飞机以有利迎角、升阻比取最大值的姿态飞行。根据燃油流量的定义（等于燃油消耗率与需用推力的乘积），在燃油消耗率近似视为常值，以最小需用推力飞行时，消耗同样的燃油 W_F 飞行时间最长，该速度也称为久航速度。

4）最大航程速度 V_{MRC}

如图 2-10 所示，过原点作需用推力曲线的切线，则切点 C 所对应的速度（马赫数）即为理论上的最大航程速度 V_{MRC}。图 2-10 中 C 点对应的 θ 角最小，而 $\tan\theta = (T_{RE}/V)$，即在 C 点对应着最小的 $\tan\theta_{min} = (T_{MRC}/V_{MRC})_{min}$。把飞机发动机消耗燃油 W_F（kg）飞过的航程记作 R，一般称飞机消耗单位燃油飞过的距离为燃油里程，记作 S_R，即

$$S_R = R/W_F \tag{2-9}$$

描述发动机燃油消耗特性的重要指标之一是燃油消耗率 C_{TSFC}，其定义为飞机发动机产生单位推力在单位时间内消耗的燃油，即

$$C_{TSFC} = W_F/(T_{RE} \cdot t) = F_F/T_{RE} \tag{2-10}$$

其中，$F_F = W_F/t$ 为燃油流量，即单位时间内消耗的燃油。

根据燃油里程 S_R 的定义，即式（2-9），并考虑到式（2-10），可得

$$S_{\mathrm{R}} = \frac{R}{W_{\mathrm{F}}} = \frac{R/t}{W_{\mathrm{F}}/t} = \frac{V}{F_{\mathrm{F}}} = \frac{V}{C_{\mathrm{TSFC}} \cdot T_{\mathrm{RE}}} = \frac{1}{C_{\mathrm{TSFC}} \cdot (T_{\mathrm{RE}}/V)} \tag{2-11}$$

一般当燃油消耗率 C_{TSFC} 可以近似看作常数时，在图 2-10 中巡航速度选为 V_{MRC} 时有 $\tan\theta_{\min} = (T_{\mathrm{MRC}}/V_{\mathrm{MRC}})_{\min}$。根据式 (2-11)，当 $(T_{\mathrm{MRC}}/V_{\mathrm{MRC}})_{\min}$ 时飞机的燃油里程取最大值 S_{Rmax}，由式 (2-9) 可得航程 $R = S_{\mathrm{R}} \cdot W_{\mathrm{F}}$，因此在飞机消耗同样燃油 W_{F} 的情况下，以燃油里程最大时所对应的速度飞行则其航程将最大，称 V_{MRC} 为最大航程速度。但是由于发动机的燃油消耗率 C_{TSFC} 会随飞行速度略有变化，因此实际的最大航程速度与该速度可能会略有差别。

2. 定常平飞速度性能范围的划分

根据飞机定常平飞的需用推力曲线可以将飞机的飞行速度分为稳定飞行速度区域（操纵正区或称速度 I 区）和不稳定飞行速度区域（操纵反区或称速度 II 区）。

1) 稳定飞行速度区域

当飞机在速度区域 $[V_{\mathrm{E}}, V_{\max}]$ 范围内时（图 2-10），需用推力随速度的增大而增加，因此称为操纵正区。同时以该区域内的速度做稳定平飞时，当受到瞬时小扰动后，在驾驶员不施加任何操作的情况下，速度具有自动恢复到原来稳定飞行速度的特性，因此称作稳定的速度区。该区域稳定的平飞速度对应于小于有利迎角的飞行姿态。

2) 不稳定飞行速度区域

如果飞机的飞行速度选择在 $[V_{\min}, V_{\mathrm{E}}]$ 范围内（图 2-10），则飞行时的需用推力随速度的增大而减小，因此该速度区域称为操纵反区。并且以该区域内的速度做稳定平飞时，如果受到瞬时小扰动，速度将沿着被扰动的趋势变化，即偏离原来的稳定飞行速度越来越大，因此称为不稳定的飞行速度区。该区域的平飞速度对应大于有利迎角的飞行姿态。

2.2　功　率　法

活塞发动机的性能通常用功率 (N) 作为其主要指标之一，对于活塞发动机的飞机，通常使用平飞功率曲线分析其飞行性能。功率法的思想与推力法类似，或视为推力法的一种变形，它适合分析活塞发动机的飞机飞行性能，分析的思路、原理、特性等与平飞需用推力曲线相一致，其实质是通过平飞需用功率曲线进行类似的性能分析。

2.2.1　平飞需用功率曲线及其特征速度

活塞发动机飞机等速平飞时，其输出功率等于需用功率 N_{RE}，升力等于重力，即满足

$$\begin{cases} N_{\mathrm{RE}} = T_{\mathrm{RE}}V = DV = \dfrac{1}{2}\rho V^2 S C_{\mathrm{D}} V \\ W = L = \dfrac{1}{2}\rho V^2 S C_{\mathrm{L}} \end{cases} \tag{2-12}$$

根据式(2-12)，平飞需用功率实际上就是在平飞需用推力的基础上再乘一次速度，当飞机巡航条件重量、高度等参数已知时，与平飞需用推力曲线类似的步骤和方法类似，可以得到如图 2-11 所示的平飞需用功率曲线。

根据功率的定义，飞机发动机的可用功率 $N_{AV} = T_{AV} \cdot V$，需用功率 $N_{RE} = T_{RE} \cdot V$，剩余功率记作 $\Delta N = N_{AV} - N_{RE}$。在式(2-2)两端同时乘以速度可得

$$\Delta N = N_{AV} - N_{RE} = WV\sin\gamma \tag{2-13}$$

由式(2-13)可知，发动机的剩余功率 ΔN 决定的飞机做定常飞行的航迹特性如下。

若 $\Delta N > 0$，即 $N_{AV} > N_{RE}$，则 $\gamma > 0$：飞机将做定常直线上升飞行。

若 $\Delta N = 0$，即 $N_{AV} = N_{RE}$，则 $\gamma = 0$：飞机将做定常水平直线飞行。

若 $\Delta N < 0$，即 $N_{AV} < N_{RE}$，则 $\gamma < 0$：飞机将做定常下滑飞行。

2.2.2 利用平飞需用功率曲线确定的特征速度

类似平飞需用推力曲线的分析，利用图 2-11 所示的平飞功率曲线可以对活塞发动机飞机的平飞特征速度进行分析。在图 2-11 中 A、B 对应的是最大、最小平飞速度，其含义和限制与图 2-10 的 A、B 对应的速度一样。与平飞需用推力曲线的特征速度不同的、需要特别说明的是以下特征速度。

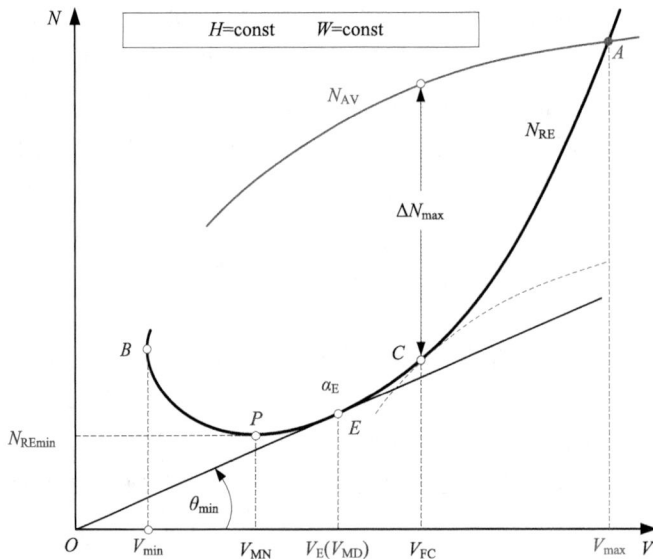

图 2-11 平飞功率需用功率曲线

1. 需用功率最小的速度 V_{MN}

图 2-11 中 P 点对应的速度是飞机平飞时所需功率最小的速度，也称为"(准)经济"速度。对于以活塞式发动机为动力的飞机，其燃油消耗率(C_{NSFC})的定义为产生单位功率在单位时间内消耗的燃油，即

$$C_{\mathrm{NSFC}} = W_{\mathrm{F}}/(N \cdot t) \tag{2-14}$$

其中，W_{F} 为消耗的燃油；t 为飞行时间；通常称单位时间消耗的燃油为燃油流量 F_{F}，即

$$F_{\mathrm{F}} = W_{\mathrm{F}}/t$$

由式(2-14)可得

$$W_{\mathrm{F}} = C_{\mathrm{NSFC}} \cdot (N \cdot t) \tag{2-15}$$

当飞机发动机的燃油消耗率(C_{NSFC})为常值，飞机以需用功率最小(N_{REmin})时对应的速度 V_{MN} 飞行时，飞行相同时间所消耗的燃油最少(W_{Fmin})，因此称 V_{MN} 为"(准)经济"速度；同样由式(2-14)可得

$$t = W_{\mathrm{F}}/(C_{\mathrm{NSFC}} \cdot N) \tag{2-16}$$

又由式(2-13)可知，当飞机发动机的燃油消耗率(C_{NSFC})为常值时，消耗相同的燃油，在以需用功率最小(N_{REmin})对应的速度即 V_{MN} 飞行时，其飞行时间将最长，故该速度 V_{MN} 也称为久航速度。

2. 有利速度 V_{E}

在平飞需用功率曲线上，过原点作需用功率曲线的切线，如图 2-11 中 E 点对应的速度即为有利速度 V_{E}。该速度飞行时所需的推力最小，因为该点对应的 θ 角(图 2-11 中的 $\theta_{\min}$ 角)最小，而 $\tan\theta = (N_{\mathrm{RE}}/V) = T_{\mathrm{RE}}$，所以 E 点对应最小的需用推力($\tan\theta_{\min} \to T_{\mathrm{REmin}}$)，该速度也是最小阻力速度($V_{\mathrm{MD}}$)。同时，根据燃油里程($S_{\mathrm{R}}$)的定义(消耗单位燃油所飞过的距离 R)有

$$S_{\mathrm{R}} = \frac{R}{W_{\mathrm{F}}} = \frac{R/t}{W_{\mathrm{F}}/t} = \frac{V}{F_{\mathrm{F}}} = \frac{V}{C_{\mathrm{NSFC}} \cdot N_{\mathrm{RE}}} = \frac{1}{C_{\mathrm{NSFC}} \cdot (N_{\mathrm{RE}}/V)} \tag{2-17}$$

由式(2-17)可见，当燃油消耗率 C_{NSFC} 近似看作常数时，以该有利速度 V_{E} 飞行时 $(N_{\mathrm{RE}}/V)_{\min} = T_{\mathrm{REmin}}$，对应的燃油里程最大，即消耗相同的燃油飞的距离最长，因此该有利速度也是最大航程速度(V_{MRC})。

3. 快升速度 V_{FC}

表征飞机爬升能力的一个重要指标是上升率，即高度随时间的变化率(dh/dt)。根据式(2-1)可得

$$\frac{\mathrm{d}h}{\mathrm{d}t} = \frac{(T-D)V}{W} = \frac{\Delta N}{W} \tag{2-18}$$

由式(2-18)可见，相同条件下当剩余功率 ΔN 最大时速度所对应的爬升率将最大，则意味着以该速度爬升到确定的高度需要的时间最短，因此称为快升速度，即图 2-11 中 C 点对应的速度，该点是把可用功率曲线向下平移至与需用功率曲线相切，则切点(图 2-11 中的 C 点)处对应的速度 V_{FC} 就是剩余功率 ΔN 最大的速度，即快升速度。

2.3　能　量　法

2.3.1　能量高度的概念

飞机沿着预定的航迹飞行时，在一运动轨迹的每一点上对应一定的能量状态，当不

考虑飞机转动运动的能量(该部分能量大多数情况下是较小的)时，在空间飞行的飞机相对于地面的总能量(机械能)可以写为

$$E = mgh + \frac{1}{2}mV^2 \tag{2-19}$$

其中，h 为飞机的飞行高度；m 为飞机的质量。飞机运动过程中其势能(mgh)和动能($mV^2/2$)之间可以相互转换。式(2-19)两端同除以飞机的重量(mg)可得

$$H_{\mathrm{E}} \triangleq \frac{E}{mg} = h + \frac{1}{2g}V^2 \tag{2-20}$$

其中，$E/(mg)$ 的物理意义是飞机单位重量所具有的能量；$V^2/(2g)$ 相当于单位重量飞机的动能。式(2-20)右端两项 h、$V^2/(2g)$ 均具有长度量纲[L](即长度单位)，$E/(mg)$ 也同样具有长度量纲，因此定义 $H_{\mathrm{E}} = E/(mg)$ 为能量高度，其物理意义相当于运动的飞机所具有的全部动能转换为势能后能达到的一个理论高度，或理解为飞机在变速爬升过程中阻力与推力平衡时，飞机用全部动能转换为势能(即加速爬升直到速度为零)所能达到的理论高度。由式(2-20)可知，能量高度 H_{E} 既具有势能(h)特征又有动力学能量 $V^2/(2g)$ 特征。对于按预定轨迹飞行的飞机，其每一运动参数的变化都不是随意的，因此能量高度随时间的变化也是与飞行轨迹一致的。当飞机的质量为常值时，由式(2-19)和式(2-20)可得

$$\frac{\mathrm{d}H_{\mathrm{E}}}{\mathrm{d}t} = \frac{\dot{E}}{mg} = \frac{\mathrm{d}h}{\mathrm{d}t} + \frac{V}{g}\frac{\mathrm{d}V}{\mathrm{d}t} = V\sin\gamma + \frac{V}{g}\frac{\mathrm{d}V}{\mathrm{d}t} = V\left(\sin\gamma + \frac{1}{g}\frac{\mathrm{d}V}{\mathrm{d}t}\right) \tag{2-21}$$

其中，γ 为飞机的航迹倾角。在此比照运动方程 $\mathrm{d}h/\mathrm{d}t = V\sin\gamma$，定义

$$\sin\gamma_{\mathrm{E}} = \sin\gamma + \frac{1}{g}\frac{\mathrm{d}V}{\mathrm{d}t} \tag{2-22}$$

其中，γ_{E} 称为能量角，其意义是飞机在相同运动状态下非加速飞行时可能的最大航迹倾角，即相对于飞机重量的能量裕度。

2.3.2　能量高度变化率与飞机飞行特性的关系

考虑更一般的飞机做非定常运动时，飞机沿速度方向力的平衡方程为

$$m\frac{\mathrm{d}V}{\mathrm{d}t} = T - D - W\sin\gamma$$

由此解得

$$\sin\gamma + \frac{1}{g}\frac{\mathrm{d}V}{\mathrm{d}t} = \frac{T-D}{W} = n_{\mathrm{X}} \tag{2-23}$$

其中，n_{X} 为切向过载。

将式(2-23)代入式(2-21)并考虑式(2-19)可得

$$\frac{\mathrm{d}H_{\mathrm{E}}}{\mathrm{d}t} = \frac{\dot{E}}{W} = \frac{T-D}{W}V = Vn_{\mathrm{X}} = V\sin\gamma_{\mathrm{E}} \tag{2-24}$$

由此可见，能量角 γ_{E} 和切向过载 n_{X} 一样，表示飞机的能量高度变化率($\mathrm{d}H_{\mathrm{E}}/\mathrm{d}t$)或相对飞机重量的总能量变化率($\dot{E}/W$)的特性。

（1）能量高度增加，即 $\dot{H}_E > 0$，则由式（2-24）可知，此时对应于推力大于阻力（*T>D*）的情况，表明飞机的总能量是增量的，此时飞机的可能飞行状态如下。

等高（$\gamma = 0$）加速飞行，将 $\gamma = 0$，即 $\sin\gamma = 0$ 代入式（2-21）可得加速度为

$$\frac{\mathrm{d}V}{\mathrm{d}t} = \frac{g}{V}\frac{\mathrm{d}H_E}{\mathrm{d}t} \tag{2-25}$$

等速（$\mathrm{d}V/\mathrm{d}t = 0$）爬升飞行，将 $\mathrm{d}V/\mathrm{d}t = 0$ 代入式（2-18）可得爬升率（高度随时间的变化率）为

$$\frac{\mathrm{d}h}{\mathrm{d}t} = V\sin\gamma = \frac{\mathrm{d}H_E}{\mathrm{d}t} \tag{2-26}$$

加速爬升飞行，其加速度和爬升率满足

$$\frac{\mathrm{d}H_E}{\mathrm{d}t} = V\frac{\mathrm{d}h}{\mathrm{d}t} + \frac{V}{g}\frac{\mathrm{d}V}{\mathrm{d}t} = V\sin\gamma + \frac{V}{g}\frac{\mathrm{d}V}{\mathrm{d}t} \tag{2-27}$$

（2）能量高度减小，即 $\dot{H}_E < 0$，对应于推力小于阻力（*T<D*）时，相当于外力做负功，飞机的总能量减小，此时飞机的可能飞行状态为等高减速飞行或定常直线下降飞行。

（3）等能量高度 $\dot{H}_E = 0$ 飞行，对应于推力等于阻力（*T = D*）时，总能量为常值，即 $H_E = \mathrm{const}$。由式（2-20）可得

$$h + \frac{1}{2g}V^2 = \mathrm{const} \tag{2-28}$$

利用式（2-25）可以得到一系列等能量高度曲线，如图 2-12 所示，当飞机的运动轨迹沿着等能量高度曲线变化时运动特点如下。

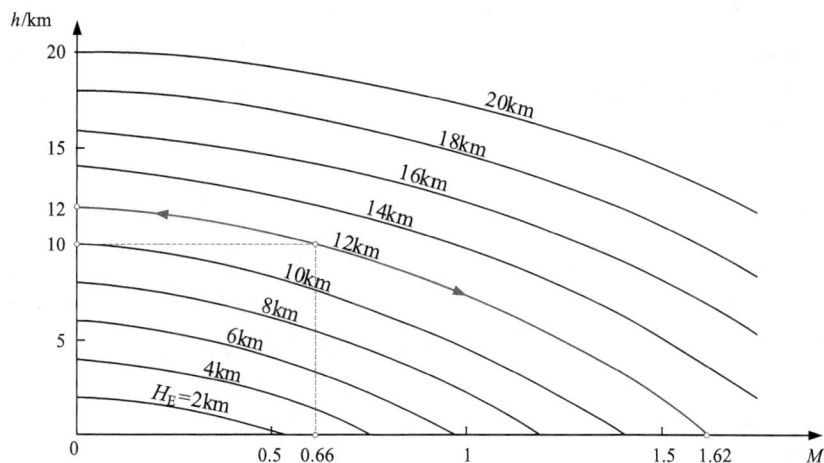

图 2-12　能量高度曲线

飞机等高等速飞行，其动能和势能保持不变。如图 2-12 所示，在其能量高度为 12km 不变时，可以保持气压高度 10km（标准大气的声速 *c* = 299.47m/s），以恒定的马赫数 *M* = 0.66 平飞。

减速爬升，其动能转换为势能。如图 2-12 所示，在能量高度为 12km 恒定时，理论上速度减小(动能转换成势能)到 0 时可以飞到气压高度 12km。

加速下降，其势能转换为动能。如图 2-12 所示，在能量高度为 12km 恒定时，理论上气压高度减小(势能转换成动能)到 0 时，即把所有的势能转变为动能，则飞行速度可以提高到马赫数 $M=1.62$。

2.3.3 能量高度变化率与爬升率的关系

由式(2-27)可得

$$\frac{\mathrm{d}H_E}{\mathrm{d}t} = \frac{\mathrm{d}h}{\mathrm{d}t} + \frac{V}{g}\frac{\mathrm{d}V}{\mathrm{d}t} = \frac{\mathrm{d}h}{\mathrm{d}t} + \frac{V}{g}\frac{\mathrm{d}V}{\mathrm{d}h}\frac{\mathrm{d}h}{\mathrm{d}t} = \frac{\mathrm{d}h}{\mathrm{d}t}\left(1 + \frac{V}{g}\frac{\mathrm{d}V}{\mathrm{d}h}\right) \tag{2-29}$$

因此飞机的爬升率可以写为

$$\frac{\mathrm{d}h}{\mathrm{d}t} = \frac{\dfrac{\mathrm{d}H_E}{\mathrm{d}t}}{1 + \dfrac{V}{g}\dfrac{\mathrm{d}V}{\mathrm{d}h}} \tag{2-30}$$

根据式(2-30)可以看出飞机爬升过程的能量分配与转换对飞行参数的影响。

(1)当 $\mathrm{d}V/\mathrm{d}h=0$，即速度不随高度变化时，飞机是等速爬升，且有 $\mathrm{d}h/\mathrm{d}t=\mathrm{d}H_E/\mathrm{d}t$，因此爬升过程动能不增加，发动机所做的功都转换为势能获得高度的增加。

(2)当 $\mathrm{d}V/\mathrm{d}h<0$，即速度随爬升高度增加而减小时，飞机是减速爬升，且有 $\mathrm{d}h/\mathrm{d}t > \mathrm{d}H_E/\mathrm{d}t$，表明此时的爬升是几何高度的增加率大于能量高度的增加率，是一部分动能减小转换为势能的增加。飞机的爬升率更大。

(3)当 $\mathrm{d}V/\mathrm{d}h>0$，即速度随爬升高度增加而增大时，飞机是加速爬升，且有 $\mathrm{d}h/\mathrm{d}t < \mathrm{d}H_E/\mathrm{d}t$，表明此时的爬升是几何高度的增加率小于能量高度的增加率，有一部分剩余功率转换为动能，因而转换为势能功率小，飞机的爬升率减小。

2.4 平飞速度范围

飞机的运动是重力、发动机推力、空气动力共同作用的结果。飞机必须满足适航性要求的最低安全标准，保证旅客的舒适性和满足飞机结构强度的要求。飞机的运行环境和使用限制条件把飞机的飞行速度范围、高度范围、飞行载荷等约束在某个允许的范围内，一般把飞机的飞行速度和载荷不能超出的界限称为飞行极限边界。飞机平飞时，在不同高度上飞行时有相应的最小速度和最大速度限制边界，且由其构成的平飞速度范围称为飞行包线(平飞速度极限边界)。

当飞机重量一定($W=\text{const}$)时，在某一高度($H=\text{const}$)上保持平飞的速度理论上可大可小。通过飞行姿态(迎角)控制和发动机推力控制满足 $L=W$ 和 $T=D$ 实现稳定的平飞。但是飞行迎角会限制在临界迎角之内，推力会限制在最大可用推力之内，因此其最小和最大的平飞速度也相应被限制在一个范围之内，这个被限制的速度范围就构成了平飞速度极限边界。

2.4.1　平飞最小速度

飞机能够维持稳定平飞的最小飞行速度称为平飞最小速度，该速度不得小于失速限制的最小速度 V_S、稳定性限制的最小速度 V_{SW} 和推力限制的最小速度 V_{TM}。可以使用的最小速度 V_{min} 应取其限制中最大速度，即 $V_{min} = \max\{V_S, V_{SW}, V_{TM}\}$。

1. 失速限制的最小速度

在飞机重量（$W = \text{const}$）和高度（$H = \text{const}$）一定时保持平飞，首先要满足 $W = L = 0.5\rho V^2 S C_L$，可以看出，可以选择大迎角（$C_L$ 大）小速度，但由于临界迎角限制了最大升力系数（$C_{L\max}$），理论上以临界迎角飞行时对应的速度是不能再减小的平飞速度，该速度也称为平飞失速速度，即有

$$V_S = \sqrt{\frac{2W}{\rho S C_{L\max}}} \tag{2-31}$$

2. 稳定性限制的最小速度

满足稳定性要求是飞机平飞的前提。但有时飞机在达到临界迎角之前会在某个迎角（α_{sw}）下失去纵向稳定性，即当 $\alpha > \alpha_{sw}$ 时有 $\mathrm{d}C_{my}/\mathrm{d}\alpha > 0$（其中 C_{my} 为俯仰力矩系数），如图 2-13 所示。因此，失稳迎角对应的升力系数（C_{LSW}）是飞机可以选择的最大升力系数，限制的最小平飞速度为

图 2-13　失稳迎角

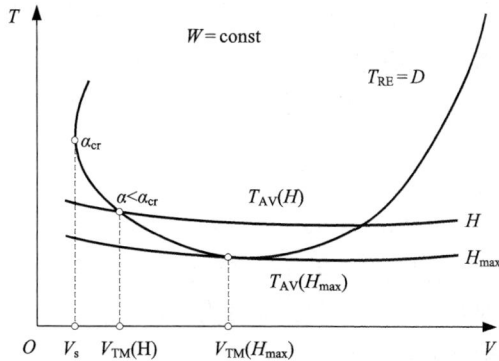

$$V_{SW} = \sqrt{\frac{2W}{\rho S C_{LSW}}} \tag{2-32}$$

3. 推力限制的最小速度

一般飞机发动机的推力会随着飞行高度而下降。飞机稳定飞行时满足力的平衡，因此有 $T = D = 0.5\rho V^2 S C_D$，若在某一个高度上，低速飞行时的可用推力小于以临界迎角飞行时最小速度的阻力（需用推力），反映在推力曲线上就是可用推力随着高度而下降，在较高的高度上可用推力曲线与需用推力曲线在左侧交点对应的速度（图 2-14），即推力限

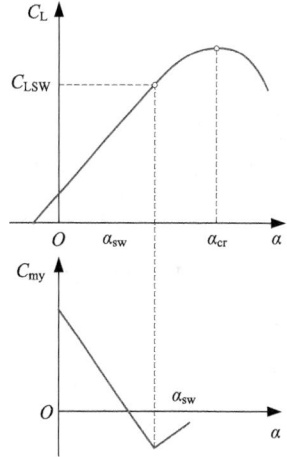

图 2-14　推力限制的最小速度

制的最小速度 V_{TM}。需要特别指出,当飞机以某一重量飞行时,其可用推力随高度增加而减小,当在某一高度上($H_{\max}$)可用推力曲线与需用推力曲线相切(此时对应唯一的速度 $V_{\text{TM}}(H_{\max})$)时,如图 2-14 所示,则意味着理论上该高度是飞机在该重量下所能稳定飞行的最大高度,通常称为飞机的升限($H_{\max}$)。

2.4.2　平飞最大速度

飞机平飞的最大飞行速度往往受发动机的最大推力限制,在图 2-10 所示的平飞推力曲线上 A 点对应的速度就是推力限制的最大平飞速度($V_{\text{T}_{\max}}$)。在实际飞行中还需要考虑满足结构强度限制的平飞最大速度($V_{\text{q}_{\max}}$)和临界马赫数限制的平飞最大速度($V_{\text{M}_{\max}}$)。可以使用的平飞最大速度 $V_{\max}$ 应取其限制中的最小速度,即

$$V_{\max} = \min\{V_{\text{T}_{\max}}, V_{\text{q}_{\max}}, V_{\text{M}_{\max}}\}$$

(1)推力限制的最大平飞速度。

根据 $T = D = 0.5\rho V^2 SC_{\text{D}}$,推力限制的最大平飞速度可以写成

$$V_{\text{T}_{\max}} = \sqrt{\frac{2T}{\rho SC_{\text{D}}}} \tag{2-33}$$

(2)结构强度限制的平飞最大速度。

飞机结构强度所能承受的载荷与其飞行时的动压 $q = 0.5\rho V^2$ 成正比,因此为了满足飞机结构上强度和刚度的要求,必须限制飞机飞行时的最大动压($q_{\max} = \text{const}$),若用当量空速来表示最大动压限制的平飞最大当量空速($V_{\text{Eq}_{\max}}$),可以写为

$$\frac{1}{2}\rho_0 V_{\text{Eq}_{\max}}^2 \leqslant q_{\max} \tag{2-34}$$

由式(2-34)可以求出动压限制的最大当量空速 $V_{\text{Eq}_{\max}}$,根据当量空速与真实空速的关系可以求得真实空速表示的结构强度限制的平飞最大速度 $V_{\text{q}_{\max}}$ 为

$$V_{\text{q}_{\max}} = \frac{V_{\text{Eq}_{\max}}}{\sqrt{\sigma}} = \sqrt{\frac{2q_{\max}}{\rho_0\sigma}} = \sqrt{\frac{2q_{\max}}{\rho}} \tag{2-35}$$

其中,σ 为密度比;ρ 为飞行高度上的密度;ρ_0 为海平面的密度。

通常手册上会给出对结构强度限制的最大当量空速,如 B737、B757 等最大允许当量空速为 350kn,B747 为 375kn。由式(2-31)可见,按所限制的最大允许当量空速飞行时,随着飞行高度的增加,飞机的允许最大真实空速是增大的(图 2-15)。

(3)临界马赫数限制的平飞最大速度。

飞机的飞行高度越高,则相同的当量空速对应的真实空速越大,而高度越高,声速越小,因此相同的当量空速对应的马赫数在高空会更大。飞机的飞行受临界马赫数(M_{cr})的限制。另外,飞机的抖振升力系数和最大升力系数(对应于临界迎角)是随马赫数的增加而减小的,以大马赫数飞行时会更容易导致失速,因此为防止发生失速会限制最大飞行马赫数(M_{s})。在实际使用中,要选取以上条件限制下的最大马赫数中较小的值,作为

最大允许飞行马赫数(M_{MO})，即 $M_{MO} = \min\{M_{cr}, M_s\}$。如果飞机按所限制的最大马赫数做等马赫数飞行，当飞行高度在对流层顶之下（≤11000m）时，飞机等马赫数飞行所对应的真实空速是随着飞行高度的增加而减小的。在对流层顶之上，等马赫数飞行所对应的真实空速不随高度改变（图 2-15）。

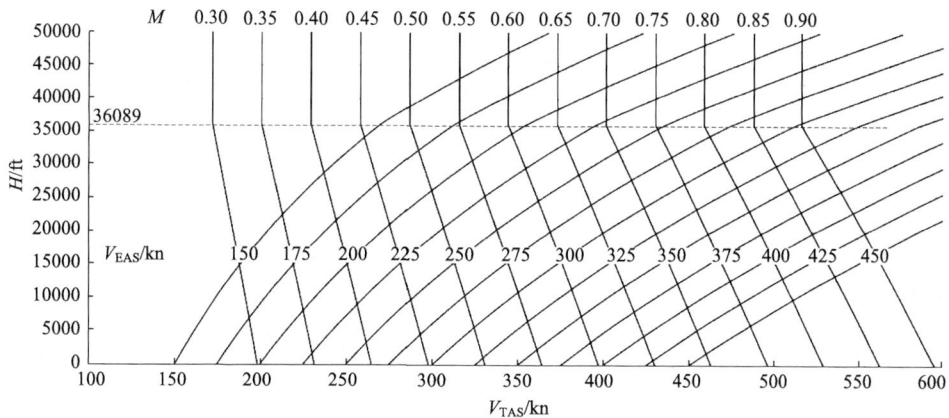

图 2-15　等当量空速等马赫数对应的真实空速随高度的变化

2.4.3　平飞的速度极限边界

飞机在给定重量时，在每一个高度上都存在平飞最小、最大速度的范围，将其绘制在同一张图上得到的随高度变化的平飞速度范围称为平飞速度边界或飞行包线。

1. 理论速度包线及其变化特点

在给定一个重量条件下，把上面讨论的最小速度和发动机推力限制的最大速度随高度的变化绘制在一起，可以得到如图 2-16 所示的平飞理论包线。

1）高度的影响

在重量一定时，随着飞行高度增加，平飞速度的范围逐渐减小。这是因为高度越高，发动机的可用推力越大，所以最大速度减小；同时，高度越高大气的密度越小，相同重量下所需的飞机平飞最小速度会增大。随着高度的增加，当飞机的平飞最大、最小速度相等时，该高度即为飞机的升限。

2）重量的影响

在相同高度上，一般飞机的重量越小，平飞的速度范围越大，升限越高，如图 2-16 所示。

2. 实用速度包线

为了保障飞行安全，通常在理论包线的基础上，对实际的最小平飞速度取上面分析得到的最小速度的 1.07 倍；实际最大平飞速度要考虑动压和马赫数限制，在相同高度上选取推力限制、动压限制、马赫数限制的最大平飞速度中最小的作为实际的最大平飞速度，其中动压限制的最大平飞速度随着高度的增加而增大；马赫数限制的最大平飞速度在 11km 以下随高度增加而减小，11km 以上保持不变。由上面分析可知，在理论升限上飞机的爬升率将为 0，通常取当在某个高度上飞机的最大爬升率为 300ft/min 或 100ft/min 时的高度作为飞机的实际升限，这可以得到如图 2-17 所示的实用包线，也称为使用包线。

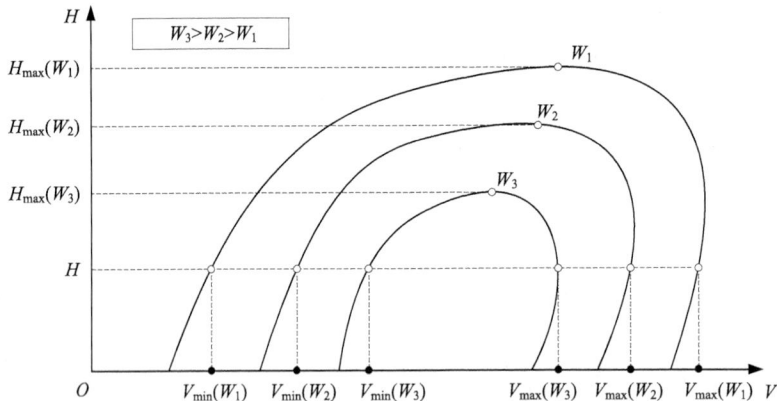

图 2-16　理论包线

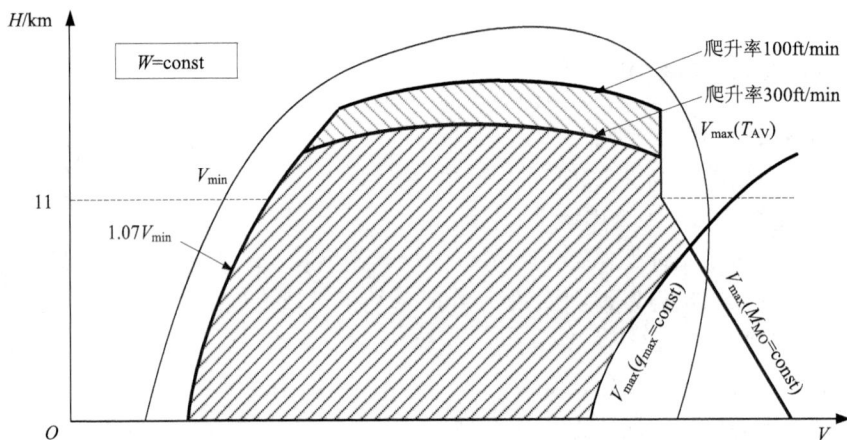

图 2-17　实用包线

习　题

2-1　B737-800，机翼面积 1341ft^2，巡航高度 30000ft(标准大气条件)，巡航重量 120000lbf，其巡航飞行时的高速极曲线如表 2-1 和图 2-4 所示。试计算在马赫数分别为 0.51、0.53、0.55、0.58、0.6、0.65、0.7、0.73、0.75、0.78、0.80、0.82、0.84、0.86、0.88、0.91 时的需用推力，并画出平飞需用推力曲线。

2-2　已知某飞机最大平飞马赫数为 0.81，计算该飞机在标准大气条件下，10000ft、

20000ft、28000ft、31000ft、35000ft、36089ft、38000ft、41000ft 高度上的平飞最大真实空速。

2-3　已知某飞机的最大动压限值为 14589N/m^2，计算该飞机在标准大气条件下，2000m、4000m、6000m、8000m、10000m、11000m、12000m、13000m 高度上的平飞最大真实空速。

2-4　比较平飞需用推力曲线和平飞需用功率曲线的特点与区别。

第 3 章　飞机的起飞性能

3.1　概　　述

　　飞机的起飞性能是飞行性能的重要组成部分,起飞性能分析是安全飞行的关键环节之一,对确保安全飞行和民航运输经济效益具有重要意义。飞机起飞性能分析与计算需要根据具体的机型、机场状况、气象条件等,确定允许最大起飞重量、起飞速度等参数,或进行相应的起飞性能优化。飞机的起飞航迹包括起飞场道阶段和起飞航道阶段(图 3-1)。为了确保起飞安全,必须考虑在起飞时发动机故障的可能性,并有相应的措施和程序确保起飞安全,要区分全发起飞、关键(临界)发动机在速度为 V_{EF}(关键发动机失效速度)时开始不工作并继续起飞、关键发动机在速度为 V_{EF} 时开始不工作或其他情况下中断起飞三种情况讨论飞机的起飞性能。

3.1.1　起飞航迹

　　按照《运输类飞机适航标准》(CCAR-25-R4)(简称 CCAR-25)的 25.111 条规定,现代民航运输机的起飞航迹从静止点起延伸至①和②两点中较高者:①飞机起飞过程中高于起飞表面 450m(1500 ft);②完成从起飞到航路形态的转变并达到规定的起飞航迹末端速度 V_{FTO},V_{FTO} 用校正空速表示,并且需要满足 $V_{FTO} \geqslant 1.18 V_{SR}$($V_{SR}$ 为对应于起飞构型的失速速度),且在该速度时保障双发、三发、四发飞机的定常爬升梯度分别不得小于 1.2%、1.5%、1.7%。起飞航迹包括起飞场道阶段(起飞距离和起飞滑跑距离)和起飞航道阶段(起飞飞行航迹),如图 3-1 所示。起飞场道阶段是指从地面静止开始,通常发动机工作在起飞推力状态,松刹车加速滑跑,加速到抬前轮速度 V_R 时抬起前轮,继续加速　到离地速度 V_{LOF} 时飞机离地并转入爬升,爬升到高于起飞跑道表面 10.7m(35ft)并在此

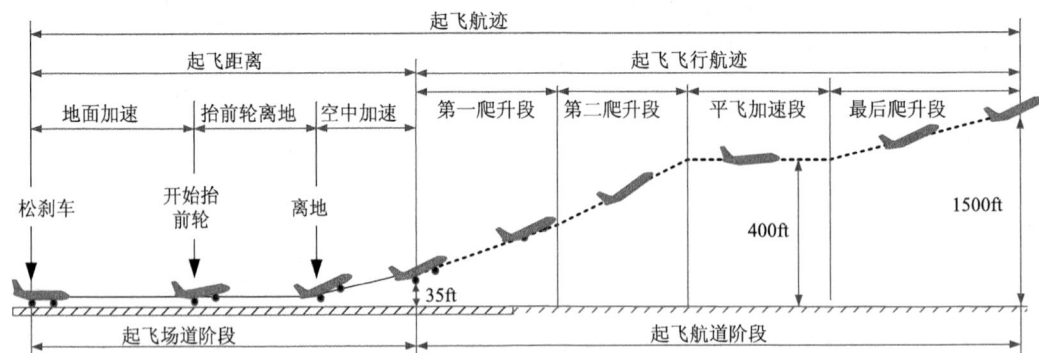

图 3-1　飞机的起飞航迹

之前速度达到起飞安全速度 V_2；起飞飞行航迹是指从飞机距离跑道 35ft 高度开始一直到起飞航迹终点的一段，起飞飞行航迹依飞机的构型、发动机的推力状态、对爬升梯度的要求等分为第一爬升段、第二爬升段、平飞加速段、最后爬升段四个阶段。

3.1.2　起飞场道阶段的相关速度及其限制

为了确保飞机起飞安全，机组需要在起飞前根据起飞条件确定出起飞"决断"速度 V_1 (take off decision speed)、抬前轮速度 V_R (rotation speed)、起飞安全速度 V_2 (take off safety speed)。这些速度可以根据起飞条件查相应手册中的图表或通过计算取得，为了保证飞机的起飞性能和起飞阶段的飞行安全，在确定 $V_1/V_R/V_2$ 速度时需要考虑地面最小操纵速度 V_{MCG} (ground minimum control speed)、空中最小操纵速度 V_{MCA} (air minimum control speed)、关键（临界）发动机失效速度 V_{EF} (critical engine failure speed)、最大刹车能量速度 V_{MBE} (maximum brake energy speed)、最小离地速度 V_{MU} (minimum unstick speed)、离地速度 V_{LOF} (lift-off speed)、最大轮胎速度 V_{TIRE} (maximum tire speed) 的限制，上述速度的关系及其限制要求如图 3-2 所示（图中的速度 V_{S1g} 是指按照欧洲航空安全局 (European Aviation Safety Agency，EASA) 的适航规章 CS-25 部规定确定的失速速度；V_{SR} 是指按照美国联邦航空局 (Federal Aviation Administration，FAA) 的适航规章 FAR-25 部或中国民航局的适航规章 CCAR-25 部规定确定的失速速度）。

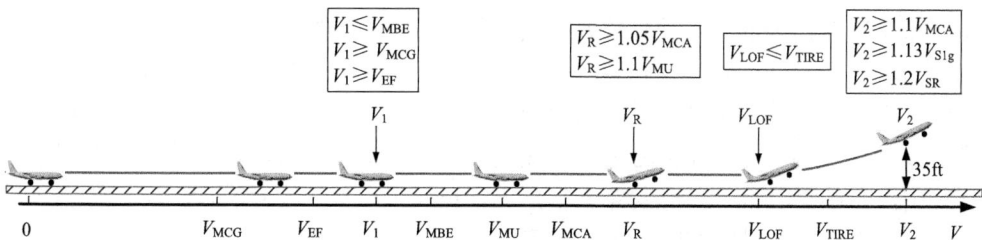

图 3-2　起飞地面滑跑阶段的速度及其关系

1. 地面最小操纵速度 V_{MCG}

飞机起飞地面滑跑阶段若发生一发失效，如左发动机故障停车，则右发动机的推力产生围绕飞机立轴向左的偏转力矩，将使飞机向左偏转，必须蹬右舵使方向舵产生围绕飞机立轴的向右偏转力矩，当左、右偏转力矩平衡时，可以制止飞机的偏转，并控制飞机使其沿跑道中心线直线滑跑（图 3-3）。由于蹬舵产生的操纵力矩近似地与飞机滑跑速度的平方成正比，若飞机的滑跑速度较小，则有可能蹬满方向舵时的偏转力矩仍小于一侧工作的发动机产生的偏转力矩，这样就无法制止飞机的偏转。因此，只有当一发失效时地面滑跑的速度大于地面最小操纵速度时，才能有效制止一发失效产生的机头偏转，以确保飞机安全地继续滑跑。

为了保障飞机起飞安全，CCAR-25 中 25.149 条规定，地面最小操纵速度 V_{MCG} 是起飞滑跑期间的校正空速，在该速度，当临界发动机突然停车时，能仅使用操纵力限制在 667N（68kgf；150lbf）的方向舵操纵（不使用前轮转向）和使用机翼保持水平的横向操纵来保持对飞机的操纵，使得采用正常驾驶技巧就能安全地继续起飞。在确定 V_{MCG} 时，假设全发工作时飞机加速的航迹沿着跑道中心线，从临界发动机停车点到航向完全恢复至平行于该跑道中心线一点的航迹上任何点偏离该中心线的横向距离不得大于9m(30ft)(图3-3)。

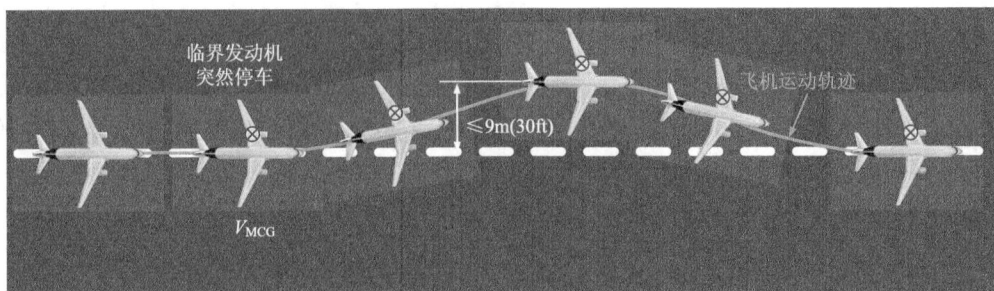

图 3-3　起飞地面滑跑在达到地面最小操纵速度时发生一发停车后飞机的运动轨迹

　　飞机起飞的地面最小操纵速度与发动机的安装位置、起飞重量以及运行环境有关。发动机越靠外侧安装，一发停车时不对称推力产生的偏转力矩越大，因此地面最小操纵速度越大；同一架飞机起飞重量越重，地面最小操纵速度越小，这是因为飞机的重量大时其转动惯量也大，不对称推力产生的偏转力矩使飞机机头向失效发动机一侧的偏转角加速度和角速度就越小，同时重量大时飞机的机轮产生的摩擦力越大，其产生的阻止飞机偏转的阻尼力矩也越大，所以飞机重量越重一发停车时偏转得慢，有利于操控飞机保持方向，使得所需的地面最小操纵速度减小；通常机场的气温和标高越高，会使发动机的推力减小，一发停车的偏转力矩也会随之减小，因此地面最小操纵速度也会减小。实际飞行中，在起飞滑跑阶段一发停车时，飞行员还可以使用前轮转向、不对称刹车等措施，以有效地控制飞机的方向，确保起飞安全。

　　2. 空中最小操纵速度 V_{MCA}

　　现代民航运输机空中飞行时如果发生一发故障，则在不对称推力作用下，飞机会出现向失效发动机一侧偏转，同时由于推力减小会使飞行速度减小，进而升力减小，飞行高度将下降。为了确保空中发生一发停车时能保持飞机稳定、安全飞行和有效地操控飞机，CCAR-25 中 25.149 条规定，空中最小操纵速度 V_{MCA} 用校正空速来表示，在该速度下飞行，当临界发动机突然停车时，能在该发动机继续停车的情况下保持对飞机的操控，能保持向工作发动机一侧的坡度不大于 5° 的情况下操控飞机直线飞行，为维持操控所需的方向舵脚蹬力不超过 667 N (68 kgf [①]；150 lbf) 的最小飞行速度。在恢复对飞机的操纵过程中，为防止航向改变不超过 20°，飞机不得出现危险的飞行姿态或要求特殊的驾驶技巧、机敏或体力(图3-4)。并要求在下列条件下，空中最小操纵速度 V_{MCA} 不得超过 $1.13V_{SR}$。

　　(1)发动机处于最大可用起飞功率(推力)状态。

[①] 1kgf=9.80665N。

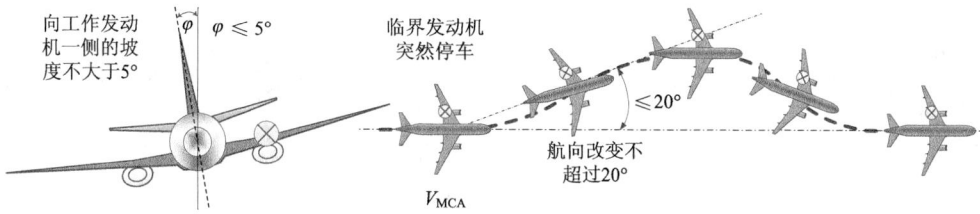

图 3-4　空中飞行在空中最小操纵速度时发生一发停车后飞机的运动轨迹

(2) 重心在最不利的位置。

(3) 飞机按起飞状态配平。

(4) 在海平面高度时，飞机以最大起飞重量(或验证 V_{MCA} 所需的任何较小的重量)起飞。

(5) 飞机处于腾空后沿飞行航迹最临界的起飞形态，但起落架在收起位置。

(6) 飞机已腾空，地面效应可忽略不计。

(7) 停车发动机的螺旋桨按适用情况处于下列状态之一。

① 风车状态。

② 螺旋桨操纵装置位于其设计的最可能位置上。

③ 若飞机具有符合 CCAR-25 中 25.121 条的爬升要求时可接受的自动顺桨装置，则顺桨。

3. 关键(临界)发动机失效速度 V_{EF}

关键(临界)发动机(critical engine)是指多发固定翼飞机发生一发失效时对飞机姿态和操纵性能影响最大的那台发动机。例如，对于多发螺旋桨飞机，一般右旋螺旋桨(从飞机尾部向前看螺旋桨顺时针旋转)左侧的发动机是关键发动机；对于喷气发动机飞机，在空中飞行时给主液压系统供压的发动机通常认为是关键发动机，在地面滑跑时上风方向最外侧的发动机通常认为是关键发动机。

CCAR-25 中 25.107(CCAR-23.51)条规定，关键(临界)发动机失效速度 V_{EF} 是假设关键发动机失效时的速度，用校正空速来表示，该速度由申请人选定，但不得小于地面最小操纵速度，即 $V_{EF} \geqslant V_{MCG}$，目的在于确保起飞滑跑阶段一发故障后可以通过方向舵操控飞机的滑跑方向和起飞安全。

4. 最小离地速度 V_{MU}

最小离地速度 V_{MU} 是指飞机以最大允许的地面俯仰姿态离地的最小速度，CCAR-25.107 条规定，该速度用校正空速表示，该速度必须在申请审定的整个推重比范围内由申请人选定。最小离地速度取决于飞机的结构几何尺寸(如擦尾角，图 3-5)、气动参数、起飞重量、大气数据等条件，最小离地速度必须经过试飞试验证实。在等于和高于该速度时，飞机可以安全离地并继续起飞。最小离地速度 V_{MU} 应在全发和一发停车的情况下考虑飞机几何尺寸限制和最大升力系数(起飞构型)限制来确定(图 3-5)。最小离地速度是确定不同重量下飞机抬前轮速度的依据之一，特别是一发停车时的最小离地速度大于全发起飞的情况，这是因为飞机在抬头过程中，全发时推力在垂直向上的分力(克服重力)更大(图 3-5)。

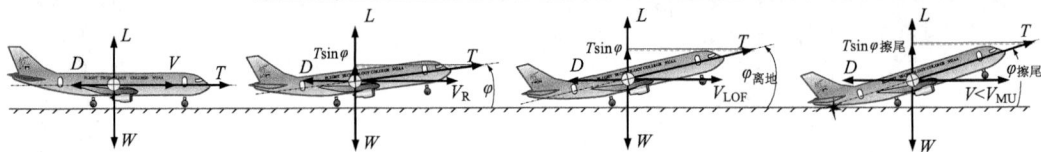

图 3-5　最小离地速度示意图

5. 最大刹车能量速度 V_{MBE}

飞机在中断起飞过程中，刹车系统必须吸收并耗散对应决断点（假设实际起飞重量为 W_{TOW}、"决断"速度为 V_1）的飞机全部动能（$E_{MB} = W_{TOW}V_1^2/(2g)$）转换的热量。刹车系统所具有的最大吸收能力，通常称为最大刹车动能，记作 E_{MB}。飞机在进行取证时，必须用磨损的刹车进行试验验证，CCAR-25.109 条规定，最大刹车动能加速-停止距离的飞行试验演示必须在飞机的每一个机轮刹车剩余不大于所允许的刹车磨损范围的 10% 状态下实施。在给定起飞重量下，可以实现全停的最大速度为最大刹车能量速度（V_{MBE}），则 $V_{MBE} = [(2gE_{MB})/W_{TOW}]^{0.5}$。通常对于给定的起飞重量须满足 $V_1 \leqslant V_{MBE}$。最大刹车能量速度 V_{MBE} 可以从飞行手册提供的图表中查出。

6. 离地速度 V_{LOF}

离地速度是飞机在地面滑跑时加速到升力等于重力，飞机开始腾空瞬间的速度，用校正空速表示。为防止飞机起飞离地时发生擦尾，保持一定的安全裕度，CCAR-25.107 条规定，离地速度 $V_{LOF} \geqslant 1.1V_{MU}$（全发工作），或 $V_{LOF} \geqslant 1.05V_{MU}$（单发停车）。由升力 L 等于重力 W（为保留更大的安全裕度，不考虑推力的分量），即

$$W = L = \frac{1}{2}\rho V_{LOF}^2 S C_{L_{LOF}}$$

可得

$$V_{LOF} = \sqrt{\frac{2W}{\rho S C_{L_{LOF}}}} \tag{3-1}$$

其中，$C_{L_{LOF}}$ 为对应于不同起飞构型（襟翼位置）和姿态（起飞迎角）的升力系数。

图 3-6 给出了某型号飞机在不同起飞襟翼位置时的升力系数曲线。一般在相同离地迎角的情况下，使用的起飞襟翼偏度越大其升力系数越大，因此其所需的离地速度越小，飞机地面滑跑距离越短；在所需的离地时的升力系数相同（离地速度也相同）的情况下，起飞襟翼偏度越大离地时的迎角越小。

7. 最大轮胎速度 V_{TIRE}

为了保证飞机起飞地面滑跑过程中，在离心力和热量上升的情况下轮胎结构不受损坏，轮胎的制造厂家通常会规定一个飞机在地面滑跑时，可以达到的最大地面滑跑速度，例如，对于大部分空客系列的飞机，最大轮胎速度 V_{TIRE} 等于 195 kn（地速），B757 和 B767 规定最大 225 mile/h[①]（也记作 MPH），起飞时须满足 $V_{LOF} \leqslant V_{TIRE}$。

---

① 1mile/h=1.609344km/h。

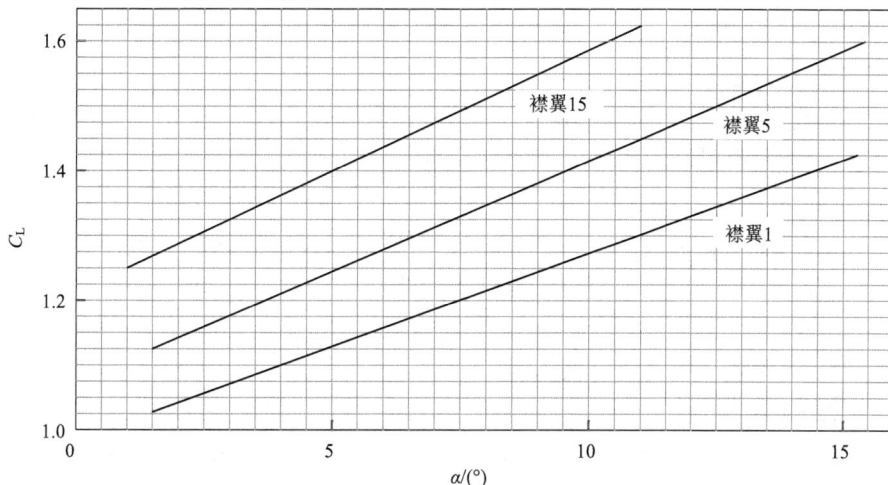

图 3-6　某飞机不同起飞构型和迎角时的升力系数曲线

8. 起飞"决断"速度 V_1

起飞"决断"速度是飞机起飞地面滑跑阶段，当关键发动机失效时飞行员决定继续起飞还是中断起飞的重要依据。在飞机起飞滑跑过程中，飞行员在该速度判定关键发动机是否失效，可以安全地继续起飞或中断起飞。并且继续起飞所需起飞距离小于等于可用起飞距离，中断起飞所需加速停止距离小于等于可用的加速停止距离。当飞机地面滑跑发生一发失效时，"决断"速度 V_1 是飞行员采取第一个中断起飞措施(如施加刹车、减少推力、打开减速装置)瞬间的最大速度，同时也是采取继续起飞措施瞬间的最小速度，因此也称为"行动速度(action speed)"。起飞"决断"速度 V_1 是申请人选定的，用校正空速表示。CCAR-25.107(CCAR-23.51)条规定，$V_1 \geqslant V_{EF} + \Delta V$，$\Delta V$ 是在下述时间间隔内，临界(关键)发动机不工作情况下该飞机的速度增量，此时间间隔指从临界(关键)发动机失效瞬间至驾驶员意识到该发动机失效并做出反应的瞬间，后一个瞬间以驾驶员在加速—停止试验中采取最初的减速措施(如施加刹车、减少推力、打开减速装置)为准。为了确保满足继续起飞的安全要求，$V_1 \geqslant V_{MCG}$；为了保障中断起飞的安全要求，$V_1 \leqslant V_R$ 且 $V_1 \leqslant V_{MBE}$。

9. 抬前轮速度 V_R

抬前轮速度 V_R 是指在起飞地面滑跑过程中，飞行员开始拉杆抬起前轮以增加飞机俯仰角(迎角)瞬间的速度，用校正空速表示。抬前轮速度(图 3-5)一般在给定起飞重量、起飞构型和环境参数等条件下，通过全发和一发停车的起飞试验验证确定。通常在起飞条件(重量、构型、环境)相同的情况下，全发和一发停车起飞使用同一个抬前轮速度。CCAR-25.107(CCAR-23.51)条规定，抬前轮速度 V_R 不得小于下列任一速度。

(1) V_1：为了确保飞机一发失效时继续起飞的安全。

(2) $1.05V_{MCA}$：为了确保抬前轮瞬间发生一发失效的飞行安全。

(3) 能使飞机在高于起飞表面 10.7 m(35ft)以前速度达到起飞安全速度 V_2。

(4) 如果飞机在该速度时刻抬前轮，并以实际可行的最大抬头率抬头，能保障得到的

离地速度 $V_{LOF} \geq 1.1V_{MU}$（全发工作），或 $V_{LOF} \geq 1.05V_{MU}$（单发停车）。

10. 起飞安全速度 V_2

起飞安全速度 V_2 是飞机飞离起飞道面 10.7m（35ft）必须达到的最小爬升速度。为了保障飞机离地后具有足够的爬升能力和机动裕度，CCAR-25.107（CCAR-23.51）条规定，起飞最小安全速度 V_{2min} 需要满足以下条件。

（1）$V_{2min} \geq 1.13V_{SR}$（双发和三发涡轮螺旋桨及活塞发动机飞机；无措施使一台发动机不工作带动力失速速度显著降低的涡轮喷气飞机）。

（2）$V_{2min} \geq 1.08V_{SR}$（三发以上的涡轮螺旋桨和活塞式发动机飞机；有措施使一台发动机不工作带动力失速速度显著降低的涡轮喷气飞机）。

（3）$V_{2min} \geq 1.10V_{MCA}$。

起飞安全速度 V_2 用校正空速表示，必须由申请人选定，CCAR-25.107（CCAR-23.51）条规定，飞机以速度 V_2 爬升时应具有的定常爬升梯度要满足：对于双发飞机不得小于 2.4%，对于三发飞机不得小于 2.7%，对于四发飞机不得小于 3.0%；并且 V_2 不得小于下列任意值。

（1）V_{2min}。

（2）V_R 加上在达到高于起飞表面 10.7 m（35ft）高度时所获得的速度增量。

（3）满足在前重心情况下飞机恒速协调转弯时的机动性要求（不得出现失速警告或其他可能干扰正常机动的特性）以及一发停车时仍能保持操纵的机动能力速度。

3.1.3 起飞跑道

跑道（runway）是指机场（airport）内供飞机起飞和着陆使用的一块特定场地，起飞跑道（takeoff runway）通常是指仅供飞机起飞使用的跑道，起飞跑道分为可用起飞跑道和需用起飞跑道。在起飞阶段的飞机性能分析中需要明确的是飞机在场道阶段的加速滑跑期间所经过的各种距离，起飞跑道主要包括通常可以从机场使用细则中得到的起飞机场的可用起飞滑跑距离、可用起飞距离、可用加速停止距离（或称为可用中断起飞距离）；需用起飞跑道主要是指根据实际起飞时的气象条件（风、温度等）、跑道状况（气压高度、坡度等）和飞机的起飞状态（重量、构型等）确定出需用起飞滑跑距离、需用起飞距离、需用加速停止距离（或称为需用的中断起飞距离）。为了确保起飞安全必须满足相应的需用距离不大于可用距离，即需用起飞滑跑距离≤可用起飞滑跑距离；需用起跑距离≤可用起跑距离；需用加速停止距离≤可用加速停止距离。

1. 可用起飞跑道

飞机在任何机场起飞时，机场的跑道长度总是有限的，为了确保飞机在三种可能情况下的起飞安全，通常将机场可以使用的跑道长度分为三种距离，即可用起飞滑跑距离（takeoff run available，TORA）、可用起飞距离（takeoff distance available，TODA）、可用加速停止距离（accelerate-stop distance available，ASDA）。在中国民用航空局颁布的《民用机场飞行区技术标准》（MH 5001—2021）中做出了严格的规定。

1）可用起飞滑跑距离 TORA

可用起飞滑跑距离 TORA 是由局方公布的可用于并适用于飞机起飞时进行地面滑跑

的跑道长度。一般 TORA 等于机场跑道的长度,或等于从跑道进入点(交叉滑行道)到跑道端头的长度,如图 3-7 所示。

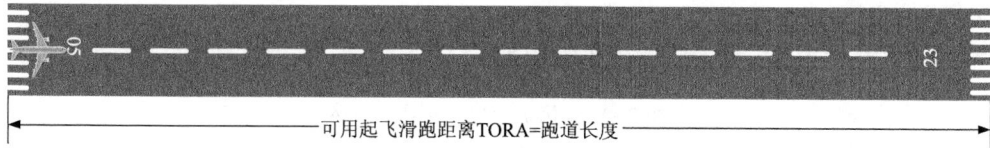

图 3-7 可用起飞滑跑距离 TORA

2)可用起飞距离 TODA

可用起飞距离 TODA 通常等于可用起飞滑跑距离的长度加上(如设有净空道时)净空道(clearway,CWY)的长度。净空道是指经过修整的使飞机可以在其上空初始爬升到规定高度的特定长方形场地或水面。当跑道较短,不能确保飞机完成初始爬升(爬升至 10.7 m 高)的安全时,机场应设净空道,以弥补跑道长度的不足。净空道的起点应位于可用起飞滑跑距离的末端。净空道(图 3-8)的长度应不大于可用起飞滑跑距离起飞跑道长度的一半,宽度应自跑道中线延长线向两侧延伸不少于 75m(250ft),上坡坡度不超过 1.25%,在该平面之上没有任何自然或人工修建的障碍物。净空道可以供全发起飞和单发失效继续起飞时空中段使用,即可以增加可用起飞距离。通常每种机型会规定其可以使用的净空道长度,该长度可能小于机场实际的净空道长度。一般规定单发失效继续起飞时可用净空道长度应不大于其实际起飞时空中段长度的一半;全发起飞时可用净空道长度应不大于其实际起飞时空中段长度一半的 1.15 倍。

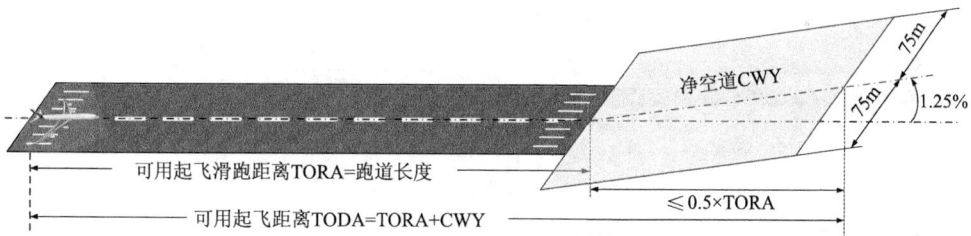

图 3-8 可用起飞距离 TODA

3)可用加速停止距离 ASDA

可用加速停止距离 ASDA 通常等于可用起飞滑跑距离的长度加上(如设有停止道时)停止道(stop way,SWY)的长度。停止道(图 3-9)是指跑道端外供飞机在中断起飞时能在其上停住的一块特定的场地,设置目的在于减少跑道全强度道面的长度,弥补飞机出现故障中断起飞时全强度道面长度的不足,保障飞机在其长度内停住。停止道的宽度等于与其相连接跑道(含道肩)的宽度,坡度要与跑道相同,长度可以根据关键机型由设计计算确定,强度要满足提供安全的机轮支撑。

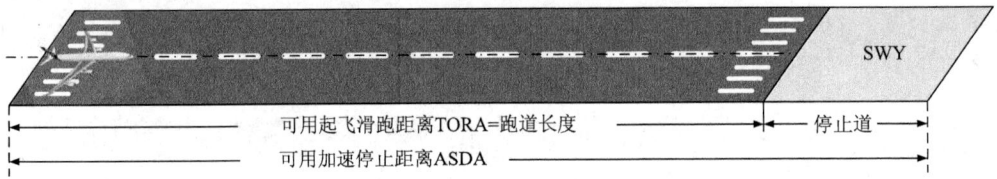

图 3-9　可用加速停止距离 ASDA

在实际使用起飞跑道时，还需要知道机场标高(aerodrome elevation)、跑道的道面等级号(pavement classification number)、跑道坡度、跑道的标识和灯光、滑行道、停止道、净空道以及障碍物的物理参数等相关情况。在做起飞性能分析时，重点关注的关于起飞跑道的三个可用距离，通常是根据机场是否具有净空道、停止道而定，其关系(图 3-10)如下。

(1) 可用起飞滑跑距离 TORA = 跑道长度。

(2) 可用起飞距离 TODA = 跑道长度+净空道长度(如果有)。

(3) 可用加速停止距离 ASDA = 跑道长度+停止道长度(如果有)。

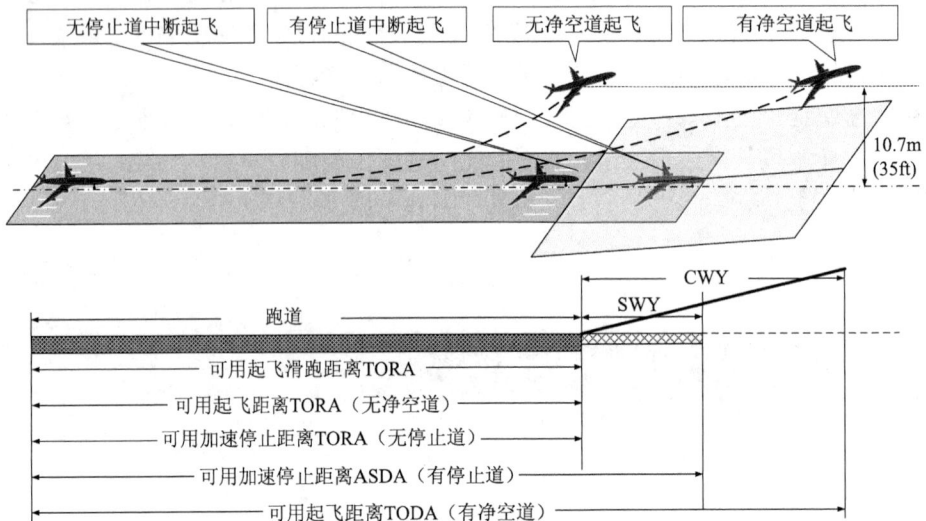

图 3-10　可用起飞跑道及其关系

实际的可用起飞滑跑距离、可用起飞距离、可用加速停止距离是根据机场颁布的数据使用的。

4) 平衡跑道长度与非平衡跑道长度

如果机场公布或机场使用手册中给出跑道长度的可用起飞距离等于可用加速停止距离，即 TODA = ASDA，通常称该机场跑道为平衡跑道，该长度为平衡跑道长度，否则称为非平衡跑道(长度)。

如图 3-11(a)所示，平衡跑道(长度)满足以下两种情况。

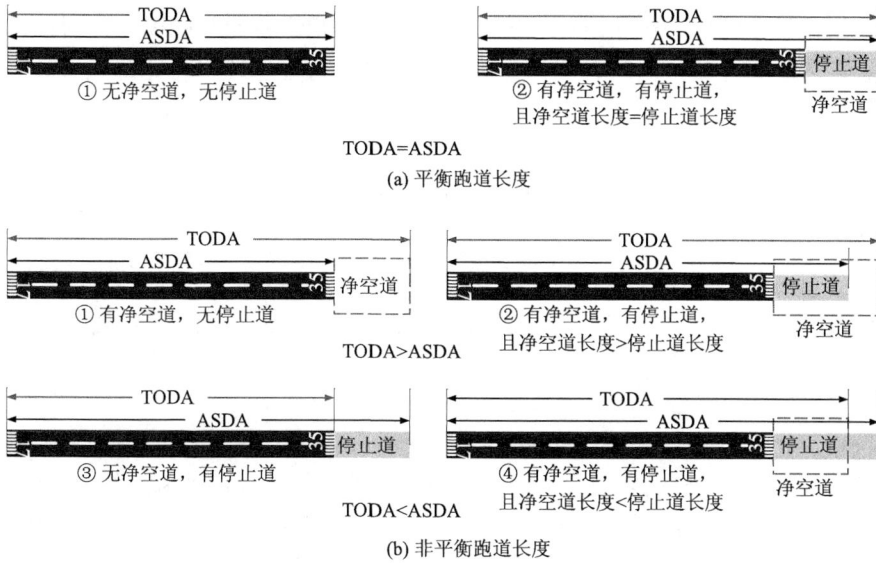

① 无净空道，无停止道

② 有净空道，有停止道，且净空道长度=停止道长度

TODA=ASDA

(a) 平衡跑道长度

① 有净空道，无停止道

② 有净空道，有停止道，且净空道长度>停止道长度

TODA>ASDA

③ 无净空道，有停止道

④ 有净空道，有停止道，且净空道长度<停止道长度

TODA<ASDA

(b) 非平衡跑道长度

图 3-11 平衡跑道长度与非平衡跑道长度

（1）若机场没有净空道也没有停止道，则可用起飞距离等于可用加速停止距离，即 TODA=ASDA。

（2）若机场有净空道和停止道，并且净空道和停止道长度相等，则可用起飞距离等于可用加速停止距离，即 TODA=ASDA。

如图 3-11(b) 所示，非平衡跑道（长度）出现在下列四种情况中。

（1）若机场有净空道但是无停止道，则可用起飞距离大于可用加速停止距离即 TODA>ASDA。

（2）若机场有净空道和停止道，但是净空道长度大于停止道长度，则可用起飞距离大于可用加速停止距离，即 TODA>ASDA。

（3）若机场无净空道但是有停止道，则可用起飞距离小于可用加速停止距离，即 TODA<ASDA。

（4）若机场有净空道和停止道，但是净空道长度小于停止道长度，则可用起飞距离大于可用加速停止距离，即 TODA<ASDA。

例 3-1 已知某机场跑道的参数如图 3-12 所示，根据给出的数据，确定该机场跑道的可用起飞滑跑距离 TORA、可用起飞距离 TODA、可用加速停止距离 ASDA。

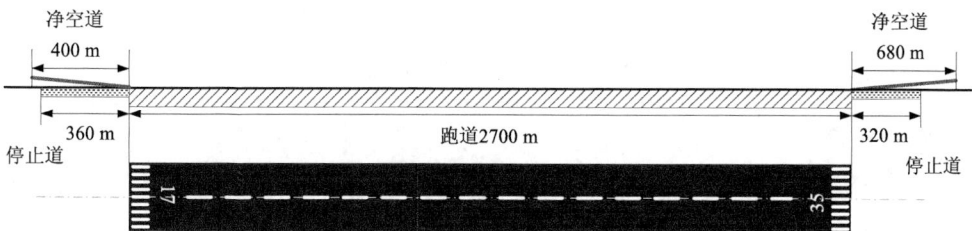

图 3-12 跑道公布的距离数值

解：根据题中给出的机场跑道长度、净空道、停止道各参数的值，可得该机场跑道的可用起飞滑跑距离 TORA、可用起飞距离 TODA、可用加速停止距离 ASDA 如表 3-1 所示。

表 3-1　跑道的距离

跑道号	TORA/m	TODA/m	ASDA/m
17	2700	3380 (2700+680)	3020 (2700+320)
35	2700	3100 (2700+400)	3060 (2700+360)

2. 需用起飞跑道

按照 CCAR-25 和《大型飞机公共航空运输承运人 运行合格审定规则》(CCAR-121-R7)(简称 CCAR-121)中的规定，飞机的需用起飞跑道要根据跑道的实际状况(干跑道、湿跑道和有无停止道、净空道等)和飞机实际起飞重量、襟翼位置、重心位置等参数，针对全发起飞、一发失效继续起飞、一发失效中断起飞等三种情况，分别确定出需用起飞滑跑距离、需用起飞距离和需用加速停止距离。

1)需用起飞距离

根据 CCAR-25 中 25.113 条和 CCAR-121 中 121.189 条的规定，需用起飞距离(takeoff distance，TOD)是指从松刹车开始到飞机高于起飞表面上空 35ft 所覆盖的距离，需要针对干、湿跑道并考虑全发起飞和一发故障继续起飞两种情况分别给出。

(1)干跑道。

干跑道的需用起飞距离 TOD(记作 TOD_{dr})取 1.15 倍全发起飞距离(记作 TOD_{Ndr})和一发失效继续起飞距离(记作 TOD_{N-1dr})中较大的，即

$$TOD_{dr} = \max\{1.15\,TOD_{Ndr},\ TOD_{N-1dr}\}$$

其中，TOD_{Ndr} 是从松刹车开始到飞机高于起飞表面上空 35ft 所覆盖的距离(假设所有发动机都工作)；TOD_{N-1dr} 是从松刹车开始到飞机高于起飞表面上空 35ft 所覆盖的距离(假设关键发动机的故障在 V_{EF} 时发生，在 V_1 时被判明，并选择继续起飞)，如图 3-13 所示。

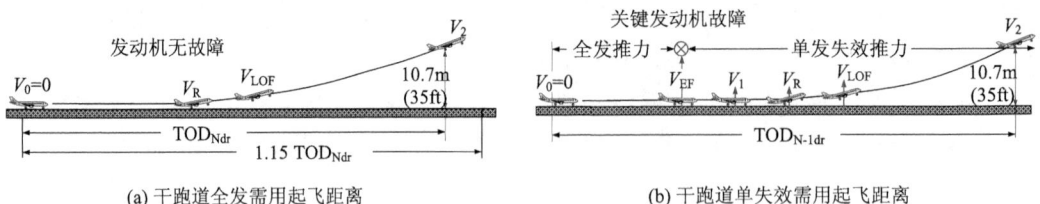

(a) 干跑道全发需用起飞距离　　　(b) 干跑道单失效需用起飞距离

图 3-13　干跑道需用起飞距离

(2)湿跑道。

湿跑道的需用起飞距离 TOD(记作 TOD_{wr})取干跑道全发需用起飞距离(TOD_{dr})和一发故障在湿跑道继续起飞需用距离(记作 TOD_{N-1wr})的较大者，即

$$TOD_{wr} = \max\{TOD_{dr},\ TOD_{N-1wr}\}$$

其中，TOD_{N-1wr} 是从松刹车开始到飞机高于起飞表面上空 4.6m(15ft) 所覆盖的距离，并确保飞机在起飞表面上空达到35ft之前就达到 V_2 速度(假设关键发动机的故障在 V_{EF} 时发生，在 V_1 时被判明，并选择继续起飞)，如图 3-14 所示。

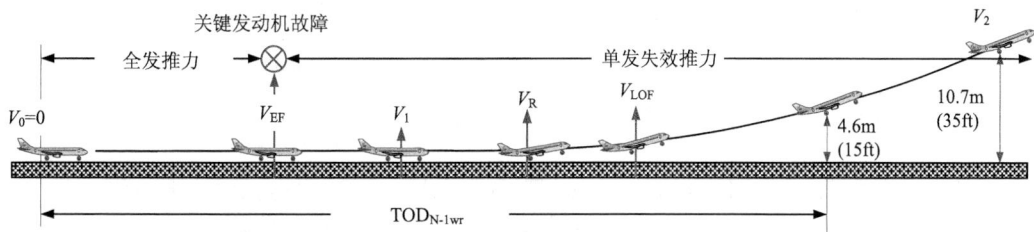

图 3-14 湿跑道一发故障需用起飞距离 TOD_{N-1wr}

2)需用起飞滑跑距离

根据 CCAR-25 中 25.113 条和 CCAR-121 中 121.189 条的规定，在确定需用起飞滑跑距离 TOR 时，要考虑机场是否具有净空道两种情况分别给出。

(1)无净空道。

对于无净空道的机场跑道，干或湿跑道情况下的需用起飞滑跑距离 TOR 均等于相应的需用起飞距离 TOD。

(2)有净空道。

对于有净空道的机场跑道，起飞滑跑距离需分干、湿跑道情况分别考虑。

①干跑道上的需用起飞滑跑距离 TOR(记作 TOR_{dr})取 1.15 倍的全发起飞滑跑距离(记作 TOR_{Ndr})和一发停车时起飞滑跑距离(记作 TOR_{N-1dr})两者中较大的值，即

$$TOR_{dr} = \max\{1.15TOR_{Ndr}, TOR_{N-1dr}\}$$

其中，TOR_{Ndr} 是从松刹车点到 V_{LOF} 点(离地点)与飞机到达起飞表面上空 10.7m(35ft) 点之间中点的距离；TOR_{N-1dr} 是从松刹车点到 V_{LOF} 点与飞机到达起飞表面上空 35ft 点之间中点的距离(假设关键发动机的故障在 V_{EF} 时发生，在 V_1 时被判明，并继续起飞)，如图 3-13 所示。

②湿跑道上的需用起飞滑跑距离 TOR(记作 TOR_{wr})取 1.15 倍湿跑道全发起飞滑跑距离(记作 TOR_{Nwr})和一发停车时湿跑道起飞滑跑距离(记作 TOR_{N-1wr})两者中较大的值，即

$$TOR_{wr} = \max\{1.15TOR_{Nwr}, TOR_{N-1wr}\}$$

其中，TOR_{Nwr} 为从松刹车点到 V_{LOF} 点(离地点)与飞机到达起飞表面上空 35ft 点之间中点的距离；TOR_{N-1wr} 为从松刹车开始到飞机高于起飞表面上空 4.6m(15ft) 所覆盖的距离，并确保飞机在起飞表面上空达到 10.7m(35ft) 之前就达到 V_2 速度(假设关键发动机的故障在 V_{EF} 时发生，在 V_1 时被判明，并继续起飞)，如图 3-15 所示。

3)需用加速停止距离

根据 CCAR-25 中 25.113 条和 CCAR-121 中 121.189 条的规定，需用加速停止距离(accelerate-stop distance, ASD)(也称中断起飞距离)是指在飞机起飞地面滑跑过程中，如果一发故障并按标准程序中断起飞，飞机从速度为零开始加速滑跑至一台发动机停车，

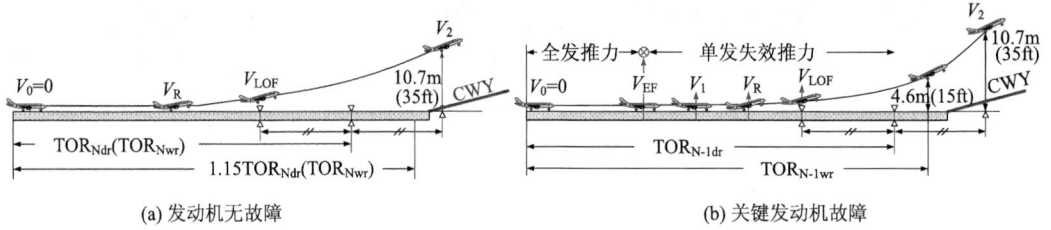

图 3-15　有净空道时的需用起飞滑跑距离

飞行员判明并采取相应的制动程序使飞机完全停下来所需的跑道长度，或特殊情况的全发中断起飞所需要的跑道长度，一般要考虑干、湿跑道两种情况。

(1)干跑道需要的加速停止距离(记作 ASD_{dr})是取全发加速停止距离(记作 ASD_{Ndr})和一发停车加速停止距离(记作 ASD_{N-1dr})中的较大者，即

$$ASD_{dr} = \max \{ASD_{Ndr}, \ ASD_{N-1dr}\}$$

其中，全发加速停止距离 ASD_{Ndr} 是下列三段距离之和：第一段距离是从松刹车点到飞机加速到 V_1(所有发动机都工作)经过的距离，第二段距离是以速度 V_1 滑跑 2s 的距离，第三段是由 V_1 速度点(假设飞行员在 V_1 时采取了第一个中断起飞的动作，并且所有发动机都工作)使飞机完全停下来所经过的距离，如图 3-16 所示。一发停车加速停止距离 ASD_{N-1dr} 是下列四段距离之和，第一段距离是从松刹车点到所有飞机都工作时将飞机加速到 V_{EF} 速度点的距离，第二段距离是从 V_{EF} 加速到 V_1(通常约定 V_{EF} 和 V_1 之间的延迟为1s)所经过的距离(假设关键发动机在 V_{EF} 发生故障而且飞行员在 V_1 时采取了第一个中断起飞的动作)，第三段距离是以恒定的 V_1 速度运动 2s 所覆盖的距离，第四段是飞机由 V_1 速度到完全停下来所经过的距离，如图 3-16 所示。

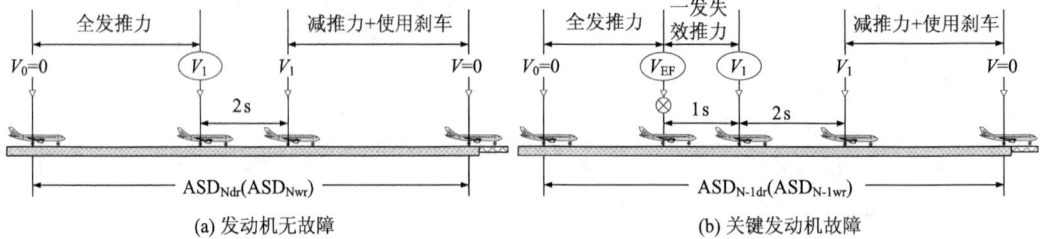

图 3-16　干或湿跑道情况下要求的加速停止距离 ASD(中断起飞距离)

(2)湿跑道上的加速停止距离(记作 ASD_{wr})按下式取。

$$ASD_{wr} = \max \{ASD_{dr}, \ ASD_{N-1wr}, \ ASD_{Nwr}\}$$

其中，ASD_{dr} 为干跑道需要的加速停止距离；ASD_{Nwr} 和 ASD_{N-1wr} 分别为湿跑道的全发加速停止距离和一发停车加速停止距离，其规定的长度除跑道为湿的之外其余的与相应的干跑道的相同(图 3-16)。

3. 可用起飞跑道和需用起飞跑道

1)可用起飞跑道和需用起飞跑道的关系

为了确保起飞安全，起飞时必须满足下列要求。

(1)需用起飞距离 TOD≤可用起飞距离 TODA。

(2)需用起飞滑跑距离 TOR≤可用起飞滑跑距离 TORA。

(3)需要加速停止距离 ASD≤可用加速停止距离 ASDA。

2)关于可用起飞跑道的修正

飞机起飞时在从滑行道到起飞跑道并对准跑道中心线的过程中，通常需要经过一个 90°或 180°的转弯，飞机在经 90°和 180°转弯并对准跑道中心线时的运动轨迹如图 3-17 所示，其间需要损失一定的可用跑道长度，因此可用跑道需要减掉一个修正量。

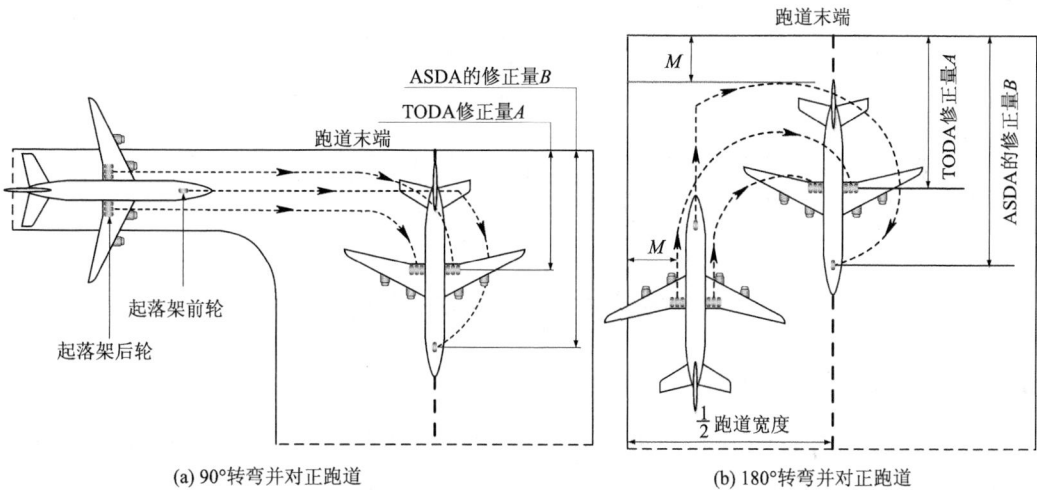

图 3-17 飞机 90°或 180°转弯对正跑道对 TODA 和 ASDA 的修正量

可用起飞距离 TODA、可用起飞滑跑距离 TORA 的修正量是从起飞一端跑道头到飞机主(后)轮的初始距离，如图 3-18 中的 A 段长度，这是因为起飞航道段的结束高度 10.7m(35ft)是从主轮开始测量的;可用加速停止距离 ASDA 的修正量是从起飞一端跑道头到飞机前轮的初始距离，如图 3-18 中的 B 段长度，因为中断起飞完全停下来时要求飞机前轮位于跑道或停止道之上。

图 3-18 可用跑道的修正量

飞机在对正跑道中心线过程的修正量，取决于跑道弯道的形状以及飞机的具体结构尺寸，通常飞机的飞行手册中会给出相应的需要修正的量值，表 3-2 列出了几种型号飞机的修正值。

表 3-2 转弯进入并对正跑道修正量

转弯	90°转弯进入跑道最小修正值		180°转弯进入跑道最小修正值	
型号	TODA（TORA）	ASDA	TODA（TORA）	ASDA
	A/m	B/m	A/m	B/m
B737-400	10.1	24.3	18.1	32.4
B777-200	23.6	49.5	32.9	58.0
B777-300	26.2	57.4	46.5	71.6
B747	23.9	49.5	32.4	56.4
A320	10.9	23.6	16.5	29.1
A321	12	28.9	20.9	37.8
A340-500	23.6	51.6	35.9	63.9
A340-600	24.6	57.8	41.1	74.3

3.2 全发起飞场道阶段的性能

3.2.1 全发起飞的跑道性能

飞机全发起飞的场道阶段包括飞机在地面不断加速滑跑到 V_{LOF} 速度时离地，并爬升至离跑道 10.7m（35ft）达到 V_2 速度所覆盖的水平距离，飞机全发起飞距离 TOD_N、起飞滑跑距离 TOR_N 均包含实际地面滑跑距离和空中段对应的水平距离两部分之和。

1. 飞机起飞地面滑跑段距离

飞机在地面加速滑跑时，其受到的外力包括升力 L、阻力 D、发动机推力 T、地面的支撑力 N、摩擦力 F，起飞地面滑跑阶段通常认为飞机的迎角、发动机的安装角均为小量。当实际机场跑道无坡度时，受力情况如图 3-19（a）所示；实际机场跑道具有坡度 φ_r 时，受力情况如图 3-19（b）所示。

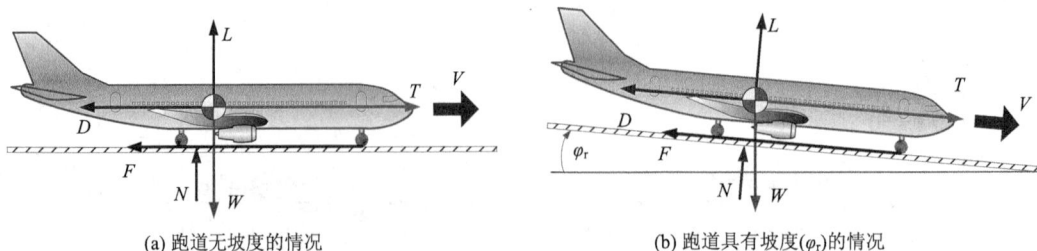

(a) 跑道无坡度的情况　　　　　　　　　(b) 跑道具有坡度(φ_r)的情况

图 3-19 飞机起飞地面滑跑阶段受力分析

1）机场跑道无坡度并假设无风时的全发起飞的滑跑距离计算

当不考虑风和跑道坡度时，飞机地面滑跑受力情况如图 3-19（a）所示，可得飞机地面滑跑时的动力学方程为

$$\begin{cases} \dfrac{W}{g}\dfrac{\mathrm{d}V}{\mathrm{d}t} = T - D - F \\ W = L + N \end{cases} \tag{3-2}$$

其中，W 为飞机的重力；N 为跑道的支撑力（飞机对跑道正压力的反作用力）；F 为跑道的摩擦力，即

$$F = \mu N = \mu(W - L) \tag{3-3}$$

其中，μ 为跑道摩擦系数。

将式（3-3）代入式（3-2）并整理可得地面滑跑的加速度 a 为

$$a = \dfrac{\mathrm{d}V}{\mathrm{d}t} = \dfrac{g}{W}\left[T - \mu W - \dfrac{\rho V^2}{2} S_W (C_D - \mu C_L) \right] \tag{3-4}$$

其中，S_W 为机翼的参考面积。

例 3-2　已知某个飞机起飞参数为起飞重量 $W = 240000\text{lbf}$，标准大气条件且机场跑道位于标准大气海平面，跑道无坡度且摩擦系数为 $\mu = 0.0165$，无风；其机翼参考面积为 1951ft^2，考虑到地效影响后 $(C_D - \mu C_L) = 0.08$，起飞时双发工作，且单台发动机的推力随速度由 0kn 至 150kn 的变化关系如表 3-3 所示。试计算地面滑跑期间加速度随速度的变化。

表 3-3　单台发动机的推力随速度的变化

V_{TAS}/kn	0	20	40	60	80	100	120	140	150
T/lbf	35532	34653	33775	32896	32017	31139	30260	29381	28942

解：本例题采用英制计算。标准大气海平面大气密度 $\rho = 0.002377\text{slug/ft}^3$，重力加速度 $g = 32.17366\text{ft/s}^2$。速度的单位换算为 1kn = 1n mile/h = 1.688ft/s，无风时地速等于真实空速，即 $V_{GS} = V_{TAS}$。利用式（3-4）的计算过程与结果如表 3-4 和图 3-20 所示。

表 3-4　地面滑跑期间加速度随速度变化的计算结果

$V_{GS}=V_{TAS}$ /kn	$V_{GS}=V_{TAS}$ /(ft/s)	$q=0.5\rho V^2_{TAS}$ /(lbf/ft²)	$2\times T$ /lbf	μW /lbf	$qS(C_D-\mu C_L)$ /lbf	a /(ft/s²)	a /(kn/s)
0	0.00	0.00	71064	3960	0.00	9.00	5.33
20	33.76	1.35	69306	3960	211.37	8.73	5.17
40	67.51	5.42	67550	3960	845.48	8.41	4.98
60	101.27	12.19	65792	3960	1902.33	8.03	4.76
80	135.02	21.67	64034	3960	3381.92	7.60	4.50
100	168.78	33.86	62278	3960	5284.24	7.11	4.21
120	202.53	48.75	60520	3960	7609.31	6.56	3.89
140	236.29	66.36	58762	3960	10357.12	5.96	3.53
150	253.17	76.18	57884	3960	11889.55	5.64	3.34

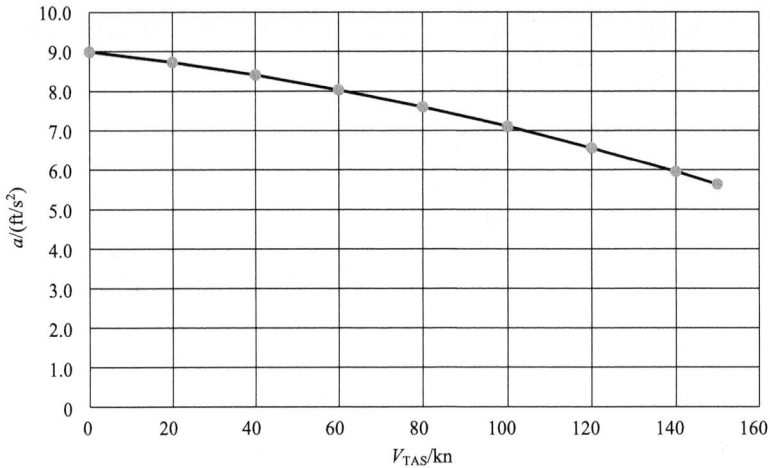

图 3-20　地面滑跑期间加速度随速度的变化

飞机地面滑跑时的滑跑距离记为 R_G，则有 $\mathrm{d}R_G = V_G\mathrm{d}t = V_G\mathrm{d}V/a$，因此飞机地面起飞滑跑阶段由速度 $V_0 = 0$ 加速到离地速度 V_{LOF} 的滑跑距离为

$$R_G = \int_{V_0}^{V_{\mathrm{LOF}}} \frac{V_G}{a}\mathrm{d}V \tag{3-5}$$

计算滑跑距离 R_G 的方法之一是将地面滑跑时的速度按照由小到大分成 n 个 $V_k(k = 1,2,\cdots,n-1)$，这样就形成 $n-1$ 个区间 $[V_k, V_{k+1}](k = 1,2,\cdots,n-1)$，在每个速度区间 $[V_k,V_{k+1}]$ 内的加速度取平均值，即 $a_{k\mathrm{ave}} = (a_k+a_{k+1})/2$，并在该区间内其为常数，则由式(3-5)积分可得速度由 V_k 增加到 V_{k+1} 滑跑距离分别为 $R_{Gk} = (V_{k+1}^2 - V_k^2)/(2a_{k\mathrm{ave}})$，再对每一段的滑跑距离求和，即可得总的滑跑距离为 $R_G = R_{G1}+ R_{G1}+\cdots+ R_{G(n-1)}$。对于地面滑跑时间也可以同样计算，即每一段的平均速度为 $V_{k\mathrm{ave}} = (V_k+V_{k+1})/2$，每一段的滑跑时间为 $t_{Gk} = R_{Gk}/V_{k\mathrm{ave}}$，因此总的滑跑时间为 $t_G = t_{G1}+ t_{G1}+\cdots+t_{G(n-1)}$。

例3-3　已知条件与例3-2相同,试计算地面滑跑距离及地面滑跑时间随速度的变化。

解：同例 3-2 一样处理，将速度分别以 0、20、40、60、80、100、120、140、150 (kn) 为端点分为 8 个区间，根据已经计算得到的表 3-4 中的结果，可以得到地面滑跑距离和时间随速度的变化如表 3-5 和图 3-21 所示。

表 3-5　地面滑跑距离随速度变化的计算结果

k	$V_{\mathrm{GS}}=V_{\mathrm{TAS}}$		a	$a_{k\mathrm{ave}}$	V_{avg}	$V_{k+1}^2 - V_k^2$	$R_{Gk}=\dfrac{V_{k+1}^2 - V_k^2}{2a_{k\mathrm{ave}}}$	$R_G = R_{G1}+R_{G2}+\cdots$	t_{Gk}	$t_G = t_{G1}+t_{G2}+\cdots$
	kn	ft/s	ft/s^2	ft/s^2	ft/s	ft^2/s^2	ft	ft	s	s
1	0	0	9	8.865	16.88	1139.74	64.28	64.28	3.81	3.81
	20	33.76	8.73							
2	20	33.76	8.73	8.57	50.635	3417.86	199.41	263.69	3.94	7.75
	40	67.51	8.41							

续表

k	$V_{GS}=V_{TAS}$		a	a_{kave}	V_{avg}	$V_{k+1}^2-V_k^2$	$R_{Gk}=\dfrac{V_{k+1}^2-V_k^2}{2a_{kave}}$	$R_G=R_{G1}+R_{G2}+\cdots$	t_{Gk}	$t_G=t_{G1}+t_{G2}+\cdots$
	kn	ft/s	ft/s^2	ft/s^2	ft/s	ft^2/s^2	ft	ft	s	s
3	40	67.51	8.41	8.22	84.39	5698.01	346.59	610.29	4.11	11.85
	60	101.27	8.03							
4	60	101.27	8.03	7.82	118.15	7974.79	510.22	1120.51	4.32	16.17
	80	135.02	7.6							
5	80	135.02	7.6	7.36	151.9	10256.29	697.23	1817.74	4.59	20.76
	100	168.78	7.11							
6	100	168.78	7.11	6.84	185.66	12531.71	916.73	2734.47	4.94	25.70
	120	202.53	6.56							
7	120	202.53	6.56	6.26	219.41	14814.56	1183.27	3917.74	5.39	31.09
	140	236.29	5.96							
8	140	236.29	5.96	5.8	244.73	8262.085	712.25	4630	2.91	34.00
	150	253.17	5.64							

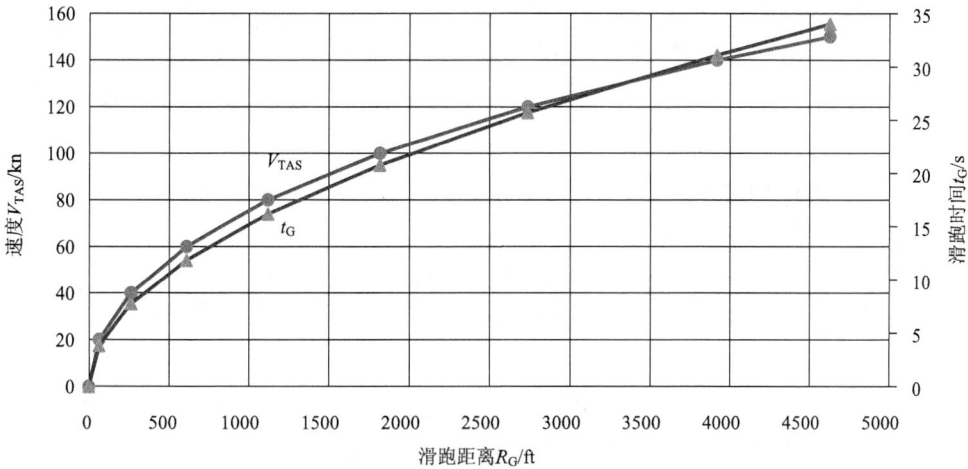

图 3-21　地面滑跑距离和时间随速度的变化

计算滑跑距离 R_G 的方法之二是将式(3-4)代入式(3-5)中，可得飞机地面起飞滑跑距离计算公式为

$$R_G=\int_{V_0}^{V_{LOF}}\frac{W}{g}\cdot\frac{V}{T-\mu W-\dfrac{\rho V^2}{2}S_W(C_D-\mu C_L)}dV \tag{3-6}$$

为了便于估算，式(3-6)中引入换算摩擦系数 μ'，其值为

$$\mu'=\mu+\frac{\rho V^2 S_W}{2W}(C_D-\mu C_L) \tag{3-7}$$

在实际近似计算起飞滑跑距离时，可以将地面滑跑期间发动机的推力取平均值并视为常数，同样换算摩擦系数也取其平均值并看作常数，于是由式(3-6)可得飞机地面滑跑距离的近似估算公式：

$$R_G = \frac{V_{LOF}^2}{2g(T/W - \mu')} \tag{3-8}$$

飞机从开始起飞滑跑 $V_0 = 0$ 加速到离地速度 V_{LOF}，离地的时间称为全发起飞滑跑时间 t_G，记为滑跑距离 t_G，在近似估算时一般取 $(V_0 + V_{LOF})/2 = V_{LOF}/2$ 作为地面滑跑时的平均速度，则有

$$t_G = \frac{R_G}{V_{LOF}/2} = \frac{V_{LOF}}{g(T/W - \mu')} \tag{3-9}$$

例3-4 已知某双发飞机，机翼面积为 980ft^2，起飞时质量 55000kg，起飞时使用襟翼偏度5，离地时的迎角为 $11°$，不同起飞构型和迎角时的升力系数如图3-6所示。机场气压高度 2000ft，气温 20℃。又已知单台发动机的平均推力为 75400N，跑道的换算摩擦系数 $\mu' = 0.03$。试求飞机起飞离地的真实空速 V_{LOF}、地面滑跑距离 R_G 与时间 t_G。

解： 由标准大气表可知机场气压高度 2000ft 的大气压强为 94189.4Pa，又已知机场气温为 20℃，因此机场的大气密度为

$$\rho = \frac{P}{RT} = \frac{94189.4}{287 \times (273.15 + 20)} = 1.1195\text{kg}/\text{m}^3$$

由图3-6可查得襟翼偏度5，离地迎角 $11°$ 时的升力系数为1.45，根据式(3-1)可得

$$V_{LOF} = \sqrt{\frac{2 \times 55000 \times 9.80665}{1.1195 \times 980 \div 3.28^2 \times 1.45}} = 85.41\text{m/s}(307.48\text{km/h}, \ 280.22\text{ft/s}, \ 166.03\text{n mile/h})$$

由式(3-8)可得

$$R_G = \frac{85.41^2}{2 \times 9.80665[2 \times 75400/(55000 \times 9.80665) - 0.03]} = 1490.2\text{m} \ (4887\text{ft})$$

由式(3-9)可得

$$t_G = \frac{R_G}{V_{LOF}/2} = \frac{1490.2}{85.41 \div 2} = 34.89(\text{s})$$

或

$$t_G = \frac{V_{LOF}}{g(T/W - \mu')} = \frac{85.41}{9.80665[2 \times 74500 \div (55000 \times 9.80665) - 0.03]} = 34.89(\text{s})$$

2) 跑道具有坡度且有风时的起飞滑跑距离

机场跑道的坡度对飞机的起飞性能有较大的影响，考虑跑道具有坡度(φ_r)且有风时飞机地面滑跑的受力情况如图3-19(b)所示，可得飞机地面滑跑时的动力学方程为

$$\begin{cases} \dfrac{W}{g}\dfrac{dV}{dt} = T - D - F - W\sin\varphi_r \\ W\cos\varphi_r = L + N \end{cases} \tag{3-10}$$

其中，φ_r 为跑道的坡度，当飞机沿坡度向下滑跑时取负值，沿跑道坡度向上滑跑时取正值；跑道的摩擦力 F 为

$$F = \mu N = \mu(W\cos\varphi_r - L) \tag{3-11}$$

由于跑道的坡度 φ_r 为小量，可取 $\cos\varphi_r \approx 1$，$\sin\varphi_r \approx \varphi$，将式(3-11)代入式(3-10)的第一式中整理可得地面滑跑的加速度 a 为

$$a = \frac{\mathrm{d}V}{\mathrm{d}t} = g\left\{\frac{T}{W} - \left[\mu + \frac{\rho V^2}{2}S_W(C_D - \mu C_L)\right] - \varphi_r\right\} \tag{3-12}$$

飞机地面滑跑阶段由地速 V_{G1} 到地速 V_{G2} 的地面滑跑距离为

$$R_G = \int_{V_{G1}}^{V_{G2}} \frac{V_G}{a}\mathrm{d}V \tag{3-13}$$

地面沿跑道方向的风速度分量记为 V_W（规定顺风起飞取负值，逆风起飞取正值），则有 $V_G = V - V_W$，CCAR-25 中 25.105 条、CCAR-121 中 121.177 条规定，为了确保起飞飞行安全，取逆风分量的 50%或顺风分量的 150%进行计算；将 $V_G = V - V_W$ 和式(3-12)一并代入式(3-13)中，可得飞机地面起飞滑跑阶段由速度 $V_0 = 0$ 加速到离地速度 V_{LOF} 的滑跑距离为

$$R_G = \int_{V_0}^{V_{LOF}} \frac{W}{g} \cdot \frac{V - V_W}{T/W - [\mu + (C_D - \mu C_L)S_W\rho V^2/2] - \varphi_r}\mathrm{d}V \tag{3-14}$$

引入式(3-7)换算摩擦系数 μ' 后，由式(3-14)可得起飞滑跑距离的近似估算公式：

$$R_G = \frac{(V_{LOF} - V_W)^2}{2g(T/W - \mu' - \varphi_r)} \tag{3-15}$$

记 t_G 为飞机从开始滑跑时 $V_0 = 0$ 加速到速度 V_{LOF} 离地的时间，作为近似估算一般取地面滑跑期间的平均速度为 $(V_0 + V_{LOF})/2 = V_{LOF}/2$，则有

$$t_G = \frac{R_G}{V_{LOF}/2} = \frac{V_{LOF}}{g(T/W - \mu' - \varphi_r)} \tag{3-16}$$

2. 飞机起飞空中段距离计算

在飞机起飞阶段，从飞机离地瞬间到爬升至离跑道道面高度达到 10.7m(35ft)，并且在该点速度增加到不小于 V_2 所经过的水平距离记作 R_A，称为起飞空中段距离如图 3-22 所示。离地后飞机受力包括升力 L、阻力 D 和发动机推力 T、重力，如图 3-22 所示。

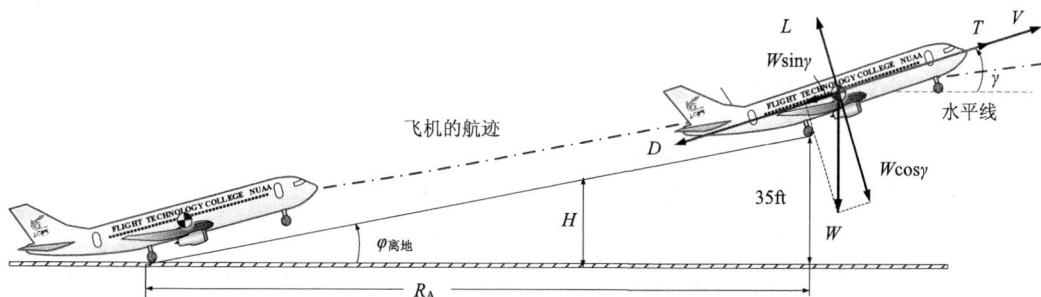

图 3-22　飞机起飞空中段受力分析

记飞机的速度 V 和水平线的夹角(即航迹倾角或爬升角)为 γ,则飞机离地后的动力学和运动方程可写为

$$\begin{cases} \dfrac{\mathrm{d}V}{\mathrm{d}t} = \dfrac{g}{W}(T - D - W\sin\gamma) \\[2mm] \dfrac{\mathrm{d}\gamma}{\mathrm{d}t} = \dfrac{g}{W}\dfrac{1}{V}(L - W\cos\gamma) \\[2mm] \dfrac{\mathrm{d}R_{A}}{\mathrm{d}t} = V\cos\gamma \\[2mm] \dfrac{\mathrm{d}H}{\mathrm{d}t} = V\sin\gamma \end{cases} \tag{3-17}$$

其中,R_A 为起飞航道阶段飞过的水平距离;H 为起飞场道阶段飞机距离跑道的高度。

式(3-10)可以数值积分计算出飞机由离地瞬间到达跑道上空 35ft 所飞过的水平距离。由于起飞阶段航迹倾角 γ 很小,飞机的法向加速度也很小,因此可以近似取 $\mathrm{d}\gamma/\mathrm{d}t \approx 0$,$\cos\gamma \approx 1$,从而飞机爬升航迹的距离近似等于对应的水平距离。则由方程组(3-17)的第一式和第三式可得

$$R_{A} = \frac{W}{2g}\int_{V_{\mathrm{LOF}}^{2}}^{V_{2}^{2}} \frac{1}{T - D - W\sin\gamma}\mathrm{d}V^{2} \tag{3-18}$$

在实际计算时,空中段距离也可以根据能量守恒定律近似计算。飞机离地后爬升至 10.7m(35ft),能量的改变量等于外力所做的功,由图 3-20 可得

$$\left(WH_{2} + \frac{1}{2}\frac{W}{g}V_{2}^{2}\right) - \frac{1}{2}\frac{W}{g}V_{\mathrm{LOF}}^{2} = \int_{0}^{R_{A}}(T - D)\frac{\mathrm{d}R}{\cos\varphi_{\text{离地}}}$$

其中,$H_2 = 10.7\mathrm{m}(35\mathrm{ft})$。

由于飞机航迹与跑道的夹角 $\varphi_{\text{离地}}$ 较小,可以近似取 $\cos\varphi_{\text{离地}} \approx 1$,$T-D = \Delta T$ 称为剩余推力,取平均值 $(T{-}D)_{\mathrm{AV}} = \Delta T_{\mathrm{AV}}$ 近似为常数,则由上式可得近似计算公式:

$$R_{A} = \frac{W}{\Delta T_{\mathrm{AV}}}\left(\frac{V_{2}^{2} - V_{\mathrm{LOF}}^{2}}{2g} + H_{2}\right) \tag{3-19}$$

3. 飞机的需用起飞跑道计算

飞机的全发需用起飞距离 $\mathrm{TOD_N}$、起飞滑跑距离 $\mathrm{TOR_N}$ 分别为

$$\mathrm{TOD_N} = 115\%(R_{G} + R_{A}) \tag{3-20}$$

$$\mathrm{TOR_N} = 115\%(R_{G} + R_{A}/2) \tag{3-21}$$

3.2.2　影响全发起飞跑道的因素

通常起飞空中段距离相对较短,因此影响全发起飞距离的因素主要考虑对地面距离的影响,包括飞机重量、襟翼偏度、机场标高和温度、跑道坡度、风等。

1. 飞机起飞重量的影响

飞机的起飞重量越大,起飞滑跑距离越长。飞机起飞时受限于擦尾角,因此飞机的离地姿态(迎角)基本保持不变。由式(3-1)可知,飞机的起飞重量越大则离地速度 V_{LOF}

越大，同时飞机的起飞重量越大则地面滑跑时的加速度将越小，因此地面滑跑距离随重量的增大而增加。将式(3-1)代入式(3-8)可得

$$R_G = \frac{W}{g\rho SC_{L_{LOF}}(T/W-\mu')}$$

若忽略 μ' 的影响，由上式可得

$$\frac{dR_G}{R_G} = 2\frac{dW}{W}$$

由此可知，一般起飞重量若增加 1%，则地面滑跑距离约增加 2%。

2. 飞机的起飞襟翼的影响

飞机在起飞时需要放一定角度的襟翼，目的在于提高飞机离地瞬间的升力系数 $C_{L_{LOF}}$，从而可以使飞机的离地速度减小，进而可以缩短起飞距离。但是通常对于同一架飞机襟翼偏度大，在增加升力系数的同时其阻力系数会增加更多，其升阻比通常会减小，因此大的起飞襟翼偏度在缩短起飞距离的同时，会使飞机离地后的爬升梯度减小。在确定起飞襟翼时需要根据具体情况选择。

3. 机场标高和温度的影响

起飞机场的标高越高、温度越高，则飞机的需用起飞(滑跑)距离越长。机场标高较高和温度较高时，则空气的密度将减小，这既会使发动机的推力降低而飞机滑跑的加速度减小，同时飞机离地瞬间需要满足 $W = L = 0.5\rho V^2 SC_{L_{LOF}}$。密度的减小需要有更大的速度，因此使得相同起飞重量飞机的离地速度增加，需用起飞(滑跑)距离也会增加。

4. 机场跑道坡度的影响

跑道坡度(φ_r)通常用跑道两端的落差除以跑道长度的百分数表示。由图 3-19(b)和式(3-10)的第一式可知，当飞机下坡起飞滑跑时，重力的分量 $W\sin\varphi_r$ 与速度方向相同，因此飞机的加速度会更大，起飞距离会减小；反之，上坡起飞则会增加起飞距离。

5. 风的影响

飞机起飞地面滑跑距离取决于地速(V_G)，且 $V_G = V_{CAS} - V_W$(其中，V_{CAS} 是用校正空速表示的表速，V_W 是风速)。由此可见，当保持表速 V_{CAS} 一定时，逆风(V_W 取正号)滑跑情况下飞机离地的地速小，所以起飞(滑跑)距离比无风或顺风时短。因此飞行起飞方向应尽量选择逆风方向进行。为了保证起飞安全和足够的安全余量，在计算地面性能时，要以保守的观点进行风修正，即用逆风分量的 50%或顺风分量的 150%作为修正风来计算起飞和着陆性能，相关手册中的图表都是按照这个要求来制定的。

3.3　单发停车起飞场道阶段的性能

为了确保飞机起飞滑跑阶段单发停车时的安全飞行，起飞前机组准备工作的重要内容之一是要确定决断速度 V_1，其依据是飞机的起飞重量与推力、实际起飞机场跑道状况以及实际的气象条件等因素。对于飞机起飞滑跑阶段，若发生单发停车，需要针对单发失效中断起飞和单发失效继续起飞两种情况分别讨论其起飞性能。

3.3.1　中断起飞性能

当飞机在起飞滑跑阶段发生单发失效决定中断起飞时，为了确保飞机安全，要根据跑道情况和飞机状况(主要是起飞重量和选用的襟翼位置等)，起飞之前确定决断速度 V_1 和中断起飞所需的加速停止距离。

1. 中断起飞所需的加速停止距离

中断起飞所需的加速停止距离通常包括(图3-23)全发加速滑跑段 A、过渡段 D 和制动段 E 三部分。

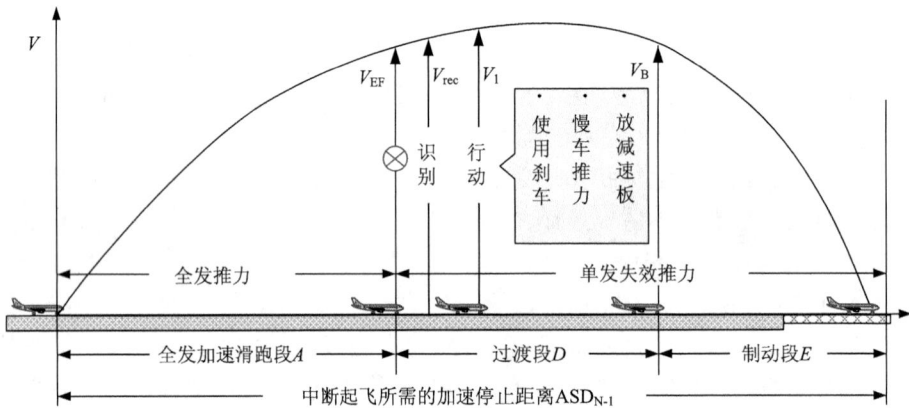

图 3-23　中断起飞加速停止距离与速度关系

(1)全发加速滑跑段 A 是从开始滑跑到关键发动机失效速度 V_{EF}，该段距离 A 可以利用式(3-8)计算，即

$$A = \frac{V_{EF}^2}{2g(T/W - \mu')} \tag{3-22}$$

(2)过渡段 D 是从关键发动机失效速度 V_{EF} 到机组判定或识别发动机失效时的速度 V_{rec}，并决定中断起飞且在速度 V_1 采取制动程序，到完成使用刹车、将工作的发动机改为慢车推力、打开减速板等措施为止，记此时刻飞机的速度为 V_B；在过渡段期间速度 V_{EF}、V_{rec}、V_1、V_B 等都比较接近，因此过渡段 D 可按式(3-23)计算。

$$D = \Delta t \times V_{rec} \tag{3-23}$$

其中，Δt 为过渡段的时间，通常取 2～4s。

(3)制动段 E 是从 V_B 速度开始到在制动系统的作用下在跑道上完全停下来为止，该段的距离计算可以利用式(3-8)得到，即

$$E = \frac{V_B^2}{2g(\mu_{bs} - T_{IDLE}/W)} \tag{3-24}$$

其中，μ_{bs} 为采取制动措施之后的摩擦系数；T_{IDLE} 为剩余发动机的慢车推力之和。

由式(3-22)～式(3-24)可得中断起飞所需的加速停止距离为

$$\mathrm{ASD_{N\text{-}1}} = \frac{V_{\mathrm{EF}}^2}{2g(T/W - \mu')} + \Delta t \cdot V_{\mathrm{rec}} + \frac{V_{\mathrm{B}}^2}{2g(\mu_{\mathrm{bs}} - T_{\mathrm{IDLE}}/W)} \qquad (3\text{-}25)$$

2. 中断起飞时的限制

任何机场的可用加速停止距离 ASDA 都是一定的，安全起飞的条件是需用加速停止距离 ASD 小于或等于可用加速停止距离 ASDA。在同一机场起飞时，飞机在中断起飞时需要的加速停止距离主要取决于飞机的起飞重量、所确定的 V_1 速度。

1) V_1 对需用加速停止距离 ASD 的影响

决断(行动)速度 V_1 对需用加速停止距离 ASD 的影响特性如图 3-24 所示，由于 V_1 速度越大则飞机加速到该速度的滑跑距离(即加速停止距离中的 A 段距离)就越大，同时由 V_1 速度减速停止的距离(即加速停止距离中的 E 段距离)也越大，过渡段的距离 D 也会增加，因此 V_1 速度越大需用加速停止距离 ASD 也越大。在图 3-24 中的 $V_{1\mathrm{max}}$ 就是中断起飞时的最大决断(行动)速度，超过该速度需用加速停止距离 $\mathrm{ASD_{N\text{-}1}}$ 将大于可用加速停止距离 ASDA。

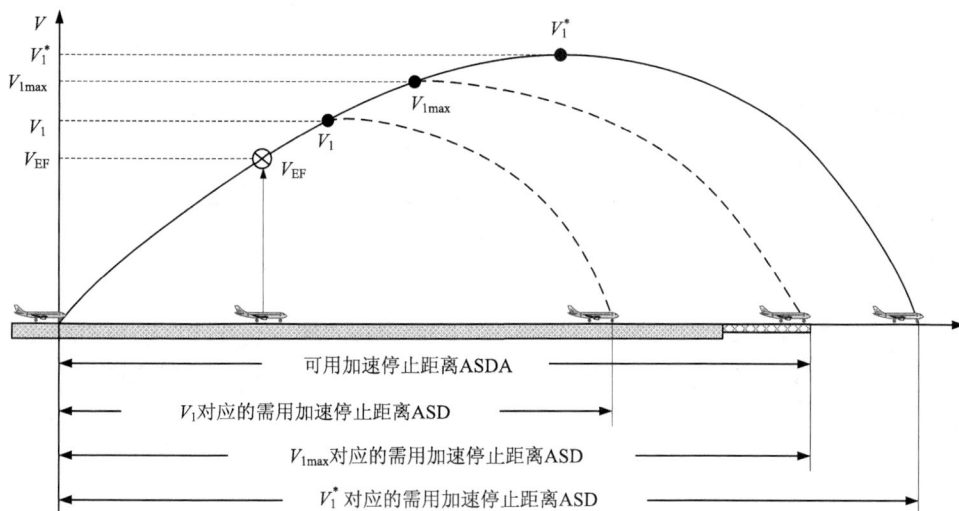

图 3-24　中断起飞的最大速度

2) 起飞重量对需用加速停止距离 $\mathrm{ASD_{N\text{-}1}}$ 的影响

飞机在相同的机场起飞时，当选择相同的决断速度 V_1 时，飞机起飞重量越大(图 3-25 中的 $W_2 > W_1$)，则中断起飞的需用加速停止距离越长，如图 3-25 中，当 $W_2 > W_1$ 时，则有 $\mathrm{ASD_{N\text{-}1}}(W_2) > \mathrm{ASD_{N\text{-}1}}(W_1)$。这是因为起飞重量越大，全发加速段(即加速停止距离中的 A 段)的加速度小，加速到 V_1 速度需要的距离更长，同样由 V_1 速度减速到停止阶段(即加速停止距离中的 E 段)的减速度也小，故其制动段距离 E 也更大，所以起飞重量越大，中断起飞的需用加速停止距离 $\mathrm{ASD_{N\text{-}1}}$ 越长；同理，考虑到机场可用加速停止距离的限制，起飞重量越大，中断起飞的最大决断(行动)速度 $V_{1\mathrm{max}}$ 越小，如图 3-25 中当 $W_2 > W_1$ 时，则有 $V_{1\mathrm{max}}(W_2) < V_{1\mathrm{max}}(W_1)$。

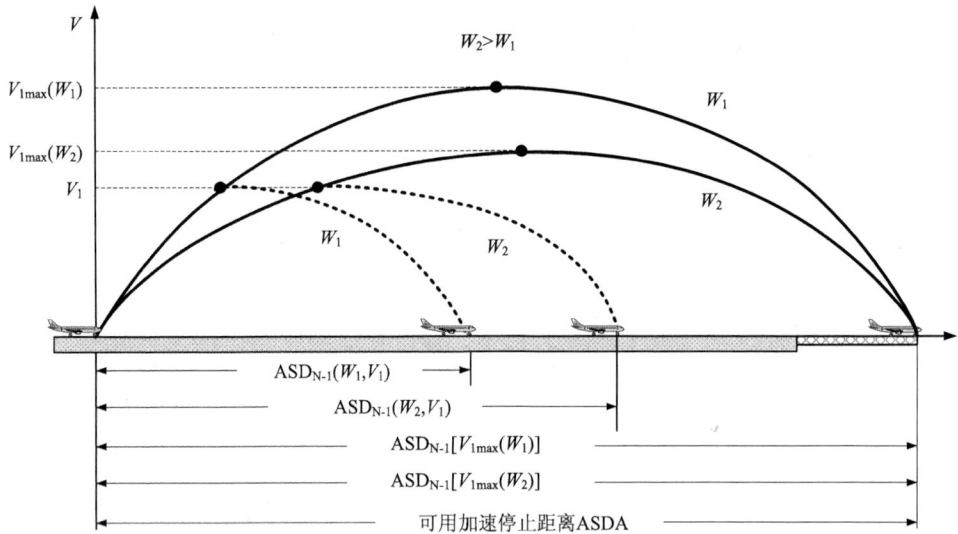

图 3-25　起飞重量对加速停止距离 $\mathrm{ASD_{N-1}}$ 及中断起飞最大速度 $V_{1\max}$ 影响

3.3.2　继续起飞性能

当飞机在起飞滑跑阶段发生单发失效后决定继续起飞时，为了确保飞机起飞安全，同样要根据跑道情况和飞机状况(主要是起飞重量和选用的襟翼位置等)，起飞之前确定决断速度 V_1 和继续起飞需用起飞距离和需用起飞滑跑距离。

1. 继续起飞的需用起飞距离与起飞滑跑距离

在飞机的起飞阶段，一发失效后继续起飞的需用起飞距离和需用起飞滑跑距离通常由全发加速滑跑段 A、一发失效后加速滑跑段 B 和空中飞行段 C 三部分组成(图 3-26)。

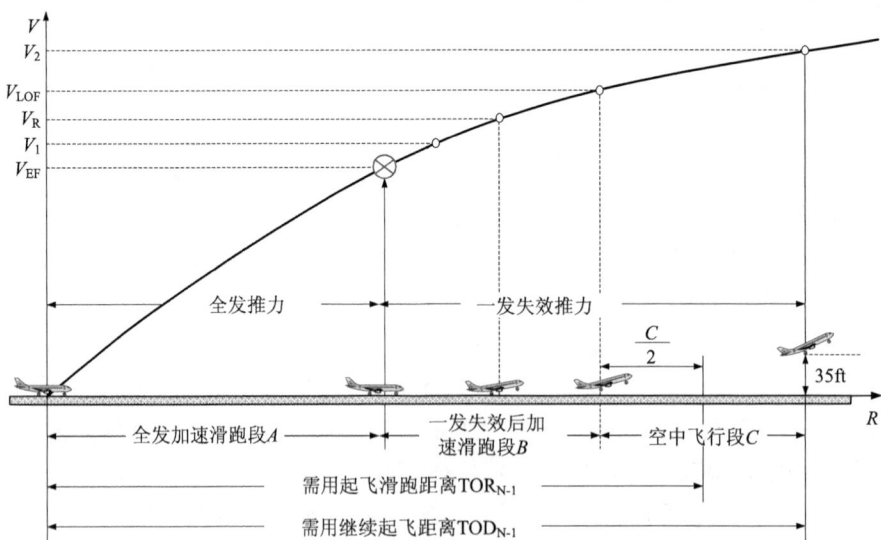

图 3-26　需用继续起飞距离与速度的关系

(1)全发加速滑跑段 A 是从跑道端头起飞开始滑到关键发动机故障速度 V_{EF}，该段距离的计算可以仿照式(3-8)同样得到，即

$$A = \frac{V_{\text{EF}}^2}{2g(T/W - \mu')} \qquad (3\text{-}26)$$

(2)一发失效后加速滑跑段 B 是从关键发动机失效速度 V_{EF} 到机组判定或识别发动机失效速度 V_{rec}，并决定继续起飞且在速度 V_1 采取继续起飞程序，到用一发失效后的推力加速到离地速度 V_{LOF}，飞机离地为止。该段距离的计算可以利用式(3-6)将其中的发动机推力改为一发失效后的推力，可利用数值积分的方法计算，也可以利用能量守恒原理(从 V_1 速度增加到 V_{LOF} 速度期间动能的增量等于推力所做的功)近似估算：

$$\frac{1}{2}\frac{W}{g}V_{\text{LOF}}^2 - \frac{1}{2}\frac{W}{g}V_2^2 = \int_0^B (T_{\text{N-1}} - D - F)\mathrm{d}R \qquad (3\text{-}27)$$

其中，$T_{\text{N-1}}$ 为一发失效后的推力。

前进方向的所有外力可以进一步写为

$$T_{\text{N-1}} - D - F = T_{\text{N-1}} - D - \mu(W - L) = T_{\text{N-1}} - \mu W - \frac{\rho V^2}{2}S_{\text{W}}(C_{\text{D}} - \mu C_{\text{L}})$$

$$= T_{\text{N-1}} - W\left[\mu - \frac{\rho V^2}{2W}S_{\text{W}}(C_{\text{D}} - \mu C_{\text{L}})\right]$$

同样引入换算摩擦系数，记为 μ''，即

$$\mu'' = \mu + \frac{\rho V^2 S_{\text{W}}}{2W}(C_{\text{D}} - \mu C_{\text{L}}) \qquad (3\text{-}28)$$

在实际近似计算该段滑跑距离时，可以将地面滑跑期间的一发失效后的发动机推力和换算摩擦系数取平均值并近似视为常数，于是由式(3-27)可得飞机地面滑跑距离的近似估算公式：

$$B = \frac{V_{\text{LOF}}^2 - V_{\text{EF}}^2}{2g\left(\dfrac{T_{\text{(N-1)AV}}}{W} - \mu''\right)} \qquad (3\text{-}29)$$

其中，$T_{\text{(N-1)AV}}$ 为一发失效后的平均推力。

(3)空中飞行段 C 是从 V_{LOF} 速度开始直到加速到离跑道 35ft 并达到 V_2 速度，该段的距离计算可以利用式(3-17)数值积分计算，也可以根据能量守恒原理(动能的增加量和势能增加量之和等于发动机推力所做的功)和式(3-27)，得到如下近似计算式：

$$C = \frac{W}{\Delta T_{\text{(N-1)AV}}}\left(\frac{V_2^2 - V_{\text{LOF}}^2}{2g} + H_2\right) \qquad (3\text{-}30)$$

其中，$\Delta T_{\text{(N-1)AV}} = (T_{\text{N-1}} - D)_{\text{AV}}$ 为一发失效后的平均剩余推力，$H_2 = 35\text{ft}$。

飞机一发失效继续起飞时的需用起飞距离 $\text{TOD}_{\text{N-1}}$、需用起飞滑跑距离 $\text{TOR}_{\text{N-1}}$ 分别为

$$\text{TOD}_{\text{N-1}} = 115\%(A + B + C) \qquad (3\text{-}31)$$

$$TOR_{N-1} = 115\%(A+B+C/2) \tag{3-32}$$

2. 一发失效继续起飞的限制

飞机一发失效继续起飞时必须满足如下条件。

需用起飞距离 TOD_{N-1}≤可用起飞距离 TODA。

需用起飞滑跑距离 TOR_{N-1}≤可用起飞滑跑距离 TORA。

任何机场的 TODA 和 TORA 都是一定的，因此在同一机场起飞时，飞机在继续起飞时会受到 V_1 速度(识别速度 V_{rec})和起飞重量的限制。

1)决断速度 V_1 对需用起飞(滑跑)距离的影响

飞机一发失效后继续起飞，当飞机的起飞重量一定时，决断速度 V_1 对需用起飞距离 TOD_{N-1} 的影响特性如图 3-27 所示。由于 V_1 速度越大则飞机加速到 V_{LOF}、离道面 35ft 达到 V_2 速度所需的距离越小。通常在一发失效后并继续起飞的情况下，使得能在跑道头或净空道端头(飞机离道面 35ft)达到 V_2 速度的最小速度称为继续起飞最小速度(图 3-27 所示的 V_{1min})，即若决断速度小于该速度，则一发失效后继续起飞时的需用起飞距离将大于可用起飞距离。决断速度 V_1 对一发失效后继续起飞的需用起飞距离 TOR_{N-1} 的影响特性是类似的，实际中可能受需用起飞滑跑距离的限制和需用起飞距离限制的最小速度不相等，应该选择两者中较大者作为继续起飞的最小速度 V_{1min}。

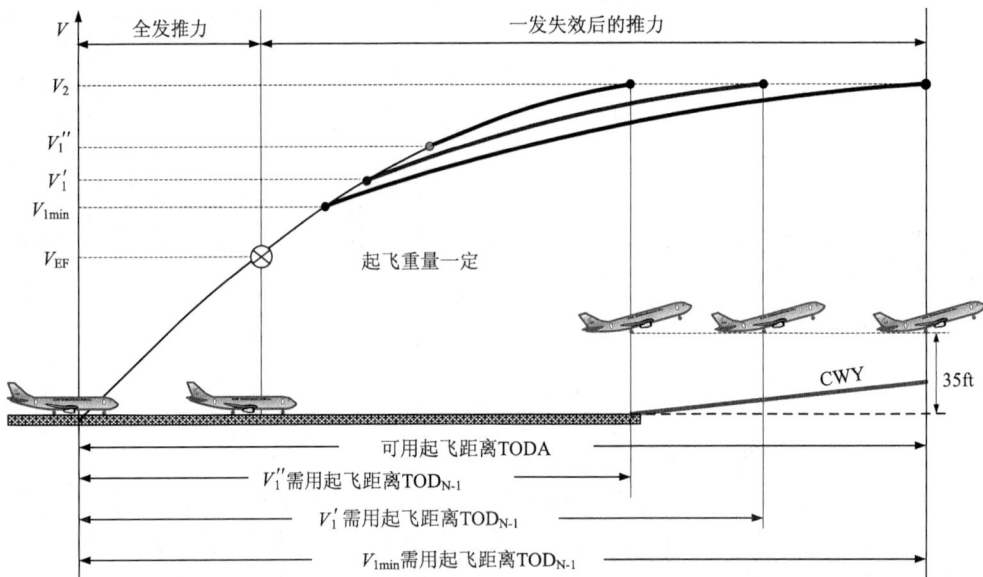

图 3-27 继续起飞的最小速度 V_{1min}

2)起飞重量对需用起飞距离的影响

很显然，在相同的起飞机场起飞，决断速度 V_1 一样时，起飞重量越大，继续的需用起飞距离 TOD_{N-1} 越大(图 3-28)。这是因为起飞重量越大，则全发加速段(即继续起飞距离中的 A 段)的加速度越小，加速到 V_1 速度的距离越大，同样由 V_1 速度继续起飞需要的加速滑跑距离也长。图 3-28 中给出了起飞重量不同时对选择决断速度 V_1 的影响。可以

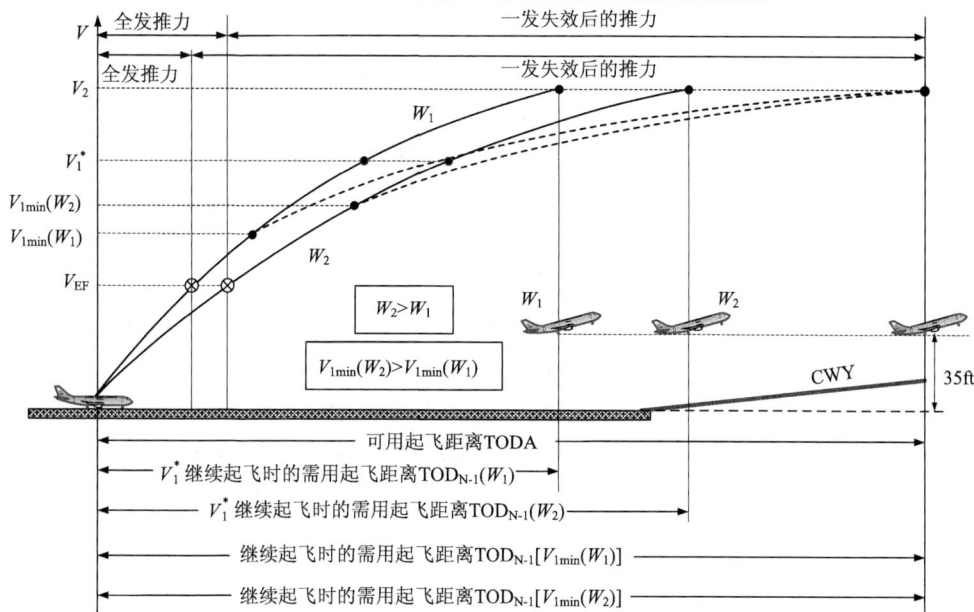

图 3-28　起飞重量对继续起飞的需用起飞距离 TOD_{N-1} 及继续起飞最小决断速度 V_{1min} 影响

看出，当选择相同的决断速度 V_1^* 时，起飞重量 $(W_2 > W_1)$ 越大（地面滑跑的加速度越小）则继续起飞的需用起飞距离越大，即

$$TOD_{N-1}(W_2) > TOD_{N-1}(W_1)$$

同理，起飞重量越大，继续起飞的最小决断速度 V_{1min} 越大，即

$$V_{1min}(W_2) > V_{1min}(W_1)$$

3.3.3　平衡场长与平衡速度

平衡场长包含两个含义：其一是指机场管理部门公布的可用起飞距离等于可用加速停止距离，即 TODA = ASDA，则为平衡跑道长度；当起飞期间发生一发失效时，该平衡跑道长度是为飞机采取安全措施所提供的最大距离，该平衡跑道长度通常是在机场没有停止道和净空道，或是停止道和净空道的长度相等的情况下发生的。当机场的可用起飞距离不等于可用加速停止距离，即 TODA≠ASDA 时，则称机场的跑道长度为非平衡跑道长度；通常发生在机场有停止道没有净空道或有净空道没有停止道或净空道长度与停止道长度不相等的情况下。其二是指在实际运行时，飞机起飞阶段对应所选定的决断速度 V_1 使得需用起飞距离与需用加速停止距离相等，即 TOD = ASD，则称该所需的跑道长度为平衡飞行场地长度（balanced field length）或平衡场长。

实际飞行时，在相同起飞重量和起飞条件（机场、飞机状况）下，一发失效时起飞的加速停止距离和继续起飞需用起飞距离与决断速度选择的范围之间的关系如图 3-29 所示。当选择决断速度为最大中断起飞速度 V_{1max} 时（图 3-29），一发失效后在该速度时采取中断起飞措施，所需的加速停止距离 $ASD_{N-1}(V_{1max})$ 刚好等于可用的加速停止距离

ASDA。而由于该速度较大，若一发失效后在该速度时采取继续起飞措施，通常所需的继续起飞距离 $TOD_{N-1}(V_{1max})$ 较短，即选择较大的决断速度 V_1 时，$ASD_{N-1}(V_{1max}) > TOD_{N-1}(V_{1max})$；当选择决断速度为最小继续起飞速度 V_{1min} 时（图 3-29），一发失效后在该速度时采取继续起飞措施，继续起飞的需用起飞距离 $TOD_{N-1}(V_{1min})$ 刚好等于可用起飞距离 TODA。而由于该速度较小，若一发失效后在该速度时采取中断起飞措施，通常所需的加速停止距离 $ASD_{N-1}(V_{1min})$ 较短，即选择较小的决断速度 V_1 时，$TOD_{N-1}(V_{1min}) > ASD_{N-1}(V_{1min})$。因此，在给定的起飞条件下，决断速度选择$[V_{1min}, V_{1max}]$的任何速度都可以满足规章的要求。由图 3-29 可见，当选择 V_{1BFL} 为决断速度时，一发失效后的所需加速停止距离 $ASD_{N-1}(V_{1FBL})$ 与继续起飞的需用起飞距离 $TOD_{N-1}(V_{1FBL})$ 刚好相等，即 $ASD_{N-1}(V_{1FBL}) = TOD_{N-1}(V_{1FBL})$，通常称此时跑道的长度为平衡场长，并称该决断速度 V_{1BFL} 为平衡速度。决断速度 V_1 受跑道长度限制的选择情况如表 3-6 所示。

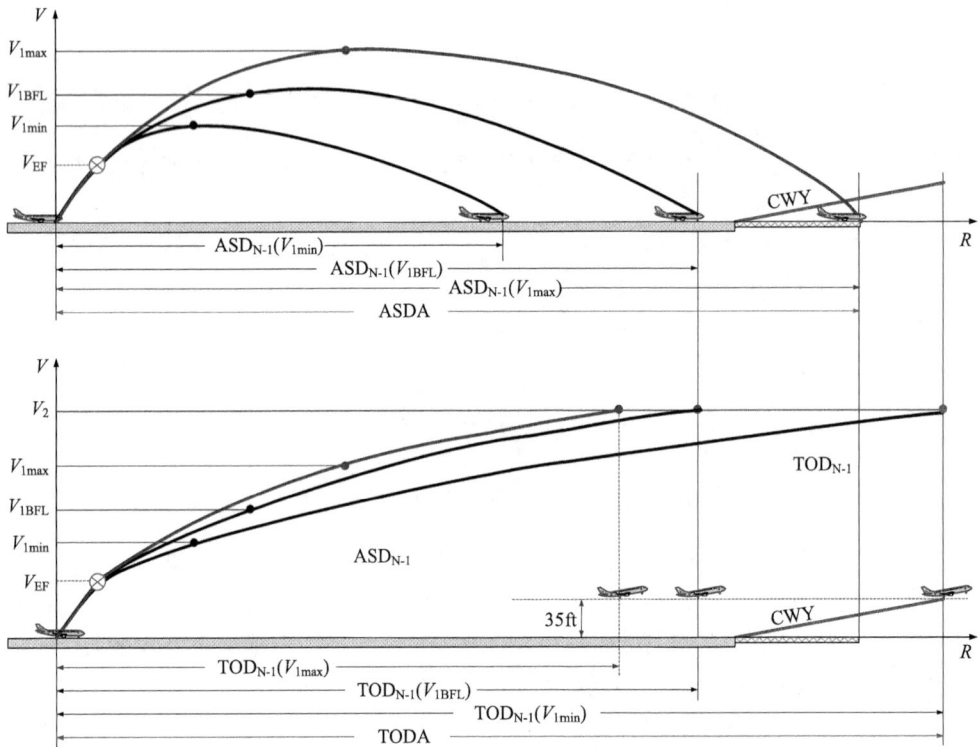

图 3-29　平衡场长与平衡速度

表 3-6　决断速度 V_1 受跑道长度限制

决断速度 V_1	限制		结果
V_{1max}	ASDA	$ASD_{N-1} \leqslant ASDA$	$ASD_{N-1} > TOD_{N-1}$
V_{1min}	TODA	$TOD_{N-1} \leqslant TODA$	$TOD_{N-1} > ASD_{N-1}$
V_{1FBL}	$ASD_{N-1} \leqslant ASDA,\ TOD_{N-1} \leqslant TODA$		$TOD_{N-1} = ASD_{N-1}$

3.3.4 起飞重量和决断速度的选择与限制

1. 平衡场地长度法

平衡场地长度是指起飞时关键发动机失效后，按照需用中断起飞距离等于继续起飞需用起飞距离确定的场地长度。把可用中断起飞加速停止距离等于可用继续起飞距离的跑道称为平衡跑道。否则称为非平衡场地长度或不平衡跑道。按平衡场地长度法确定起飞决断速度 V_1 需要考虑飞机的实际起飞重量。实际的可用起飞跑道长度可能有三种情况，即 TODA<ASDA，TODA = ASDA，TODA>ASDA，仅就机场可用跑道 TODA>ASDA 时的情况详细讨论，其余两种情况下的结论是类似的。机场跑道如图 3-30 所示，实际的起飞重量可分为如下三种情况。

1) 起飞重量较小

当飞机的起飞重量较小时(图 3-30 中 W_1 重量所对应的曲线)，其一发失效的继续起飞最小速度 $V_{1min}(W_1)$ 小于中断起飞的最大速度 $V_{1max}(W_1)$，因此理论上选择其间 $[V_{1min}(W_1)，V_{1max}(W_1)]$ 的任一个速度作为决断速度，都将满足起飞距离的要求，即 $TOD_{N-1} \leqslant TODA，ASD_{N-1} \leqslant ASDA$。特别当选择图 3-30 中所示的 $V_{1BFL}(W_1)$ 为决断速度时，则需用加速停止距离等于继续起飞距离，即 $TOD_{N-1} = ASD_{N-1}$，称该距离为平衡场长，该速度 $V_{1BFL}(W_1)$ 为起飞重量 W_1 时的平衡速度。在实际选择时平衡速度必须满足相关速度的限制要求，即 $V_{1BFL} \geqslant V_{MCG}$，$V_{1BFL} \leqslant V_R$，$V_{1BFL} \leqslant V_{MBE}$。

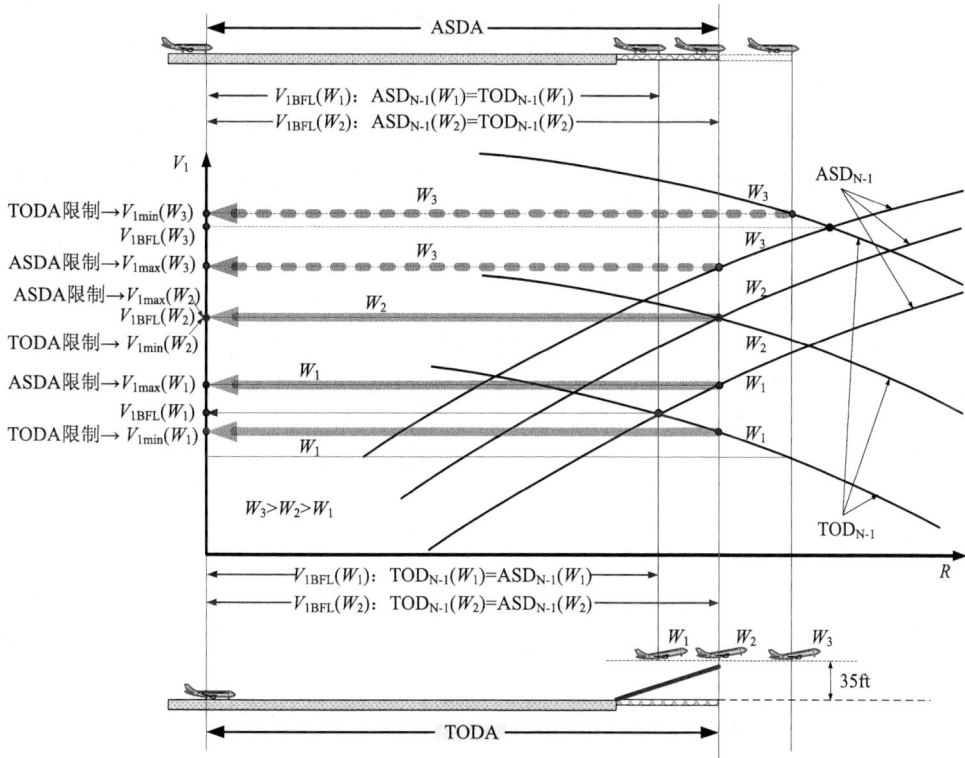

图 3-30 平衡场长与平衡速度对最大起飞重量的限制

2)场长限制的最大起飞重量

起飞时随着起飞重量的增加，在其他条件相同时，一发失效后相同的决断速度 V_1 所需的加速停止距离与继续起飞距离都将增加，当起飞重量增加到某一重量(图 3-30 中 W_2 重量所对应的曲线)时，其一发失效的继续起飞最小速度 $V_{1min}(W_2)$ 小于中断起飞的最大速度 $V_{1max}(W_2)$，因此理论上选择其间[$V_{1min}(W_2)$，$V_{1max}(W_2)$]的任一个速度作为决断速度，都满足起飞距离的要求，即 $TOD_{N-1} \leqslant TODA$，$ASD_{N-1} \leqslant ASDA$。从图 3-30 中起飞重量 W_2 所对应的曲线可以看出，特别当选择速度 $V_{1BFL}(W_2)$ 作为决断速度时，刚好满足需用加速停止距离等于可用加速停止距离，即 $ASD_{N-1} = ASDA$，该起飞重量 W_2 即该飞机在该机场起飞受可用加速停止距离限制的最大起飞重量。特别说明，如果机场跑道是 $TODA < ASDA$ 的情况，则飞机的最大起飞重量往往会受到可用起飞距离 $TODA$ 的限制。同时由图 3-30 中起飞重量 W_2 所对应的曲线还可以看出，决断速度选择 $V_{1BFL}(W_2)$ 时，需用继续起飞距离等于需用加速停止距离，即 $TOD_{N-1} = ASD_{N-1}$，因此该距离为平衡场长，该速度 $V_{1BFL}(W_2)$ 为起飞重量 W_2 时的平衡速度。

3)大于场长限制的起飞重量

若飞机以大于场地长度限制的最大起飞重量起飞，如图 3-30 所示的起飞重量 W_3 所对应的曲线，其一发失效时，受可用起飞距离 $TODA$ 限制的继续起飞最小决断速度为 $V_{1min}(W_3)$，而受可用加速停止距离 $ASDA$ 限制的继续起飞最大决断速度为 $V_{1max}(W_3)$。由于 $V_{1min}(W_3) > V_{1max}(W_3)$，当选择的决断速度大于或等于 $V_{1min}(W_3)$ 时，飞机只能满足继续起飞距离的要求，因为该范围内的任一决断速度 V_1 所对应的需用加速停止距离均大于可用加速停止距离，即 $ASD_{N-1} > ASDA$，不满足对加速停止距离的要求；当选择任一决断速度小于或等于 $V_{1max}(W_3)$ 时，飞机只能满足中断起飞距离的要求，因为该范围内的任一决断速度 V_1 所对应的需用继续起飞距离都大于可用继续起飞距离，即 $TOD_{N-1} > TODA$，无法满足对起飞距离的要求；当选择决断速度 V_1 介于 $V_{1max}(W_3)$ 和 $V_{1min}(W_3)$ 之间时，同样不能同时满足对继续起飞距离和中断起飞距离的要求。因此不允许飞机以大于场地长度限制的最大起飞重量起飞。

2. 起飞速度和起飞重量相关图表简介

在实际应用中，从飞机的飞行手册可以查出不同起飞重量、起飞襟翼位置、机场的标高与温度、风和跑道坡度等情况时，以平衡速度作为决断速度 V_1 的数据。其使用方法见例 3-5 和例 3-6。

例 3-5 已知某飞机起飞条件如下。

起飞襟翼：位置 1；机场的气压高度：4000ft；气温：32℃；跑道长度：9200ft；跑道：下坡–1%；风：逆风分量 30kn。

根据该飞机的平衡场地长度限制的最大起飞重量图(图 3-31)和起飞速度 $V_1/V_R/V_2$ 图(图 3-32)，试确定跑道长度限制的最大起飞重量和以该限制最大重量起飞时对应的 $V_1/V_R/V_2$。

解：根据图 3-31 和图 3-32，具体确定跑道限制的最大起飞重量和跑道限重时对应的 $V_1/V_R/V_2$ 的方法如下。

(1)确定跑道长度限制的最大起飞重量(图 3-31)步骤如下。

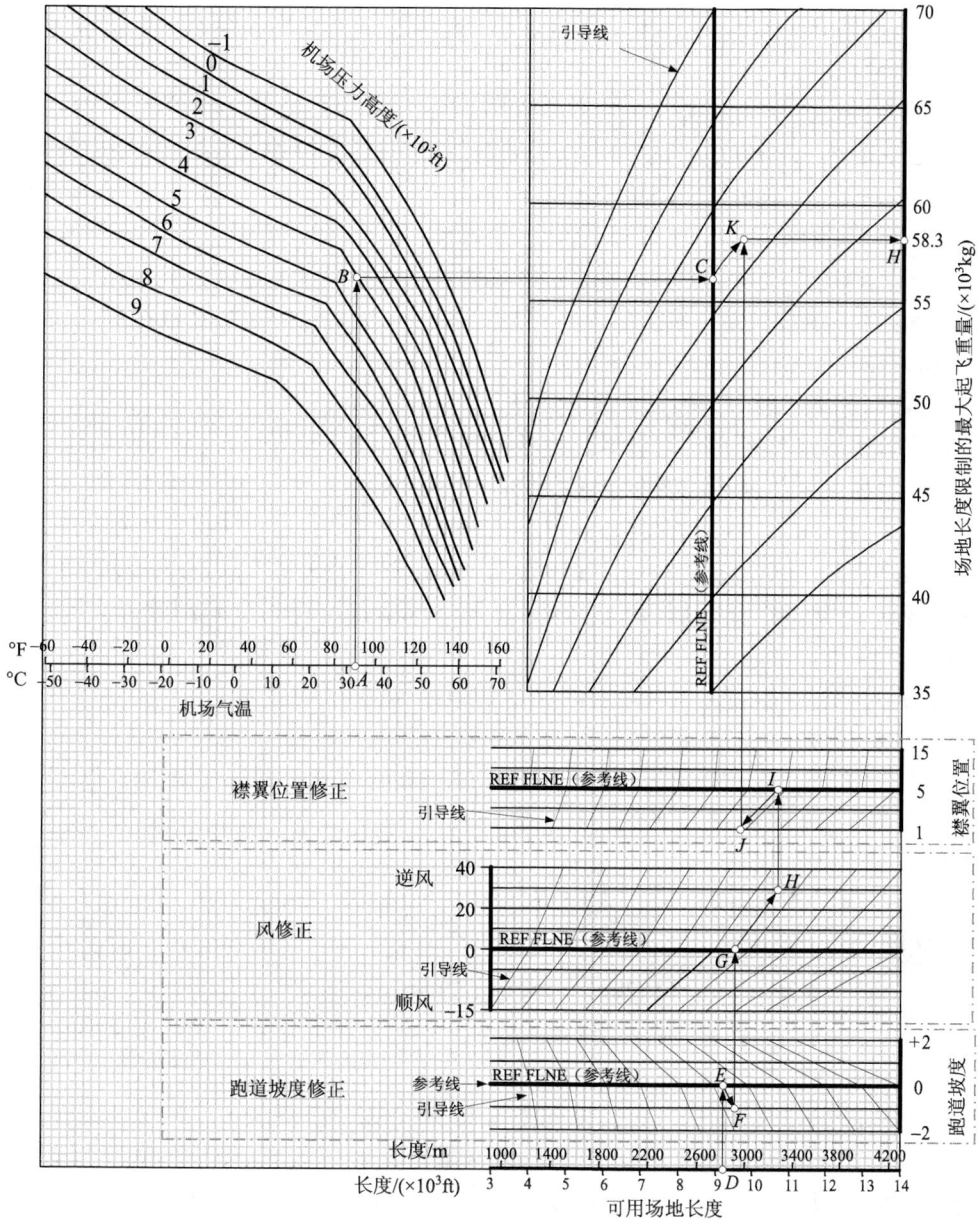

图 3-31　某型号飞机平衡场地长度限制的最大起飞重量图

① 根据机场温度和气压高度确定跑道长度限制的区域。

由机场温度 32℃（图 3-31 的左上部分）即 A 点向上作垂线至机场压力高度 4000ft 曲线得 B 点，由 B 点作水平线至限重区域（图 3-31 的右上部分）的参考线得到 C 点。

② 根据可用场地长度分别做跑道坡度、风、襟翼位置修正（图 3-31）。

(a) 跑道坡度修正。

由可用场地长度 9200ft 即 D 点向跑道坡度修正区域作直线至参考线得 E 点，由 E 点按照相邻的引导线（或称为指引线）的斜率向下坡修正至坡度–1%（若是上坡则向上坡方向修正)得到 F 点(若无坡度则不需坡度修正,直接由 E 点向上作垂线进行风修正)。

(b)风修正。

由 F 点向上作垂线至风修正区域的参考线得 G 点,由 G 点按照邻近的引导线的斜率向上修正至逆风 30kn(若顺风则向下按引导线的斜率修正)得 H 点(若无风则不需修正,直接由 G 点向上作垂线进行襟翼位置修正)。

(c)襟翼位置修正。

由 H 点向上作垂线至襟翼位置修正区域的参考线相交于 I 点,由 I 点按照相邻引导线的斜率修正至襟翼位置 1(参考线位于襟翼位置 5,因此若起飞襟翼位置为 5,则不需修正)得 J 点。

(d)读取跑道长度限制的最大起飞重量。

根据可用场地长度 9200ft 并经过跑道坡度、风、襟翼位置修正后得到 J 点,再由 J 点向起飞限重区域作垂线,该垂线延长到上面由(a)得到的 C 点所在的由相邻两条引导线线所围成的区域,由 C 点作相邻的引导线的平行线并与由 J 点所引的直线相交得到 K 点,由 K 作水平线至限重线相较于 H 点,该 H 点对应的重量即为跑道长度限制的最大起飞重量。由此可得在本例题中给定的起飞条件下,跑道长度限制的最大起飞重量 58300kg。

(2)确定以跑道限重起飞时对应的 $V_1/V_R/V_2$(图 3-32)的步骤如下。

① 根据机场压力高度和气温确定读取数据的区域。

图 3-32 左上部分,分别由机场的气压高度 4000ft 作水平线和气温 32℃作垂线相交于 L 点,该点落于 A 区域,则所需的速度 $V_1/V_R/V_2$ 由图 3-32 中间表格的 A 区域读取。

② 根据确定的区域、襟翼位置及起飞总重,查表读出 $V_1/V_R/V_2$。

图 3-32 中间表格部分,由于起飞重量 58300kg 介于 55000kg 和 60000kg 之间,根据襟翼位置 1 和 A 区域所确定的区域可以查得对应于起飞重量 55000kg 时的起飞速度 $V_1/V_R/V_2$ 分别为 144kn/146kn/152kn,对应于 60000kg 时的 $V_1/V_R/V_2$ 分别为 153kn/155kn/160kn。经线性插值可得起飞总重 58300kg 对应的起飞速度分别为 $V_1=149.94$kn、$V_R=151.94$kn、$V_2=157.28$kn。

③ 根据跑道坡度和风来修正 V_1(修正量上坡为正,逆风为正)。

由图 3-32 右上部分的跑道坡度和风对速度修正表可以看出,其中的坡度为–2%时修正量为–2kn(修正量与重量无关),坡度为 0 时修正量为 0(修正量与重量无关),因此线性插值可得坡度为–1%时的修正量为–1kn,即 $\Delta V_{1坡度}=-1$kn;根据风修正栏中的数据可知,当飞机的起飞重量在 55000~65000kg 范围时,无风时修正量为 0,逆风 40kn 修正量为 1kn,因此逆风 30kn 时线性插值得修正量为 0.75kn,即 $\Delta V_{1风}=0.75$kn,起飞重量 58300kg 在逆风 30kn 时的修正量为+0.75kn。经风和跑道坡度修正后 $V_1=149.94$kn+0.75kn–1 kn =149.69kn。

因此经修正后,该飞机在所给定条件下起飞时,所对应的起飞速度 $V_1/V_R/V_2$ 为 150kn/152kn/157kn。

需要说明在查图 3-32 左上部分确定查找区域时,当高度与温度的交点落在两区域的分界线上时,通常选分界线左边的区域;若 $V_1/V_R/V_2$ 落在图中阴影部分,则说明 V_1 有可

能小于 V_{MCG}，需要利用表中底端部分的数据比较 V_1 和 V_{MCG}，若 $V_1<V_{MCG}$，则做修正。

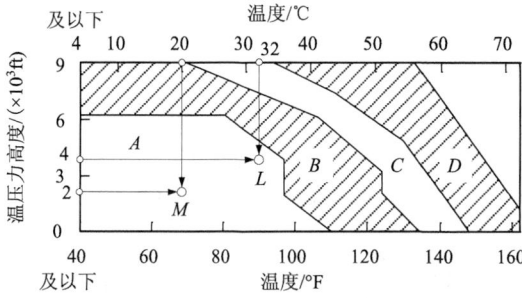

坡度/风速对V_1的影响						
重量/(×10³kg)	坡度/%			风速/kn		
	−2	0	2	−15	0	40
65	−2	0	3	−2	0	1
55	−2	0	1	−3	0	1
45	−2	0	0	−3	0	0
35	−2	0	1	−3	0	0

注：V_1不能超过V_R。

襟翼位置	重量/(×10³kg)	A			B			C			D		
		V_1/kn	V_R/kn	V_2/kn	V_1/kn	V_R/kn	V_2/kn	V_1/kn	V_R/kn	V_2/kn	V_1/kn	V_R/kn	V_2/kn
1	65	161	163	166	161	164	167						
	60	153	155	160	153	156	160						
	55	144	146	152	145	148	152	147	149	152			
	50	136	137	145	137	139	145	139	140	144			
	45	127	128	137	128	130	137	130	131	137	132	133	136
	40	116	118	130	116	120	129	121	122	129	123	124	128
	35	109	109	122	110	111	122	111	112	121	114	114	120
5	65	153	156	159	154	157	159						
	60	146	148	153	147	149	152	148	151	154			
	55	138	139	146	139	141	145	140	143	146			
	50	130	131	139	131	133	138	133	134	139			
	45	121	122	132	123	124	132	124	126	131	127	127	131
	40	113	113	125	114	115	125	116	117	124	118	118	124
	35	104	104	118	105	106	118	107	108	116	109	109	116
15	65	146	147	152	148	148	151						
	60	139	140	145	141	141	145						
	55	131	132	139	133	134	138	136	136	138			
	50	124	124	132	126	126	132	128	128	132			
	45	115	116	126	118	118	125	119	120	125	121	121	125
	40	107	108	119	109	110	119	110	111	118	112	112	110
	35	98	100	113	100	101	112	101	102	111	103	103	110

注：在阴影区时检查V_{MCG}($V_1 \geq V_{MCG}$)。

	实际外界温度		压力高度/ft				
	℃	°F	0	2000	4000	6000	8000
最小的V_{MCG}/kn	55	131	100	97			
	50	122	102	100	98	93	
	40	104	107	104	103	99	94
	30	86	110	108	108	103	97
	20	68	111	109	108	106	101
	10	50	111	109	109	106	102
	−50	−58	112	110	110	107	103

图 3-32 某型号飞机起飞速度确定图

例 3-6 已知某飞机起飞的条件如下。

气压高度：2000ft。气温：20℃。跑道：上坡 1%。风：逆风分量20kn。起飞襟翼：位置 5。起飞重量 35000kg。

试根据图 3-32 确定该飞机的起飞速度 $V_1/V_R/V_2$。

解：(1)根据机场的气压高度 2000ft、气温 20℃，得到 M 点位于图 3-32 左上方的 A 区域。

(2)根据起飞重量 35000kg、襟翼位置 5，在 A 区域查出 $V_1 = 104$kn，$V_R = 104$kn，$V_2 = 118$kn。

(3)根据起飞重量 35000kg、逆风分量 20kn，可得风修正量为 0；依据起飞重量 35000kg、跑道坡度 1%可得跑道坡度修正量0.5kn，修正后 $V_1 = 104.5$kn。

(4)由于查出的 $V_1/V_R/V_2$ 中的 V_1 位于阴影区，因此需检查 V_1 是否小于 V_{MCG}。图 3-32 中的地面最小操纵速度 V_{MCG} 表中的数值，可查得气压高度 2000ft、气温 20℃时 $V_{MCG} = 109$kn，为满足规章的要求 $V_1 \geqslant V_{MCG}$，本例题给定的情况下需要提高 V_1，通常取 $V_1 = V_{MCG} = 109$kn；再进一步检查 V_1 是否小于 V_R 的要求，若 $V_1 < V_R$，则结束。本例中，$V_1 = 109$kn$> V_R = 104$kn 不满足规章要求 $V_1 \geqslant V_R$，则还需要增加 V_R，通常取 $V_R = V_1 = 109$kn，这样 V_R 增加了 5kn，该增加量也要加到 V_2 上，因此 $V_2 = 123$kn。经修正后有 $V_1 = 109$ kn、$V_R = 109$ kn、$V_2 = 123$kn。

3. 不平衡场地长度法

不平衡场地长度是指起飞时关键发动机失效后，需用中断起飞距离不等于需用继续起飞距离的场地长度。出现不平衡场地长度往往分为两类情况：一类是为满足起飞速度限制的要求，调整起飞速度后造成的不平衡场地长度；另一类是指安全道与净空道不相等导致的机场跑道为不平衡跑道。

1)调整起飞速度引起的非不平衡场地长度

在下列情况下，为了满足相关的要求，常常需要调整按平衡场地长度确定的起飞速度 $V_1/V_R/V_2$，从而导致不平衡场地长度。

(1)当飞机的起飞重量较小、机场气压高度较低时，按平衡场地长度条件计算出来的起飞速度 V_1 值较小(图 3-32 中的阴影区域)，当出现 $V_1 < V_{MCG}$ 时，需要提高 V_1 速度使其不小于 V_{MCG}。V_1 增大将使得需用加速停止距离增大，继续起飞需用起飞距离减小；同时在这种情况下，有时按平衡场地长度条件计算出来的起飞速度 V_2 值(图 3-32 中的阴影区域对应的 V_2)较小，而在起飞速度的限制中规定 $V_2 \geqslant 1.1V_{MCA}$，因此若 $V_2 < 1.1V_{MCA}$ 时，需要增加 V_2 到 $1.1V_{MCA}$，这样将增大继续起飞需用起飞距离。

(2)当飞机的起飞重量较大、机场气压高度较高时，按平衡场长条件计算出来的起飞速度 V_1 值较大(图 3-32 中的相应区域)，特别当出现 $V_1 > V_{MBE}$ 时必须减小 V_1 以满足规章要求的 $V_1 \leqslant V_{MBE}$，这样将使得继续起飞需用起飞距离增加、中断起飞距离减小；同时这种情况下，有时按平衡场地长度条件计算出来的起飞速度可能出现 $V_1 > V_R$，这时需要减小 V_1 速度以满足 $V_1 \leqslant V_R$，这样将增大继续起飞需用起飞距离、减小需用加速停止距离。

2)可用起飞距离与可用加速停止距离不相等导致的非不平衡场地长度

在由于机场的安全道与净空道不相等导致的不平衡跑道上起飞时，若机场的跑道长度较长，则可以按安全道和净空道较短的长度与跑道长度相加确定平衡跑道长度，根据平衡场地长度法确定起飞限制的重量和起飞速度；如果机场的跑道长度较短，而为了增加起飞重量，通常使用非平衡场地长度的方法确定起飞速度。在可用跑道长度限制了起飞重量时，合理使用非平衡场地长度是提高飞机起飞重量，进而增加航班飞行效益的一种有效方法。

(1)可用继续起飞距离大于可用加速停止距离。

当机场有净空道但无停止道或净空道的长度大于安全道时，就会使可用继续起飞距离 TODA 大于可用加速停止距离 ASDA，即 TODA>ASDA。在这种情况下，如果按照平衡场地长度法确定最大起飞重量可能会较小，如图 3-33 所示的 W_1 重量即为场地长度限制的最大起飞重量，$W_{1BFL}(W_1)$ 为对应的平衡速度。但是若想进一步提高起飞重量为 W_2，由图 3-33 可知，对应于起飞重量为 W_2 的平衡速度为 $W_{1BFL}(W_2)$，若选择该速度作为决断速度，则飞机继续起飞需用起飞距离小于可用起飞距离，即 $TOD_{N-1}[V_{1BFL}(W_2)]<TODA$，满足规章要求，但是此时需用加速停止距离大于可用加速停止距离，即 $ASD_{N-1}[V_{1BFL}(W_2)]>ASDA$，不满足规章的要求，因此无法实现以 W_2 重量起飞。若选择图 3-33 中所示的 $V_1(W_2)$ 为决断速度，该速度小于 W_2 重量时的平衡速度，即 $V_1(W_2)<W_{1BFL}(W_2)$，但是选择该速度作为决断速度时，飞机的继续起飞需用起飞距离小于等于可用起飞距离，即 $TOD_{N-1}[V_1(W_2)]≤TODA$，满足规章要求，需用加速停止距离小于等于可用加速停止距离，即 $ASD_{N-1}[V_1(W_2)]≤ASDA$，也满足规章要求，故选择图 3-33 中所示的 $V_1(W_2)$ 速度作为决断速度时，需用继续起飞距离和需用加速停止距离均满足规章要求，因此可以实现以 W_2 作为最大起飞重量，但是由于此时的需用继续起

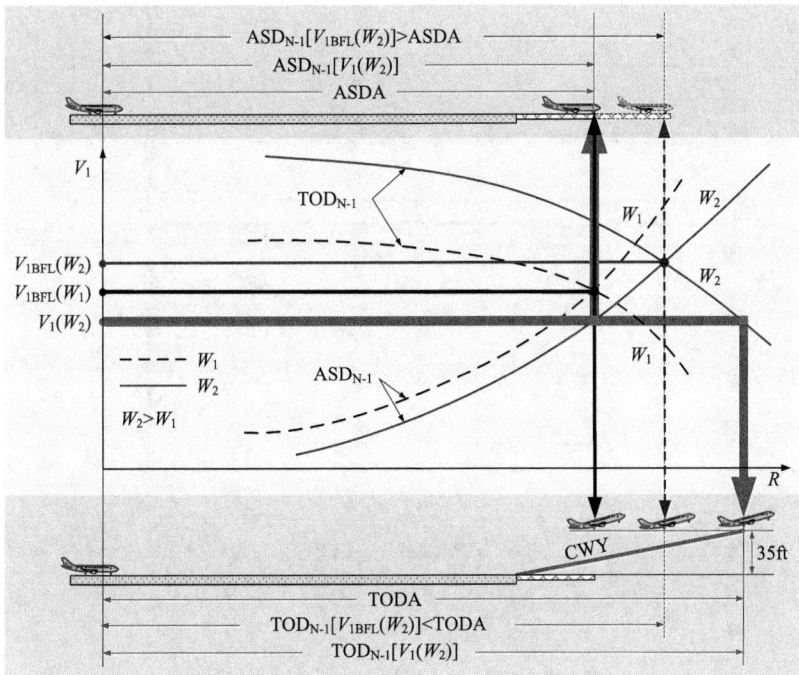

图 3-33 可用继续起飞距离大于可用加速停止距离情况下的起飞

飞距离大于需用加速停止距离，即 $\text{TOD}_{N-1}[V_1(W_2)]>\text{ASD}_{N-1}[V_1(W_2)]$，因此是非平衡场地长度，但是可以有效提高最大起飞重量。当机场跑道的可用继续起飞距离大于可用加速停止距离时，通常选择一个较小的决断速度可以增加起飞限重，实现提高航班运输效益的目的。

(2) 可用继续起飞距离小于可用加速停止距离。

当机场无净空道但是有停止道或净空道长度小于安全道长度时，就会使得机场的可用继续起飞距离小于可用加速停止距离，即 TODA<ASDA。在这种情况下，如果按照平衡场地长度法，选择平衡速度则确定的飞机最大起飞重量通常会较小，如图 3-34 所示，起飞重量 W_1 即为场地长度限制的最大起飞重量，$W_{1\text{BFL}}(W_1)$ 为对应的平衡速度。当起飞重量为 W_2（$>W_1$）时，由图 3-34 可知，如果此时选择起飞重量 W_2 所对应的平衡速度 $W_{1\text{BFL}}(W_2)$ 为决断速度，则需用加速停止距离小于可用加速停止距离，即 $\text{ASD}_{N-1}[V_1(W_2)]$ <ASDA，满足规章要求；而继续起飞需用起飞距离大于可用起飞距离，即 $\text{TOD}_{N-1}[V_1(W_2)]>$TODA，则不满足规章要求，因此无法以重量 W_2 起飞。但是在此种情况下，如果选择图 3-34 中的 $V_1(W_2)$ 作为决断速度，则继续起飞需用起飞距离小于等于可用起飞距离，即 $\text{TOD}_{N-1}[V_1(W_2)]\leqslant$TODA，满足规章要求，需用加速停止距离小于等于可用加速停止距离，即 $\text{ASD}_{N-1}[V_1(W_2)]\leqslant$ASDA，也满足规章要求，此时继续起飞需用起飞距离小于需用加速停止距离，即 $\text{TOD}_{N-1}[V_1(W_2)]<\text{ASD}_{N-1}[V_1(W_2)]$，因此为非平

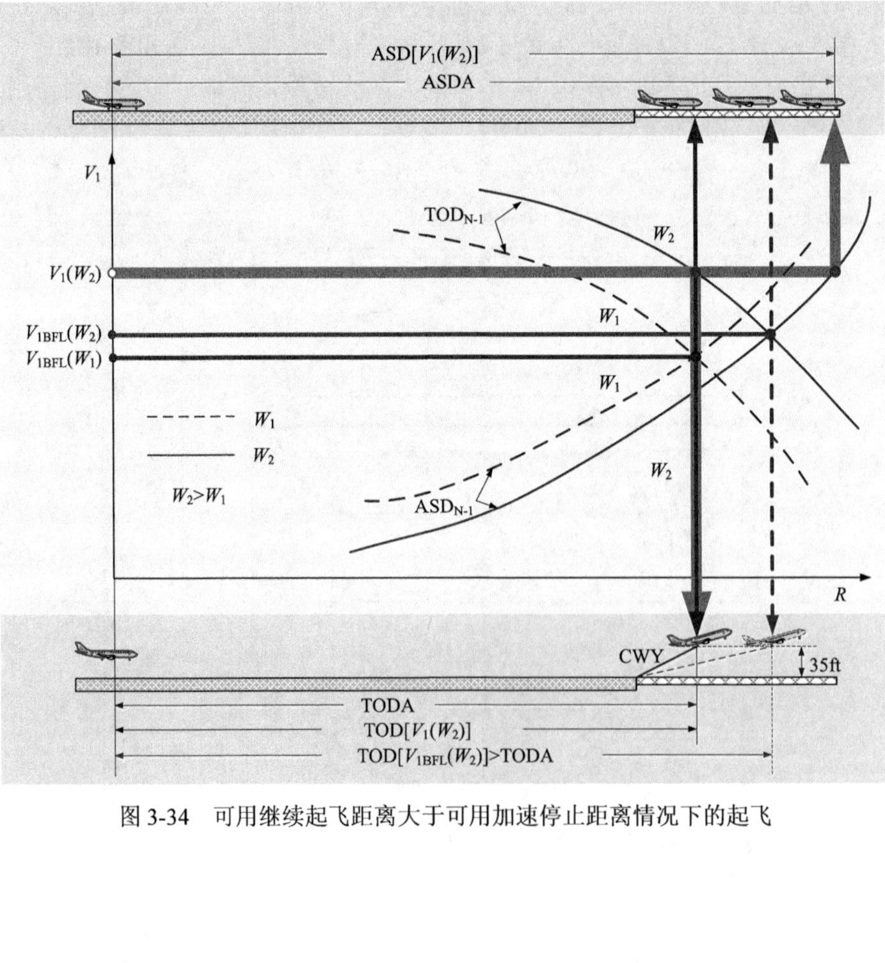

图 3-34　可用继续起飞距离大于可用加速停止距离情况下的起飞

衡场地长度，决断速度 $V_1(W_2)$ 不是平衡速度，但是这样可以有效提高最大起飞重量。当机场的可用继续起飞距离小于可用加速停止距离时，通常选择一个较大的非平衡的决断速度，这样可以增加起飞限重。

4. 校正可用继续起飞距离和校正可用加速停止距离

前面分析的不平衡跑道，主要是机场跑道较短而且净空道和停止道或有或无或其长度不相等造成的，这种情况下可以利用非平衡场长法提高跑道限重。飞机实际飞行时，经常会遇到的一种情况是机场跑道是湿的或是污染的道面或有坡度以及风的影响，另一种情况是飞机本身放冰系统的打开或某系统如刹车防滞系统故障但是符合飞机放行标准，上述情况往往会造成飞机单发失效后的继续起飞或中断起飞能力下降，对此引入校正可用继续起飞距离和校正可用加速停止距离进行处置。

1) 校正可用继续起飞距离

校正可用继续起飞距离是指把跑道和飞机的实际情况折合到跑道无纵向坡度、无风、飞机防冰系统关闭的可用继续起飞距离。通常可以根据飞行手册中给出的相应图表（图 3-35）进行计算。

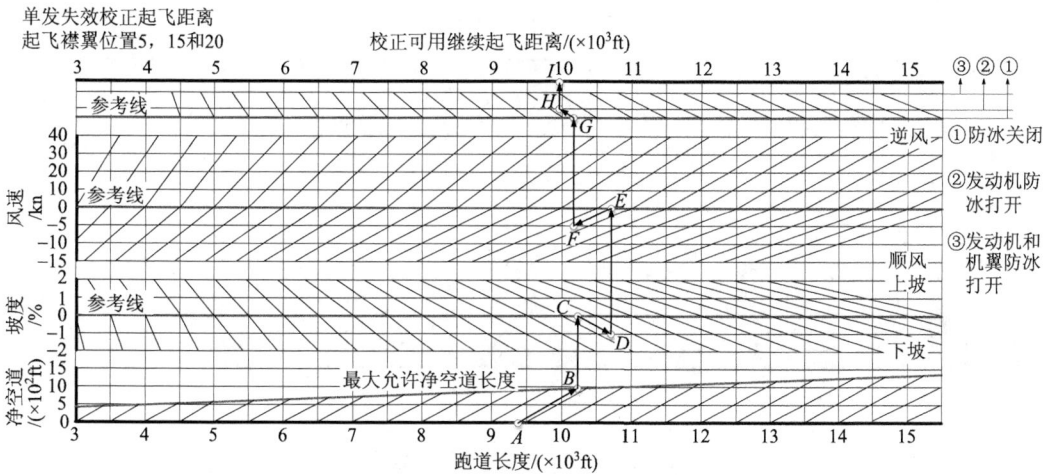

图 3-35　校正可用继续起飞距离图

例 3-7　已知某型号飞机单发失效后的校正可用继续起飞距离如图 3-35 所示。根据以下起飞条件确定该飞机单发失效后的校正可用继续起飞距离。

机场跑道 9400ft；净空道 1500ft；跑道下坡 −1%；顺风 5kn；发动机放冰打开；起飞襟翼位置 15。

解：根据实际起飞条件，利用图 3-35 确定该飞机的校正可用继续起飞距离的步骤如下。

（1）根据图 3-35 的最低端的跑道长度轴 9400ft 得到 A 点。

（2）净空道修正。由 A 点做相邻引导线的平行线修正到最大允许净空道长度线得到交点 B。

（3）跑道坡度修正。由 B 点向上作垂直线，先与跑道坡度修正栏的参考线相交于 C

点，再由 C 点作相邻引导线的平行线修正至下坡–1%得到 D 点(说明：若跑道无坡度则不需要修正，直接由 C 点向上作垂线)。

(4)风修正。由 D 点向上作垂线，先与风修正栏的参考线相交于 E 点，由 E 点作相邻引导线的平行线，修正到顺风 5kn 得到 F 点(说明：若无风则不需要修正，直接由 E 点向上作垂线；若逆风则按照相邻的逆风方向的引导线作平行线，修正到逆风风速位置)。

(5)防冰使用情况修正。由 F 点向上作垂线，先与防冰修正栏的参考线相交于 G 点，由 G 点作相邻引导线的平行线修正至发动机防冰打开得到交点 H(说明：若防冰关闭，则不需要修正，直接由 G 点向上作垂线)。

(6)由 H 点向上作垂线与校正可用继续起飞距离轴相交于 I 点，由 I 点可以读出校正可用继续起飞距离为 9950ft。

2)校正可用加速停止距离

校正可用加速停止距离是指把跑道和飞机的实际情况折合到跑道无纵向坡度、无风、飞机防冰系统关闭、刹车防滞系统正常条件下的可用加速停止距离。通常可以根据飞行手册中给出的相应图表(图 3-36)进行计算。

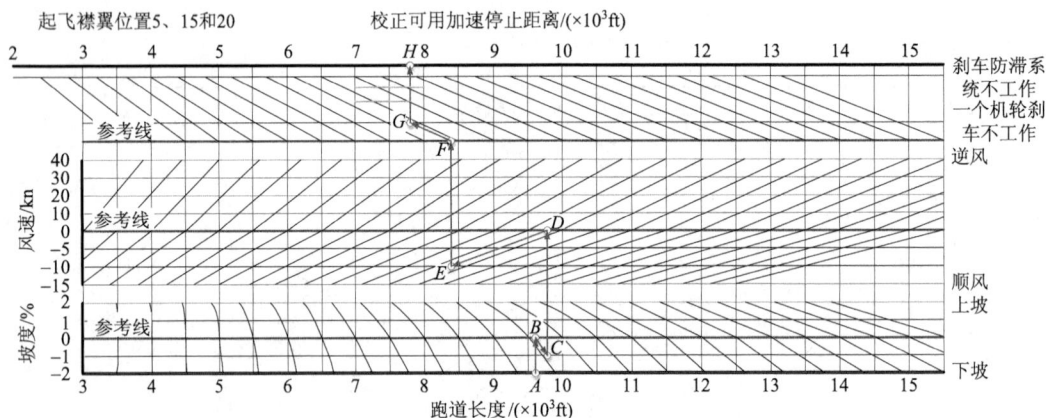

图 3-36　校正可用加速停止距离

例 3-8　已知某型号飞机的校正可用加速停止距离如图 3-36 所示。根据以下起飞条件确定该飞机的校正可用加速停止距离。

机场跑道 9600ft；跑道下坡–1%；顺风 10kn；一个机轮刹车不工作；刹车防滞系统正常；起飞襟翼位置 15。

解：根据实际起飞条件，利用图 3-36 确定该飞机的校正可用加速停止距离的步骤如下。

(1)根据图 3-36 的最低端的跑道长度轴 9600ft 得到 A 点。

(2)跑道坡度修正。由 A 点向上作垂直线，先与跑道坡度修正栏的参考线相交于 B 点，再由 B 点作相邻引导线的平行线修正至下坡–1%得到 C 点(说明：若跑道无坡度则不需要修正，直接由 B 点向上作垂线)。

(3)风修正。由 C 点向上作垂线，先与风修正栏的参考线相交于 D 点，由 D 点作相邻的引导线的平行线，修正到顺风 10kn 得到 E 点(说明：若无风则不需要修正，直接由 D 点向上作垂线；若逆风则按照相邻的逆风方向的引导线作平行线，修正到逆风风速位置)。

(4)刹车防滞系统不工作和一个机轮刹车不工作修正。由 E 点向上作垂线，先与刹车防滞系统不工作和一个机轮刹车不工作修正栏的参考线相交于 F 点，由 F 点作相邻的引导线的平行线修正至一个机轮刹车不工作位置的横线得到交点 G(说明：若没有刹车防滞系统不工作和一个机轮刹车不工作的情况，则不需要修正，直接由 F 点向上作垂线至校正可用加速停止距离坐标轴直接读取数值；若刹车防滞系统不工作则需要继续修正到刹车防滞系统不工作位置的横线后再向上作垂线)。

(5)由 G 点向上作垂线与校正可用加速停止距离轴相交于 H 点，由 H 点可以读出校正可用加速停止距离为 7800ft。

5. 换算跑道长度

根据实际起飞条件对机场跑道长度校正后，对于校正前是平衡跑道，校正后得到的校正可用继续起飞距离和校正可用加速停止距离，可能仍然相等也可能变得不相等；对于不平衡跑道得到的校正可用继续起飞距离和校正可用加速停止距离，可能仍然不相等也可能变得相等。因此，通常称校正可用继续起飞距离和校正可用加速停止距离相等的跑道为广义平衡跑道，否则称为广义非平衡跑道。飞机在单发失效时，当机场跑道和气象条件一定时，每一组飞机起飞重量 W 和决断速度 V_1 值，对应一组继续起飞需用起飞距离(需满足小于等于可用起飞距离)和需用加速停止距离(需满足小于等于可用加速停止距离)，这一组继续起飞需用起飞距离和需用加速停止距离可能相等，则称为平衡场地长度，若不相等则称为非平衡场地长度，可用起飞距离和可用加速停止距离会限制飞机某一个最大起飞重量 W_{max}。同样，校正可用继续起飞距离和校正可用加速停止距离也将限制飞机的某一个最大起飞重量 W_{max2}。在飞机起飞性能分析时还需要考虑全发起飞的情况，因此飞机实际起飞时需要满足单发失效时的校正可用继续起飞距离、校正可用加速停止距离以及全发起飞时的可用场地长度限制的重量。为此，通常将单发失效时的校正可用继续起飞距离和校正可用加速停止距离换算成全发起飞时的一个需用平衡场地长度，即该需用平衡场地长度等于全发起飞时的需用起飞距离和需用加速停止距离，若该需用平衡场地长度满足小于机场的可用起飞距离和加速停止距离条件，则该需用平衡场地长度限制的最大起飞重量亦将满足单发失效时的要求，该需用平衡场地长度称为换算跑道长度或当量换算跑道长度，也称为校正平衡跑道长度，但由于该需用平衡场地长度还需要根据 V_1/V_R 得到，通常需要对决断速度 V_1 进行调整，因此其并不是前面介绍的严格意义上的平衡场地长度。在飞机的飞行手册中会给出如图 3-37 所示的获得换算跑道长度的曲线图，具体使用方法结合例 3-9 给出。

例 3-9　已知某机型飞机的换算跑道长度曲线如图 3-37 所示，换算跑道长度限制的最大起飞重量曲线如图 3-38 所示，起飞速度曲线如图 3-39 所示。该型号飞机的起飞条件如下。

起飞襟翼位置 5；机场温度 30℃；机场气压高度 3000ft；机场校正可用继续起飞距离 11500ft；机场校正可用加速停止距离 7000ft。

根据所给条件确定如下起飞参数。

(1) 飞机在该机场起飞时的换算跑道长度(校正平衡跑道长度);

(2) 换算跑道长度限制的最大起飞重量;

(3) 在以起飞限制的最大重量起飞时 $V_1/V_R/V_2$。

解:(1) 飞机在该机场起飞时的换算跑道长度。

根据图 3-37,由已知机场校正可用继续起飞距离 11500ft,即图 3-37 中所示的 A 点向右作水平线,同时由已知的机场校正可用加速停止距离 7000ft,即图 3-37 中所示的 B 点向上作垂线,所引的水平线和垂线相交于 C 点。由 C 点可知,换算跑道长度为 9000ft,起飞速度比,即 $V_1/V_R = 0.90$。

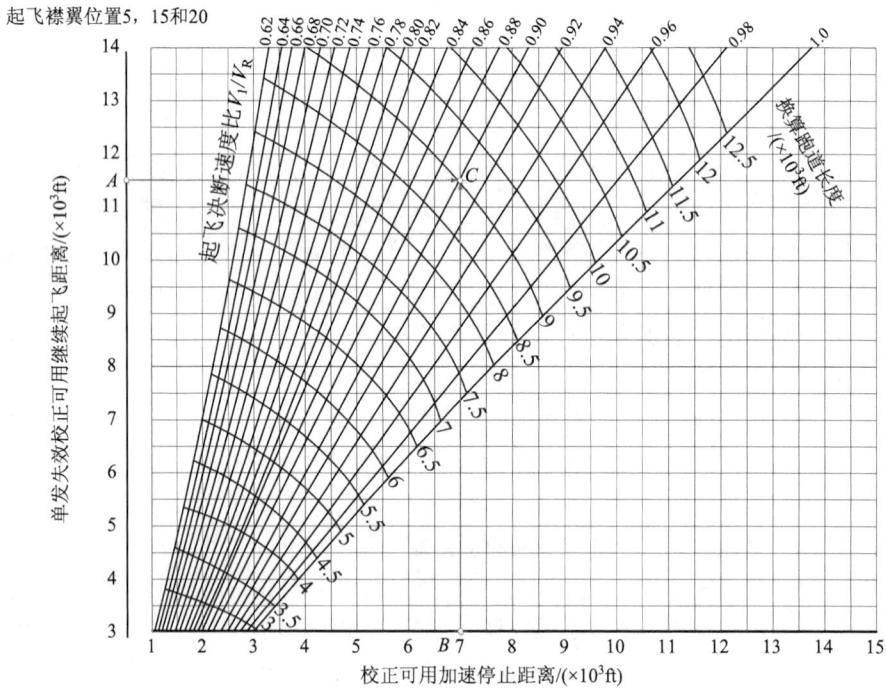

图 3-37　换算跑道长度曲线图

(2) 确定换算跑道长度限制的最大起飞重量。

如图 3-38 所示。由给定的机场温度 30℃,即图 3-38 中的 E 点向上作垂线,并与机场气压高度 3000ft 的曲线相交于 F 点,由 F 点向右作水平线与换算跑道长度 9000ft 曲线相交于 G 点,再由 G 点向下作垂线与最下端起飞重量轴相交于 H 点,由 H 点读出的起飞重量 218000lb 即为换算跑道长度限制的最大起飞重量。

(3) 在以起飞限制的最大重量起飞时 $V_1/V_R/V_2$。

如图 3-39 所示,由给定的机场温度 30℃即图 3-39 中的 J 点向上作垂线,并与气场气压高度 3000ft 的曲线相交于 K 点。

先确定 V_R 和 V_2 速度。由 K 点向右作水平线先与抬前轮速度坐标栏起飞重量 218000lb 相交于 L 点,再由 L 点向上作垂线并与抬前轮速度轴相交于 M 点,由 M 点得到抬前轮速度 V_R 为 147.9kn;由 K 点向右作水平线与起飞安全速度坐标栏起飞重量 218000lb 相交

起飞襟翼位置5

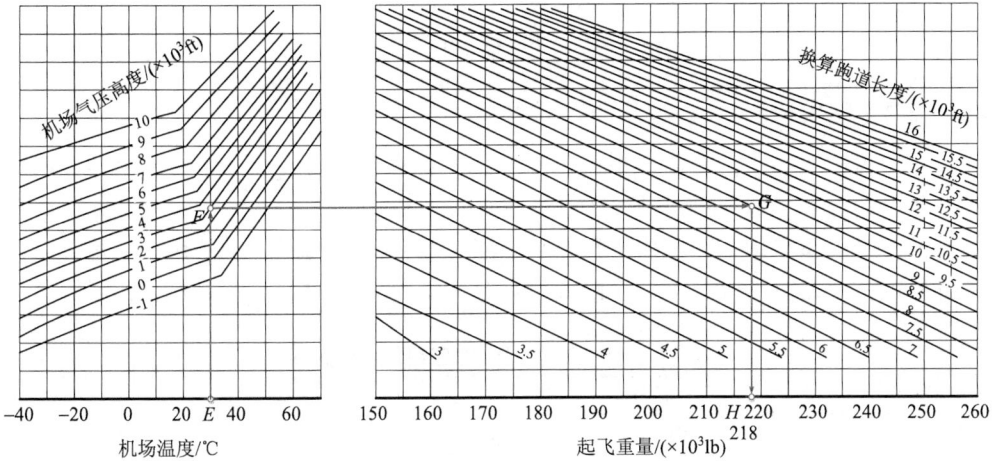

图 3-38 换算跑道长度限制的最大起飞重量

起飞襟翼位置5

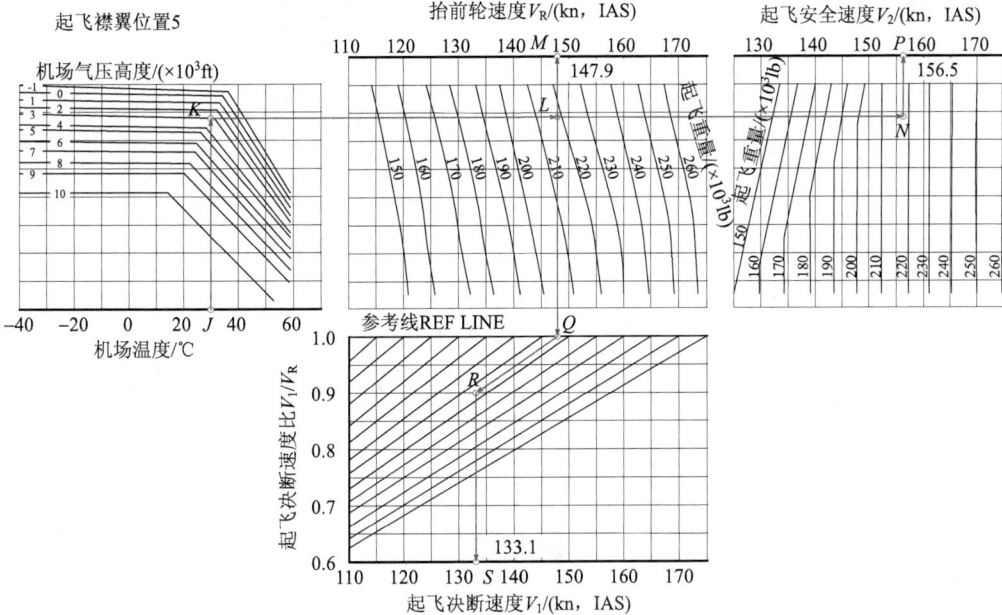

图 3-39 起飞速度图

于 N 点，再由 N 点向上作垂线并与起飞安全速度轴相交于 P 点，由 P 点得到起飞安全速度 V_2 为 156.5kn。

再确定 V_1 速度。由上面得到的 L 点向下作垂线，先与决断速度坐标栏的参考线相较于 Q 点，由 Q 点作相邻的引导线的平行线至起飞速度比 $V_1/V_R = 0.90$ 处得到 R 点，再由 R 点向下作垂线与决断速度轴相交于 S 点，根据 S 点得到 V_1 为 133.1kn。在本例所给条件下，该型号飞机以起飞限制的最大重量起飞时 $V_1/V_R/V_2$ 分别为 133.1kn /147.9kn/156.5kn，取整后为 133kn /148kn /157kn（根据所给图表得到的速度均为指示空速 IAS）。

3.4　起飞航道阶段的性能

3.4.1　起飞航道阶段的特点

　　为了确保起飞安全,分析航道段性能时要考虑全发和一发失效时可能出现的情况。起飞航道阶段(起飞飞行航迹)的受力状况和运动方程如图3-22和式(3-17)所示,起飞飞行航迹的参考原点为起飞距离的终点(距跑道道面35ft),依据飞机的构型、推力状态、对爬升梯度的要求等特性分为四个阶段,各阶段的特性和相关要求如表3-7所示。

表3-7　起飞航道阶段的划分及各段的特点

参数		第一爬升段	第二爬升段	平飞加速段	最后爬升段
开始时刻		离跑道35ft	起落架完全收上时刻	开始改平飞	达到爬升形态
重量基准		收起落架时的重量	起落架完全收上时的重量	开始改平飞加速时的重量	平飞加速段结束时的重量
起落架状态		收上过程	收上	收上	收上
襟翼、缝翼位置		起飞位置	起飞位置	开始收襟翼、缝翼直至收上	收上
发动机推力状态		起飞推力	起飞推力	起飞推力	最大连续推力
速度基准		等表速(保持V_2)爬升	等表速(保持V_2)爬升	从V_2加速到最大升阻比速度V_E	最大升阻比速度
要求的最小爬升梯度/%	双发	0.0	2.4		1.2
	三发	0.3	2.7		1.5
	四发	0.5	3.0		1.7
起飞飞行航迹(起飞航道阶段)示意图					

3.4.2　爬升率与爬升梯度

　　飞机的爬升率(rate of climb)是指飞机航迹的上升率,即高度随时间的变化率,也就是飞行速度的垂直分量。飞机的爬升梯度(climb gradient)是指上升的高度与前进的水平距离之比。记飞机的爬升角为γ,则爬升过程的高度增量Δh和飞过的水平距离Δx之间的关系如图3-40所示,则爬升率R_C和爬升梯度G_C的表达式分别为

$$R_C = \frac{\Delta h}{\Delta t} = \frac{dh}{dt} = V\sin\gamma \tag{3-33}$$

$$G_C = \frac{\Delta h}{\Delta x} = \tan\gamma \tag{3-34}$$

1)爬升率R_C的计算
由式(3-17)的第一式可得

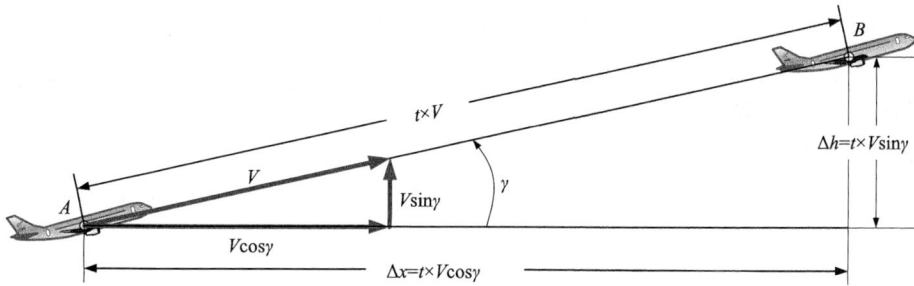

图 3-40 爬升过程的高度增量 Δh 和飞过的水平距离 Δx

$$\frac{1}{g}\frac{\mathrm{d}V}{\mathrm{d}t} = \frac{T-D}{W} - \sin\gamma \tag{3-35}$$

考虑到 $\dfrac{\mathrm{d}V}{\mathrm{d}t} = \dfrac{\mathrm{d}V}{\mathrm{d}h}\cdot\dfrac{\mathrm{d}h}{\mathrm{d}t} = \dfrac{\mathrm{d}V}{\mathrm{d}h}\cdot V\sin\gamma$，将其代入式 (3-35) 可得

$$\sin\gamma = \frac{\dfrac{T-D}{W}}{1+\dfrac{V}{g}\dfrac{\mathrm{d}V}{\mathrm{d}h}} \tag{3-36}$$

考虑到飞机爬升时爬升角 γ 较小且基本保持不变，可以取 $\mathrm{d}\gamma/\mathrm{d}t\approx0$，由式 (3-17) 的第二式可得 $L-W\cos\gamma=0$，而 $\cos\gamma\approx1$，因此有 $L=W$，再将式 (3-36) 代入式 (3-33) 可得爬升率 R_C 的计算公式为

$$R_C = V\sin\gamma = \frac{\left(\dfrac{T-D}{W}\right)V}{1+\dfrac{V}{g}\dfrac{\mathrm{d}V}{\mathrm{d}h}} = \frac{\left(\dfrac{T}{W}-\dfrac{D}{L}\right)V}{1+\dfrac{V}{g}\dfrac{\mathrm{d}V}{\mathrm{d}h}} = \frac{\left(\dfrac{T}{W}-\dfrac{C_D}{C_L}\right)V}{1+\dfrac{V}{g}\dfrac{\mathrm{d}V}{\mathrm{d}h}} \tag{3-37}$$

其中，$\left(1+\dfrac{V}{g}\dfrac{\mathrm{d}V}{\mathrm{d}h}\right)$ 称为加速度因子 (acceleration factor)，本质上反映的是飞行速度随高度的变化率，通常加速度因子是下列变量的函数：

飞行速度（等表速、等当量空速、等真实空速或等马赫数飞行）；温度（标准大气或非标准大气）；飞行高度。

在标准大气和非标准大气条件下加速度因子的计算公式如表 3-8 所示。

表 3-8 加速度因子的计算公式

温度	保持不变的参数	高度≤11000m (36089ft)	高度>11000m (36089ft)
标准大气	M	$1-0.133178M^2$	0
	V_{EAS}	$1+0.566816M^2$	$1+0.7M^2$
	V_{CAS}	$1+0.7M^2(\varphi-0.190263)$	$1+0.7M^2\varphi$
非标准大气	M	$1-0.133184M^2(T_{std}/T_{ns})$	0
	V_{EAS}	$1+0.7M^2[1-0.190263(T_{std}/T_{ns})]$	$1+0.7M^2$
	V_{CAS}	$1+0.7M^2[\varphi-0.190263(T_{std}/T_{ns})]$	$1+0.7M^2\varphi$

表 3-8 中各参量的意义如下：V_{EAS} 为当量空速；V_{CAS} 为校正空速；$\varphi = \dfrac{1}{0.7M^2}\dfrac{[(1+0.2M^2)^{3.5}-1]}{(1+0.2M^2)^{2.5}}$；$T_{std}$ 为给定高度上标准大气条件下的温度；T_{ns} 为给定高度上实际的大气温度。

图 3-41 为标准大气条件和等表速飞行时，在不同飞行高度上，加速度因子随表速的变化特性。

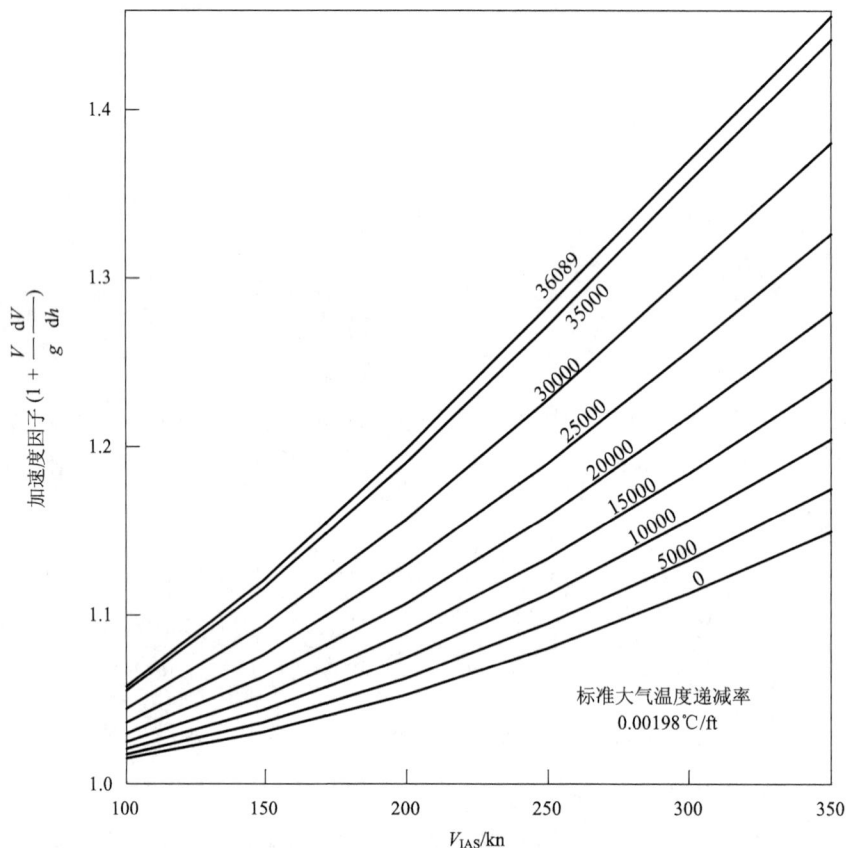

图 3-41   不同表速和飞行高度的加速度因子

2) 爬升梯度 G_C 的计算

通常飞机爬升时爬升角 γ 比较小，可以取为 $\tan\gamma \approx \sin\gamma (\cos\gamma \approx 1)$，把式 (3-36) 代入式 (3-34) 可得

$$G_C = \tan\gamma \approx \sin\gamma = \frac{R_C}{V}$$

将式 (3-37) 代入上式可得

$$G_C = \frac{\dfrac{T-D}{W}}{1+\dfrac{V}{g}\dfrac{dV}{dh}} = \frac{\dfrac{T}{W}-\dfrac{C_D}{C_L}}{1+\dfrac{V}{g}\dfrac{dV}{dh}} \tag{3-38}$$

爬升梯度 G_C 是一个无量纲量，通常记为百分比的形式。一般情况下对于式(3-38)中的加速度因子 $(1+\dfrac{V}{g}\dfrac{dV}{dh})$ 近似取 1，因此由式(3-38)可得爬升梯度的估算公式为

$$G_C = \frac{T-D}{W} \tag{3-38a}$$

3.4.3　起飞飞行航迹的越障性能

飞机的起飞飞行航道通常会受到机场障碍物的限制，必须根据实际离场航速，检查是否满足规章的限制。

1. 飞机起飞飞行航迹的越障要求

飞机起飞飞行航迹各阶段的爬升梯度决定了飞行航迹，也反映了飞机的越障能力。按照 CCAR-121.189 条规定，飞机的起飞飞行航迹在整个保护区范围内具有足够的越障裕度。保护区(图 3-42(a))从基准点(可用起飞距离末端，即通常为跑道的端头，或当有净空道时为净空道的末端)开始向起飞方向延伸，两侧的水平距离取下列两个规定中较小的值。

(1)90m+12.5%D(D 等于飞机至基准点的水平距离)。

(2)按目视飞行规则飞行时，直线离场或航向改变小于或等于 15°时为 300m。航向改变大于 15°时为 600m；按仪表飞行规则飞行时，直线离场或航向改变小于或等于 15°时为 600m。航向改变大于 15°时为 900m。

通常把根据飞机的实际起飞重量、机场条件和飞机性能手册的数据资料得到的爬升梯度称为总爬升梯度 G_{CT}，根据总爬升梯度计算出来的航迹称为总起飞飞行航迹(简称总航迹)。考虑到计算数据中可能存在的误差，为了保障飞机起飞飞行航迹的安全越障，CCAR-25 规定要从总爬升梯度 G_{CT} 中减去一个规定值 ΔG_C 得到起飞飞行航迹的净爬升梯度 G_{CN}，即

$$G_{CN} = G_{CT} - \Delta G_C$$

其中，按 CCAR-25.115 条(CCAR-23.57 条)规定，$\Delta G_C = 0.8\%$(双发飞机)，$\Delta G_C = 0.9\%$(三发飞机)，$\Delta G_C = 1\%$(四发飞机)。

按照净爬升梯度 G_{CN} 计算出来的飞机飞行航迹称为净起飞飞行航迹(简称净航迹)。CCAR-121 规定，"…净起飞飞行轨迹以 10.7m(35ft)的裕度超越所有障碍物"，如图 3-42(b)所示。

2. 飞越障碍物的方法

表 3-7 中所述的起飞飞行航迹及其阶段的划分，是按照飞机的构型、发动机的推力状态和飞行速度等参数的变化特点的逻辑分段。实际中为了保证起飞安全尤其是一发失效时安全越障，通常根据障碍物的远近进行适当的调整，一般分为近障、中障和远障三种情况(图 3-43)。

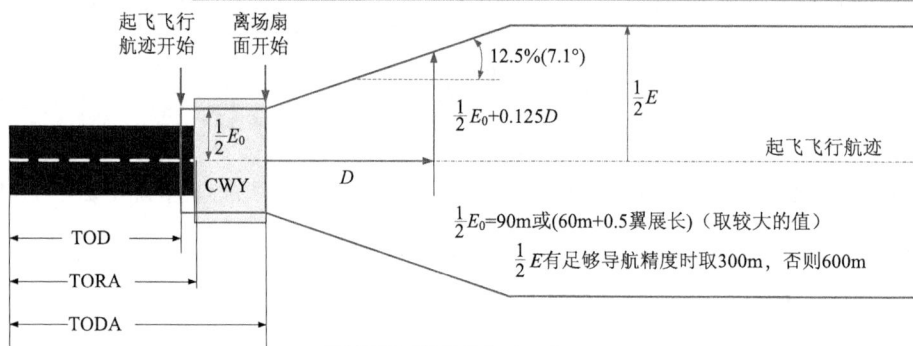

起飞飞行航迹开始　　离场扇面开始

$\frac{1}{2}E_0$

CWY

12.5%(7.1°)

$\frac{1}{2}E_0+0.125D$

$\frac{1}{2}E$

起飞飞行航迹

D

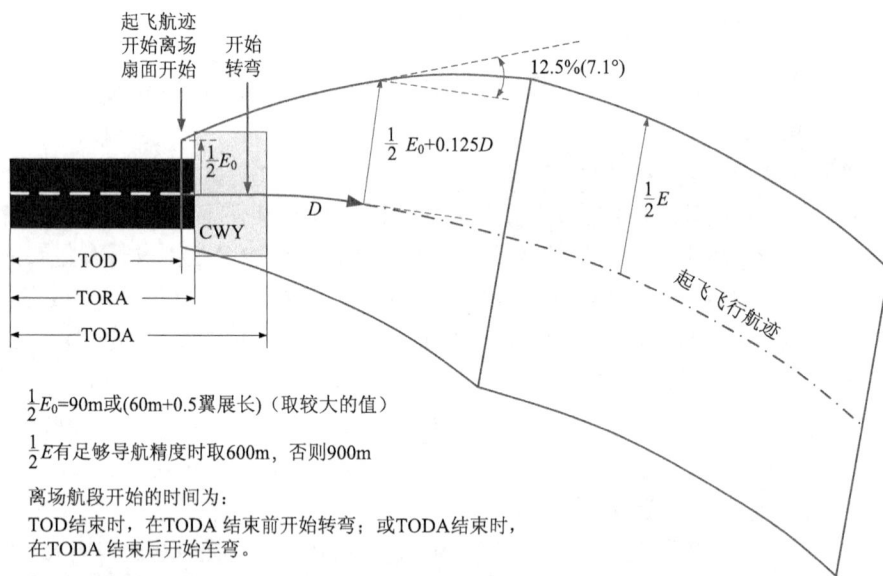

$\frac{1}{2}E_0=90\text{m}$或$(60\text{m}+0.5$翼展长$)$（取较大的值）

$\frac{1}{2}E$有足够导航精度时取300m，否则600m

TOD

TORA

TODA

离场扇区（航迹变化≤15°）

起飞航迹开始离场扇面开始　　开始转弯

$\frac{1}{2}E_0$

CWY

12.5%(7.1°)

$\frac{1}{2}E_0+0.125D$

$\frac{1}{2}E$

D

起飞飞行航迹

TOD

TORA

TODA

$\frac{1}{2}E_0=90\text{m}$或$(60\text{m}+0.5$翼展长$)$（取较大的值）

$\frac{1}{2}E$有足够导航精度时取600m，否则900m

离场航段开始的时间为：
TOD 结束时，在TODA 结束前开始转弯；或TODA结束时，
在TODA 结束后开始车弯。

起飞飞行航迹区开始点：
当在TODA末端之前开始转弯时，起飞飞行航迹区由TOD末端点开始；
当在TODA末端之后开始转弯时，起飞飞行航迹区由TODA末端点开始。

离场扇区（航迹变化>15°）

(a) 保护区

第一爬升段　第二爬升段　平飞加速段　最后爬升段

总航迹　净航迹

35ft　35ft　≥400ft　35ft　≥1500ft

障碍物包络线

35ft

起飞航道阶段基准零点　　起飞飞行航迹终点

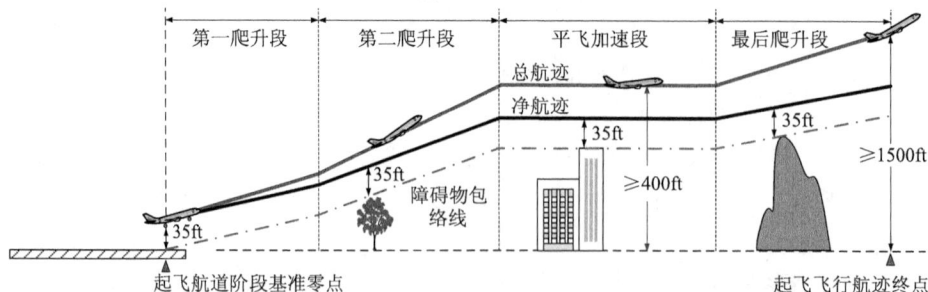

(b) 起飞飞行航迹

图 3-42　起飞飞行航迹及其保护区

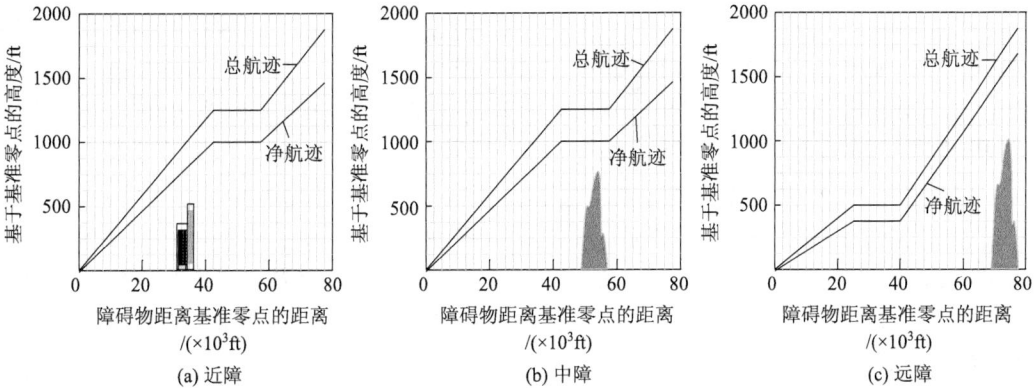

图 3-43　考虑到一发失效时的越障程序根据障碍物的位置分为近障、中障和远障示意图

(1)近障指障碍物位于基准零点 41000ft 之内(一般位于起飞飞行航迹的第一、第二爬升段范围内)时, 如图 3-43(a)所示。通常在越过障碍物后结束第二爬升段, 要求第二爬升段要有足够的爬升梯度。计算飞越近障的程序是: 飞越障碍物之后再改平飞、收襟翼、加速, 有时需要采用最大改平飞高度的爬升程序。最大改平飞高度是指在规定的发动机起飞推力连续工作最长时间内(通常全发工作时 5min, 一发故障时 10min), 完成起飞飞行航迹的平飞加速段, 即在该高度上第三段末端恰好完成收襟翼并加速到预定的最后爬升速度。最大改平飞高度通常取决于机场气压高度和温度、襟翼位置和距离跑道 400ft 时的总爬升梯度。飞行手册中都给出了计算最大改平飞高度的曲线, 使用方法如图3-44所示(如机场温度5℃,气压高度2000ft,到距离跑道400ft时的总爬升梯度为4.5%, 从曲线中读出最大改平飞高度为2340ft)。

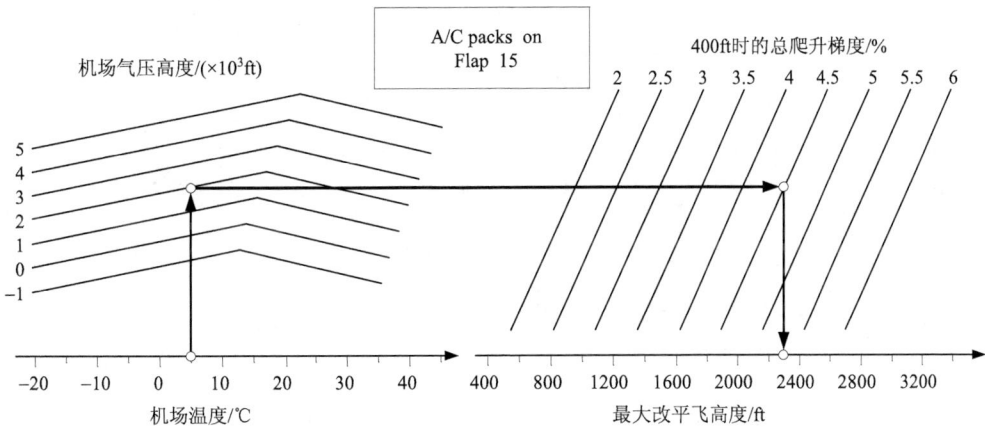

图 3-44　最大改平飞高度曲线示意图

(2)中障通常是指障碍物位于距离基准零点 41000~72000ft(一般位于起飞飞行航迹的第三阶段, 即平飞加速段范围内)时, 如图 3-43(b)所示, 通常在平飞段(起飞飞行航迹的第三段)越过障碍物, 改平飞的高度通常取决于障碍物的高度, 在 400ft 和最大改平

飞高度之间选定。若需要也可以采用延伸第二段爬升方式，计算延伸第二段爬升的程序时，保持 V_2 速度爬升直到起飞推力连续工作最长时间限制，然后改平飞并以最大连续推力加速、收襟翼。如果按此程序计算出来的净起飞飞行航迹超越障碍物 35ft 以上，则满足越障要求。延伸第二段爬升的改平飞高度还与机场的标高、温度有关。

(3)远障指障碍物距离基准零点超过 72000ft(一般位于起飞飞行航迹的最后爬升段)时，如图 3-43(c)所示。计算飞越远障的程序是：保持 V_2 速度爬升到最低改平飞高度(400ft)结束第二爬升段，保持起飞推力改平飞加速，直至收襟翼完成后，以最大连续推力完成最后爬升段，若根据此程序计算出来的净航迹超出障碍物 35ft，则说明起飞重量满足越障要求。

3. 越障图表的使用

为了安全越障并便于使用，可以根据飞行手册中给出的相应图表进行计算和验证。

1)第二爬升段和延伸第二爬升段航迹示意图

为了检查飞机在第二爬升段或延伸第二爬升段能否超越障碍物，可以使用第二爬升段和延伸第二爬升段航迹图(图 3-45)。图中的横坐标、纵坐标分别为障碍物与基准零点的距离、高度，根据飞机在 400ft 处的总爬升梯度(取决于飞机的起飞的运行参数、机场条件等)分别计算并绘出所对应的净航迹。例如，障碍物高 850ft、相对参考零点距离36500ft，当飞机在 400ft 高总爬升梯度为 3.2%时可以安全越障，当飞机在 400ft 高总爬升梯度为 2.8%时则不能安全越障。

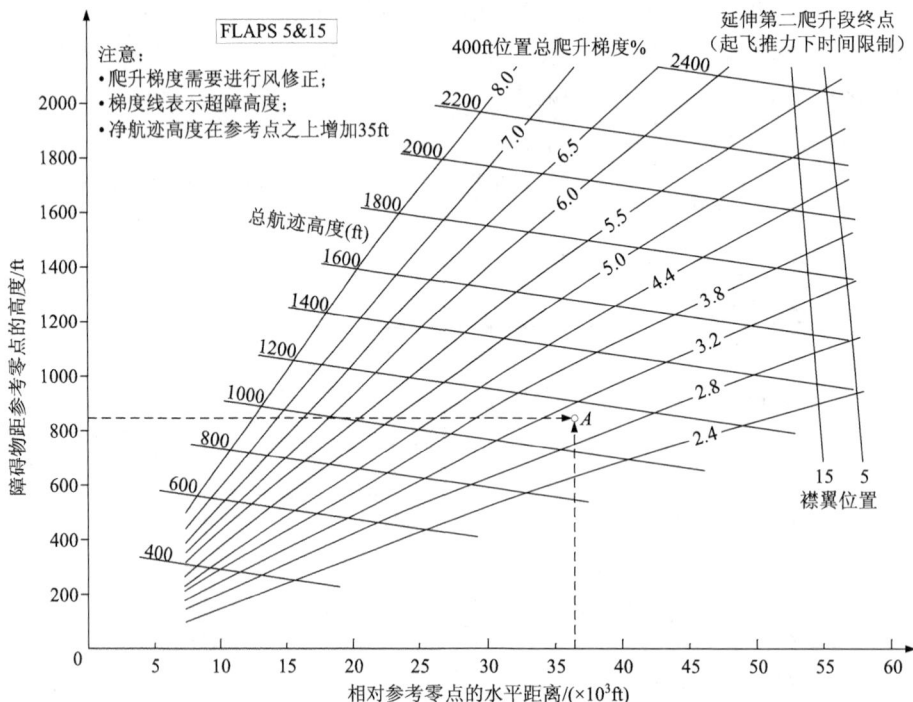

图 3-45　第二爬升段或延伸第二爬升段航迹示意图

2)障碍物限制的最大起飞重量

为了保障起飞越障的安全和方便使用，根据飞机数据、机场条件等，飞行手册上通常提供各种障碍物限制的最大起飞重量，如图 3-46 所示，其使用方法见例 3-10。

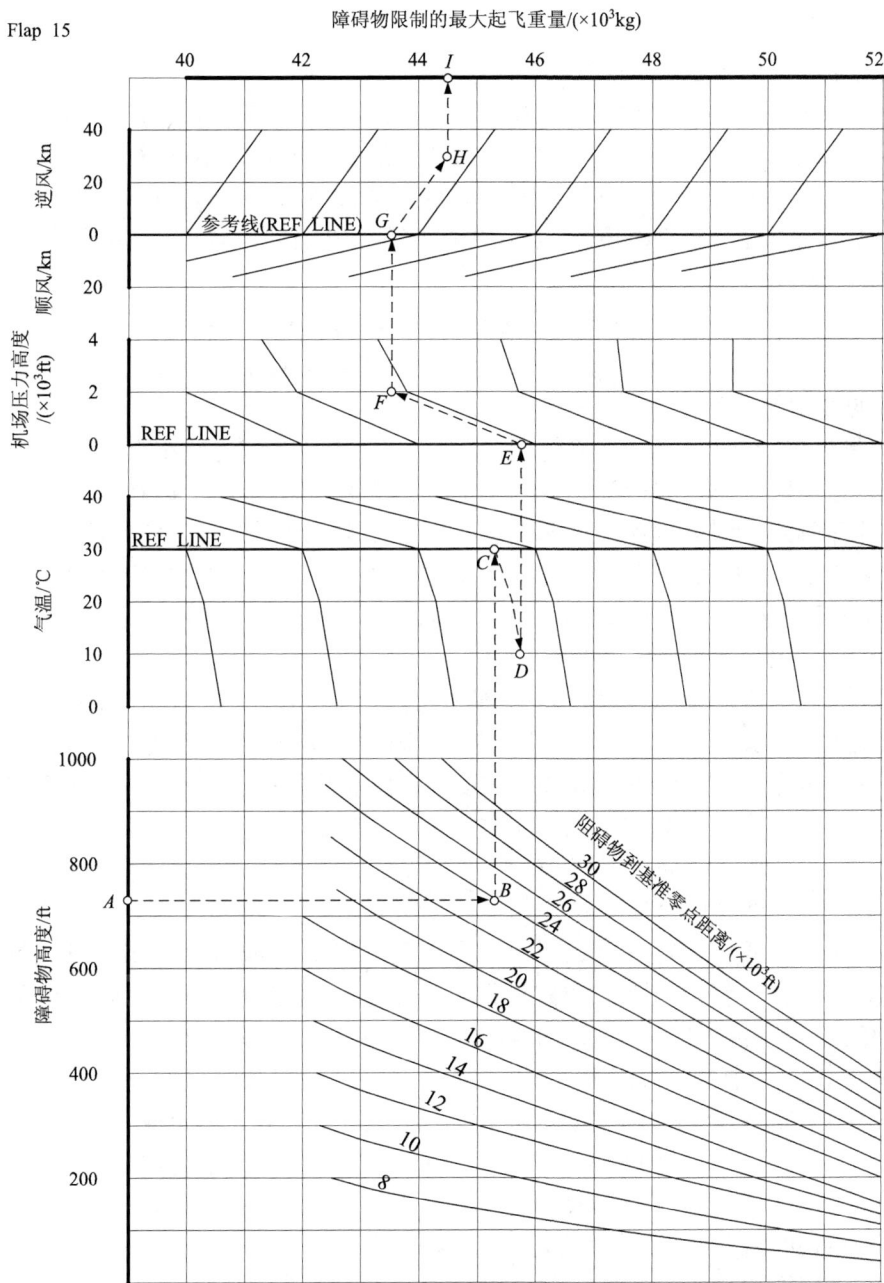

图 3-46　某型号飞机障碍物限制的最大起飞重量图

例 3-10 已知某型号飞机的起飞条件如下。

起飞襟翼 15；机场压力高度 2000ft；气温 10℃；逆风 30kn；障碍物距离基准零点 24000ft；高度 730ft。

试根据该型飞机障碍物限制的最大起飞重量图 3-46，确定该飞机受机场障碍物限制的最大起飞重量。

解：如图 3-46 所示，步骤如下。

(1)首先由图 3-46 下端左侧的障碍物高度坐标轴，根据障碍物高度为 730ft 得到 A 点，由 A 点作水平线与障碍物到基准点的水平距离 24000ft 曲线相交得到 B 点。

(2)机场温度修正。由 B 点向上作铅垂线，与机场气温修正栏中的参考线相交于 C 点，由 C 点作气温修正栏中与 C 点相邻的引导线的平行线，修正到实际温度 10℃可以得到 D 点。

(3)机场气压高度修正。由 D 点向上作垂线，先与机场压力高度修正栏中的参考线相交于 E 点，在由 E 点作机场压力高度修正栏中相邻引导线的平行线，修正到机场压力高度 2000ft 得到 F 点。

(4)风修正。由 F 点向上作垂线，与机场风修正栏中的参考线相交于 G 点，由 G 点做机场风修正栏中相邻引导线的平行线，修正到逆风 30kn 可以得到 H 点。

(5)障碍物限制的最大起飞重量读取。由 H 点向上作垂线，与最上端的障碍物限制的最大起飞重量坐标轴相较于 I 点，由 I 点可以读出该点指示的重量值为 44500kg。

由此得到在给定的本次起飞条件下，障碍物限制的最大起飞重量为 44500kg。

4. 转弯离场时爬升梯度的损失

根据起飞机场的地形、障碍物的位置和高度等具体情况，飞机起飞离场的飞行航迹可以是直线也可以是转弯离场。特别当转弯离场时飞机在达到距跑道 50ft 高度之前飞机不许带坡度飞行；高度为 50~100ft 时坡度不许超过 15°；高度为 100~400ft 时坡度不许超过 20°；高度超过 400ft 之后最大坡度不许超过 25°。同时规章要求，在转弯爬升时净航迹要高于障碍物 50ft(《飞机起飞一发失效应急程序和一发失效复飞应急程序制作规范》(AC-121-FS-2014-123))。

当飞机转弯离场时需要考虑带坡度飞行时爬升梯度会减小，从而使得净飞行航迹也会降低，因此要计算转弯时的爬升梯度损失，该爬升梯度损失值通常以图 3-47 的形式在手册中给出。在实际应用中，通常把转弯时梯度损失增加的越障高度转换为一个等价的直线越障高度，这样可以使用手册和机场的数据按照直线飞行来分析。

例 3-11 某型号飞机在高度为海平面的某机场起飞，在距离距跑道 984ft (300m)的转弯弧处有一个高于平均海平面 75ft 的障碍物，已知该飞机选择起飞襟翼 5，转弯爬升的坡度是 15°。试利用该飞机的起飞转弯爬升时的梯度损失数据(图 3-47)，确定转弯爬升时该障碍物的高度相当于直线飞行时的障碍物高度。

解：利用图 3-47，由转弯坡度 15° A 点向上作垂线与起飞选用襟翼 5 曲线相交于 B 点；再由 B 点向左作水平线相较于爬升梯度损失坐标轴于 C 点，由 C 点可以读出爬升梯度损失值为 0.6%。因此选择起飞襟翼 5 转弯坡度 15° 时，该飞机的爬升梯度的损失是 0.6%，在 984ft 的距离处相当于直线离场时需要增加的高度为

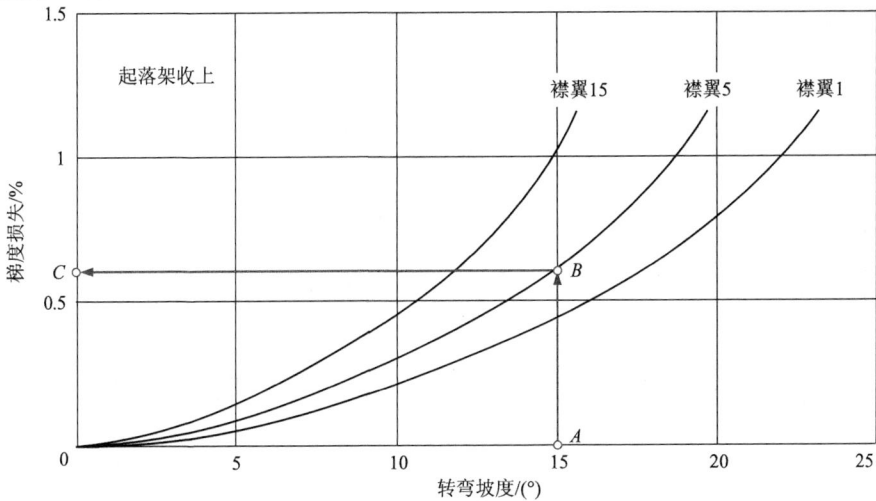

图 3-47　不同转弯坡度的爬升梯度损失

$$984 \times 0.6\% = 5.9 \, (\text{ft}) \approx 6 \, (\text{ft})$$

而转弯爬升要求净航迹高于障碍物 50ft, 直线爬升越障要求的是 35ft, 因此转弯爬升越障比直线越障多 15ft, 该障碍物在转弯爬升时相当于直线爬升的障碍物高度是

$$75+6+15 = 96 \, (\text{ft})$$

在例题所给条件下, 转弯离场的越障高度相当于直线离场的 96ft。

5. 改进爬升

改进爬升(improved climb)是增加飞机起飞重量的一种方法, 当飞机起飞时(第二段)爬升梯度限制的起飞重量小于机场跑道场地长度限制的起飞重量时, 如果跑道较长, 则可以利用剩余的跑道长度增加起飞速度, 改进爬升性能, 实现提高起飞限重的目的。通常飞机的起飞重量一定时, 其爬升梯度随着起飞速度的增大而增大。如某型号的飞机的起飞重量与起飞安全速度 V_2 的关系如图 3-48(a)所示, 由图 3-48(a)可以看出, 当起飞重量为 160000kg 时起飞速度 $V_{2S} = 162$kn 即可满足第二爬升段的爬升梯度大于等于 2.4%的要求; 当起飞重量为 164000kg 时若起飞速度 $V_{2S} = 162$kn, 则第二爬升段的爬升梯度等于 2.15%, 不满足规章要求, 此时为了满足第二爬升段的爬升梯度大于等于 2.4%要求的起飞安全速度为 $V_{2IC} = 168$kn(图 3-48(b))。因此, 有时为了提高飞机的起飞重量需要选择较大的起飞速度。这种当爬升梯度限制的起飞重量较小时, 若跑道较长则利用剩余的跑道长度继续增加滑跑距离, 使飞机的起飞离地速度增大(一般起飞滑跑阶段飞机的速度均小于其陡升速度, 起飞离地速度增大, 就会相应地增大起飞安全速度, 如图 3-48(b)中的 V_{2IC}, 这样本质上可以使增大了的起飞安全速度 V_{2IC} 更接近陡升速度, 因此其爬升梯度会增大), 从而增加起飞安全速度和爬升梯度的起飞方式称为改进爬升。

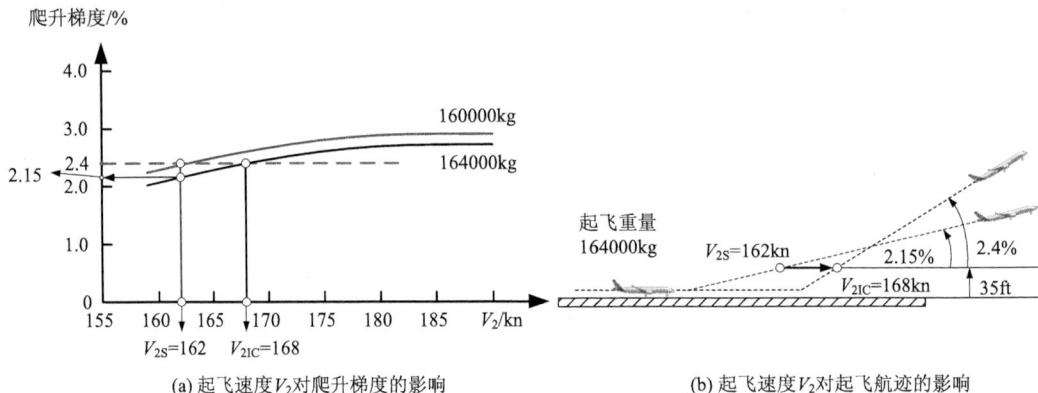

图 3-48 改进爬升

3.5 限制最大起飞重量的因素

为了保障飞机的起飞安全，在确定最大起飞重量时需要考虑如下限制：结构强度的限制 W_{st}、场道条件(场地长度)的限制 W_D、第二爬升段爬升梯度的限制 W_{CG}、刹车能量的限制 W_{MBE}、轮胎速度的限制 W_{tr}、着陆重量的限制 W_{st}、航线最低安全高度的限制 W_{st}。实际最大起飞重量需要选择上述诸因素中最小的重量。

3.5.1 结构强度限制的最大起飞重量

飞机结构强度限制的最大起飞重量主要包括最大起飞重量、最大着陆重量、最大无燃油重量、最大滑行重量。

(1)最大起飞重量。

最大起飞重量(maximum take off weight, MTOW)是结构限制的最大起飞重量，是飞机开始松刹车起飞滑跑时允许的最大起飞重量。该重量既要符合空中飞行时飞机结构强度的要求，也要满足当飞机以垂直速度–1.83m/s(–360ft/min)着陆接地时的起落架及飞机结构的强度要求，因此该重量是飞机实际起飞时不能超过的重量。

(2)最大着陆重量。

最大着陆重量(maximum landing weight，MLW)是结构强度限制的飞机着陆时的最大重量。通常是按照飞机在该重量时以垂直速度–3.05m/s(–600ft/min)着陆接地时的起落架及相关结构强度要求确定的，因此该重量是飞机实际着陆时不允许超过的重量。

(3)最大无燃油重量。

最大无(零)燃油重量(maximum zero fuel weight, MZFW)是指无燃油时飞机允许的最大结构限制重量。飞行中作用在机翼上的升力对翼根产生一个弯矩，如果机翼的油箱内有燃油，则燃油的重力可以减小翼根的弯矩。因此，机翼油箱内的燃油越少，机翼受到的弯矩越大。从结构强度考虑，当机翼油箱中没有燃油时，需要限制重量，这个限制值称为最大无燃油重量。一般，实际飞机的无燃油重量不许超过最大无燃油重量；实际的起飞重量不得超过最大无燃油重量与起飞时加的燃油重量之和。

(4)最大滑行重量。

最大滑行重量(maximum taxi weight, MTW)是指飞机在滑行时的最大结构限制重量，是指飞机在地面滑行时，全部重量的最大限额。它主要受到减震器上应力以及在地面转弯期间可能受到的弯矩限制。实际上最大滑行重量(MTW)并不是一个限制因素，通常其值按下式确定。

最大滑行重量(MTW)−滑行消耗燃油≤最大起飞重量(MTOW)

3.5.2　刹车能量限制的最大起飞重量

为了保障中断起飞时的安全，防止刹车系统损毁，受刹车系统吸收能量限制的飞机滑跑速度即为最大刹车能量限制的速度 V_{MBE}。当机场气压高度高、温度高、顺风起飞、起飞重量较大或用改进爬升起飞时，有时会出现 $V_1 > V_{MBE}$ 的情况，这时需要减轻起飞重量，使得 $V_1 = V_{MBE}$，该重量即为刹车能量限制的最大起飞重量 W_{MBE}。该速度通常以示意图表的形式给出(图 3-49)，其使用方法见例 3-12。

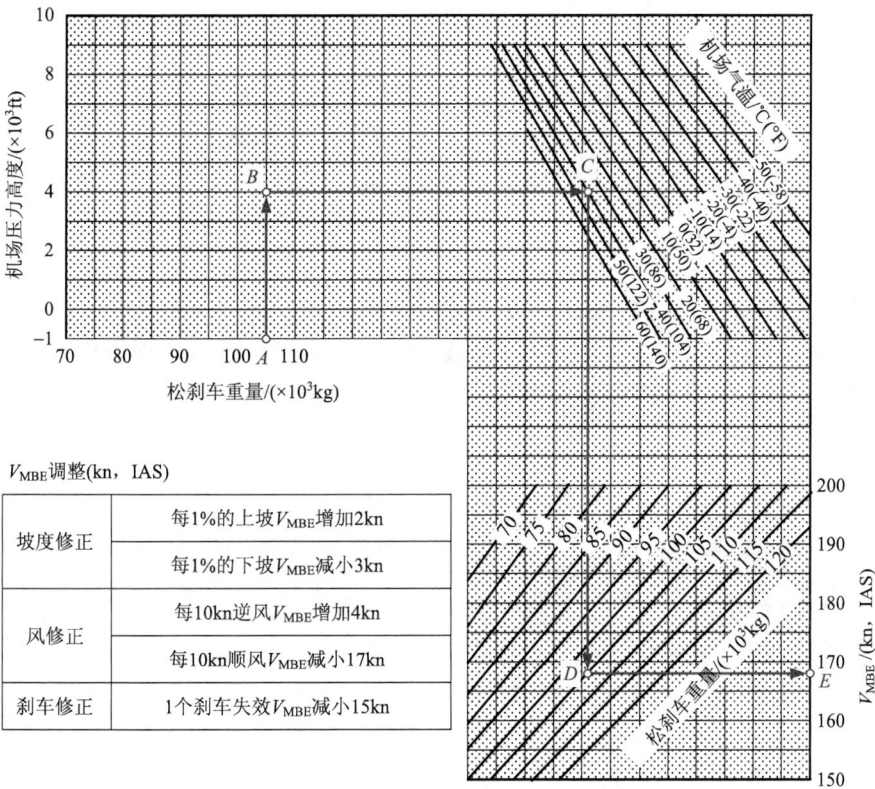

V_{MBE} 要根据跑道坡度、风和刹车形态进行调整

正常起飞：V_1 速度超过 V_{MBE} 速度每 1kn，需要减小松刹车重量 600kg。并且按照减小后的松刹车重量重新确定 V_1、V_R、V_2 速度。

改进爬升起飞：V_1 速度超过 V_{MBE} 速度每 1kn，需要减小改进爬升重量 300kg。并且按照减小后的改进爬升重量重新确定 V_1、V_R、V_2 速度增量。

图 3-49　最大刹车能量限制的速度

例 3-12 某型号飞机的最大刹车能量限制的速度如图 3-49 所示。松刹车重量 105000kg，机场气压高度 4000ft，温度 40℃，跑道上坡 1.5%，顺风 15kn。

试求：(1)最大刹车能量限制的速度 V_{MBE}。

(2)若已知起飞决断速度 $V_1 = 169kn$，是否需要减小松刹车重量？

解：根据已知起飞条件，由松刹车重量 105000kg，机场气压高度 4000ft，温度 40℃，按图 3-48 中箭头所示可得 $V_{MBE} = 168kn$。

根据图 3-49 中的要求需要对 V_{MBE} 进行跑道坡度和风修正。

跑道上坡 1.5%，可以增加 V_{MBE}：1.5%×3kn /1% = 4.5kn。

顺风 15kn，需要减小 V_{MBE}：15kn×17 kn /10kn = 25.5kn。

因此 $V_{MBE} = 168kn + 4.5kn - 25.5kn = 147kn$。

从以上结果中可以看出，由于起飞决断速度 $V_1 = 169kn$，而最大刹车能量限制的速度 $V_{MBE} = 147kn$，不符合 $V_1 \leqslant V_{MBE}$ 的要求，故需要减小松刹车重量。通常取允许的最大决断速度 $V_1 = V_{MBE} = 147kn$ 。按照图 3-49 中所给的 V_1 超过 V_{MBE} 速度每 1kn 需要减小起飞重量 600kg，可得本次起飞需要减少的重量为

$$（169kn - 147kn）× 600kg /1kn = 13200kg$$

在该条件下刹车能量限制的最大起飞重量为

$$W_{MBE} = 105000kg - 13200kg = 91800kg$$

并且需要按新的起飞重量 91800kg 重新查表确定起飞速度 $V_1/ V_R/ V_2$。

3.5.3 轮胎速度限制的最大起飞重量

为了防止轮胎在地面高速转动时发生破坏，对飞机的地面滑跑速度规定了最大值限制 V_{TIRE}。通常飞机在离地瞬间的速度即离地速度 V_{LOF} 是其在地面滑跑期间的最大速度，离地速度 V_{LOF} 不得大于轮胎限制速度 V_{TIRE}，按照 $V_{LOF} = V_{TIRE}$ 可以求得轮胎速度限制的最大起飞重量 W_{TIRE}，即

$$W_{TIRE} = L_{LOF} = \frac{1}{2}\rho V_{LOF}^2 S C_{L_{LOF}}$$

其中，$C_{L_{LOF}}$ 为飞机离地时的升力系数，取决于飞机的襟翼位置、离地姿态。

轮胎速度限制的最大起飞重量 W_{TIRE} 同时还与机场高度、温度和风等参量有关。使用时可以通过手册中相关的图表获得(图 3-50)，其使用方法见例 3-13。

例 3-13 某型号飞机起飞襟翼位置 5，对应的轮胎速度限制的最大起飞重量如图 3-50 所示。起飞机场气压高度 3600ft，温度 34℃。试求轮胎速度限制的最大起飞重量。

解：在图 3-50 中给出了起飞机场气压高度 3000ft 和 4000ft 的曲线，而给定的起飞机场 3600ft 位于 3000ft 和 4000ft 之间，因此可以先在图中查得起飞机场气压高度 3000ft 和 4000ft 的起飞限重，再线性插值获得气压高度 3600ft 的限重。按图 3-50 中带箭头的指示线所示，温度 34℃、气压高度 4000ft 时限制的最大起飞重量是 115000kg；温度 34℃、气压高度 3000ft 时限制的最大起飞重量是 119000kg。温度 34℃、气压高度 3600ft 时限制的最大起飞重量是

$$115000 + \frac{4000-3600}{4000-3000} \times (119000 - 115000) = 116600(\text{kg})$$

该飞机在机场气压高度 3600ft，温度 34℃起飞时，轮胎速度限制的最大起飞重量为 116600kg。

轮胎速度225mile/h(V_{TIRE}=225mile/h)

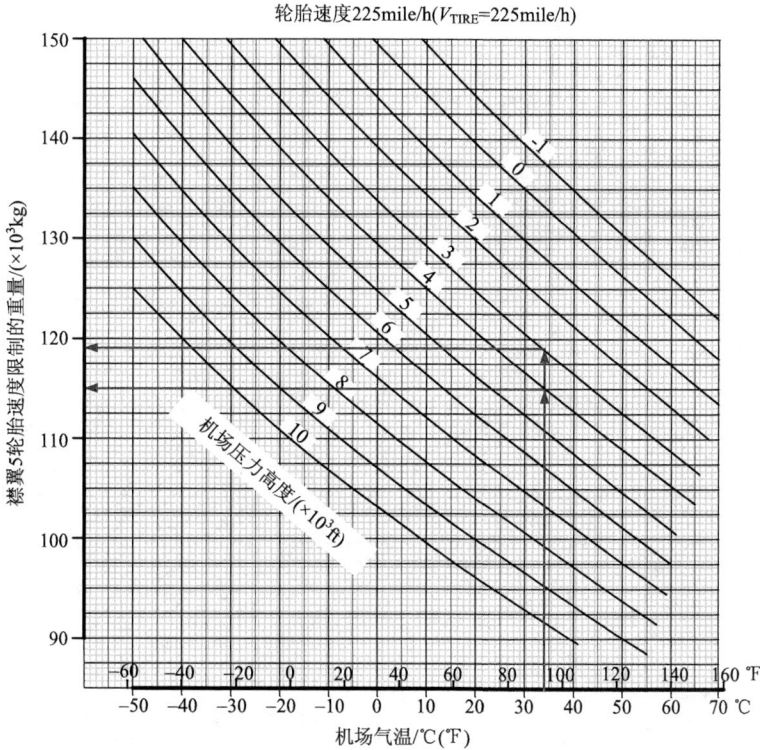

图 3-50　轮胎速度限制的最大起飞重量

3.5.4　起飞飞行航迹第二段爬升梯度限制的最大起飞重量

为了保障起飞安全，CCAR-25 对起飞飞行航迹各阶段规定了最低爬升梯度要求。通常在第二爬升段由于飞机的速度小、阻力较大，而该段要求具有较大的爬升梯度，特别是在一发失效时剩余推力会减小，飞机的起飞重量常常受到第二爬升段梯度的限制。根据规章最小可用爬升梯度确定的最大起飞重量即为爬升限制的最大起飞重量。

例 3-14　某双发飞机 2 台发动机的全部推力为 200kN，阻力为 80kN，试计算其单发失效时起飞飞行航迹第二爬升段限制的最大爬升质量。

解：考虑到单发失效时推力为 $T=100$kN，对于双发飞机其起飞飞行航迹第二爬升段的爬升梯度需满足 $G_{\text{C}} \geqslant 2.4\%$。由式（3-38a）可得最大爬升重量为

$$W \leqslant \frac{T-D}{G_{\text{C}}} = \frac{100000 - 80000}{0.024} = 833333(\text{N})$$

即最大爬升质量 $= W/g = 85034$kg。

　　实际应用中该限制可以从飞行手册中相关的图表中查得(图3-50),依据机场温度、气压高度和襟翼位置查出,再根据防冰、空调、动力辅助装置的使用情况进行修正。

　　例3-15 某型飞机起飞机场气压高度4000ft,温度36℃,起飞襟翼位置1,动力辅助装置使用,空调组件关闭,防冰关闭。其爬升限制的最大起飞重量如图3-51所示。试确定爬升限制的最大起飞重量。

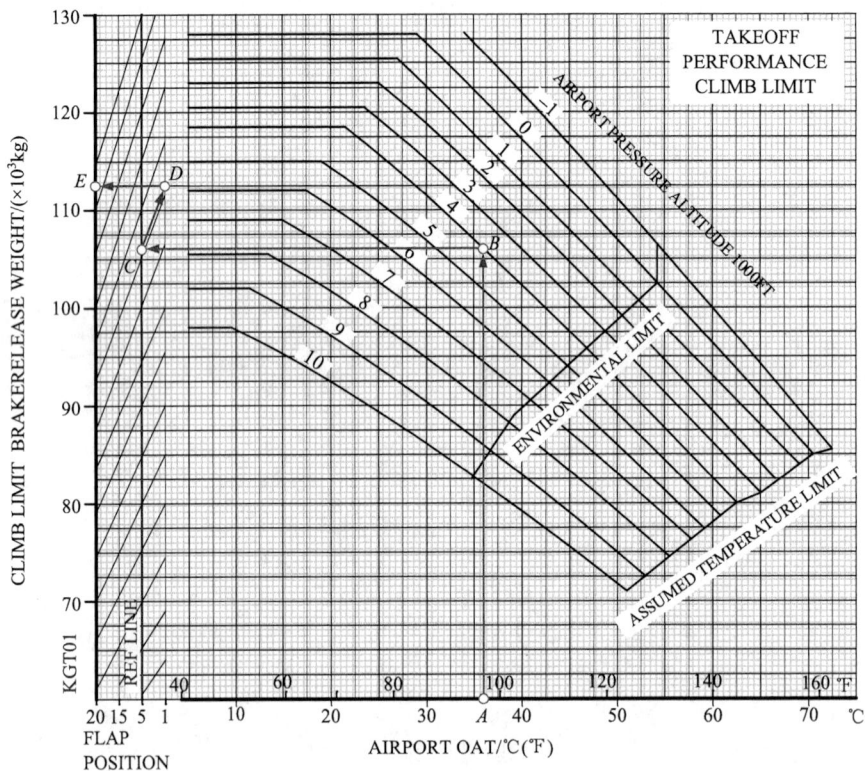

BASED ON PACKS ON WITH APU OFF. FOR PACKS OFF INCREASE ALLOWABLE WEIGHT BY 1450 kg. FOR APU ON DECREASE ALLOWABLE WEIGHT BY 250 kg.
FOR ANTI-ICE OPERATION DECREASE ALLOWABLE WEIGHT BY AMOUNT SHOWN IN TABLE.
STRUCTURAL WEIGHT LIMITS MUST BE OBSERVED.

ANTI-ICE OPERATION DECREMENT/kg				
	AT OR BELOW 8000ft		ABOVE 8000ft	
FLAPS	ENGINE	ENGINE&WING	ENGINE	ENGINE&WING
1	200	2900	1450	4000
5	200	2700	1350	3650
15	200	2650	1250	3450
20	200	2450	1150	3150

NORMAL CLIMB LIMIT WEIGHT /kg	CLIMB LIMITWEIGHT DECREMENT/kg	
120000	14000	22500
110000	12700	20600
100000	11500	18700
90000	10300	16900
80000	9000	15000
70000	7800	13200

图 3-51　起飞爬升限制的最大起飞重量

解：(1)根据该飞机爬升限制的最大起飞重量图(图 3-51)，按如下顺序查找。

①先在图 3-51 底端的温度轴的机场温度 36℃得到 *A* 点。

②由 *A* 点向上作垂线与机场压力高度 4000ft 曲线相交于 *B* 点。

③再由 *B* 点向左作水平线，先与襟翼位置修正栏的参考线相交于 *C* 点，从 *C* 点作相邻引导线的平行线修正到起飞襟翼位置 1 得到 *D* 点(注意该襟翼位置修正栏的参考线位于襟翼位置 5，表明如果起飞选用襟翼位置 5 则无需修正，即由 *C* 点直接向左作水平线)。

④再由 *D* 点向左作水平线，与左端的爬升限制的松刹车重量坐标轴相交于 *E* 点，由 *E* 点读出的爬升限制的松刹车重量为 112500kg，该值即为所给条件下爬升限制的最大起飞重量。

(2)修正。根据图 3-51 所给的修正方法，空调组件关闭可以增加 1450kg 重量，动力辅助装置使用减少 250kg，防冰关闭不需要修正。经修正后的重量为

$$112500\text{kg} +1450\text{kg}–250\text{kg} = 113700\text{kg}$$

因此在所给定的起飞条件下，爬升限制的最大起飞重量为 113700kg。

3.5.5　障碍物限制的最大起飞重量

根据起飞飞行航迹越障的要求，在已知起飞条件和障碍物几何参数的条件下，可以通过飞行手册提供的图表查得障碍物限制的最大起飞重量；也可以通过计算爬升梯度求得障碍物限制的最大起飞重量。如果实际的爬升梯度恰好达到越障要求的爬升梯度，则此时的起飞重量即为障碍物限制的最大起飞重量。如果实际的爬升梯度大于越障要求的梯度，则起飞重量不受障碍物限制；如果实际的爬升梯度小于越障要求的梯度，则起飞重量受障碍物限制，这种情况下可以采取以下措施直至满足越障的要求。

(1)减小起飞重量。起飞重量减小，可以增加爬升梯度以满足越障的要求。这时需注意，由于起飞重量减小，起飞距离也会同时减小，因此计算的参考原点和障碍物的距离也会变化。

(2)减小襟翼偏度。起飞襟翼偏度减小，阻力会减小，可以提高爬升梯度。但需注意襟翼偏度减小会使起飞距离增加，因此襟翼偏度的减小程度是受限制的。

(3)改进爬升。当起飞重量是由障碍物或爬升梯度限制所决定的，而且可用起飞距离大于障碍物或爬升梯度限制的起飞重量所要求的距离时，可采用改进爬升方式提高起飞重量。一般起飞安全速度 V_2 通常小于其最大爬升梯度对应的速度(陡升速度 $V_{陡升}$)，此时可以利用多余的跑道长度增大 V_2 速度，通过增大 V_2 速度改善其爬升能力。速度 V_2 与其爬升梯度的关系如图 3-52 所示。假设当起飞要求的爬升梯度 $G_C(W·V_2)$ 限制的起飞重量为 W，此时的安全速度为 V_2，若将安全速度增加至 V_2^*，则在保持满足要求的爬升梯度 G_C 的条件下，起飞重量可以提高至 $W^* = W+\Delta W$(图 3-52)，同时相应的 V_1 和 V_R 速度也要随之增加；由图 3-52 可见，若将安全速度增大至 V_2^*，若起飞重量保持不变，则可以使爬升梯度提高到 $G_C(W·V_2^*)$。

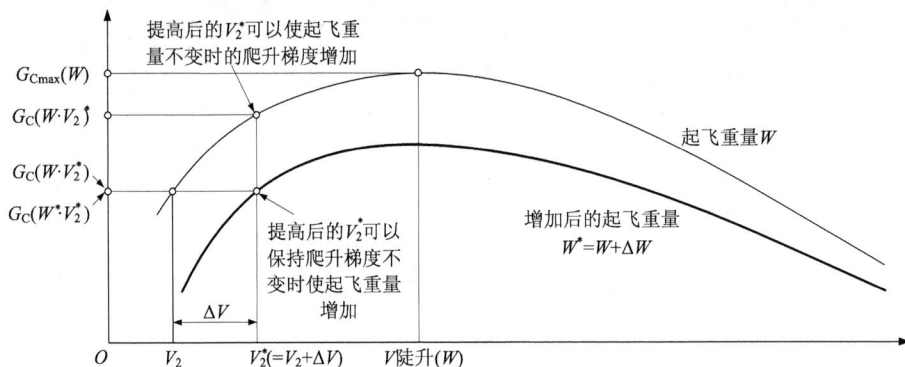

图 3-52 起飞 V_2 速度对爬升梯度和起飞重量的影响

3.5.6 最大着陆重量限制的最大起飞重量

由于飞机着陆时结构强度的限制，以及着陆机场的场地长度、气压高度、温度等条件限制，飞机的最大着陆重量也会限制起飞的重量。

例如，某型飞机执行 A 机场至 B 机场航班，若 B 机场限制的最大着陆重量为 53000kg，航线飞行 2.5h，而已知该飞机平均每小时耗油量为 2500kg，航路上耗油重量为 6250kg，因此该飞机受着陆重量限制的最大起飞重量为

$$53000 + 6250 = 59250 \, (\text{kg})$$

3.5.7 航线上最低安全高度限制的最大起飞重量

对于飞越高山地区的航线，飞机的航线最低安全高度也会限制起飞的最大重量。这是因为当巡航中发动机一发停车后，飞机的改平飞高度要降低，而单发失效后的改平飞高度(升限)是随重量的增加而降低的，如表 3-9 所示。

表 3-9 某型飞机一发停车改平飞高度表

重量/(×10³kg)	改平飞高度/ft		
	ISA +10℃ 或更低	ISA +15℃	ISA +20℃
120	20400	19300	18000
110	22800	21900	20900
100	25400	24600	23600
90	28000	27300	26500
80	31000	30200	29500
70	34200	33500	32800

若该飞机在巡航阶段重量为 110000kg 时一发失效，大气温度为 ISA +15℃，则改平飞高度为 21900ft。若恰好飞行在要求的最低安全高度为 23000ft 的高山地区，则起飞时必须考虑该限制，降低起飞重量。

3.5.8　起飞襟翼对起飞重量的影响

从前面的分析可以看出，对起飞重量的限制因素很多，其中场长限重(场地长度限制的起飞重量)和第二爬升段爬升梯度限重是相关联的，且可以通过改变起飞襟翼角度进行调整。

场长限重需要考虑机场的温度、气压高度、跑道坡度、风等环境条件，还需要考虑飞机起飞时空调、防冰的使用情况等。在上述起飞条件一定时，飞机在可用的起飞襟翼角度范围内，选取的起飞襟翼角度越大，则其升力系数 $C_{L\,LOF}$ 越大，由式(3-1)可知其离地速度 $V_{LOF} = \sqrt{\dfrac{2W}{\rho S C_{L\,LOF}}}$ 将越小，因此需要的场长越短。

起飞航迹第二爬升段爬升梯度限重需要考虑机场的温度、气压高度等环境条件，也需要考虑飞机起飞时空调、防冰的使用情况等。在上述起飞条件一定时，飞机在可用的起飞襟翼角度范围内，当选取的起飞襟翼角度越大时，由式(3-38)可知，爬升梯度 G_C 与推力和阻力之差 $(T–D)$ 成正比，但是襟翼角度越大则其阻力系数越大即阻力 D 也越大，因此推力和阻力之差 $(T–D)$ 也越小(讨论的前提是起飞期间飞机发动机的推力是不变的)，为了分析主要因素，一般忽略加速度因子对爬升梯度的影响，则爬升梯度可以用式(3-38(a))计算。

按照规章要求，第二爬升段的爬升梯度需要大于规定值，如双发飞机 $G_C \geqslant 2.4\%$，则由式(3-38a)可得起飞重量 $W \leqslant (T–D) \div 2.4\%$，因此选取的起飞襟翼角度越大第二爬升段的爬升梯度限制起飞重量越小。

由上述分析可知，起飞襟翼选取的角度较大，利于提高场长限重，不利于爬升梯度限重；反之，起飞襟翼选取的角度较小，则不利于提高场长限重，但利于爬升梯度限重。因此，实际运行时，通常在较短的跑道起飞时选用较大的襟翼角度，而在较长的跑道起飞时选取较小的起飞襟翼，这样可以实现提高起飞重量的目的。

为了综合权衡场长和爬升梯度的限重，有些飞机手册上提供了如图 3-53 所示的初步选取襟翼偏度的相关图表(其具体使用方法见例 3-16)，在实际运行中，可以利用其作为选择襟翼偏度的初步依据，在此基础上还需要进一步考虑障碍物的限制、跑道道面的干、湿或污染，以及单发失效等情况确定实际的起飞襟翼偏度。

例 3-16　某型号飞机选择起飞襟翼偏度用图如图 3-53 所示。又已知其在某机场起飞，根据给定条件确定的场长限重为 137000lb，第二爬升段的爬升梯度限制起飞重量为 140000lb。请根据图 3-53 确定起飞襟翼初步选择值应该是多少。

解：如图 3-53 所示，确定起飞襟翼初步选择值的步骤如下。

(1)在图 3-53 的左侧场长限重坐标轴上，根据已知的场长限重为 137000lb 得到 A 点，由 A 点向右上方做相邻引导线的平行线 AC。

(2)在图 3-53 的右侧第二爬升段的爬升梯度限制的起飞重量坐标轴上，根据已知的第二爬升段的爬升梯度限制起飞重量为 140000lb 得到 B 点，由 B 点向左上方作相邻引导线的平行线 BC。

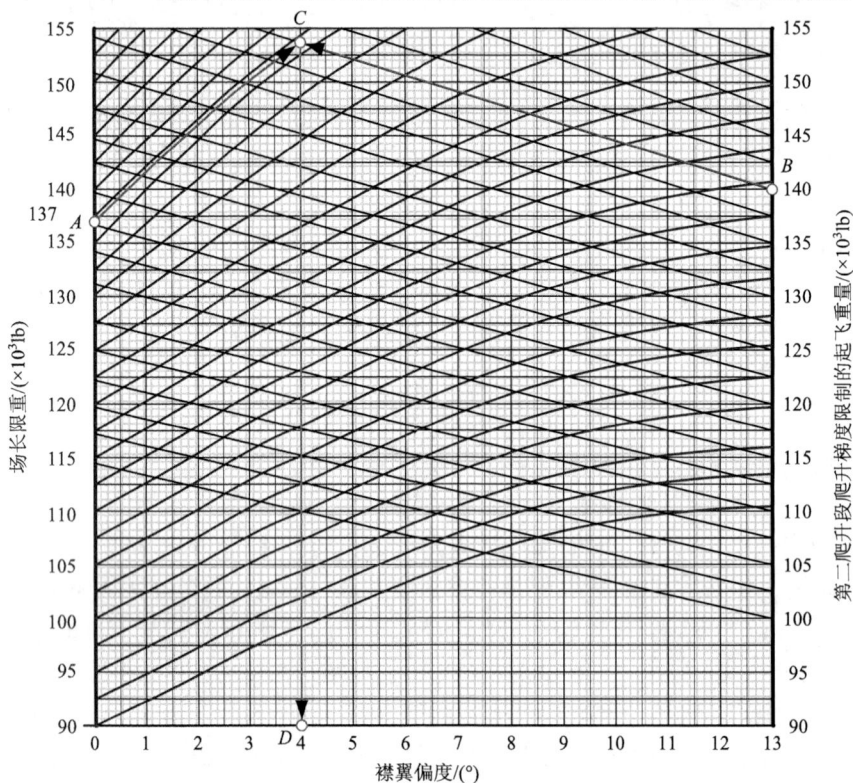

图 3-53 某型号飞机选择起飞襟翼偏度图

(3)上述平行线 *AC* 和 *BC* 相交于 *C* 点。

(4)由 *C* 点向下作垂线并与襟翼偏度坐标轴相较于 *D* 点，由 *D* 点可以得出根据已知条件初步确定的襟翼偏度为 4°。

3.5.9　起飞速度对起飞重量的影响

从上面的分析可知，在实际确定飞机起飞的最大重量时需要从前述的各种限制中选择一个最小的重量，这样才能满足所有限制要求。当确定出的起飞重量符合下列条件(1)～(3)时，则可以采用改进的爬升方式起飞来增加起飞重量。

(1)起飞重量是由第二段爬升梯度决定的(即第二段爬升梯度限制的起飞重量最小)。

(2)起飞机场的实际可用起飞距离比在以第二段爬升梯度限制的起飞重量起飞时的需用起飞距离长。

(3)刹车防滞系统正常。

采用改进的爬升方式起飞来增加起飞重量的原理是，通过增加起飞速度 $V_1/V_R/V_2$ 以提高爬升梯度，进而实现增加起飞重量。飞机不同起飞重量时其速度与爬升梯度的关系如图 3-54 所示。速度对爬升梯度的影响特性是，当起飞重量一定时随着速度的增加爬升梯度先增大后减小，当速度一定时起飞重量越重爬升梯度越小。飞机在第二爬升段的爬升梯度主要受 V_2 速度的影响，假设第二爬升段的爬升梯度最小值为 γ_{min}，在图 3-54 所示

的 V_2 速度时，起飞重量为 W_1 时刚好满足 γ_{min} 限制，若起飞重量为 W_2 则对应的爬升梯度 γ_1 小于 γ_{min}，不符合要求。如图 3-54 所示，如果选择一个较大的安全速度 $V_2^* = V_2 + \Delta V$，则起飞最大起飞重量为 W_2 时的爬升梯度也可以满足限制要求，即选择安全速度 V_2^* 起飞重量可以提高到 W_2。

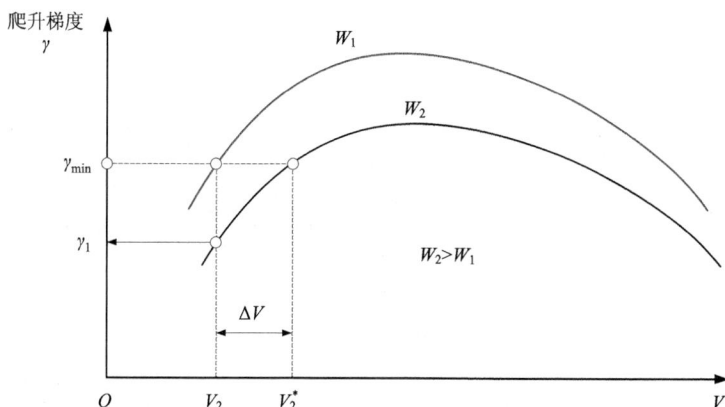

图 3-54　飞机不同重量时爬升梯度随速度的变化

基于以上原理，有些飞机的飞行手册上会给出相关的图表以便于使用，图 3-55 所示的是 BX 和 BY 型号飞机改进爬升的重量增加量与起飞速度增加量的关系图，不同型号的飞机所给曲线会略有差异。其中，图 3-55(a) BX 型号飞机采用改进爬升方式后爬升梯度限制的重量增加量是根据正常爬升限制的重量给出的；图 3-55(b) BY 型号飞机采用改进爬升方式后爬升梯度限制的重量增加量是根据场长限重给出的。但本质和使用方法是类似的，关于图表的具体使用方法见例 3-17。

例 3-17　某型号飞机的起飞机场气压高度 2000ft，气温 20℃，使用起飞襟翼位置 1。经过计算得到场长限重 63000kg，第二段爬升梯度限重 55000kg。又已知该机场可用起飞距离较长，刹车防滞系统工作正常，即符合改进爬升的条件要求。该飞机的起飞速度 $V_1/V_R/V_2$ 如图 3-32 所示，其改进爬升增加起飞重量与起飞速度增加量的关系如图 3-55(a) 所示。试确定采用改进爬升方式起飞后的起飞重量和起飞速度。

解：根据已知条件和图 3-32、图 3-55(a) 确定改进爬升后的起飞重量及起飞速度的步骤如下。

(1) 计算场长限重与爬升梯度限重之差。已知场长限重 63000kg，第二段爬升梯度限重 55000kg，因此场长限重与爬升梯度限重之差为 63000kg−55000kg = 8000kg。

(2) 计算改进爬升方式可增加的起飞重量。如图 3-55(a) 所示，根据场长限重与爬升梯度限重之差 8000kg，可以从图 3-55(a) 底端的场长限重与爬升梯度限重之差坐标轴得到 A 点，由 A 点向上作垂线与正常爬升梯度限重曲线相交得到 B 点，由 B 点向左作水平线，并与图 3-55(a) 左端的爬升梯度限重的增加量坐标轴相交于 C 点，由 C 点可以得到爬升梯度限重的增加量为 3400kg。

(3) 计算改进爬升后的爬升梯度限重为 55000kg + 34000kg = 58400kg。

(4) 确定起飞速度。

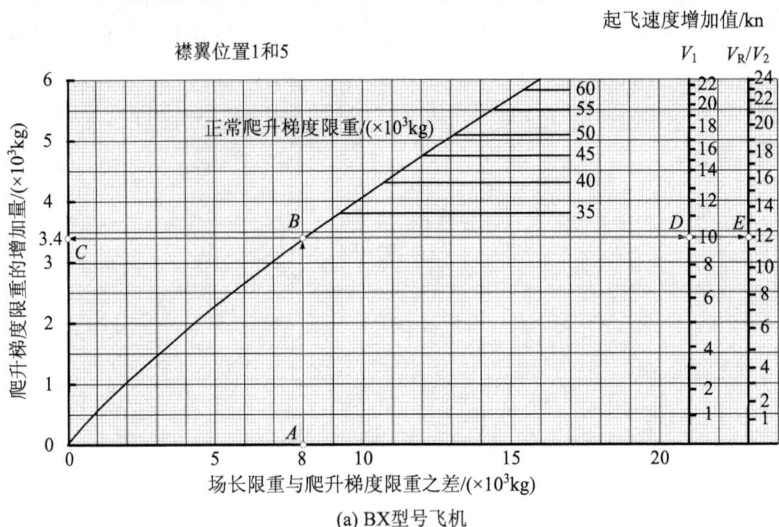

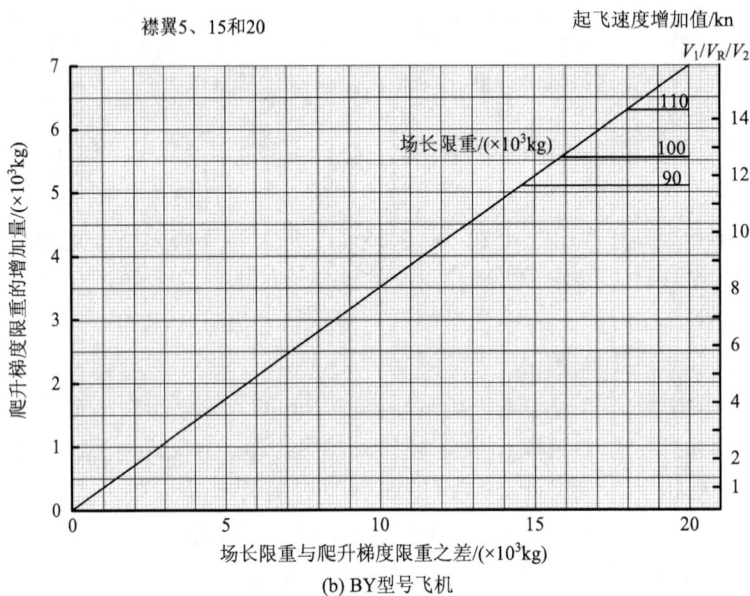

图 3-55　改进爬升增加起飞重量与起飞速度增加量关系曲线

　　首先根据新的起飞限重确定起飞速度。如图 3-32 所示，根据已知条件(机场气压高度 2000ft，气温 20℃)应该在襟翼位置 1 对应的 A 区域读取起飞速度，由该区域可得当起飞重量为 55000kg 时 $V_1/V_R/V_2$ 分别为 144/146/152(kn)，起飞重量为 60000kg 时 $V_1/V_R/V_2$ 分别为 153/155/160(kn)，经过线性插值计算可得起飞重量为 58400kg 时起飞速度 $V_1/V_R/V_2$ 分别为 150 /152/157(kn)。

　　再对起飞速度进行修正。因为得到的 150/152/157(单位 kn)是正常起飞时，对应于起飞重量为 58400kg 的起飞速度。采用改进爬升时需要增加起飞速度，起飞速度的增加量需要根据图 3-55(a)确定。方法是由上述步骤(2)得到的 B 点向右作水平线，先与

图 3-55(a)右侧的起飞速度 V_1 增加值坐标轴相交于 D 点，由 D 点可以得到 V_1 增加值为 10kn；再与起飞速度 V_R/V_2 增加值坐标轴(V_R 和 V_2 的增加值是相等的)相交于 E 点，从 E 点得到 V_R/V_2 增加值均为 12kn。将起飞速度 $V_1/V_R/V_2$ 的增加值 10/12/12(kn)，分别加到上面得到的起飞重量为 58400kg 时正常的起飞速度 153 /155/160(kn)上，由此可得采用改进爬升方式后，起飞重量增加到 58400kg 的起飞速度 $V_1/V_R/V_2$ 为 160 /164/169(kn)。

3.6　减推力起飞

在民航的日常航班运营过程中，飞机的实际起飞重量可能小于规章中各种限制的起飞重量，此时可以使用比最大起飞推力小的推力起飞，也可以满足规章对起飞重量的各种限制和要求。其目的在于减少对发动机部件的磨损，延缓发动机性能下降，从而延长使用寿命，降低发动机的维修成本。减推力起飞(derated takeoff)有灵活推力和降低额定功率两种方法。

3.6.1　灵活推力法

1. 灵活推力法的原理法

灵活推力法也称为假设温度法，是在实际起飞环境温度小于发动机的参考温度，并且实际起飞重量小于最大起飞重量时，采取的一种减推力起飞方法。发动机推力、起飞重量与环境温度的关系，如图 3-56 所示，在实际起飞的环境温度 $t_{实际}$ 小于发动机的参考温度 t_{ref} 范围内，发动机的最大可用推力 T_{AVmax} 基本保持不变，该推力能起飞的最大重量 W_{max} 也基本保持不变；当环境温度 t_{flex} 大于发动机的参考温度 t_{ref} 后，随着温度的升高发动机的可用最大推力会下降，因此飞机的最大起飞重量也会随之下降，如当环境温度为 t_1 时发动机的最大推力为 T_1，此时能起飞的最大重量为 W_1(图 3-56)。当飞机起飞时实际温度为 $t_{实际} < t_{ref}$ 时(图 3-56)，飞机的可用推力为最大 T_{AVmax}，可以起飞的最大重量为 W_{max}。

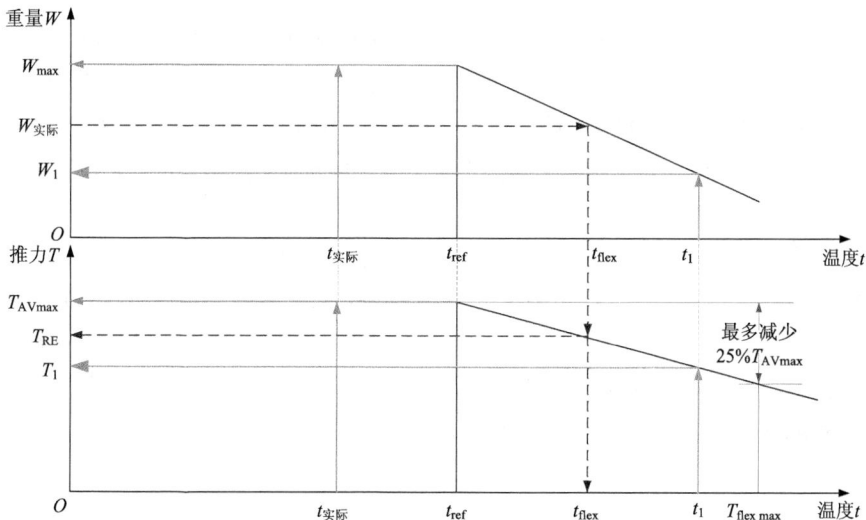

图 3-56　发动机推力、起飞重量与环境温度的关系

如果实际的起飞重量 $W_{实际}<W_{max}$，如图 3-56 中虚线所示，该实际起飞重量 $W_{实际}$ 所需要的推力 T_{RE} 相当于环境温度为 t_{flex}（该 t_{flex} 大于发动机的参考温度 t_{ref}）时发动机的最大推力，起飞时按照实际起飞重量 $W_{实际}$ 确定的温度 t_{flex} 称为灵活温度(flexible temperature)或假设温度(assumed temperature)。起飞前按照灵活温度 t_{flex} 设置发动机的参数，则发动机提供的推力为 T_{RE}，恰好满足实际起飞重量 $W_{实际}$ 的需求，该推力称为灵活推力(flexible thrust)。这种根据一个高于起飞机场实际温度的假设温度(即灵活温度)确定需用起飞推力即灵活推力的方法称为灵活推力法。

2. 灵活推力法的使用限制

为了保障起飞安全，灵活推力起飞的使用受到以下限制。

(1)灵活推力的减小量不得大于最大推力的 25%。

(2)在积水、积冰、积雪等跑道上不能使用。

(3)在预计的起飞航线上有风切边时不得使用。

(4)在刹车防滞系统不工作或动力管理系统不工作时不能使用。

(5)必须建立发动机状态监控系统或进行定期检查，以确保在灵活温度下能产生规定的起飞推力。

3. 灵活推力法的使用条件

使用灵活推力起飞在满足实际起飞重量小于各种限制的最大起飞重量的基础上，还需要满足以下条件。

(1)实际温度小于发动机的参考温度，即 $t_{实际}<t_{ref}$。

(2)选定的灵活温度要大于发动机的参考温度，即 $t_{flex}>t_{ref}$。

(3)选定的灵活温度要小于或等于最大的灵活温度(最大可用起飞推力减小 25%时所对应的温度)，即 $t_{flex}\leq t_{flex\,max}$。

假设温度的确定需要综合考虑场长限制的温度、爬升限制的温度、减 25%最大推力限制的温度等，并选择其中最小的作为假设温度。

例 3-18 已知某型号的飞机起飞重量 51000kg，机场气压高度 2000ft，可用起飞场长 8500ft，跑道上坡 1%，环境温度 20℃，逆风 20kn，起飞襟翼位置 5。试根据其如图 3-57 所示的飞机起飞重量受场长限制时的温度、如图 3-58 所示的飞机受起飞初始爬升限制时的温度和如表 3-10 所示的减 25%推力时的最大假设温度，确定起飞的最大假设温度。

解：(1)确定飞机起飞重量受场长限制时的温度(图 3-57)步骤如下。

A(起飞场长 8500ft)→B(跑道坡度修正参考线)→C(跑道上坡 1%)→D(风修正参考线)→E(逆风 20kn)→F(襟翼位置修正参考线，襟翼位置 5，不需要修正)→H(G 点对应的起飞重量 51000kg)→I(起飞重量修正参考线)→J(机场气压高度 2000ft)→K，K 点对应的温度 58℃即为飞机起飞重量受场长限制时的温度。

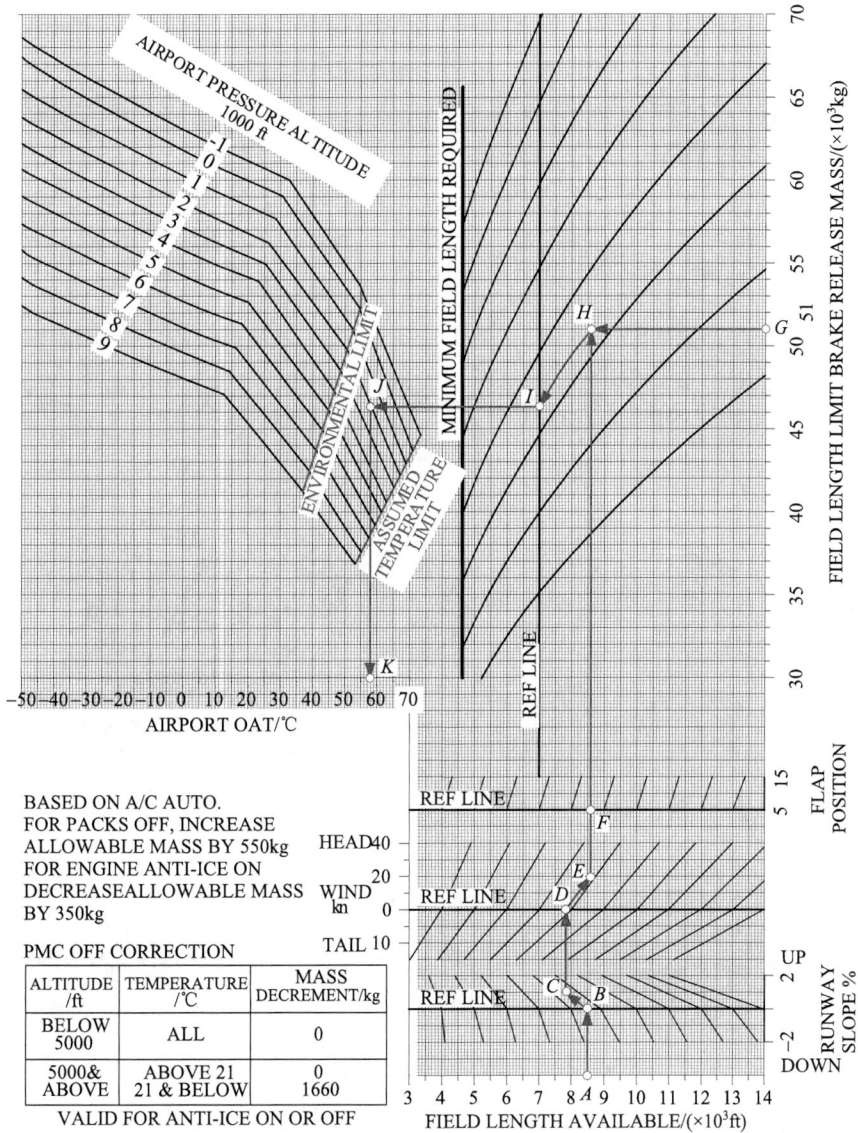

图 3-57　飞机起飞重量受场长限制时的温度

(2)确定飞机受起飞初始爬升限制时的温度(图 3-58)步骤如下。

A(起飞重量 51000kg)→B(机场气压高度 2000ft)→C，C 点对应的温度 49℃即为飞机受起飞初始爬升限制时的温度。

(3)确定减 25%推力时的最大假设温度步骤如下。

由表 3-10 可查得机场气压高度 2000ft、温度 20℃对应的减 25%推力时的最大假设温度是 58℃。

由此可得在题中给定条件下起飞的最大假设温度为 49℃。

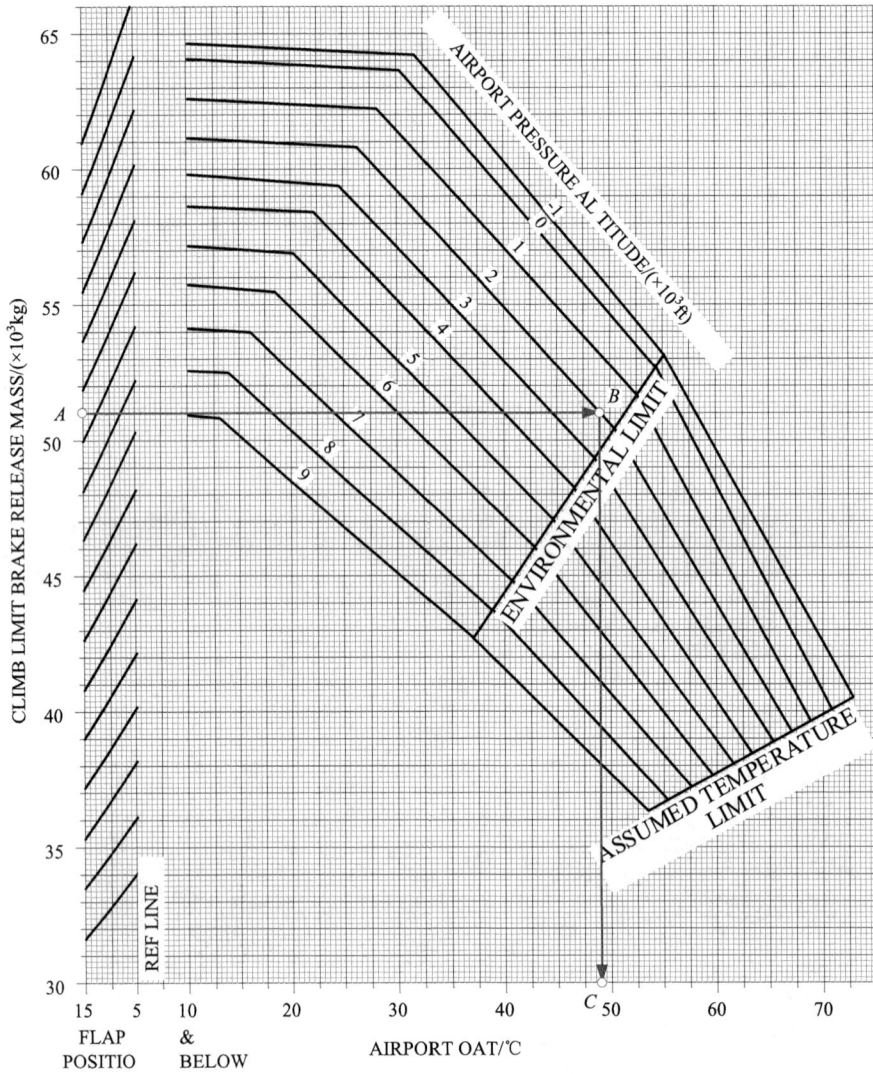

BASED ON A/C AUTO WITH APU ON OR OFF. FOR PACKS OFF, INCREASE
ALLOWABLE MASS BY 900kg.
FOR OPERATION WITH ENGINE ANTI-ICE ON SUBTRACT 190kg WHEN
AIRPORT PRESSURE ALTITUDE IS AT OR BELOW 8000 ft OR 530kg WHEN
AIRPORT PRESSURE ALTITUDE IS ABOVE 8000ft.

PMC OFF CORRECTION

ALTITUDE/ft	TEMPERATURE/℃	MASS DECREMENT/kg
Below 5000	ALL	0
5000 & Above	ABOVE 21	0
	21 & BELOW	1860

图 3-58　飞机受起飞初始爬升限制时的温度

表 3-10　减 25%推力时的最大假设温度

	Maximum Assumed Temperature/℃ (Based on 25% Take-Off Thrust Reduction)								
OAT/℃	Press Alt/(×10³ft)								
	0	1	2	3	4	5	6	7	8
55	71	71							
50	69	68	68	69	70				
45	67	66	66	67	67	67	68	70	
40	65	64	64	64	64	64	64	66	68
35	63	62	62	62	61	61	62	63	64
30	61	60	60	59	59	59	59	60	61
25	61	59	58	57	56	56	56	57	58
20	61	59	58	57	55	53	54	54	55
15 & below	61	59	58	57	55	53	53	52	52

3.6.2　降低额定功率法

减推力起飞也可以使用降低额定功率法。有的发动机的起飞推力设置分为多个挡位，不同的挡位对应的最大起飞推力不同，如图 3-59 所示为某发动机的起飞推力分为最大额定功率、TO1、TO2 三个挡位，分别对应三个最大起飞推力 T_{max}、T_{TO1max}、T_{TO2max}，当实际起飞重量较小时可以选用较小的最大推力，即采用较小的额定功率实现减推力起飞。

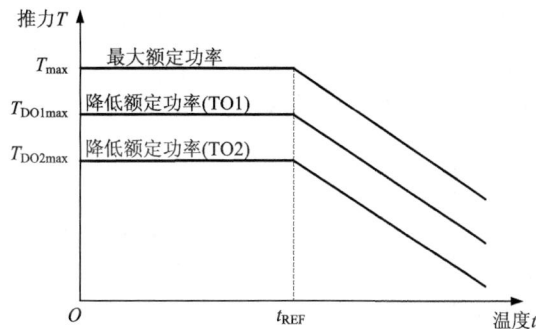

图 3-59　降低额定功率的减推力

降低额定功率的减推力起飞，其不同的额定功率设置和发动机推力的减小量都要经过审定，包括使用限制、应用程序和相关性能数据必须写入飞机的相关手册中，如在飞行管理手册中要有独立的满足规章所有要求的起飞使用限制、应用程序和性能数据。

1. 降低额定功率法的原理

飞机起飞时需要考虑一发失效的情况，起飞速度需要满足 $V_1 > V_{MCG}$。

降低额定功率起飞时推力小于最大额定功率起飞的推力，因此一发失效后发动机的不对称力矩较小，为保持航向所需要的地面最小操纵速度 V_{MCG} 也相应地较小，对应的 V_1 速度也小，当起飞重量较小（图 3-60 中的起飞重量 W_1）时降低额定功率起飞需要的跑道长度也较短。当起飞重量较大(图 3-60 中的起飞重量 W_2)时全额定功率起飞需要的跑道长度较短,这是因为起飞重量较大,起飞的速度 V_1 较大,通常会满足要求的 $V_1 > V_{MCG}$,因此不受 V_{MCG} 限制。

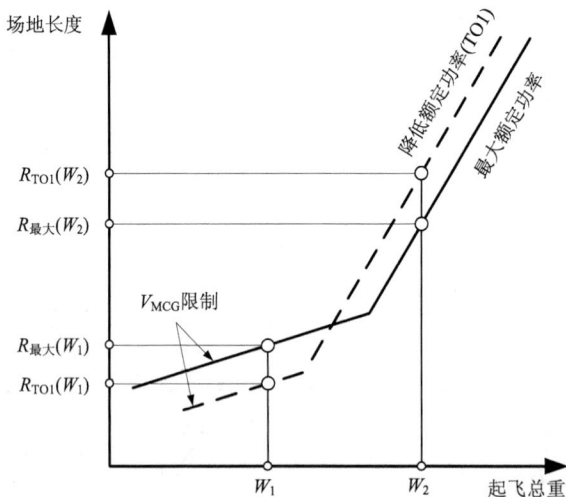

图 3-60 最大额定功率起飞与降低额定功率起飞时所需场地长度随起飞重量的变化关系

当飞机起飞受到场地长度限制时,即跑道长度限制的起飞重量较小或是在较短的跑道上起飞时,采用降低额定功率起飞可以提高场地长度限制的最大起飞重量。当起飞场长较短(图 3-61 中的场长 R_1)时,全额定功率起飞的 V_{MCG} 较大,为了满足 $V_1 > V_{MCG}$ 的限制使得起飞重量较小。而采用降低额定功率起飞时 V_{MCG} 较小,需要的速度 V_1 也较小,因此可以有效地提高场长(R_1)限重。当场地长度较长(图 3-61 中的场长 R_2)时,将不受 V_{MCG} 限制,则全额定功率的起飞重量将更大。

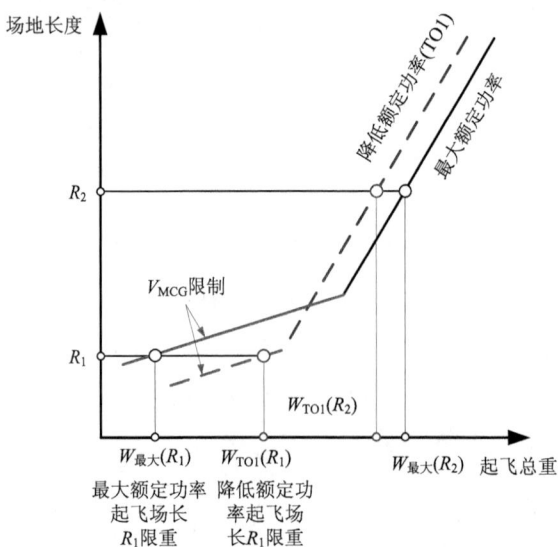

图 3-61 最大额定功率起飞与降低额定功率起飞时场长限重

2. 降低额定功率法的使用

降低额定功率起飞通常在跑道长度较短时使用。使用降低额定功率的方法实现减推力起飞时的推力较小，对应的 V_1/ V_R/ V_2 速度也比全功率起飞时小，因此在一发失效时所需的继续起飞距离和加速停止距离也小，对于起飞重量受到跑道长度限制时，相对于使用最大功率起飞可以增加起飞重量。

降低额定功率的减推力起飞通常被认为是发动机处于正常操作限制的一种正常起飞，因此可以用于湿跑道和污染跑道起飞，通常对于使用的降低额定功率的等级和道面情况，飞机飞行手册中会提供单独的限制、程序和性能数据。

在实际使用中，降低额定功率减推力起飞不是对所有机型都可用，因为在有些机型上还不存在该项功能。在空客公司的 A330 和 A340 机型上降低额定功率减推力起飞是其基本功能项目，包括有 6 个经审定的降低额定功率等级，额定功率的降低值从 4% 到 24%，每个等级间隔 4%，如图 3-62 所示。特别按照空客公司的原则，灵活推力起飞不能与降低额定功率起飞一起使用。

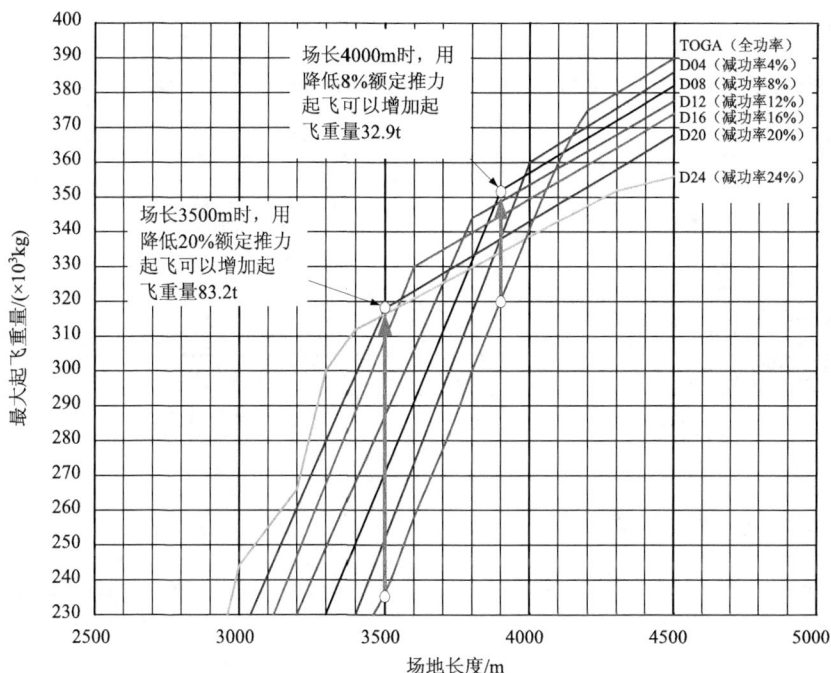

图 3-62　降低额定功率减推力起飞等级时场地长度与起飞重量的关系

在波音的有些飞机如 B757 和 B767 上降低额定功率分为两个等级 TO1 和 TO2，功率值分别为减小 10% 和 20%，并规定降低额定功率和灵活温度法可以同时使用。例如，当起飞重量小时需用的起飞推力 T_{RE} 也较小（图 3-63），这时可以使用降低额定功率 TO1，则假设温度为 $t_{TO1flex}$；也可以使用降低额定功率 TO2，则假设温度为 $t_{TO1flex}$。

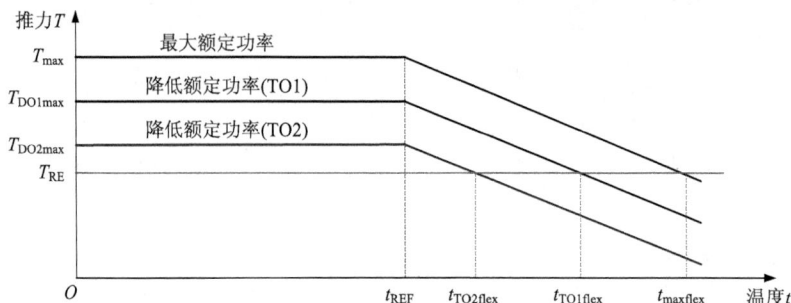

图 3-63　降低额定功率时的假设温度

3.6.3　灵活推力法和降低额定功率法比较

灵活推力法和降低额定功率法比较如表 3-11 所示。

表 3-11　灵活推力法和降低额定功率法比较

项目	灵活推力法	降低额定功率法
限制	受到的限制：要满足 $t_{ref} < t_{flex}$，$t_{实际} < t_{flex}$，$t_{flex} < t_{flex\,max}$，且推力减小量不能大于最大推力的 25%，减推力后的油门不得小于最大上升油门	无使用限制，只要实际起飞重量小于最大起飞重量
推力	在需要复飞推力时，可以使用全功率的复飞推力	只能使用降低了的最大功率
数据	只有一张起飞性能图表，使用方便	有一组起飞性能表，对于每一种飞机与降低额定功率发动机的组合都有各自的一张额定功率起飞性能表
安全性	在一发失效的继续和中断起飞性能中，灵活温度下的真实空速与实际温度下的真实空速有差异，从而使灵活推力起飞有额外的安全裕度	没有额外的安全裕度
条件	不能用于污染跑道	可以用于湿或污染跑道
特点	在较长的干跑道上起飞可以有较大的起飞重量	在短跑道/污染跑道上起飞可以有较大的起飞重量

3.6.4　减推力起飞的应用实例

现代民用飞机发动机的推力一般主要通过调整压力比 EPR 的值、低压转子转速比%N1（图 3-64）等参数进行调整。

通常飞机的飞行手册上会给出减推力起飞需要的相关数据图表。典型的波音系列飞机在使用灵活推力实现减推力起飞时，所需的相关性能参数数据表如表 3-12～表 3-14 所示，其中减推力起飞的推力大小用低压转子转速比%N1 作为调定参数进行设置，表 3-12 用于根据起飞机场高度和环境温度确定需要的最大假设温度；表 3-13 用于根据起飞条件（机场高度、假想温度、空调和放冰使用情况）确定需要的低压转子转速比%N1；表 3-14 用于根据实际环境温度和假想温度的差别确定低压转子转速比%N1 的调节值。飞机在起飞之前，根据起飞机场的实际情况先分析计算出相关的起飞性能参数，再参照飞行手册提供的相关数据表（表 3-12～表 3-14）确定相关参数，其具体使用方法见例 3-17。

典型的空客系列飞机使用灵活推力实现减推力起飞，需要的相关性能参数数据如表 3-20 和表 3-21 所示，其具体使用方法见例 3-20 和例 3-21。

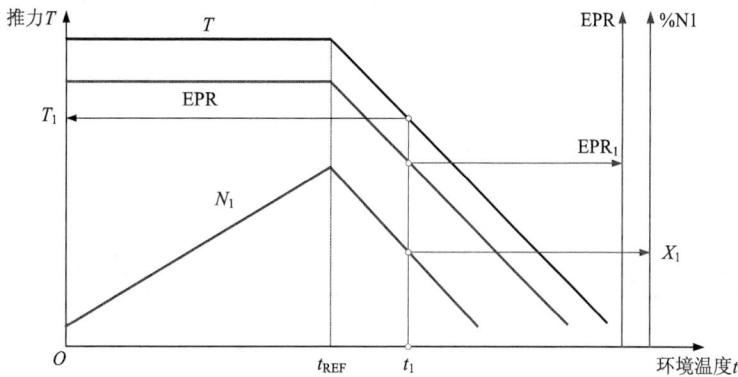

图 3-64　发动机的 EPR 和% N1 与推力的关系

表 3-12　最大假设温度

（减小推力 25%（BASED ON 25% TAKEOFF THRUST REDUCTION））

外界温度(OAT)/℃	压力高度(PRESS ALT)/(×10³ft)								
	0	1	2	3	4	5	6	7	8
55	73	73							
50	71	69	68	66	65				
45	68	67	66	63	62	62	63	65	
40	66	65	64	61	60	60	60	60	62
35	63	62	62	59	58	58	57	59	60
30	61	61	60	58	56	55	55	56	58
25	61	60	58	57	55	54	53	54	55
20 及以下	61	60	58	57	55	54	53	53	52

表 3-13　最大起飞%N1（MAX　TAKEOFF　%N1）

引气增加组件打开(自动)((valid for)2(packs on)(auto)) 发动机防冰开或关(ENGINE A/I ON OR OFF)						如果空调关闭增加 1.0%N1 (FOR A/C OFF ADD 1.0%N1)			
灵活温度(ASSUMED TEMP)/℃	机场压力高度(AIRPORT PRESSURE ALTITUDE)/ft									
	−1000	0	1000	2000	3000	4000	5000	6000	7000	8000
75	83	83.9	83.8	83.5						
70	84.7	85.6	85.6	85.4	84.9	84.7				
65	96.6	87.3	87.3	87.2	87.0	87.0	87.1	87.2	87.6	87.9
60	88.3	88.9	89	89.0	89.1	89.1	89.1	89.0	89.1	89.3
55	89.7	90.5	90.6	90.7	91.1	91.3	91.0	90.8	90.7	90.6
50	90.4	91.1	91.6	92.3	93.1	93.4	92.9	92.5	92.2	91.1
45	91.0	91.6	92.1	92.7	93.9	94.9	94.8	94.2	93.7	93.1

续表

灵活温度（ASSUMED TEMP）/℃	机场压力高度（AIRPORT PRESSURE ALTITUDE）/ft									
	−1000	0	1000	2000	3000	4000	5000	6000	7000	8000
40	91.6	92.1	92.6	93.0	94.3	95.3	95.3	95.3	95.0	94.3
35	91.4	92.5	93.0	93.4	94.8	95.9	95.9	95.8	95.1	94.5
30	91.7	92.8	93.2	93.6	95.0	96.5	96.4	96.4	95.7	95.0
25	90.9		93.3	93.7	94.5	96.5	96.5	96.7	96.2	95.6
20	90.2				94.4				95.5	95.9
15	90.4									95.4
最小假设温度（MINIMUM ASSUMDE TEMP）	32	30	28	26	24	29	27	25	20	15

表 3-14　根据温度差别调整%N1（%N1 adjustment for temperature difference）

ASSUMED TEMP OAT/℃	outside air temperature/℃													
	−40	−20	0	5	10	15	20	25	30	35	40	45	50	55
10					1.6	1.6	1.6	1.5	1.5	1.5	1.4	1.4	1.4	1.3
20			3.3	3.3	3.1	3.1	3.0	3.0	2.9	2.8	2.7	2.6	2.5	2.3
30			4.8	4.7	4.6	4.5	4.4	4.3	4.1	3.9	3.7	3.5	3.4	3.3
40		6.8	6.1	6.0	5.9	5.7	5.5	5.3	5.1	4.9				
50		8.1	7.4	7.2	6.9	6.7	6.3							
60	10.4	9.3	8.4	8.1	7.7									
70	11.5	10.5	9.0											
80	12.7	11.4	9.8											
90	13.8	11.9												
100	14.5	12.6												
110	14.9													

例 3-19　已知某型号飞机使用灵活推力实现减推力起飞，灵活推力大小用低压转子转速比%N1 作为调定参数进行设置，所需要的相关性能数据如表 3-12～表 3-14 所示。起飞前根据起飞的 ZBAA 机场的实际情况计算出的起飞性能参数如表 3-15 所示。根据下述给定的条件回答下列问题。

（1）若实际起飞时 OAT=20℃，逆风 10kn，A/C OFF，A/I OFF，该飞机的最大起飞重量及其对应的起飞速度 $V_1/V_R/V_2$ 是多少？

（2）若实际起飞时 OAT=16℃，逆风 10kn，A/C OFF，A/I OFF，如果该飞机实际起飞重量为 60600kg，可用的假设温度是多少？对应的起飞速度 $V_1/V_R/V_2$ 是多少？

（3）若实际起飞时 OAT=8℃，无风，A/C OFF，A/I OFF，根据起飞的其他条件选定的假设温度 56℃符合起飞限制要求，试确定其起飞推力的%N_1 是多少？

（4）若机场气温为 30℃，逆风 10kn，起飞襟翼为位置 1，空调关，防冰关，确定最大允许的起飞重量及 $V_1/V_R/V_2$？

表 3-15　B737-300 在某机场起飞的分析数据表

ELEVATION　115ft　　　　　　　　　　　　RUNWAY　18R　ZBAA

FLAPS 01 AIR COND OFF ANTI-ICE OFF　! **DO NOT USE FOR OPRETRATIONAL　PURPOSE**

737-300　CFM56-3-B1　　　　　　　　　　DATED 20-DEC-2002

OAT/ ℃	CLIMB/ (×10²kg)	WIND COMPONENT IN KNOTS (MINUS DENOTES TAILWIND)			
		−10	0	10	20
64A	425	510F/27-27-32	540F/27-27-32	549F/27-27-32	558F/27-27-32
		462**46-50-51	471**54-58-59	473*56-60-61	473**57-61-61
62A	438	519F/29-29-34	550F/29-29-34	559F/29-29-34	568F/29-29-34
		473**47-50-52	483**55-58-59	485**57-60-61	487**59-62-63
60A	452	528F/31-32-37	560F/32-32-37	569F/32-32-37	578F/32-32-37
		485**49-52-54	495**56-59-61	498**59-62-63	500**61-64-65
58A	465	537F/33-34-39	569F/34-34-39	579F/34-34-39	588F/34-34-39
		496**50-52-55	507**57-60-62	509**59-62-64	512**62-65-66
56A	478	545F/36-36-41	578F/36-36-41	587F/36-36-41	597F/36-36-41
		508**51-53-56	518**58-60-63	521**60-63-65	524**62-65-67
54	491	553F/36-38-43	586F/37-38-43	595F/37-38-43	605F/37-38-43
		518**49-53-57	529**57-61-64	532**60-63-66	535**62-65-67
52	501	560F/38-40-45	593F/39-40-45	603F/39-40-45	613F/39-40-45
		527**50-54-58	539**58-62-64	542**61-64-66	544**63-66-68
50	510	566F/39-41-46	600F/40-41-46	610F/40-41-46	619F/40-41-46
		534**51-55-58	547**59-62-65	550*61-64-67	553**64-67-69
48	519	572F/41-43-48	606F/41-43-48	616F/42-43-48	626F/42-43-48
		542**52-55-59	555**60-63-66	558**62-65-68	561**65-68-70
46	528	578F/42-44-49	613F/43-44-49	623F/43-44-49	632F/43-44-49
		550**52-56-60	563**61-64-67	566**63-66-69	570**66-68-71
44	537	584F/43-45-50	619F/44-45-50	630F/44-45-50	639F/44-45-50
		557**53-56-61	571**61-64-68	574**64-66-70	577**66-69-72
42	545	590F/44-46-52	625F/45-46-52	636F/45-46-52	645F/45-46-52
		566**54-58-62	580*63-66-70	584**65-68-72	587**67-70-74
40	553	596F/45-47-53	631F/46-47-53	642F/46-47-53	651F/46-47-53
		573**54-58-63	587**63-66-70	591**66-69-72	594**68-71-74
38	562	601F/46-49-54	637F/47-49-54	648F/47-49-54	657F/47-49-54
		580**54-58-63	594**64-67-71	598**66-69-73	602**69-71-75
36	**570**	607F/47-50-55	643F/48-50-55	653F/48-50-55	663F/49-50-55
		587**55-59-64	602**64-67-71	**606**67-70-74**	609**69-72-76
34	578	613F/48-51-57	648F/49-51-57	659F/49-51-57	669F/49-51-57
		594**55-59-64	609**64-67-72	612**66-70-74	612**66-70-74

续表

OAT/	CLIMB/	WIND COMPONENT IN KNOTS (MINUS DENOTES TAILWIND)			
℃	(×10²kg)	−10	0	10	20
32	586	618F/49-52-58	654F/50-52-58	665F/50-52-58	675F/50-52-58
		601**56-60-65	612**62-66-70	612**63-66-70	612**63-66-70
30	**594**	623F/50-53-59	659F/51-53-59	670F/51-53-59	680F/51-53-59
		608**56-60-65	612**59-63-68	612**60-63-68	612**60-63-68
28	596	625F/50-54-59	661F/51-54-59	673F/52-54-59	683F/52-54-59
		610**56-61-66	612**59-62-67	612**59-62-67	612**59-62-67
26	597	627F/50-54-59	663F/51-54-59	674F/52-54-59	685F/52-54-59
		611**57-61-66	612**58-62-67	612**59-62-67	612**59-62-67
24	597	629F/50-54-59	665F/51-54-59	676F/52-54-59	687F/52-54-59
		612**57-61-66	612**58-61-67	612**59-61-67	612**59-61-67
20	598	633F/51-54-60	669F/52-54-60	680F/52-54-60	690F/52-54-60
		612**57-61-66	612**58-61-66	612**58-61-66	612**59-61-66
16	598	636F/51-54-60	673F/52-54-60	684F/52-54-60	694F/52-54-60
		612**57-61-66	612*58-61-66	612**58-61-66	612*58-61-66
8	600	644F/51-54-60	681F/52-54-60	692F/52-54-60	703F/52-54-60
		612**56-60-66	612**57-60-66	612**58-60-66	612**58-60-66
0	601	652F/51-54-60	689F/52-54-60	701F/52-54-60	711F/52-54-60
		612**56-60-65	612**57-60-65	612**57-60-65	612**58-60-65

MAX BRAKE RELEASE WT MUST NOT EXCEED MAX CERT TAKEOFF WT OF 61235kg
MINIMUM FLAP RETRACTION HEIGHT IS 400ft
LIMIT CODE IS   F=FIELD，T=TIRE SPEED，B=BRAKE ENERGY，V=V$_{MCG}$，
      *=OBSTACLE/LEVEL-OFF，**=IMPROVED CLIMB
RUNWAY IS 3200M LONG WITH 0M OF CLEARWAY AND 60M OF STOPWAY
RUNWAY SLOPES ARE −0.08 PERCENT FOR TODA AND −0.08 PERCENT FOR ASDA
LINE-UP DISTANCES:OM FOR TODA,OM FOR ASDA   OBS FROM LO-FT/M
RUNWAY HT DIST OFFSET HT DIST OFFSET HT DIST OFFSET
18R   NONE

解：(1)根据所给条件，由表 3-15 可以查得表 3-16 所示的结果。

表 3-16　飞机在 BZAA 机场 OAT=20℃，逆风 10kn 的起飞参数

OAT/℃	爬升限重/(×10²kg)	逆风 10kn
20	598	680F/52-54-60
		612**58-61-66

由表 3-16 可知，在所给条件下：①不使用改进爬升时，爬升限重 59800kg，场长限重 68000kg，因此不使用改进爬升时，最大起飞重量为 59800kg，起飞速度 $V_1/V_R/V_2$ 为 152/154/160(kn)(表中的起飞速度值之前均省略了百位的 1)。②若使用改进爬升，则最大起飞重量为 61200kg，起飞速度 $V_1/V_R/V_2$ 为 158/161/166(kn)。

依题意，在所给条件下飞机使用改进爬升，最大起飞重量为 61200kg，起飞速度 $V_1/V_R/V_2$ 分别为 158/161/166（kn）。

（2）根据所给条件实际起飞重量为 60600kg，由表 3-15 可以查得如表 3-17 所示的结果。

表 3-17　飞机在 BZAA 机场 OAT = 16℃，逆风 10kn 的起飞参数

OAT/℃	爬升限重/($\times 10^2$kg)	逆风 10kn
36	570	653F/48-50-55
		606**67-70-74
34	578	659F/49-51-57
		612**66-70-74
32	586	665F/50-52-58
		612**63-66-70
30	594	670F/51-53-59
		612**60-63-68
28	596	673F/52-54-59
		612**59-62-67
26	597	674F/52-54-59
		612**59-62-67
24	597	676F/52-54-59
		612**59-61-67
20	598	680F/52-54-60
		612**58-61-66
16	**598**	684F/52-54-60
		612**58-61-66

由表 3-17 可知，由于外界温度大于 16℃之后受爬升限制的起飞重量均小于 59800kg，实际起飞重量为 60600kg 时必须使用改进爬升方式起飞。若使用假设温度确定的灵活推力起飞，可由表 3-13 得到最大假设温度为 36℃（从表 3-15 可查得当温度高于 36℃时，改进爬升方式起飞的重量均小于 60600kg）；又根据表 3-13 可知，该飞机在气压高度 115ft 的该机场的最小假设温度为 29.77℃（由表 3-13 可得在气压高度 0ft 和 1000ft 的机场，最小假设温度分别为 30℃和 28℃，经差值计算可得出在气压高度 115ft 时最小假设温度为 29.77℃）。因此，当起飞重量为 60600kg 时，使用改进爬升方式，由表 3-17 可知，可用的假设温度为 30℃、32℃、34℃、36℃，且其对应的起飞速度 $V_1/V_R/V_2$ 分别为 160/163/168、163/166/170、166/170/174、167/170/174（kn）。

（3）利用表 3-13，根据选定的假设温度 56℃位于 55℃和 60℃之间，机场气压高度 115ft 位于 0ft 和 1000ft 之间，经插值计算可得 115ft 机场假设温度 56℃时的发动机起飞%N1 = 90.1915%（表 3-18）。

表 3-18　最大起飞%N1 插值计算表

OAT/℃	气压高度/ft		
	0	115	1000
60	88.9	88.9115	89
56		90.1915	
55	90.5	90.5115	90.6

①按照表 3-14 中要求对空调使用情况进行修正。在表 3-14 中给出，如果空调关闭增加 1.0%N1，发动机起飞时低压转子的转速比=90.1915%N1+1%N1 =91.1915% N1。

②根据表 3-14 对温度差调整%N1。由于实际温度 8℃位于 5℃和 10℃之间，假设温度 56℃位于 50℃和 60℃之间，经插值计算结果如表 3-19 所示，当实际温度为 8℃ 和假设温度为 56℃时，需要调整的低压转子转速比为 7.524%。

表 3-19　实际温度 8℃和假设温度 56℃时温度差调整%N1 插值计算表

假设温度/℃	OAT/℃		
	5	8	10
60	7.2	7.02	6.9
56		7.524	
55	8.1	7.86	7.7

修正后发动机起飞%N1 =91.1915%N1 −7.524%N1 = 83.6675%N1。

(4)根据所给条件由表 3-15 可以查出，不使用改进爬升方式起飞最大允许重量为 59400kg，$V_1/V_R/V_2$ 分别为 151/153/159(kn)；使用改进爬升方式起飞最大允许重量为 61200kg，$V_1/V_R/V_2$ 分别为 160/163/168(kn)。

例 3-20　已知空客 A319 飞机在某机场起飞的性能数据如表 3-20 所示。当机场的修正海平面气压 QNH1028hPa，使用 02 号跑道，湿跑道，机场温度 30℃，逆风 10kn。空调打开，防冰关闭。①试确定其最大起飞重量和起飞速度 $V_1/V_R/V_2$；②若选择起飞形态 "CONF 1+F"，实际起飞重量为 76400kg，试确定其灵活温度和起飞速度。

解：(1)根据起飞性能数据表确定起飞最大重量和速度的步骤如下。

①根据起飞机场温度和风得到起飞最大重量和速度。由所给条件机场温度 30℃、逆风 10kn，由表 3-20 进行线性插值，可得起飞形态 "CONF 2" 的最大起飞重量 83300kg；起飞形态 "CONF 1+F" 的最大起飞重量 83450kg。

②对引气(空调和防冰的使用情况)进行修正。

(a)防冰使用情况修正。防冰关闭不需要修正。

(b)空调使用情况修正。起飞条件时空调打开，由表 3-20 可查得，逆风 10kn、空调打开时，对应于起飞形态 "CONF 2" 的重量修正量为−1.7(1000kg)，起飞最大重量为 83300kg −1700kg = 81600kg；对应于起飞形态 "CONF 1+F" 的重量修正量为 − 1.7 (1000kg)，起飞最大重量为 83450kg−1700kg＝81750kg。

表3-20 空客A319飞机起飞性能图表

A319115-JAA	CFM56-5B7Engine Fallx5BK-L	ZUUU CTU-ZUUU	DRY
QNH 1013.25hPa Air cond. Off	2 obstacles	02	26.0.2 05-JAN-13 AD115D02 V16
Anti-icing Off All reversers inoperative Dry check	Elevation 1625 FT TORA 3600 m Isa temp 12℃ TODA 3600 m rwy slope 0.07% ASDA 3600 m		! DO NOT USE FOR OPRETRATIONAL PURPOSE

OAT/℃	CONF 2			CONF 1+F		
	TAILWIND −10kn	WIND 0kn	HEADWIND 10kn	TAILWIND −10kn	WIND 0kn	HEADWID 10kn
−5	81.8 4/6 144/51/57	84.6 4/6 157/62/67	85.0 4/7 157/64/69	81.5 4/6 142/50/56	85.0 4/7 154/61/66	85.0 4/7 151/61/66
5	81.2 4/6 141/50/55	84.1 4/6 154/60/65	84.8 4/6 158/64/69	80.8 4/6 140/51/57	84.3 4/6 152/59/64	85.0 4/7 154/61/67
15	80.5 4/6 139/48/53	83.5 4/6 151/58/63	84.3 4/6 155/62/67	80.1 4/6 138/49/55	83.6 4/6 149/57/62	84.6 4/6 153/60/66
25	79.7 4/6 137/47/52	82.8 4/6 149/56/61	**83.6 4/6** 153/60/65	79.3 4/6 136/48/54	82.8 4/6 147/55/61	**83.8 4/6** 151/58/64
35	79.1 4/6 135/45/50	82.2 4/6 146/55/60	**83.0 4/6** 150/58/63	78.6 4/6 134/47/52	82.1 4/6 145/53/59	**83.1 4/6** 149/57/62
40	78.9 4/6 134/45/49	82.0 4/6 145/54/59	82.8 4/6 149/57/62	78.4 4/6 133/46/52	81.8 4/6 144/53/58	82.8 4/6 148/56/61
42	78.1 4/6 135/44/49	81.0 4/6 146/54/59	81.8 4/6 150/57/62	77.6 4/6 134/46/51	80.9 4/6 145/53/58	82.0 4/6 148/56/61
44	76.8 4/6 136/44/49	79/6 4/6 147/54/58	80.3 4/6 151/57/62	76.3 4/6 135/44/49	79.6 4/6 146/52/58	80.5 4/6 149/56/61
46	75.5 4/6 137/44/48	78.1 4/6 148/54/58	78.8 4/6 152/57/61	75.0 4/6 136/46/51	78.2 4/6 147/52/57	79.1 4/6 151/55/61
48	74.3 4/6 138/44/49	76.8 4/6 150/53/58	77.4 4/6 154/57/61	73.9 4/6 137/44/49	77.0 4/6 148/52/57	77.8 4/6 152/55/61
50	73.1 4/6 139/44/48	75.3 4/6 151/53/58	75.9 4/6 155/57/61	72.8 4/6 138/43/48	75.7 4/6 149/52/57	**76.4 4/6** **153/55/60**
52	71.9 4/6 141/44/48	73.9 4/6 152/54/58	74.4 4/6 157/57/62	71.7 4/6 140/43/48	74.3 4/6 150/52/57	75.1 4/6 154/55/60
54	70.6 4/6 142/44/48	72.5 4/6 154/54/55	72.8 2/4 157/57/61	70.6 4/6 141/43/47	73.0 4/6 152/52/57	73.8 4/6 155/56/61
56	69.4 4/6 143/44/48	70.9 2/4 153/53/57	71.2 2/4 156/56/60	69.5 4/6 142/43/47	71.7 2/4 152/52/57	72.3 2/4 155/55/60
58	68.0 4/6 145/45/49	69.3 2/4 152/52/56	69.6 2/4 154/54/59	68.3 4/6 143/43/47	70.2 2/4 151/51/56	70.7 2/4 154/54/59
60	66.5 2/4 143/43/49	67.8 2/4 151/51/55	68.1 2/4 153/53/57	66.9 2/4 142/42/46	68.7 2/4 150/50/55	69.3 2/4 153/53/57

续表

INFLUENCE OF RUNWAY CODTION						
WET	−1.4 −3 −13/ −2/ −2	−1.5 −3 −10/ −3/ −3	−0.4 −1 −8/ −1/ −1	−1.1 −2 −12/ −1/ −1	−0.5 −1 −10/ −1/ −1	**−0.9 −2** **−9/ −1/ −1**
	(+60)−1.4 −3 −13/ 0/ 0	(+60)−1.5 −3 −10/ 0/ 0	(+60)−0.4 −1 −8/ 0/ 0	(+60)−1.1 −2 −12/ 0/ 0	(+60)−0.5 −1 −10/ 0/ 0	(+60)−0.9 −2 −9/ 0/ 0
DQNHhPa	INFLUENCE OF DELTA PRESSURE					
−10.0	−0.8 −2 0/ 0/ 0	−0.9 −2 0/ 0/ 0	−0.8 −2 0/ 0/ 0	−0.7 −2 0/ 0/ −1	−0.8 −2 0/ 0/ 0	−0.8 −2 0/ 0/ 0
	(+60)−0.8 −2 0/ 0/ 0	(+60)−0.9 −2 0/ 0/ 0	(+60)−0.8 −2 0/ 0/ 0	(+60)−0.9 −2 0/ 0/ 0	(+60)−0.8 −2 0/ 0/ 0	(+60)−0.8 −2 0/ 0/ 0
+10.0	−0.2 0 0/ +1/ +1	−0.2 0 0/ 0/ 0	0.0 0 0/ 0/ 0	+0.2 0 0/ 0/ 0	0.0 0 0/ 0/ 0	**0.0 0** **0/ 0/ 0**
	(+60)+0.2 0 0/ +1/ +1	(+60) 0.0 0 0/ 0/ 0	(+60) 0.0 0 0/ 0/ 0	(+60)+0.2 0 0/ 0/ 0	(+60) 0.0 0 0/ 0/ 0	(+60) 0.0 0 0/ 0/ 0
	INFLUENCE OF AIR COND					
On	−1.5 −3 0/ 0/ 0	−1.7 −3 0/ 0/ 0	−1.7 −3 0/ 0/ 0	−1.4 −3 0/ 0/ 0	−1.5 −3 0/ 0/ 0	**−1.7 −3** **0/ 0/ 0**
	(+60)−1.5 −3 0/ 0/ 0	(+60)−1.9 −3 0/ 0/ 0	(+60)−2.1 −3 0/ 0/ 0	(+60)−1.6 −3 0/ 0/ 0	(+60)−1.7 −3 0/ 0/ 0	(+60)−1.9 −3 0/ 0/ 0

MTOW(1000kg) codes V1min/VR/V2 (kn)	VMC LIMIATION	Tref(OAT)=41℃ Tmax(OAT)=51℃	Min acc height 434ft Max acc height 1751ft	Min QNH alt 854ft Max QNH alt 2583ft
LIMITATION CODES: 1=1st segment 2=2nd segment 3=runway length **4=obstacles** 5=tire speed **6=brake energy** 7=max weight 8=final take-off 9=VMU			Min V1/VR/V2 = 114/17/24 CHECK VMU LIMITATION CorrectV1/VR/V2=1.0kn/1000kg	

由于起飞形态"CONF 1+F"的起飞重量较大，选择形态"CONF 1+F"，最大起飞重量的中间值为81750kg。通常选取起飞重量更大的形态起飞(一般若两种形态对应的最大起飞重量相同时选起飞速度较小的形态)。

③根据最大起飞重量确定起飞速度。

在表3-20中，对应于起飞形态"CONF 1+F"、逆风10kn所在列的数据，经线性插值可得起飞重量为81750kg时的起飞速度为148/156/161(kn)。

④跑道干湿和气压(QNH)进行修正

(a)跑道干湿修正。在表3-20中，对应于起飞形态"CONF 1+F"、逆风10kn，湿跑道重量修正−0.9(1000kg)，起飞速度分别修正−9/−1/−1，经湿跑道修正后的最大起飞重量80850kg(=81750kg−900kg)，起飞速度为139/155/160(kn)。

(b)气压(QNH)修正。起飞时机场为QNH1028hPa，在表3-20中计算基本起飞参数使用的是QNH1013.25hPa+15hPa，实际起飞时机场的QNH是1013.25hPa+15hPa(通常记作QNH+15hPa)，在表3-20中对应于逆风10kn、QNH+10hPa时最大起飞重量和起飞速度的修正量均为0，按线性插值计算实际QNH+15hPa时的修正量也均为0，数值保持不变。

在题中所给条件下，起飞形态选择"CONF 1+F"，最大起飞重量80850kg，起飞速

度 $V_1/V_R/V_2$ 分别为 139/155/160(kn)。

(2)起飞形态"CONF 1+F",实际起飞重量为 76400kg,小于最大起飞重量 80850kg,可以使用灵活温度,确定其灵活温度和起飞速度的步骤如下。

①在表 3-20 中对应于起飞形态"CONF 1+F"和逆风 10kn 所在的列中,实际起飞重量 76400kg 对应的最大灵活温度为 50℃,起飞速度为 153/155/160(kn)。

②对引气(空调和防冰的使用情况)进行修正。

(a)防冰使用情况修正。防冰关闭不需要修正。

(b)空调使用情况修正。在表 3-20 中对应于起飞形态"CONF 1+F"和逆风 10kn 所在的列中,空调打开时的温度修正量为–3℃,速度修正量分别为 0/0/0(kn)(说明:当灵活温度位于表 3-20 左侧环境温度列的灰色区域时,相应的修正量选择灰色的区域)。因此经引气修正后的灵活温度为 $T_{flex}=50℃-3℃=47℃$,起飞速度为 153/155/160(kn)(经检查大于表 3-20 右下角中的最小起飞速度)。

③跑道干湿和气压(QNH)进行修正

(a)跑道干湿修正。在表 3-20 中对应于起飞形态"CONF 1+F"和逆风 10kn 所在的列中,湿跑道的温度修正量为–2℃,速度修正量分别为–9/–1/–1(kn)。因此经湿跑道修正后的灵活温度为 $T_{FLEX}=47℃-2℃=45℃$,起飞速度为 $V_1=153kn-9kn=144kn$, $V_R=155kn-1kn=154kn$, $V_2=160kn-1kn=159kn$。

(b)气压(QNH)修正。在表 3-20 中对应于起飞形态"CONF 1+F"和逆风 10kn 所在的列中,QNH1013.25hPa+10hPa 时温度和起飞速度的修正量均为 0,因此起飞机场的实际 QNH1028hPa(=QNH1013.25hPa+15hPa)的修正量也均为 0。

由此可得,当选择"CONF 1+F"起飞形态,实际起飞重量为 76400kg 时,灵活温度为 45℃,起飞速度为 144/154/159(kn)。

例 3-21 已知空客 A320 飞机起飞性能数据如表 3-21 所示。起飞选择"CONF 2"形态,空调打开,防冰关闭;机场条件为 QNH1018hPa,静风,环境温度为 50℃,湿跑道。①确定其最大起飞重量和起飞速度。②若实际起飞重量为 69000kg,试确定其灵活温度和起飞速度。

解: (1)确定其最大起飞重量和起飞速度。

①根据起飞"CONF 2"形态、静风、环境温度为 50℃,由表 3-21 可查得对应的最大起飞重量为 77400kg(=77×10^{3}kg+0.4×10^{3}kg),起飞速度 152/157/161(kn)。

②防冰关闭不需要修正。

③湿跑道修正。根据起飞"CONF 2"形态、静风,由表 3-21 可查得湿跑道时重量修正为–0.5(1000kg),起飞速度分别修正–6/–2/–2(kn),因此经湿跑道修正后的最大起飞重量为 76900kg(77400kg–500kg=76900kg), $V_1=152kn-6kn=146kn$, $V_R=157kn-2kn=155kn$, $V_2=161kn-2kn=159kn$。

④QNH 的修正。根据起飞"CONF 2"形态、静风,由表 3-21 可查得 QNH 每增加 +10hPa 时,重量修正为 0.2(1000kg),起飞速度分别修正 0/0/0(kn),因此经 QNH 修正后的最大起飞重量为 76900kg+(1018hPa–1013hPa)×200kg/10hPa=77000kg,起飞速度仍然为 146/155/159(kn)。

表 3-21　空客 A320 飞机起飞性能图表

A320214 -JAA	CFM56-5B4 engines	NANJING- LUKOU NKG-ZSNJ	25-TMP	38.0.030-Ap-22	AC211J01 V9
QNH 1013.25 hPa	Elevation 39 ft	TORA 3600m		DRY	
Air cond. On	Isa temp 15 C	TODA 3600m		TOGA	
Anti-icing Off	Rwy slope 0.02%	ASDA 3600m			
Crosswind UP TO 20KN	Line up dist. TOD/ASD: 21 M/38 M		4 obstacles		
All reversers inoperutive	C2694/22 C2174/22 2022/04/29 18:41-2022/09/07 23:59 EST Straight on		! DO NOT USE FOR OPRETRATIONAL PURPOSE		
Dry check	extended RWY centerline				

WEIGHT /(×10³ kg)	CONF 1+F TAILWIND −10 kn	TAILWIND −5 kn	WIND 0 kn	HEADWIND 10 kn	HEADWIND 20 kn	CONF 2 TAILWIND −10 kn	TAILWIND −5 kn	WIND 0 kn	HEADWIND 10 kn	HEADWIND 20 kn
79	31 4/6 / 0.0 / 142/54/56	45 4/6 / 0.1 / 145/55/56	47 4/6 / 0.4 / 152/60/61	48 3/6 / 0.5 / 156/63/64	49 3/6 / 0.4 / 161/66/67.	34 4/6 / 0.0 / 140/50/55	45 4/6 / 0.3 / 144/52/56	47 4/6 / 0.5 / 150/57/61	48 3/6 / 0.5 / 154/60/64	49 3/6 / 0.3 / 159/63/67
77	45 4/6 / 0.5 / 140/54/55	48 4/6 / 0.2 / 147/55/56	504/6 / 0.4 / 154/60/61	51 3/6 / 0.4 / 158/63/64	52 3/6 / 0.2 / 163/66/67.	46 4/6 / 0.1 / 139/49/53	48 4/6 / 0.4 / 145/51/55	50 4/6 / **0.4** / **152/57/61**	51 3/6 / 0.3 / 156/60/64	52 2/6 / 0.0 / 161/63/67
75	49 4/6 / 0.0 / 142/51/52	51 4/6 / 0.3 / 149/54/55	53 4/6 / 0.3 / 156/60/61	54 3/6 / 0.3 / 160/63/64	54 3/6 / 0.8 / 165/66/66	49 4/6 / 0.2 / 141/48/51	51 4/6 / 0.3 / 147/51/55	53 4/6 / 0.3 / 154/57/61	54 3/6 / 0.1 / 158/60/64	54 3/6 / 0.5 / 162/62/66
73	52 4/6 / 0.1 / 144/51/52	54 4/6 / 0.4 / 151/54/55	56 3/6 / 0.3 / 158/60/61	57 3/6 / 0.1 / 163/63/63	57 2/3 / 0.3 / 164/64/65	52 4/6 / 0.3 / 143/47/51	54 4/6 / 0.4 / 149/52/55	56 3/6 / 0.1 / 156/57/61	56 3/6 / 0.5 / 159/59/63	56 2/3 / 0.7 / 161/61/65
71	5 54/6 / 0.3 / 146/49/50	57 2/4 / 0.4 / 153/55/55	59 3/6 / 0.3 / 160/60/60	59 2/3 / 0.5 / 161/61/62	59 2/3 / 0.8 / 162/62/63	55 4/6 / 0.4 / 144/46/50	57 4/6 / 0.5 / 151/52/56	58 3/6 / 0.6 / 156/56/60	59 2/3 / 0.1 / 157/57/61	59 2/3 / 0.3 / 158/58/62
69	58 4/6 / 0.5 / 148/49/50	61 4/6 / 0.1 / 155/55/56	61 2/3 / 0.7 / 158/58/59	62 2/3 / 0.2 / 159/59/59	62 2/3 / 0.4 / 160/60/61	59 4/6 / 0.1 / 147/47/50	60 4/6 / 0.6 / 153/53/56	**61 2/3** / 0.4 / **154/54/58**	61 2/3 / 0.6 / 156/56/59	61 2/3 / 0.7 / 157/57/61
67	62 2/3 / 0.3 / 151/51/51	64 3/4 / 0 / 155/55/56	64 2/3 / 0.4 / 156/56/57	64 2/3 / 0.7 / 157/57/58	65 2/3 / 0.1 / 158/58/58	62 2/3 / 0.2 / 149/49/52	63 3/4 / 0.5 / 152/52/55	64 2/3 / 0.1 / 152/52/56	64 2/3 / 0.2 / 154/54/57	64 2/3 / 0.4 / 155/55/58

续表

WEIGHT /(×10³ kg)	CONF 1+F TAILWIND −10 kn	TAILWIND −5 kn	WIND 0 kn	HEADWIND 10 kn	HEADWIND 20 kn	CONF 2 TAILWIND −10 kn	TAILWIND −5 kn	WIND 0 kn	HEADWIND 10 kn	HEADWIND 20 kn
65	65 4/6 0.4 153/53/53	66 3/4 0.5 153/53/54	67 2/3 0.2 154/54/54	67 2/3 0.4 155/55/56	67 2/3 0.5 156/56/57	65 4/4 0.1 150/50/53	66 3/4 0.2 149/49/52	66 2/3 0.5 151/51/54	66 2/3 0.7 152/52/55	67 2/3 0.1 152/52/56
63	68 3/4 0.4 153/53/53	68 3/4 1.1 152/52/52	68 3/7 0 136/46/46	68 3/7 0 133/46/46	68 3/7 0 130/46/46	68 4/4 0.7 148/48/51	68 2/3 0.8 148/48/51	68 2/3 1.1 150/50/53	68 2/3 1.2 151/51/54	68 3/7 0 131/44/47
61	68 4/7 0.0 128/37/37	68 4/7 0.0 119/37/37	68 2/7 0.0 116/37/37	58 2/7 0.0 116/37/37	68 2/7 0.0 116/37/37	68 4/7 0.0 126/34/37	68 4/7 0.0 117/34/37	68 2/7 0.0 114/34/37	68 2/7 0.0 114/34/37	68 2/7 0.0 114/34/37
59	68 7/9 0.0 112/31/32	68 7/9 0.0 112/31/32	68 7/9 0.0 112/31/32	68 7/9 0.0 112/31/32	68 7/9 0.0 112/31/32	68 2/7 0.0 110/26/29	68 2/7 0.0 110/26/29	68 2/7 0.0 110/26/29	68 2/7 0.0 110/26/29	68 2/7 0.0 110/26/29
57	68 7/9 0.0 112/29/30	68 7/9 0.0 112/29/30	68 7/9 0.0 112/29/30	68 7/9 0.0 112/29/30	68 7/9 0.0 112/29/30	68 7/9 0.0 110/23/25	68 7/9 0.0 110/23/25	68 7/9 0.0 110/23/25	68 7/9 0.0 110/23/25	68 7/9 0.0 110/23/25
55	68 7/9 0.0 112/27/28	68 7/9 0.0 112/27/28	68 7/9 0.0 112/27/28	68 7/9 0.0 112/27/28	68 7/9 0.0 112/27/28	68 7/9 0.0 110/20/23	68 7/9 0.0 110/20/23	68 7/9 0.0 110/20/23	68 7/9 0.0 110/20/23	68 7/9 0.0 110/20/23
53	68 7/9 0.0 112/24/26	68 7/9 0.0 112/24/26	68 7/9 0.0 112/24/26	68 7/9 0.0 112/24/26	68 7/9 0.0 112/24/26	68 7/9 0.0 111/18/21	68 7/9 0.0 111/18/21	68 7/9 0.0 111/18/21	68 7/9 0.0 111/18/21	68 7/9 0.0 111/18/21
51	68 7/9 0.0 113/21/23	68 7/9 0.0 113/21/23	68 7/9 0.0 113/21/23	68 7/9 0.0 113/21/23	68 7/9 0.0 113/21/23	68 7/7 0.0 111/17/21	68 7/7 0.0 111/17/21	68 7/7 0.0 111/17/21	68 7/7 0.0 111/17/21	68 7/7 0.0 111/17/21
49	68 7/9 0.0 113/19/21	68 7/9 0.0 113/19/21	68 7/9 0.0 113/19/21	68 7/9 0.0 113/19/21	68 7/9 0.0 113/19/21	68 7/7 0.0 111/17/21	68 7/7 0.0 111/17/21	68 7/7 0.0 111/17/21	68 7/7 0.0 111/17/21	68 7/7 0.0 111/17/21

续表

GRAD1/GRAD2 (KG/C)

	50/****	50/510	50/530	50/560	40/580	50/510	50/550	40/580	40/600
INFLUENCE OF RUNWAY CONDITION									
WET	-3.6 -6 -15/-5/-5 (+67)-3.6 -6 -15/0/0	-1.2 -2 -12/-4/-4 (+67)-1.6 -3 -12/0/0	-0.7 -1 -8/-2/-2 (+67)-0.7 -1 -8/0/0	-0.3 -1 -6/-1/-1 (+67)-0.3 -1 -6/0/0	-0.3 -1 -6/-1/-1 (+67)-0.1 -1 -6/0/0	-1.4 -3 -10/-3/-3 (+67)-1.4 -3 -11/0/0	-0.5 -1 -6/-2/-2 (+67)-0.5 -1 -6/0/0	-1.9 -3 -14/-6/-6 (+67)-2.2 -4 -14/0/0	-0.1 -1 -6/0/0 (+67)-0.1 -1 -6/0/0
								(40/580) -0.3 -1 -5/-1/*-1 (+67)-0.3 -1 -5/0/0	
INFLUENCE OF DELTA PRESSURE									
D QNH HPA -10.0	-0.7 -2 0/0/0 (+67)-0.7 -2 0/0/0	-1.2 -2 0/0/0 (+67)-1.2 -2 0/0/0	-0.8 -2 0/0/0 (+67)-0.8 -2 0/0/0	-0.7 -1 0/0/0 (+67)-0.7 -1 0/0/0	-0.8 -1 0/0/0 (+67)-0.8 -1 0/0/0	-1.2 -2 0/0/0 (+67)-1.2 -2 0/0/0	-0.8 -2 0/0/0 (+67)-0.8 -2 0/0/0	-1.2 -2 0/0/0 (+67)-0.7 -2 0/0/0	-0.8 -2 0/0/0 (+67)-0.8 -2 0/0/0
+10.0	+0.2 0 0/+1/+1 (+67)+0.2 0 0/+1/+1	+0.3 0 0/0/0 (+67)+0.3 0 0/0/0	+0.2 0 0/0/0 (+67)+0.2 0 0/0/0	+0.2 0 0/0/0 (+67)+0.2 0 0/0/0	+0.2 0 0/0/0 (+67)+0.2 0 0/0/0	+0.3 0 0/0/0 (+67)+0.3 0 0/0/0	+0.2 0 0/0/0 (+67)+0.2 0 0/0/0	+0.2 0 0/+1/+1 (+67)+0.2 0 0/+1/+1	+0.2 0 0/0/0 (+67)+0.2 0 0/0/0

LABEL FOR INFLUENCE
DW (1000kg) DTFLEX
DV1-DVR-DV2 (kn)
(TVMC OAT C) DW (1000KG) DTFLEX
DV1-DVR-DV2 (kn)

OATC DW CODES
Vlmin/VR/V2 (kn)

LIMITATION CODES:
1= 1st segment 2=2nd segment 3=runway length 4=obstacles
5=tire speed 6=brake energy 7= max weight 8= final take-off 9=VMU

VMC LIMITATION
Vmin/VR/V2 (kn)

Tref (OAT) = 44℃
Tmax (OAT) =55℃

Min acc height 522ft
Max acc height 2064ft

Min QNH alt 565ft
MaxQNH alt 2107ft

Min V1/VR/V2= 113/18/21
CHECK VMU LIMITATION
Corrct. V1/VR/V2=1.0kn /1000kg

由此可得，在给定条件下的最大起飞重量为 77000kg，起飞速度为 146/155/159（kn）。

（2）若实际起飞重量为 69000kg，试确定其灵活温度和起飞速度。

实际起飞重量为 69000kg 小于给定起飞条件下的最大起飞重量 77000kg，可以使用灵活推力起飞。

①根据起飞"CONF 2"形态、静风和实际起飞重量为 69000kg，由表 3-21 可查得灵活温度为 61℃，起飞速度为 154/154/158（kn）。

②防冰关闭不需要修正。

③湿跑道修正。根据起飞"CONF 2"形态、静风，由表 3-21 可查得湿跑道时温度修正量为–1℃，起飞速度分别修正–6/–2/–2（kn），因此经湿跑道修正后的灵活温度为 60℃（=61℃–1℃），V_1=154kn–6kn=148kn，V_R=154kn–2kn=152kn，V_2=158kn–2kn=156kn。

④QNH 的修正。根据起飞"CONF 2"形态、静风，由表 3-21 可查得 QNH 每增加+10hPa 时，温度修正量为 0，灵活温度的数值保持不变（注：当确定假设温度时，在 QNH 的修正项中，仅需要修正温度值，重量和起飞速度值不需要做修正）。

由此可得在给定条件下，当实际起飞重量为 69000kg，灵活温度为 60℃，起飞速度为 148/152/156（kn）。

3.7 飞机在湿跑道和污染跑道的起飞

在实际运行过程中，机场的跑道难免会产生积水、积冰、雪、霜等现象，这将对飞机的起飞性能产生不利的影响，为了保障起飞安全民航局颁布了《航空承运人湿跑道和污染跑道运行管理规定》（AC-121-FS-33R1），以规范飞机在污染跑道和湿跑道上的运行。

3.7.1 湿跑道和污染跑道

为了保障飞机起飞阶段的安全运行，通常将起飞跑道的道面分为干跑道、湿跑道、污染跑道三类。

干跑道：飞机起降需用距离和宽度范围内的表面上没有污染物或可见的潮湿条件的跑道。对于经过铺筑、带沟槽或具有多孔摩擦材料处理，即使在有湿气时也能保持"有效干"的刹车效应的跑道也算干跑道。

湿跑道：当跑道表面覆盖有厚度等于或小于 3mm（0.18in）（1in = 2.54cm）的水，或者当量厚度等于或小于 3mm（0.18in）深的融雪、湿雪、干雪；或者跑道表面有湿气但并没有积水时，这样的跑道被视为湿跑道。

污染跑道：在飞机起降时，计划使用的跑道长度和宽度范围内，其表面超过 25%的面积（单块或多块区域之和）被超过 3mm（0.18in）深的积水，或者被相当于超过 3mm（0.18ft）水深的融雪、湿雪、干雪，或者压紧的雪和冰（包括湿冰）等污染物污染的跑道。如果跑道的重要区域，包括起飞滑跑的高速段或起飞抬轮和离地段的跑道表面被上述污染物覆盖，也应该算作污染跑道。

跑道上污染物的常见形式有积水、融雪、湿雪、干雪、压实的雪以及冰等。跑道道面状态与污染物形式和厚度对应关系如表 3-22 所示。

表 3-22　跑道道面状态与污染物形式和厚度对应关系

污染物			湿跑道	污染跑道
			跑道表面覆盖	计划使用的跑道长度和宽度范围内表面超过 25%的面积
软质 (液态)	积水	由于大量降雨和/或跑道排水不畅而导致跑道表面积水	≤3mm (0.118in)	3～12.7mm (0.118～0.5in)
	融雪	指水中饱含还未融化的雪用力踩踏时会溅起出现在气温约为5℃时其密度约为0.85 kg/L(7.1lb/gal)是相同的	≤2mm (0.078in)	2～12.7mm (0.078～0.5in)
	湿雪	指当用手捏时雪会粘在一起并可以形成雪团的状况，其密度约为0.4 kg/L(3.34lb/gal)	≤4mm (0.157in)	4～25.4mm (0.157～1in)
	干雪	指松散时可以被吹起，当用手捏时一松手即又散开的状况，其密度约为0.2 kg/L(1.67lb/gal)	≤15mm (0.59in)	15～50.8mm (0.59～2in)
硬质	压实的雪	指雪被压实后的状况，典型的摩擦系数为0.2		没有深度限制
	冰	指摩擦系数为0.05 或更低的情况		没有深度限制

注: 1gal(US)=3.78543L。

硬质污染物(压实雪和冰)对起飞滑跑的主要影响特性是使摩擦力减小、方向控制能力减小甚至丧失；液态污染物(积水、融雪、湿雪、干雪等)在减小摩擦力的同时，常常会出现滑水现象并产生融雪(积水)阻力。

3.7.2　湿跑道和污染跑道起飞滑跑的滑水现象

滑水(hydroplaning)是指道面积水使机轮与道面接触面积减小，导致摩擦系数减小的现象。这是因为跑道上有水会在轮胎和跑道之间形成一层水膜，导致轮胎干燥区域减小。在高速时，这种现象变得更加严重，因为不能将水从轮胎和跑道之间挤出去。飞机轮胎被一层薄的液体膜包裹从而使其与跑道表面分离，在这种情况下，摩擦力会显著下降，甚至到几乎可以忽略的值，同时还会导致机轮刹车和用于方向控制的前轮转弯失效。滑水现象主要是由于水与轮胎相对运动时产生流体动力 F_W(图 3-65)，该力垂直于地面的分力 F_{Wz} 使机轮抬起或具有抬起的趋势，使机轮与道面接触面积减小，形成滑水。通常根据滑水产生的程度不同可分为三种形式。

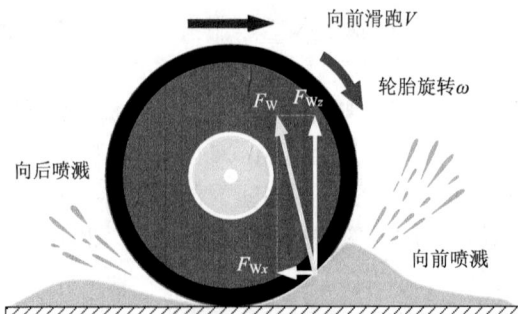

图 3-65　滑水现象

（1）黏性滑水：是指道面与轮胎仍有接触的滑水，通常在积水层较浅时产生。黏性滑水导致的后果主要是摩擦力减小、机轮转速下降。

（2）动态滑水：是指轮胎与道面完全脱离的滑水，一般常在积水层较深且滑跑速度较大时产生。动态滑水将导致机轮转速大大下降甚至会停转和反转，摩擦力急剧减小，方向控制能力显著下降甚至失去。

（3）橡胶还原滑水：当轮胎较长时间停转时，在湿或污染跑道上摩擦产生的高温将使橡胶变软、发黏并进而产生还原现象，同时积水层受热产生的蒸汽会把轮胎抬离道面。橡胶还原滑水将导致机轮锁死，轮胎的摩擦力极小，飞机的方向控制能力将完全失去。

3.7.3 湿跑道和污染跑道起飞的主要特点

在湿跑道或污染跑道上起飞，会使飞机地面滑跑期间的阻力增加，并伴有滑水现象产生，使飞机的方向控制能力减弱，加速能力减弱。

飞机在湿跑道或污染跑道上滑跑时会增加一个附加的阻力，通常称为融雪阻力，即由污染物引起的附加阻力，主要包括排挤阻力和飞溅撞击阻力（图 3-66）。排挤阻力是因为污染物相对轮胎轨迹发生位移，即滑跑时排开道面上的污染物而产生的阻力；飞溅撞击阻力是因机轮（主要是前起落架）将污染物抛向机身并产生撞击而产生的冲击阻力。积水阻力可以提高减速率，在中断起飞时其影响是正面的；同时积水阻力也降低加速率，对起飞将产生负面影响。

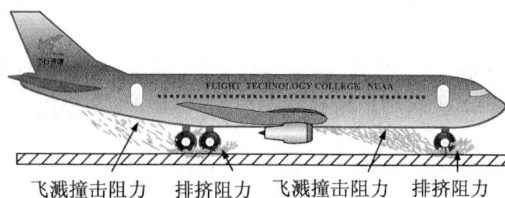

图 3-66　融雪（积水）阻力

飞机在湿跑道或污染跑道上滑跑时经常产生滑水现象，使得摩擦力减小且主起落架左右机轮的摩擦力不相等（污染物不均匀造成的），方向控制能力减弱。摩擦力的减小会使中断起飞时的需用加速停止距离 ASD 增加，但是却会使需用起飞距离 TOD 减小。同时，滑水现象产生了附加的阻力，会使起飞时总的阻力增加，从而使得加速能力（加速度 a）减小，会使 TOD 增加，但有利于减小 ASD。通常与无污染干跑道相比，飞机全发加速度能力在 6mm 厚的融雪跑道上减小 10%～20%，在 13mm 融雪跑道上减小 20%～40%；一发失效加速能力在 6mm 融雪跑道上减小 15%～50%，在 13mm 融雪跑道上减小 30%～110%（图 3-67）。

根据前述的 TOD 和 ASD 的规定，相同的起飞条件下，在湿跑道和污染跑道上的 TOD 和 ASD 可能比干跑道短。但规章中规定，在湿跑道和污染跑道上的起飞重量不允许超过相同条件下干跑道的起飞重量。

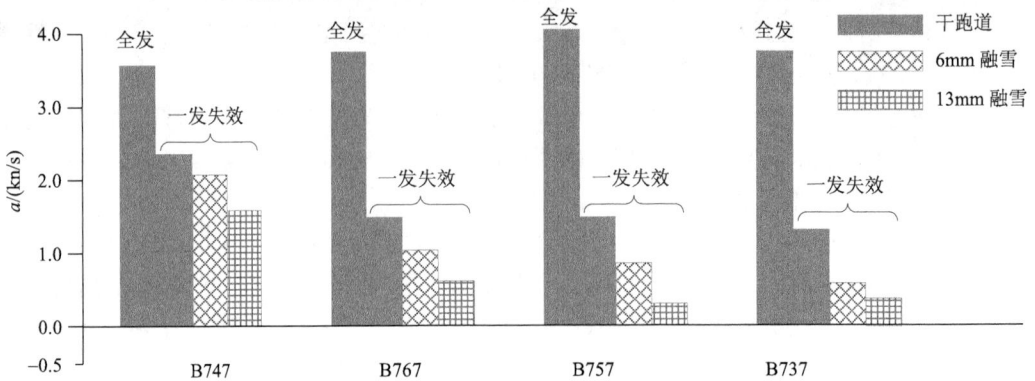

图3-67 全发和单发起飞时加速度在干跑道和融雪跑道上的变化

习 题

3-1 已知某机场跑道的参数如图 1 所示。确定该机场跑道的可用起飞滑跑距离 TORA、可用起飞距离 TODA、可用加速停止距离 ASDA。填写到表 1 中。

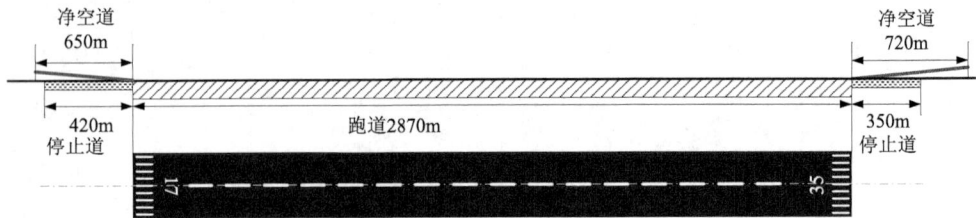

图 1 跑道公布的距离数值

表 1 跑道的距离

跑道号	TORA/m	TODA/m	ASDA/m
17			
35			

3-2 已知某个飞机起飞参数为起飞重量 $W = 200000\text{lb}$，机场跑道位于标准大气海平面，跑道无坡度且摩擦系数为 $\mu = 0.0165$，无风；其机翼参考面积 1951ft^2，考虑地面效应影响后的气动参数 $C_D - \mu C_L = 0.08$，起飞时双发工作，且单台发动机的推力随速度由 0kn 到 150kn 的变化关系如表 2 所示。试计算地面滑跑期间加速度随速度的变化。

表 2 单台发动机的推力随速度的变化

V_{TAS}/kn	0	20	40	60	80	100	120	140	150
T/lbf	35532	34653	33775	32896	32017	31139	30260	29381	28942

3-3　已知某个飞机起飞参数为起飞重量 $W = 270000$lb，机场跑道位于标准大气海平面，跑道无坡度且摩擦系数为 $\mu = 0.0165$，无风；其机翼参考面积 1951ft^2，考虑地面效应影响后 $C_D - \mu C_L = 0.08$，起飞时双发工作，且单台发动机的推力随速度由 0kn 到 150kn 的变化关系如表 2 所示。试计算地面滑跑期间加速度随速度的变化。

3-4　已知某个飞机起飞参数为起飞重量 $W = 240000$lb，机场跑道位于标准大气海平面，跑道无坡度且摩擦系数为 $\mu = 0.0165$，逆风 10kn；其机翼参考面积 1951ft^2，考虑地面效应影响后 $C_D - \mu C_L = 0.08$，起飞时双发工作，且单台发动机的推力随速度由 0kn 到 150kn 的变化关系如表 2 所示。试计算地面滑跑期间加速度随速度的变化。

3-5　已知某个飞机起飞参数为起飞重量 $W = 240000$lb，机场跑道位于标准大气海平面，跑道无坡度且摩擦系数为 $\mu = 0.0165$，顺风 10kn；其机翼参考面积 1951ft^2，考虑到地效影响后 $C_D - \mu C_L = 0.08$，起飞时双发工作，且单台发动机的推力随速度由 0kn 到 150kn 的变化关系如表 2 所示。试计算地面滑跑期间加速度随速度的变化。

3-6　已知某个飞机起飞参数为起飞重量 $W = 240000$lb，机场跑道位于标准大气海平面，跑道无坡度且摩擦系数为 $\mu = 0.0165$，逆风 20kn；其机翼参考面积 1951ft^2，考虑到地效影响后 $C_D - \mu C_L = 0.08$，起飞时双发工作，且单台发动机的推力随速度由 0kn 到 150kn 的变化关系如表 2 所示。试计算地面滑跑距离及地面滑跑时间随速度的变化。

3-7　已知某个飞机起飞参数为起飞重量 $W = 240000$lb，机场跑道位于标准大气海平面，跑道无坡度且摩擦系数为 $\mu = 0.0165$，顺风 20kn；其机翼参考面积 1951ft^2，考虑到地效影响后 $C_D - \mu C_L = 0.08$，起飞时双发工作，且单台发动机的推力随速度由 0kn 到 150kn 的变化关系如表 2 所示。试计算地面滑跑距离及地面滑跑时间随速度的变化。

3-8　结合例 3-3 和习题 3-2～习题 3-7 的计算结果，试分析风对起飞加速度、起飞距离的影响。

3-9　已知某飞机起飞机场的气压高度 5000ft，气温 80°F，起飞襟翼位置 1，跑道下坡坡度为–2%，风的逆风分量 20kn，跑道长度 11000ft。根据该飞机的平衡场地长度限制的最大起飞重量图 3-31，试确定跑道限制的最大起飞重量。

3-10　已知某飞机起飞机场的气压高度 2000ft，气温 20℃，起飞襟翼位置 5，跑道上坡 1%风的逆风分量 20kn，起飞重量 35000kg。试根据图 3-32 确定该飞机的起飞速度 $V_1 / V_R / V_2$。

3-11　根据所给的某型号飞机的平衡场地长度限制的最大起飞重量图 3-31 和起飞速度 $V_1 / V_R / V_2$ 图 3-32。①若已知该飞机起飞机场的气压高度 3000ft，气温 32℃，起飞襟翼位置 1，跑道下坡–2%，风的逆风分量 20kn，跑道长度 9000ft。试确定跑道长度限制的最大起飞重量，若以该跑道长度限制的最大起飞重量起飞时对应的起飞速度 $V_1 / V_R / V_2$。

3-12　已知某型号飞机单发失效后的校正可用继续起飞距离如图 3-35 所示。根据以下起飞条件确定该飞机单发失效后的校正可用继续起飞距离。

机场跑道 9000ft；净空道 500ft；跑道下坡–1%；逆风 10kn；发动机和机翼防冰打开；起飞襟翼位置 15。

3-13　已知某型号飞机的校正可用加速停止距离如图 3-36 所示。根据以下起飞条件确定该飞机的校正可用加速停止距离。

机场跑道 9000ft；跑道下坡–1%；逆风 20kn；一个机轮刹车不工作；刹车防止系统正常；起飞襟翼位置 5。

3-14 已知某机型飞机的换算跑道长度曲线如图 3-37 所示，换算跑道长度限制的最大起飞重量曲线如图 3-38 所示，起飞速度曲线如图 3-39。该型号飞机的起飞条件如下。

起飞襟翼位置 5；机场温度 25℃；机场气压高度 2500ft；机场校正可用继续起飞距离 11000ft；机场校正可用加速停止距离 7600ft。

根据所给条件确定如下起飞参数。

(1) 飞机在该机场起飞时的换算跑道长度(校正平衡跑道长度)；

(2) 换算跑道长度限制的最大起飞重量；

(3) 在以起飞限制的最大重量起飞时 $V_1/V_R/V_2$。

3-15 已知某型号飞机的起飞条件如下。

起飞襟翼位置 15；机场压力高度 3000ft；气温 15℃；逆风 20kn；障碍物距离基准零点 27000ft；高度 700ft。

试根据该型飞机障碍物限制的最大起飞重量图 3-46，确定该飞机受机场障碍物限制的最大起飞重量。

3-16 某型号飞机在高度为海平面的某机场起飞，在距离距跑道 2270ft 的转弯弧处有一个高于平均海平面 80ft 的障碍物，已知该飞机选择起飞襟翼位置 1，转弯爬升的坡度是 15°。试利用该飞机的起飞转弯爬升时的梯度损失数据(图 3-47)，确定转弯爬升时该障碍物的高度相当于直线飞行高度。

3-17 某型号飞机的最大刹车能量限制的速度如图 3-48 所示。松刹车重量 110000kg，机场气压高度 3000ft，温度 30℃，跑道下坡 0.5%，逆风 15kn。

试求：①最大刹车能量限制的速度 V_{MBE}。②若已知起飞决断速度 $V_1 = 169kn$，是否需要减小松刹车重量？

3-18 某型号飞机起飞襟翼 5，对应的轮胎速度限制的最大起飞重量如图 3-47 所示。起飞机场气压高度 2500ft，温度 30℃。试求轮胎速度限制的最大起飞重量。

3-19 某双发飞机 2 台发动机的全部推力为 196kN，阻力为 78kN，试计算其起飞飞行航迹第二爬升段限制的最大爬升质量。

3-20 某型飞机起飞机场气压高度 3000ft，温度 30℃，起飞襟翼位置 15，其爬升限制的最大起飞重量如图 3-50 所示。试确定爬升限制的最大起飞重量。

3-21 某型飞机起飞机场气压高度 3000ft，温度 30℃，起飞襟翼位置 1，其爬升限制的最大起飞重量如图 3-50 所示。试确定爬升限制的最大起飞重量。

3-22 某型号飞机选择起飞襟翼偏度用图如图 3-53 所示。又已知其在某机场起飞，根据给定条件确定的场长限重为 131000lb，第二爬升段的爬升梯度限制起飞重量为137000lb。请根据图 3-53 确定起飞襟翼初步选择值应该是多少。

3-23 某型号飞机的起飞机场气压高度 2600ft，气温 25℃，使用襟翼 1 起飞。经过计算得到场长限重 65000kg，第二段爬升梯度限重 56000kg。又已知该机场可用起飞距离较长，刹车防滞系统工作正常，即符合改进爬升的条件要求。该飞机的起飞速度 $V_1/V_R/V_2$ 如图 3-32 所示，其改进爬升增加起飞重量与起飞速度增加量关系如图 3-54(a)所示。试确定采用改进爬升方式起飞后的起飞重量和起飞速度。

3-24　已知某型号的飞机起飞重量 53000kg，机场气压高度 2500ft，可用起飞场长 9000ft，跑道上坡 1%，环境温度 25℃，逆风 20kn，起飞襟翼位置设定 15。试根据其如图 3-56 所示的飞机起飞重量受场长限制时的温度、如图 3-57 所示的飞机受起飞初始爬升限制时的温度和如表 3-10 的减 25% 推力时的最大假设温度，确定起飞的最大假设温度。

3-25　已知某型号飞机以 %N1 作为调定参数的设置减推力起飞值所需要的相关数据图表如表 3-12～表 3-14 所示。起飞前根据起飞的 ZBAA 机场的实际情况计算出的起飞性能参数如表 3-15 所示。根据下述给定的条件回答下列问题。

(1)若实际起飞时 OAT=24℃，无风，A/C OFF，A/I OFF，该飞机的最大起飞重量及其对应的起飞速度 $V_1/V_R/V_2$ 是多少？

(2)若实际起飞时 OAT=24℃，无风，A/C OFF，A/I OFF，如果该飞机实际起飞重量为 60600kg，可用的假设温度是多少？对应的起飞速度 $V_1/V_R/V_2$ 是多少？

(3)若实际起飞时 OAT=8℃，无风，A/C OFF，A/I OFF，根据起飞的其他条件选定的假设温度 56℃ 符合起飞限制要求，试确定其起飞推力的 %N_1 是多少？

(4)若机场气温为 30℃，顺风 10kn，起飞襟翼为 1，空调关，防冰关，确定最大允许的起飞重量及 $V_1/V_R/V_2$？

3-26　已知空客 A319 飞机在某机场起飞的性能数据如表 3-20 所示。当机场的修正海压 QNH1023hPa，使用 02 号跑道，湿跑道，机场温度 25℃，逆风 10kn。空调打开，防冰关闭。①试确定其最大起飞重量和起飞速度 $V_1/V_R/V_2$。②若起飞条件不变，并选择起飞形态"CONF 1+F"，实际起飞重量为 77800kg，试确定其灵活温度和起飞速度。

3-27　已知空客 A320 飞机起飞性能数据如表 3-21 所示。起飞选择"CONF 2"形态，空调打开，防冰关闭；机场条件为 QNH1028hPa，逆风 10kn，环境温度 50℃，湿跑道。① 确定其最大起飞重量和起飞速度。② 若其他条件不变，且实际起飞重量为 67000kg，试确定其灵活温度和起飞速度。

第4章　飞机的爬升和下降性能

飞机的爬升和下降是航班飞行的两个重要阶段。爬升是飞行高度不断增加的飞行状态，是飞机从起飞结束点上升到预定巡航高度的飞行过程，飞机的爬升能力取决于飞机的剩余推力或剩余功率。下降是飞行高度不断降低的飞行状态，是飞机由巡航高度下降到目的地机场起始进近高度的过程，下降过程飞机可以有动力，也可以无动力。

4.1　爬 升 性 能

本章讲述的爬升是指由飞机起飞结束点上升到预定巡航高度并达到规定巡航速度的飞行过程，常称为航线爬升。主要介绍描述飞机爬升能力的主要参数——爬升梯度和爬升率，以及爬升性能的基本参数——爬升时间、爬升阶段飞过的水平距离、爬升阶段消耗的燃油的计算方法、常用的爬升方式等内容。

4.1.1　爬升时飞机受力分析

典型的民航飞机的爬升通常是无侧滑、不带坡度在垂直面内的上升，此时飞机的受力关系如图 4-1 所示，图 4-1 所示的几个角度定义如下。

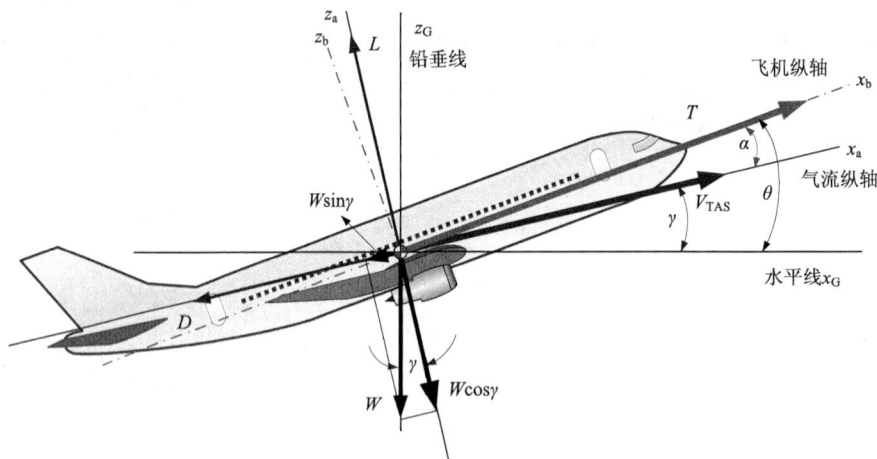

图 4-1　飞机爬升时受力分析

迎角(α)为飞行速度矢量线(气流纵轴)与飞机纵轴线(机翼的弦线)之间的夹角；爬升角(γ)为飞行速度矢量线与水平线的夹角；俯仰角(θ)为飞机纵轴和水平线之间的夹角(在地面基准系统中)。

根据图 4-1 的受力关系，飞机爬升时的动力学方程为

$$\begin{cases} \dfrac{W}{g}\dfrac{\mathrm{d}V}{\mathrm{d}t} = T\cos\alpha - D - W\sin\gamma \\[3mm] \dfrac{W}{g}V\dfrac{\mathrm{d}\gamma}{\mathrm{d}t} = L + T\sin\alpha - W\cos\gamma \end{cases} \tag{4-1}$$

通常考虑到飞机爬升时的迎角(α)较小，有 $\cos\alpha \approx 1$，同时考虑到 $L \gg T\sin\alpha$，因此式(4-1)可以写作

$$\begin{cases} \dfrac{W}{g}\dfrac{\mathrm{d}V}{\mathrm{d}t} = T - D - W\sin\gamma \\[3mm] \dfrac{W}{g}V\dfrac{\mathrm{d}\gamma}{\mathrm{d}t} = L - W\cos\gamma \end{cases} \tag{4-2}$$

特别地，当飞机做定常爬升(爬升速度和爬升角不随时间变化，即 $\mathrm{d}V/\mathrm{d}t = 0, \mathrm{d}\gamma/\mathrm{d}t = 0$)时，爬升动力学方程(4-2)可以进一步简化为

$$\begin{cases} T = D + W\sin\gamma \\ L = W\cos\gamma \end{cases} \tag{4-3}$$

4.1.2　描述爬升特性的主要参数

描述飞机爬升特性的主要参数有爬升梯度和爬升率(3.4.2 节)。当飞机做非定常爬升时爬升梯度 G_C 与爬升率 R_C 分别为

$$G_C = \frac{\dfrac{T-D}{W}}{1 + \dfrac{V}{g}\dfrac{\mathrm{d}V}{\mathrm{d}h}} = \frac{\dfrac{T}{W} - \dfrac{C_D}{C_L}}{1 + \dfrac{V}{g}\dfrac{\mathrm{d}V}{\mathrm{d}h}} \tag{4-4}$$

$$R_C = \frac{\mathrm{d}h}{\mathrm{d}t} = V\sin\gamma = \frac{\left(\dfrac{T-D}{W}\right)V}{1 + \dfrac{V}{g}\dfrac{\mathrm{d}V}{\mathrm{d}h}} = \frac{\left(\dfrac{T}{W} - \dfrac{D}{L}\right)V}{1 + \dfrac{V}{g}\dfrac{\mathrm{d}V}{\mathrm{d}h}} = \frac{\left(\dfrac{T}{W} - \dfrac{C_D}{C_L}\right)V}{1 + \dfrac{V}{g}\dfrac{\mathrm{d}V}{\mathrm{d}h}} \tag{4-5}$$

其中，加速度因子 $1 + \dfrac{V}{g}\dfrac{\mathrm{d}V}{\mathrm{d}h}$ 的计算见 3.4.2 节的介绍。由式(4-4)和式(4-5)可以看出，当飞行条件一样时，若飞行速度随高度增加($\mathrm{d}V/\mathrm{d}h > 0$)，则爬升梯度 G_C 和爬升率 R_C 将会减小，这也反映了势能增加时动能会减小这一能量守恒定律，反之亦然。

4.1.3　主要爬升性能参数的计算

反映飞机爬升性能的主要参数有爬升时间、爬升阶段飞过的水平距离和爬升阶段的燃油消耗等。

1. 爬升时间

根据爬升率的定义 $\mathrm{d}t = \mathrm{d}h/R_C$ 可得飞机由高度 h_1 爬升到高度 h_2 的时间为

$$t = \int_{h_1}^{h_2} \frac{1}{R_C} \mathrm{d}h \tag{4-6}$$

对式(4-6)数值积分可以计算出爬升段所需要的时间。特别当飞机保持爬升率不变时，有 $t = (h_1 - h_2)/R_C$。

实际工程计算中，也可以把由高度 h_1 爬升到高度 h_2 等分成 n 个 Δh 高度($h_2 - h_1 = n\Delta h$)，在每个 Δh 高度上爬升率取平均值 $R_{Cave \cdot k}$，则每段的爬升时间 Δt_k 为 $\Delta t_k = \Delta h/R_{Cave \cdot k}$ ($k = 1,2,\cdots,n$)。特别在非标准大气条件时，有

$$\Delta t_k = \frac{\Delta h}{R_{Cave \cdot k}} \frac{T_{ns}}{T_{std}} \tag{4-7}$$

其中，T_{ns} 和 T_{std} 为飞行高度上的实际温度和标准大气的温度。则有爬升段的飞行时间为

$$t = \sum_{k=1}^{n} \Delta t_k \tag{4-8}$$

2. 爬升段的水平距离

把爬升段飞过的水平距离记作 X，则有

$$\frac{\mathrm{d}X}{\mathrm{d}h} = \frac{\mathrm{d}X/\mathrm{d}t}{\mathrm{d}h/\mathrm{d}t} = \frac{V\cos\gamma}{R_C} \tag{4-9}$$

由式(4-9)可得飞机由高度 h_1 爬升到 h_2 高度飞过的水平距离为

$$X = \int_{h_1}^{h_2} \frac{V\cos\gamma}{R_C} \mathrm{d}h \tag{4-10}$$

对式(4-10)数值积分可以计算出爬升阶段飞过的水平距离。实际工程计算中，同样可以把由高度 h_1 爬升到 h_2 高度等分成 n 个 Δh 高度($h_2 - h_1 = n \cdot \Delta h$)，考虑到飞机的爬升角 γ 很小，近似取 $\cos\gamma \approx 1$，在每个 Δh 高度上爬升速度取平均值 $V_{ave \cdot k}$，则每个爬升段的水平距离 ΔX_k 为 $\Delta X_k = V_{ave \cdot k} \cdot \Delta t_k$，则有爬升段的水平距离为

$$X = \sum_{k=1}^{n} \Delta X_k \tag{4-11}$$

3. 爬升阶段的燃油消耗

根据燃油流量 F_F (fuel flow)的定义，即单位时间消耗的燃油(W_F)，$F_F = \mathrm{d}W_F/\mathrm{d}t$，可得燃油消耗 $\mathrm{d}W_F = F_F\mathrm{d}t$，把由爬升率定义式(4-5)得到的 $\mathrm{d}t = \mathrm{d}h/R_C$ 代入燃油消耗 $\mathrm{d}W_F = F_F\mathrm{d}t$ 表达式中可得 $\mathrm{d}W_F = (F_F/R_C)\mathrm{d}h$，则由高度 h_1 爬升到高度 h_2 的燃油消耗 W_F 为

$$W_F = \int_{h_1}^{h_2} \frac{F_F}{R_C} \mathrm{d}h \tag{4-12}$$

对式(4-12)数值积分可以计算出爬升阶段的燃油消耗。实际计算中，同样可以把由高度 h_1 爬升到高度 h_2 等分成 n 个 Δh 高度($h_2 - h_1 = n \cdot \Delta h$)，在每个 Δh 高度上燃油流量取平均值 $F_{Fave \cdot k}$，则每个爬升段的燃油消耗 ΔW_{Fk} 为

$$\Delta W_{Fk} = F_{Fave \cdot k} \cdot \Delta t_k \tag{4-13}$$

则爬升段的燃油消耗为

$$W_{Fk} = \sum_{k=1}^{n} \Delta W_{Fk} \qquad (4\text{-}14)$$

4.1.4　定常爬升时的特性参数及影响因素分析

当飞机做定常爬升(爬升速度和爬升角不随时间变化,即 $dV/dt=0$,$d\gamma/dt=0$)时,爬升动力学方程为式(4-3),通常爬升角 γ 很小,近似取 $\cos\gamma \approx 1$,因此式(4-3)可写为

$$\begin{cases} T = D + W\sin\gamma \\ L = W \end{cases} \qquad (4\text{-}15)$$

1. 定常爬升时的爬升梯度

爬升角 γ 很小,有 $\sin\gamma \approx \tan\gamma \approx \gamma$,由式(4-15)的第一式可得定常爬升时的爬升梯度为

$$G_C = \tan\gamma \approx \gamma = \frac{T-D}{W} = \frac{T}{W} - \frac{D}{L} = \frac{T}{W} - \frac{1}{K} = \left(\frac{T}{W} - \frac{1}{K}\right) \times 100\% \qquad (4\text{-}16)$$

其中,$K = L/D = C_l/C_D$ 为升阻比。由式(4-16)可见,在飞机重量和发动机推力一定时,当以对应的剩余推力最大 $(\Delta T = T - D)_{max}$ 时的速度爬升时,飞机的爬升梯度最大,该速度称为陡升速度 V_{MA}(speed for maximum angle of climb),通常是升阻比最大时的速度,即最小阻力速度 V_{MD}。

2. 定常爬升时的爬升率

定常爬升时的爬升率为

$$R_C = V\sin\gamma = V \cdot \gamma = V \cdot G_C = V \cdot \frac{T-D}{W} = V\left(\frac{T}{W} - \frac{1}{K}\right) \qquad (4\text{-}17)$$

由式(4-17)可知,对于给定的飞机重量,当以对应于速度和剩余推力的乘积,即 $(V \cdot \Delta T)_{max}$ 最大的速度爬升时,飞机的爬升率最大,通常称为快升速度 V_{MR}(speed for maximum rate of climb)。从功率上看,最大爬升率的速度实质是剩余功率最大时对应的速度。

3. 爬升特性参数随真实空速的变化规律

定常爬升时飞机的推力、爬升梯度、爬升率随速度变化的规律特性可由图 4-2 所示的速度极曲线描述。通常快升速度 V_{MR} 大于陡升速度 V_{MA}。以快升速度 V_{MR} 爬升时能在最短的时间内爬升到需要的高度;以陡升速度 V_{MA} 爬升时能在最短的水平距离内爬升到需要的高度。

4. 影响爬升特性参数的因素

1)高度的影响

在其他条件相同时,爬升梯度和爬升率将随气压高度的增加而减小。这是由于空气密度随气压高度的上升而降低,爬升推力和阻力减小。但是,通常阻力减小的速度比可用推力减小的速度慢,推力和阻力间的差值是随着气压高速增加而减小的,因为剩余推力小,所以爬升梯度和爬升率随气压高度的上升而减小。

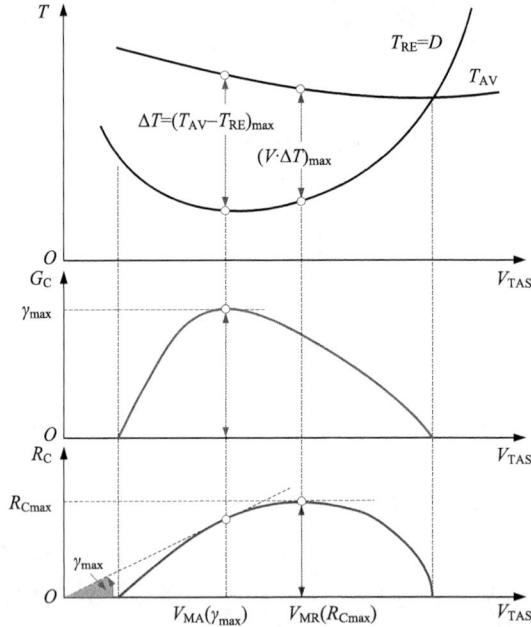

图 4-2 飞机的推力、爬升梯度、爬升率极曲线图

2)温度的影响

随着温度的升高,空气密度变低,因此与高度的影响相同,在其他条件相同时,爬升梯度和爬升率将随温度的升高而减小。

3)重量的影响

由式(4-16)和式(4-17)可以看出,对于发动机推力、高度和爬升速度一定时,爬升梯度和爬升率将随着重量的增加而减小。

4)风的影响

当只考虑顺风和逆风时,恒定的风分量对爬升高度没有影响,因此爬升率($\mathrm{d}h/\mathrm{d}t$)保持不变,但飞机相对于地面的爬升梯度会改变,逆风时相对于地面的爬升梯度 γ_G 大于相对于空气爬升梯度 γ_A,逆风时地面距离减小,顺风则相反,如图 4-3 所示。

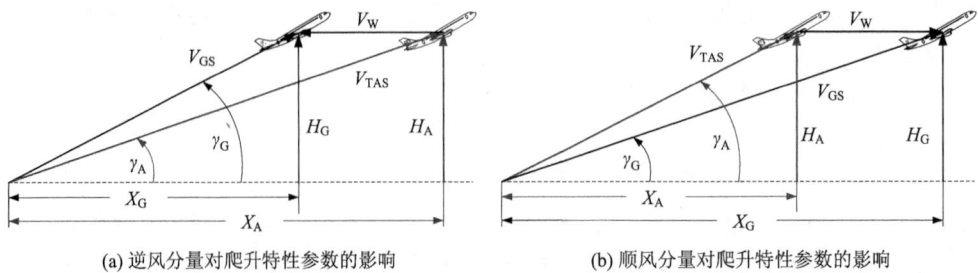

(a) 逆风分量对爬升特性参数的影响　　　　(b) 顺风分量对爬升特性参数的影响

图 4-3　顺风和逆风分量对爬升特性参数的影响

当只考虑上升和下降风时，恒定的风分量不影响爬升阶段的水平距离，对爬升率和爬升梯度都将产生影响，如图 4-4 所示。

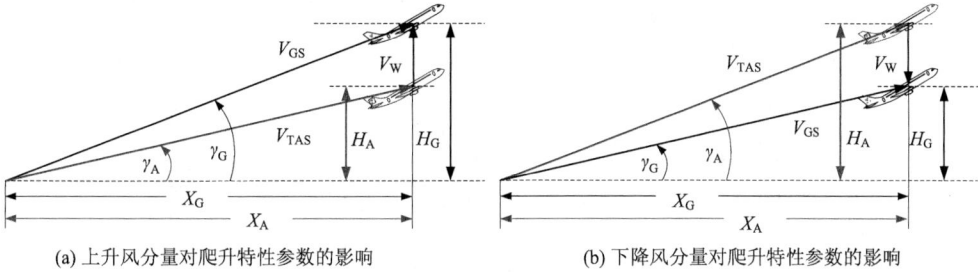

(a) 上升风分量对爬升特性参数的影响　　　　　(b) 下降风分量对爬升特性参数的影响

图 4-4　上升风和下降风分量对爬升特性参数的影响

上升风使相对于地面的爬升高度增加，使得相对于地面的爬升梯度 γ_G 大于相对于空气爬升梯度 γ_A，因此爬升率增大，下降风的影响恰好相反。

5. 升限

当飞机的飞行高度逐渐增加时，空气密度随高度的增加而降低，从而影响发动机的进气量，进入发动机的进气量减少，导致其推力将减小。达到一定高度时，飞机的发动机推力不足，使其丧失爬升能力而只能维持平飞，此高度即为飞机的升限。升限可分为理论升限和实用升限两种。

理论升限：是指发动机在最大油门状态下飞机仅能维持水平直线飞行的最大高度，即飞机的最大爬升率为零对应的高度。在理论升限处，飞机只能以 V_{MR} 速度平飞。在实际飞行中，飞机是无法达到理论升限的，这是因为爬升率随气压高度的上升而减小，因而高度越高爬升得越慢，要想爬升至理论升限需用的爬升时间将趋于无穷长。

实用升限：是指发动机在最大油门状态下，飞机爬升率为某一规定的最小值时对应的飞行高度。在实际飞行中，为了保持足够的机动性和安全余量，通常根据飞机自身的特性，以飞机具有的最大上升率 100ft/min（FPM）对应的高度(低速飞机)，或 300 ft/min、500ft/min 对应的高度(高速飞机)作为飞机的实用升限，如图 4-5 所示。

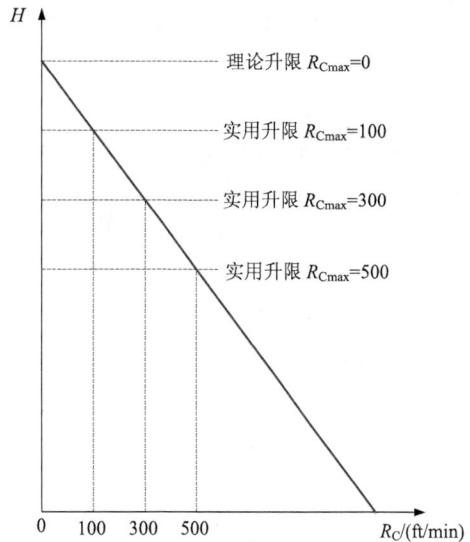

图 4-5　理论升限与实用升限

例 4-1　已知某型号双发涡轮喷气飞机，其每台发动机的推力为 40kN，在某阶段飞行时阻力为 30kN，在该飞行阶段要求其爬升梯度不小于 2.4%，试估算其单发失效时的最大允许的飞机爬升质量。

解：根据式(4-16)，由题意可知 $G_C = \dfrac{T-D}{W} \geqslant 2.4\%$ ，因此有

$$W \leqslant \frac{T-D}{2.4\%} = \frac{40000-30000}{0.024} \leqslant 416667(\text{N})$$

因此其最大允许的飞机爬升质量 $M = 4166667 \div 9.80665 = 42488\,(\text{kg})$ 。

例4-2　已知某型号双发涡轮喷气飞机，每台发动机的推力为39kN，爬升时其质量为75000kg，升阻比为14，试估算其全发工作时的爬升梯度。

解：由于民航飞机的爬升角比较小，一般可以认为爬升时升力等于重力，爬升时的升力为

$$L = W = 75000 \times 9.80665 = 735498.75\,(\text{N})$$

飞机的阻力为

$$D = L \div K = 735498.75 \div 14 = 52535.6\,(\text{N})$$

由式(4-16)可得爬升梯度为

$$G_C = \frac{T-D}{W} = \frac{39000 \times 2 - 52535.6}{735498.75} \times 100\% = 3.46\%$$

例4-3　已知某型号四发涡轮喷气发动机的可用总推力为 240kN，爬升时的质量为86000kg，爬升的真实空速是195kn，需用推力为110kN。试估算其单发失效时的爬升梯度和爬升率。

解：根据已知条件可得

爬升时的阻力 $D =$ 需用推力 $= 110\text{kN}$

单发失效后的可用推力 $T = 240 \div 4 \times 3 = 180000\,(\text{N})$

由式(4-16)可得爬升梯度为

$$G_C = \frac{T-D}{W} = \frac{180000-110000}{86000 \times 9.80665} \times 100\% = 8.3\%$$

根据式(4-17)可得爬升率为

$$R_C = V\gamma = 195 \times 8.3\% = 16.185\,(\text{kn}) = 499.6\,(\text{m/min}) = 1639.1\,(\text{ft/min})$$

例4-4　已知某型号飞机的推重比(推力和重量之比)为1：5，如果爬升时其升阻比为16，试估算其爬升梯度。

解：根据式(4-16)可得

$$G_C = \left(\frac{T}{W} - \frac{1}{K}\right) \times 100\% = \left(\frac{1}{5} - \frac{1}{16}\right) \times 100\% = 13.75\%$$

例4-5　已知某型号飞机质量为120000kg时爬升梯度为8%。如果其他条件不变，试估算其爬升梯度为6%时的最大爬升质量是多少？

解：记爬升梯度为6%时的最大爬升质量为 M ，由式(4-16)可知 $T-D = W \cdot G_C$ ，依题意其他条件不变，即爬升时的 $T-D$ 不变，因此有

$$120000 \times 9.8 \times 8\% = M \times 9.8 \times 6\% \Rightarrow M = \frac{120000 \times 8\%}{6\%} = 160000(\text{kg})$$

例4-6　已知某型号的飞机相对静止大气的爬升梯度 γ_A 为8.3%，爬升的真实空速为

195kn，顺风的风速为 25kn，试估算其爬升率和相对地面的爬升梯度。

解：由于顺风不改变飞机爬升率，即顺风爬升时飞机相对大气和相对地面的爬升率相等。根据式(4-17)可得爬升率为

$$R_C = V\gamma_A = 195 \times 8.3\% = 16.185\,(\text{kn}) = 499.577\,(\text{m/min}) = 1639\,(\text{ft/min})$$

地速 $V_{GS} = V_{TAS} + V_W = 220\text{kn}$

如果按照三角函数关系计算地速为

$$\sqrt{(195 \times \cos 0.083 + 25)^2 + (195 \times \sin 0.083)^2} = 219.92\,(\text{kn})$$

由此可以看出，由于爬升梯度较小，地速近似按 $V_{GS} = V_{TAS} + V_W$ 计算与按照三角函数关系计算非常接近。

相对地面的爬升梯度为 $\gamma_G = R_C \div V_{GS} = 7.4\%$。

例 4-7　已知某型号飞机由 35ft 爬升到 1500ft 时，其相对于静止大气的爬升梯度 2.4%，真实空速为 200kn，顺风风速为 40kn，试估算其飞过的水平距离。

解：记爬升期间的高度增量为 ΔH(顺风不改变飞机的爬升高度，因此飞机相对于静止大气的爬升高度与相对地面的爬升高度相等)，则由已知条件可知本题的 $\Delta H = 1500 - 35 = 1465\,(\text{ft})$。真实空速为 $V_{TAS} = 200\text{kn}$，风速 $V_W = 40\text{kn}$，飞机相对于地面的水平速度 $V_{GS} = V_{TAS} + V_W = 240\text{kn}$(注：实际上如果考虑飞机相对于静止大气的爬升梯度 $G_{CA} = 2.4\%$，即飞机的爬升角为 $1.375°$，则飞机相对地面的水平速度应该为 $200 \times \cos 1.375° + 40 = 239.94\,(\text{kn})$，由计算结果可知，当爬升梯度较小时，用真实空速直接加上风速得到的地速误差很小，本例中相对误差仅为 0.024%)。记飞机相对大气飞过的水平距离为 NAM，相对地面飞过的水平距离为 NGM。

先计算飞机相对静止大气的爬升时间 t_A。由爬升梯度的定义 $G_{CA} = \Delta H / \text{NAM}$，因此有 $\text{NAM} = \Delta H / G_{CA}$，爬升时间 $t_A = \text{NAM} / V_{TAS} = \Delta H / (G_{CA} \cdot V_{TAS})$。

考虑爬升期间有 40kn 的顺风，因此飞机相对地面的爬升时间 $t_G = \text{NGM} / V_{GS}$。而飞机相对静止大气和考虑顺风影响的爬升时间是相等的，即 $t_A = t_G$，由此可得

$$\Delta H / (G_{CA} \cdot V_{TAS}) = \text{NGM} / V_{GS}$$

即

$$\text{NGM} = \frac{\Delta H}{G_{CA}} \cdot \frac{V_{GS}}{V_{TAS}}$$

因此 $\text{NGM} = \dfrac{1465}{0.024} \cdot \dfrac{240}{200} = 73250(\text{ft}) = 22327(\text{m}) = 12(\text{n mile})$。

本题也可以分两步分别计算飞机相对大气飞过的水平距离和飞机随大气移动的水平距离，再求和相加，即为飞机相对地面的距离。

飞机相对大气飞过的水平距离

$$\text{NAM} = \Delta H / G_{CA} = 1465 \div 0.024 = 61041.67\text{ft} = 10.046\,(\text{n mile})$$

由 35ft 爬升到 1500ft 的时间 $t_A = \text{NAM} / V_{TAS} = 10.046 \div 200 = 0.050231\,(\text{h})$（实际应该是 $t_A = \text{NAM} / V_{TAS} = 10.046 \div (200 \times \cos 1.375°) = 0.050246\,(\text{h})$，由结果可见相差甚微）。

飞机在爬升期间随大气移动的距离记为 $\text{NWM} = 40 \times 0.05 = 2.009257694\,(\text{n mile})$。

因此飞机爬升期间飞过的水平距离 NGM 为

$$NGM = NAM + NWM = 10.046 + 2.0092 = 12.06\,(\text{n mile})$$

例 4-8 已知某飞机在起飞距离跑道 35ft 时的爬升梯度为 11%，在距离该点 33000ft 处有一高出跑道道面 3000ft 的障碍物，假设飞机的爬升梯度保持不变，试估算飞机飞越障碍物时与障碍物顶点的垂直距离。

解： 根据题意可知

飞机飞到障碍物处上升的高度 $= 33000 \times 11\% = 3630\,(\text{ft})$

飞机飞到障碍物处距离跑道道面的高度 $= 3630 + 35 = 3665\,(\text{ft})$

飞机飞越障碍物时与障碍物顶点的垂直距离 $= 3665 - 3000 = 665\,(\text{ft})$

例 4-9 已知飞机在爬升阶段的真实空速 194kn，爬升率为 1000ft/min，大气是静风条件，试计算爬升梯度与爬升角。

解： 根据式(4-17) $R_C = V \cdot \gamma = V \cdot G_C$ 可得爬升梯度 G_C 为

$$G_C = R_C/V$$

已知 $R_C = 1000$ ft/min，$V = 194$kn $= 19646.0$ ft/min，因此

$$G_C = R_C/V = 1000 \div 19645.9 = 0.0509 = 5.09\%$$

爬升角 $\gamma = 5.09\% \times 180 \div 3.14 = 2.9°$。

例 4-10 已知某双发涡轮喷气飞机爬升时质量为 75000kg，单台发动机推力为 38kN，爬升时其升阻比为 15，静风条件，真实空速为 300kn，试计算其爬升率。

解： 爬升总推力 $T = 38000 \times 2 = 76000\,(\text{N})$，重力 $W = 75000 \times 9.80665 = 735498.75\,(\text{N})$，根据式(4-17)可得

$$R_C = V\left(\frac{T}{W} - \frac{1}{K}\right) = 300 \times \left(\frac{76000}{735498.75} - \frac{1}{15}\right) = 11(\text{kn}) = 1113.9(\text{ft/min})$$

4.1.5 典型的爬升方式

当飞机重量、环境条件和初始巡航状态(巡航高度和速度)等一定时，可以根据不同的要求和准则确定不同的爬升方式。航路爬升阶段自起飞结束的 1500ft 高度开始，但是为了便于计算和使用，飞机使用手册中的数据都是从起飞离地开始算起的。并且为了便于比较不同爬升方式的特性，规定一个相同的水平距离、高度和速度作为爬升结束的公共点，典型的爬升剖面如图 4-6 所示，各段的规定如下。

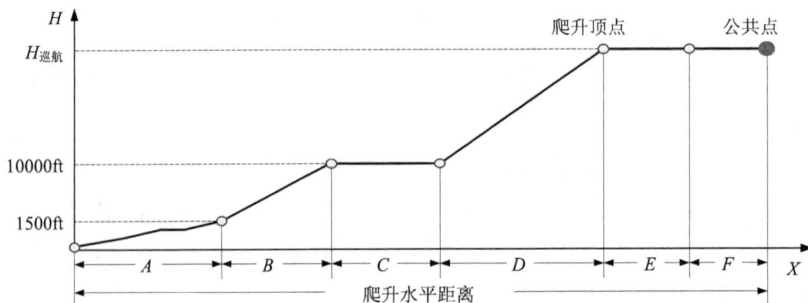

图 4-6 典型的爬升剖面

A 段：从起飞离地爬升到 1500ft，表速达到 250 n mile/h。

B 段：从 1500ft 爬升到 10000ft，通常按表速 250 n mile/h 爬升。

C 段：在 10000ft 高度上平飞加速度到达规定的爬升指示速度(如 A320 系列飞机一般为指示空速 300 kn)。

D 段：按给定的表速和马赫数爬升到爬升顶点。

E 段：在初始巡航高度上加速到巡航马赫数。

F 段：巡航飞行到公共点。

根据不同的准则可以选择不同的爬升方式，常见的典型爬升方式有如下几种。

(1)爬升距离最短的爬升方式：从起飞离地到爬升顶点的水平距离最小，即如图 4-6 所示的 *A+B+C+D* 最小，该爬升方式就是爬升梯度最大的陡升爬升方式。

(2)爬升时间最短的爬升方式：从起飞离地到爬升顶点的时间最短，该爬升方式就是爬升率最大的快升爬升方式(即以飞机的快升速度爬升，但实际上飞机的快升速度是随高度变化的，从严格意义上很难实现，因为严格意义的以快升速度爬升需要根据高度的增加实时改变)。随着爬升高度的增加最大爬升率下降，对应的快升速度增加。

(3)爬升燃油最省的爬升方式：从起飞离地到爬升顶点的燃油消耗最小。

(4)爬升航段燃油最省的爬升方式：从起飞离地到公共点的燃油消耗最小。

(5)爬升航段成本最低的爬升方式：从起飞离地到公共点的直接运营成本最低，该爬升方式也称为经济爬升。

(6)减推力爬升方式：为了降低发动机涡轮温度和疲劳载荷，延长发动机寿命，节省维修成本。

(7)以给定的指示空速/马赫数进行爬升：在中低空保持等表速上升，在高空保持等马赫数爬升。

4.1.6　几种典型爬升方式的分析

1. 爬升时间最短的爬升

爬升时间最短的爬升方式即以爬升率最大的快升爬升方式，其优点在于可以在最短的时间达到给定的高度，航班占用航道的时间也最短，有利于提高航道的利用率；同时在一定程度上能节省燃料消耗，这是因为发动机在正常的飞行高度范围内，低空飞行时的耗油率高于高空。

由于随着爬升高度的不断增加，最大爬升率对应的真实空速也是不断增大的，如图 4-7 所示。随着高度的增加，最大爬升率是减小的，而对应的真实空速却是增加的。因此为了达到保持最大爬升率的速度，需要随着爬升高度不断增加，爬升真实空速也要不断增加，即飞机的真实空速必须随飞行高度而不断地调整，同时指示空速也要随之不断改变。这在实际飞行中不便于飞行员操纵，也是难以实现的。但是由于飞机以保持等表速爬升时，实际上其对应的真实空速是不断增加的，所以在实际使用中，采用以给定的指示空速/马赫数进行爬升是非常接近该爬升方式的。

2. 以给定的指示空速/马赫数爬升

为了便于飞机的操纵和满足相关规章的要求，通常使用低空按恒定的指示空速(V_{IAS})

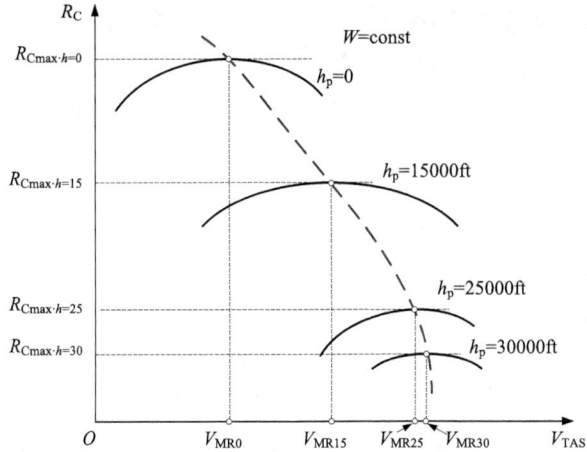

图 4-7　不同高度下真实空速与爬升率的关系

爬升和高空等马赫数爬升。这是因为根据 CCAR-91 第 91.323 规定"除经局方批准并得到空中交通管制的同意外，航空器驾驶员不得在修正海平面气压高度 3km（10000ft）以下以大于 470km/h（250 n mile/h）的指示空速运行航空器"。例如，A320 系列飞机的标准爬升剖面为：250kn/300kn/M=0.78。按此爬升可以被划分为 4 个阶段（图 4-8）。

第一阶段是飞行高度低于 10000ft：以恒定的指示空速 V_{IAS} = 250kn 爬升。这是由于飞行速度受空中交通管制规定的限制。该段爬升过程中真实空速是不断增加的。

第二阶段是在 10000ft 高度上平飞加速：爬升到 10000ft，飞机保持高度平飞加速到指示空速 V_{IAS} = 300kn。

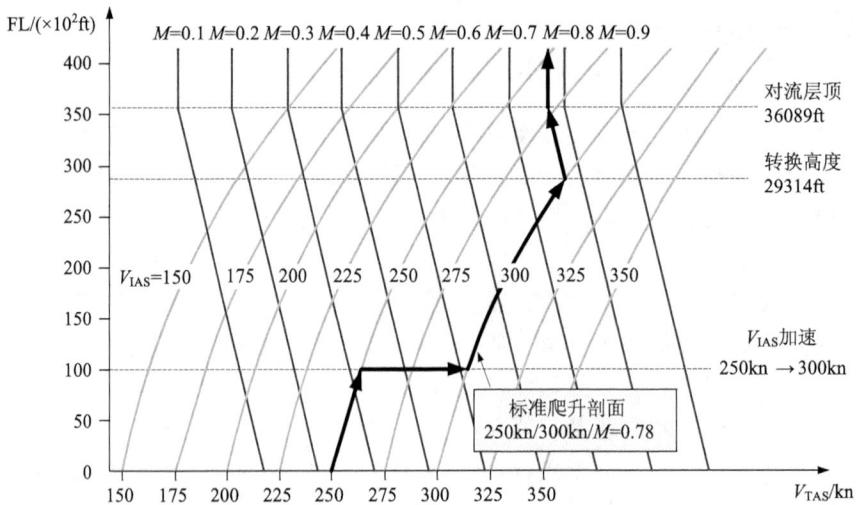

图 4-8　给定指示空速/马赫数爬升时真实空速随高度变化

　　第三个阶段是由 10000ft 等表速爬升到高于转换高度：在 10000ft 高度平飞加速到指示空速 $V_{IAS}=300$kn 后，就以恒定的指示空速 $V_{IAS}=300$kn 爬升，只要马赫数小于 0.78 就保持这个速度，该阶段是真实空速不断增加的加速爬升。

　　第四个阶段是以恒定的马赫数爬升：当爬升到转换高度(是指在高度上指示空速 $V_{IAS}=300$kn 对应的真实空速等于马赫数为 0.78 对应的真实空速)时，以恒定的马赫数 0.78 爬升。高于转换高度，为了避免速度抖振，必须将马赫数(真实空速 V_{TAS} 和声速之比)保持在一个恒定值。由于声速在对流层顶(11000m，36089ft)之下随着高度增加而减小，因此在由转换高度爬升到对流层顶之前是真实空速不断减小的减速爬升过程；对流层顶之上温度不变因而声速不变，故是一个等真实空速的爬升过程。

　　以给定的指示空速/马赫数爬升是接近爬升率最大的快升爬升方式，其关系如图 4-9 所示。虚线描述的是在每一爬升高度 H 上均以快升速度爬升时的真实空速 $V_{RCmax \cdot H}$ 随高度变化的曲线，实线描述的是以恒定的指示空速/马赫数爬升时真实空速随高度变化的曲线。两者是非常接近的爬升方式。而后者更便于实际使用。

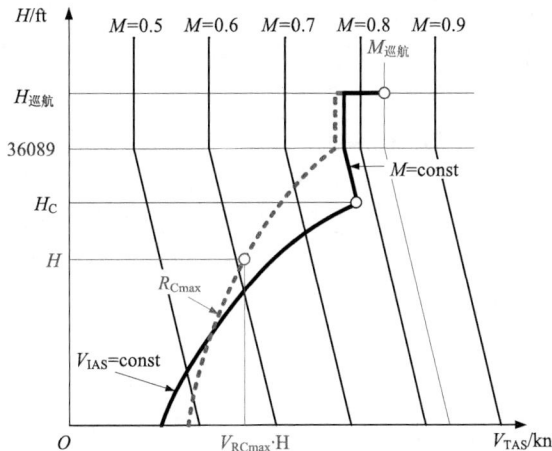

图 4-9　快升爬升与等表速/等马赫数爬升

3. 爬升段成本最低的爬升

　　爬升段成本最低，是指爬升段的直接运营成本最低。爬升段的直接运营成本 C 可表示为

$$C = C_F \cdot W_F + C_t \cdot t$$

其中，C_F 为单位燃油成本；W_F 为爬升段消耗的燃油；C_t 为单位时间成本；t 为爬升时间。因此，直接运营成本随时间的变化率为

$$\frac{\mathrm{d}C}{\mathrm{d}t} = C_F \frac{\mathrm{d}W_F}{\mathrm{d}t} + C_t = C_F(F_F + CI)$$

式中，$F_F = \mathrm{d}W_F / \mathrm{d}t$ 为燃油流量；$CI = C_t / C_F$ 为飞行成本指数，即时间成本系数与燃油成本系数之比。成本指数 CI 的数值较大则说明时间成本高或燃油成本低，即时间成本占直接运营成本的主要部分；成本指数 CI 的数值较小则说明时间成本低或燃油成本高，即燃油成本占直接运营成本的主要部分；将式(4-5)代入上式可得

$$\frac{\mathrm{d}C}{\mathrm{d}h} = \frac{C_F(F_F + \mathrm{CI})}{V\left(\dfrac{T-D}{W}\right)\Big/\left(1+\dfrac{V}{g}\dfrac{\mathrm{d}V}{\mathrm{d}h}\right)} \tag{4-18}$$

式(4-18)描述的是直接爬升成本随爬升高度的变化率。成本最低的爬升应该是消耗相同的成本能产生最大的爬升率，或爬升率一定时消耗的直接成本最低，即 $(\mathrm{d}C/\mathrm{d}h)_{\min}$ 时的爬升直接运营成本是最低的。特别最省油的爬升，即 $\mathrm{CI}=0$，以爬升率最大对应的速度来实现，该爬升方式也称为"经济爬升"；当 CI 最大时，爬升速度通常选择限制的最大使用速度 V_{MO}–10kn(或最大使用马赫数 M_{MO}–0.01)来获得所需要的爬升速度。因此，当燃油成本占直接成本的主要部分时，减少燃油消耗可降低成本，则选择低速爬升；当时间成本占直接成本的主要部分时，缩短时间可使成本降低，则选择高速爬升。一般情况下通过在飞行管理系统中输入合理的成本指数来实现成本最低的爬升。

4.1.7 客舱压力高度的变化

为了给旅客提供舒适的飞行环境，随着飞机爬升高度的增加，客舱增压系统将不断调整客舱的气压高度。通常客舱气压高度被限制在某一个最大值之内(图 4-10(a))，目的在于使旅客感觉舒适(多数飞机限制在 8000ft 左右)，并且客舱内外的压强差符合客舱强度和刚度要求(通常该压强差 ΔP 被限制在 8.6psi(lb/in²)[①]左右)。例如，A320 飞机的最大客舱高度 8000ft，$\Delta P_{\max}=556\mathrm{hPa}$ (8.06psi)；空客 A340-200/300 的最大客舱气压高度为 7350ft，$\Delta P_{\max}=593\mathrm{hPa}$ (8.6psi)；通常客舱气压高度根据预先制定的规则随时间变化(图 4-10(b))，以便在爬升顶点达到计划的客舱气压高度。客舱气压高度的爬升率通常被限制在 500ft/min 或 600ft/min。

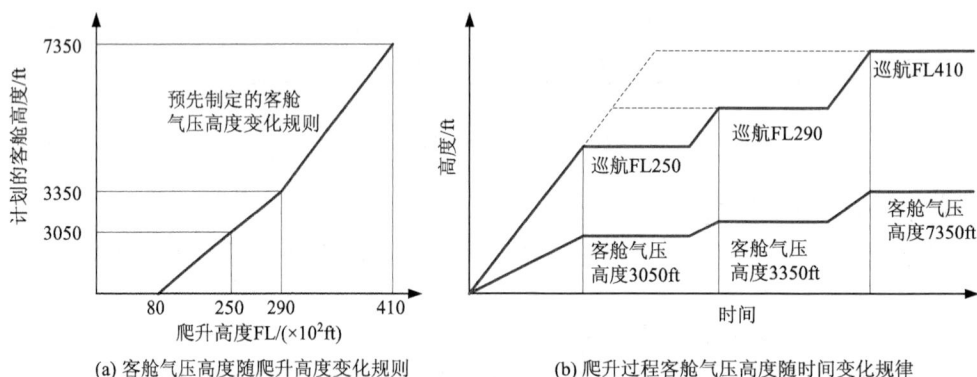

(a) 客舱气压高度随爬升高度变化规则   (b) 爬升过程客舱气压高度随时间变化规律

图 4-10 客舱气压高度变化

4.1.8 爬升性能参数相关图表的使用

通常飞机飞行手册中会以图或表格的形式给出典型爬升方式的性能数据，从中可以

---

① 1psi=1lb/in²=6.89476×10³Pa。

查出爬升时间、水平距离、燃油消耗和平均真实空速等参数以便于实际使用。

如某型号飞机，按规定程序巡航爬升（由 1500ft 爬升到初始巡航高度）时的性能参数如图 4-11～图 4-13 所示。

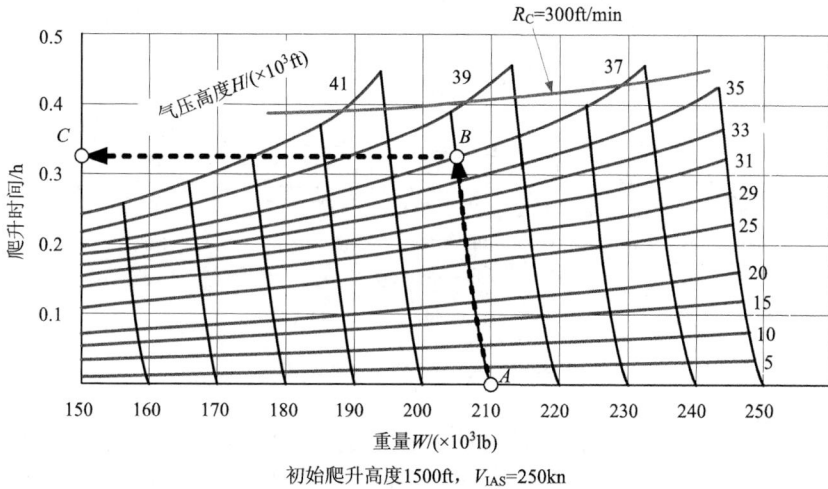

初始爬升高度1500ft，$V_{IAS}=250$kn

图 4-11　爬升时间曲线

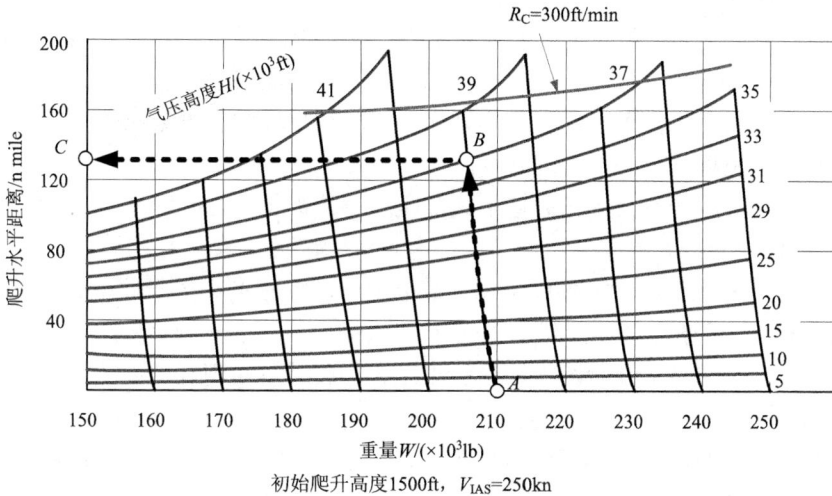

初始爬升高度1500ft，$V_{IAS}=250$kn

图 4-12　爬升燃油消耗曲线

例 4-11　已知某飞机的爬升性能参数如图 4-11～图 4-13 所示。若该飞机在 1500ft 以典型爬升方式 250/300/M0.78 爬升，开始爬升重量为 210000lb，按规定程序爬升至 37000ft 时需要的爬升时间、爬升阶段消耗的燃油、爬升阶段飞过的水平距离分别是多少？

解：（1）根据图 4-11 确定爬升时间。首先在图 4-11 的横坐标找出起始爬升重量 210000lb 得到 *A* 点，由 *A* 点沿着 210000lb 重量曲线向上与 37000ft 气压高度曲线相交于 *B* 点，再由 *B* 点向左作水平线并与爬升时间纵坐标相交于 *C* 点，由 *C* 点读出爬升时间是 0.33h（图 4-11 箭头曲线）。

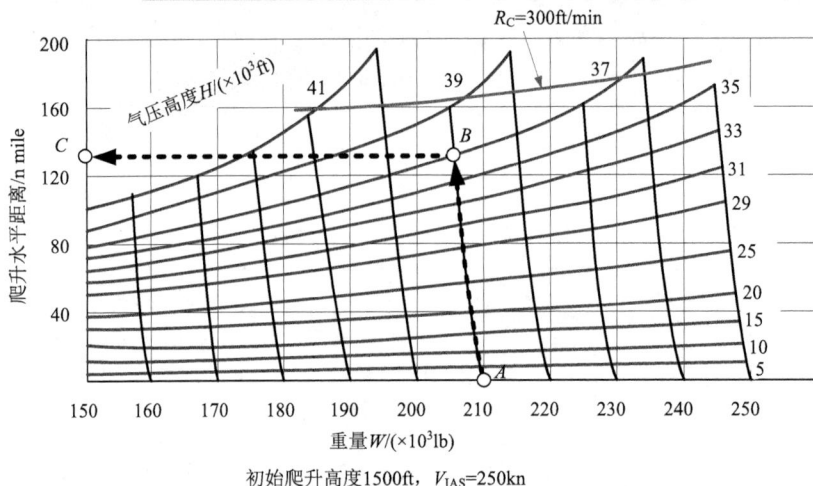

初始爬升高度1500ft，$V_{IAS}=250\text{kn}$

图 4-13　爬升阶段水平距离曲线

（2）根据图4-12确定爬升阶段消耗的燃油。首先在图4-12的横坐标找出起始爬升重量210000lb得到 A 点，由 A 点沿着210000lb重量曲线向上与37000ft气压高度曲线相交于 B 点，再由 B 点向左作水平线并与燃油消耗纵坐标相交于 C 点，由 C 点读出爬升阶段消耗的燃油是4450lb（图4-12箭头曲线）。

（3）根据图4-13确定爬升阶段消耗的燃油。首先在图4-13的横坐标找出起始爬升重量210000lb得到 A 点，由 A 点沿着210000lb重量曲线向上与37000ft气压高度曲线相交于 B 点，再由 B 点向左作水平线并与爬升水平距离纵坐标相交于 C 点，由 C 点读出爬升阶段飞过的水平距离是132n mile（图4-13箭头曲线）。

有时飞机飞行手册也会提供表格形式的爬升性能数据。表4-1是B737-800的爬升性能数据表（部分）。

例 4-12　已知飞机的爬升性能数据如表4-1所示。标准大气条件ISA，无风，起飞重量70000kg，爬升顶点（TOC）高度33000ft，机场海拔高度6000ft。

试确定爬升时间、爬升阶段飞过的水平距离、爬升阶段消耗的燃油、平均真实空速（mean TAS）。

解：根据已知条件（起飞重量70000kg，爬升顶点（TOC）高度33000ft）在表4-1所对应的区域可得：爬升时间17min；爬升阶段飞过的水平距离98 n mile；爬升阶段消耗的燃油1600kg；平均真实空速：382kn。

但是由于起飞机场海拔高度是6000ft，根据表4-1给的修正要求需要对燃油消耗进行修正。表4-1给的机场高度6000ft燃油修正量为–200kg，因此爬升阶段实际消耗的燃油应为1600kg–200kg＝1400kg。

依据题意确定出的爬升时间、爬升阶段飞过的水平距离、爬升阶段消耗的燃油、平均真实空速分别为17min、98 n mile、1400kg、382kn。

表 4-1　B737-800 的爬升性能数据表

737-800W CFM56-7B24 CONFIG01 280 CAS / .78 MACH　ISA +0 DEG C　WIND 0 kn

PRESSURE ALTITUDE /ft	UNITS min/kg n mile/KTAS	BRAKE RELEASE WEIGHT/(×10³ kg)					
		78	74	70	66	62	58
41000	TIME/FUEL DIST/SPD				28/ 2050 178/412	23/ 1800 145/408	20/ 1600 127/405
39000	TIME/FUEL DIST/SPD		31/ 2350 195/410	25/ 2000 155/404	22/ 1800 135/402	20/ 1650 120/400	18/ 1500 108/399
37000	TIME/FUEL DIST/SPD	27/ 2200 163/401	24/ 2000 143/398	21/ 1800 127/396	19/ 1650 115/395	18/ 1500 104/394	16/ 1400 94/393
35000	TIME/FUEL DIST/SPD	23/ 2000 135/392	21/ 1850 122/391	19/ 1700 111/389	17/ 1550 101/388	16/ 1450 92/387	15/ 1300 84/387
33000	TIME/FUEL DIST/SPD	21/ 1850 117/384	19/ 1700 107/383	**17/ 1600 98/382**	16/ 1450 89/381	15/ 1350 82/381	13/ 1250 75/380
31000	TIME/FUEL DIST/SPD	18/ 1700 99/374	17/ 1600 91/374	16/ 1450 84/373	14/ 1350 77/372	13/ 1250 71/372	12/ 1150 65/371
29000	TIME/FUEL DIST/SPD	16/ 1550 84/365	15/ 1450 77/364	14/ 1350 71/364	13/ 1250 66/363	12/ 1150 60/363	11/ 1050 56/362
27000	TIME/FUEL DIST/SPD	14/1450 71/356	13/1350 66/356	12/1250 61/355	11/1150 56/355	11/1050 52/354	10/1000 48/354
25000	TIME/FUEL DIST/SPD	13/1300 61/348	12/1250 56/348	11/1150 52/347	10/1050 48/347	10/1000 45/347	9/900 41/346
24000	TIME/FUEL DIST/SPD	12/ 1250 56/344	11/ 1200 52/344	11/ 1100 48/344	10/ 1050 45/343	9/ 950 41/343	8/900 38/342
20000	TIME/FUEL DIST/SPD	10/1050 41/331	9/1000 38/330	8/950 35/330	8/900 33/330	7/800 30/329	7/750 28/329
18000	TIME/FUEL DIST/SPD	9/950 34/324	8/900 32/324	8/850 30/324	7/800 28/324	7/750 26/323	6/700 24/323
10000	TIME/FUEL DIST/SPD	5/650 15/303	5/600 14/303	5/550 13/303	4/550 12/302	4/500 11/302	4/450 10/302
1500	TIME/FUEL	2/300	2/ 250	2/ 250	2/ 250	2/ 250	2/ 200

FUEL ADJUSTMENT FOR HIGH ELEVATION AIRPORTS EFFECT ON TIME AND DISTANCE IS NEGLIGIBLE		AIRPORT ELEVATION	2000	4000	**6000**	8000	10000	12000
		FUEL ADJUSTMENT	−50	−150	**−200**	−300	−350	−450

　　空客系列的飞机在飞行机组操作手册(flight crew operating manual，FCOM)中，根据机型、起飞重量和爬升速度等条件，查出从海平面爬升到任一高度时所需的时间、水平距离、燃油消耗量和平均真实空速。同时还给出了是否使用空调和防冰等情况的燃油消耗的修正量。表 4-2 为空客 A319/320/321 的爬升性能表。

　　例 4-13　已知空客 A320 飞机，其松刹车时飞机重量是 74t，温度为 ISA，重心位置：33%，空调正常，爬升速度 250kn/300kn/M0.78，发动机防冰开，爬升性能数据见表 4-2，查出爬升到 33000ft 需要的时间、水平距离、消耗燃油、平均真实空速分别是多少？

表 4-2　A319/320/321 爬升性能数据表

CLIMB - 250kn /300kn /M.78						
MAX. CLIMB THRUST NORMAL AIR CONDITIONING ANTI-ICING OFF		ISA CG=33.0%		FROM BRAKE RELEASE TIME /min　　FUEL/kg DISTANCE /n mile　TAS/kn		
FL	WEIGHT AT BRAKE RELEASE (×10³ kg)					
	66	68	70	72	74	76	78

FL	66	68	70	72	74	76	78
390							
370	24　1748 152　385	25　1851 163　387	27　1966 175　389	29　2096 190　391			
350	21　1619 132　377	22　1703 140　378	24　1794 149　380	25　1892 158　381	26　2000 169　383	28　2121 182　385	30　2258 196　388
330	19　1515 117　369	20　1589 124 370	21　1668 131　371	22　1751 138　373	**23　1840** **146　374**	25　1935 155　376	26　2040 165　378
310	17　1419 104　361	18　1486 110　362	19　1556 115　363	20　1629 121　364	21　1706 128　365	22　1788 135　366	23　1876 142　368
290	16　1322 92　350	16　1382 96　351	17　1444 101　352	18　1510 106　353	19　1578 111　354	20　1649 117　355	21　1725 123　356
270	14　1206 78　337	14　1259 81　337	15　1313 85　338	16　1370 89　339	16　1429 93　340	17　1490 97　341	18　1555 102　342
250	12　1103 66　324	13　1150 69　324	13　1198 72　325	14　1248 75　326	14　1300 79　326	15　1354 82　327	16　1410 86　328
240	12　1055 61　317	12　1099 64　318	13　1145 67　318	13　1192 70　319	14　1241 73　320	14　1292 76　321	15　1344 79　321
220	10　964 52　304	11　1004 54　305	11　1045 57　306	12　1087 59　306	12　1130 62　307	12　1175 64　308	13　1222 67　308
200	9　880 45　292	10　916 46　292	10　953 48　293	10　991 50　294	11　1030 52　294	11　1070 54　295	11　1111 57　296
180	8　802 38　280	8　834 40　280	9　867 41　281	9　901 43　281	9　936 45　282	10　972 46　283	10　1009 48　283
160	7　727 32　267	8　756 34　267	8 786 35 268	8　816 36　268	8　848 38　269	9　880 39　270	9　913 41　270
140	6　654 27　253	7　680 28　254	7　707 29　254	7　734 30　255	7　762 32　255	8　791 33　256	8　821 34　257
120	6　583 22　238	6　606 23　239	6　630 24　239	6　654 25　240	7　679 26　241	7　705 27　242	7　731 28　242
100	4　466 16　211	5　485 16　212	5　504 17　213	5　523 18　213	5　543 18　214	5　563 19　215	5　584 20　216
50	3　301 8　173	3　313 8　174	3　325 9　174	3　337 9　175	3　349 9　176	3　362 10　177	3　375 10　178
15	2　186 4　122	2　193 4　122	2　200 4　123	2　207 4　124	2　215 4　125	2　222 4　126	2　230 4　127

LOW AIR CONDITIONING ΔFUEL=−0.4 %	HIGH AIR CONDITIONING ΔFUEL=+0.4 %	ENGINE ANTI ICE ON ΔFUEL=+6 %	TOTAL ANTI ICE ON ΔFUEL=+11 %

解：飞机重量为 74t，由表 4-2 可知爬升到 33000ft，需要的时间 23min；飞过的水平距离为 146n mile；消耗燃油为 1840kg；平均真实空速 V_{TAS} 为 374n mile/h。由于发动机防冰开，根据表 4-2 的修正要求燃油增加 6%，因此燃油消耗为 1840kg+6%×1840kg = 1950kg。

当爬升时为非标准大气时，有的机型会给出修正方法，有的机型是用不同温度时的类似于表 4-2 的不同爬升性能表。

4.2　下　降　性　能

飞机下降也称为下滑，是指飞机由巡航终点下降到机场进近开始点(着陆机场上空 1500ft 准备着陆)的飞行过程。飞机通常是沿倾斜向下的轨迹做等速直线的飞行。下降是飞机降低高度的基本方法。

4.2.1　下降受力分析

下降时飞机的受力关系如图 4-14 所示。其中，下降(下滑)角(γ)为飞行速度矢量线与水平线的夹角。

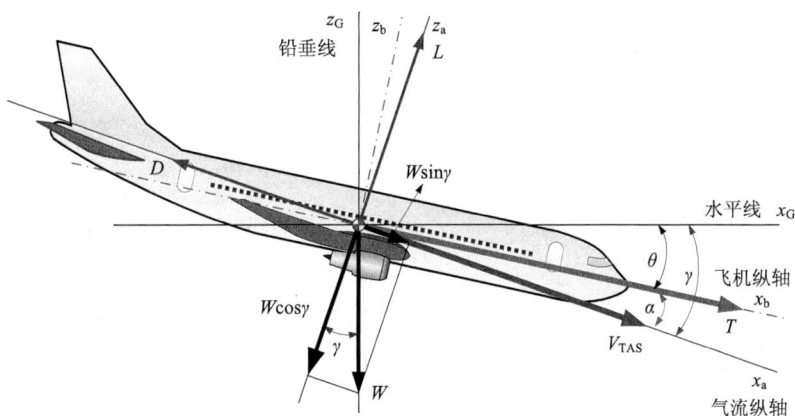

图 4-14　飞机下降飞行时受力分析

根据图 4-14 的受力关系，飞机下降时的动力学方程为

$$\begin{cases} \dfrac{W}{g}\dfrac{\mathrm{d}V}{\mathrm{d}t} = T\cos\alpha - D - W\sin\gamma \\ \dfrac{W}{g}V\dfrac{\mathrm{d}\gamma}{\mathrm{d}t} = L + T\sin\alpha - W\cos\gamma \end{cases} \tag{4-19}$$

式(4-19)的第一个方程中，由于考虑到下降时下滑角 γ 为负值，故式中的重力分量仍写作$-W\sin\gamma$。通常考虑到飞机下降时的迎角(α)较小，因此 $\cos\alpha \approx 1$，同时 $L \gg T\sin\alpha$，式(4-19)可以写作

$$\begin{cases} \dfrac{W}{g}\dfrac{\mathrm{d}V}{\mathrm{d}t} = T - D - W\sin\gamma \\ \dfrac{W}{g}V\dfrac{\mathrm{d}\gamma}{\mathrm{d}t} = L - W\cos\gamma \end{cases} \tag{4-20}$$

特别当飞机做定常下降(下降速度和下降角不随时间变化，即 $\mathrm{d}V/\mathrm{d}t=0$, $\mathrm{d}\gamma/\mathrm{d}t=0$)时，其动力学方程(4-20)可以进一步简化为

$$\begin{cases} T = D + W\sin\gamma \\ L = W\cos\gamma \end{cases} \tag{4-21}$$

4.2.2　描述下降特性的主要参数

描述飞机下降特性的主要参数有下降梯度(下降的高度与飞过的水平距离之比)和下降率(单位时间下降的高度)。当飞机做非定常下降时，下降率与下降梯度分别如下。

下降率 R_D 为

$$R_D = \frac{dh}{dt} = V\sin\gamma = \frac{\dfrac{T-D}{W}V}{1+\dfrac{V}{g}\dfrac{dV}{dh}} = \frac{\left(\dfrac{T}{W}-\dfrac{D}{L}\right)V}{1+\dfrac{V}{g}\dfrac{dV}{dh}} = \frac{\left(\dfrac{T}{W}-\dfrac{C_D}{C_L}\right)V}{1+\dfrac{V}{g}\dfrac{dV}{dh}} \tag{4-22}$$

下降梯度 G_D 为

$$G_D = \tan\gamma = \frac{\dfrac{T-D}{W}}{1+\dfrac{V}{g}\dfrac{dV}{dh}} = \frac{\dfrac{T}{W}-\dfrac{C_D}{C_L}}{1+\dfrac{V}{g}\dfrac{dV}{dh}} \tag{4-23}$$

其中，加速度因子 $\left(1+\dfrac{V}{g}\dfrac{dV}{dh}\right)$ 的计算见 3.4.2 节。由于下降时发动机的推力常使用慢车推力很小，则由式(4-22)和式(4-23)可以看出，下降率 R_D 和下降梯度 G_D 都是负值。

4.2.3　主要下降性能参数的计算

反映飞机下降性能的主要参数有下降时间、下降阶段飞过的水平距离和下降阶段的燃油消耗等。

1. 下降时间

根据下降率的定义 $dt = dh/R_D$，可得飞机由高度 h_1 下降到高度 h_2 的时间为

$$t = \int_{h_1}^{h_2} \frac{1}{R_D} dh \tag{4-24}$$

对式(4-24)数值积分可以计算出爬升段所需要的时间。特别当飞机保持爬升率不变时有 $t = (h_1 - h_2)/R_D$。实际工程计算中，也可以把由高度 h_1 下降到高度 h_2 等分成 n 个 Δh 高度($h_2 - h_1 = n\cdot\Delta h$)，在每个 Δh 高度上下降率取平均值 $R_{Dave\cdot k}$，则每段的下降时间 Δt_k 为 $\Delta t_k = \Delta h/R_{Dave\cdot k}$ ($k=1,2,\cdots,n$)。特别在非标准大气条件时，有

$$\Delta t_k = \frac{\Delta h}{R_{Dave\cdot k}} \frac{T_{ns}}{T_{std}} \tag{4-25}$$

其中，T_{ns} 和 T_{std} 为飞行高度上的实际温度和标准大气的温度，则有爬升段的飞行时间为

$$t = \sum_{k=1}^{n} \Delta t_k \tag{4-26}$$

2. 下降段的水平距离

把下降阶段飞过的水平距离记作 X，则有 $\dfrac{\mathrm{d}X}{\mathrm{d}h}=\dfrac{\mathrm{d}X/\mathrm{d}t}{\mathrm{d}h/\mathrm{d}t}=\dfrac{V\cos\gamma}{R_D}$ ，由此可得飞机由高度 h_1 下降到高度 h_2 飞过的水平距离为

$$X=\int_{h_1}^{h_2}\frac{V\cos\gamma}{R_D}\mathrm{d}h \tag{4-27}$$

同样可以把由高度 h_1 下降到高度 h_2 等分成 n 个 Δh 高度 $(h_2-h_1=n\cdot\Delta h)$，考虑到飞机的下降角 γ 很小，近似取 $\cos\gamma\approx1$，在每个 Δh 高度上下降速度取平均值 $V_{ave\cdot k}$，则每个爬升段的水平距离 ΔX_k 为 $\Delta X_k=V_{ave\cdot k}\cdot\Delta t_k$ ，则有爬升段的水平距离为

$$X=\sum_{k=1}^{n}\Delta X_k \tag{4-28}$$

3. 爬升阶段的燃油消耗

根据燃油流量 F_F (fuel flow) 的定义可得燃油消耗 $\mathrm{d}W_F=F_F\cdot\mathrm{d}t$，把下降率公式中的 $\mathrm{d}t=\mathrm{d}h/R_D$ 代入其中可得 $\mathrm{d}W_F=(F_F/R_D)\mathrm{d}h$，由此可得飞机由高度 h_1 下降到高度 h_2 的燃油消耗 W_F 为

$$W_F=\int_{h_1}^{h_2}\frac{F_F}{R_D}\mathrm{d}h \tag{4-29}$$

同样把 h_1 下降到 h_2 的高度差等分成 n 个 Δh 高度，在每个 Δh 高度上燃油流量取平均值 $F_{Fave\cdot k}$，则每个下降段的燃油消耗 ΔW_{Fk} 为 $\Delta W_{Fk}=F_{Fave\cdot k}\cdot\Delta t_k$ ，故得下降段的燃油消耗为

$$W_F=\sum_{k=1}^{n}\Delta W_{Fk} \tag{4-30}$$

4.2.4 定常下降时的特性参数及影响因素分析

当飞机做定常直线下降 (下降速度和下降角不随时间变化，即 $\mathrm{d}V/\mathrm{d}t=0, \mathrm{d}\gamma/\mathrm{d}t=0$) 时，下降动力学方程为式 (4-21)，通常上降角 γ 很小，因此近似取 $\cos\gamma\approx1$，$\sin\gamma\approx\gamma$，式 (4-21) 可写为

$$\begin{cases}T=D+W\cdot\gamma\\L=W\end{cases} \tag{4-31}$$

1. 定常下降时的下降梯度

下降角 γ 很小，因此有 $\sin\gamma\approx\tan\gamma\approx\gamma$，由式 (4-31) 可得定常下降时的下降梯度为

$$G_D=\gamma=\frac{T-D}{W}=\frac{T}{W}-\frac{D}{L}=\frac{T}{W}-\frac{1}{K}=\left(\frac{T}{W}-\frac{1}{K}\right)\times100\% \tag{4-32}$$

其中，$K=L/D=C_L/C_D$ 为升阻比。特别当以慢车推力 (忽略推力) 下降时，有

$$G_D=-\frac{D}{W}=-\frac{D}{L}=-\frac{1}{K}=-\frac{1}{K}\times100\% \tag{4-33}$$

由式 (4-33)可知，在飞机重量一定时，当以对应于最小阻力的速度 V_{MD}（此时对应的升阻比 K 最大）下降时，飞机的下降梯度最小，即下降角最小，且下降相同高度时飞过的水平距离最大。

2. 定常下降时的下降率

飞机在定常下降时的下降率为

$$R_D = V\sin\gamma = V\gamma = V\cdot\frac{T-D}{W} = V\left(\frac{T}{W} - \frac{1}{K}\right) \tag{4-34}$$

特别地，当以慢车推力（忽略推力）下降时，有

$$R_D = -\frac{VD}{W} = -\frac{VD}{L} = -\frac{V}{K} \tag{4-35}$$

由式 (4-35)可知，在飞机重量一定时，当以对应于速度与阻力乘积最小$(VD)_{min}$ 的速度下降时，飞机的下降率最小。

3. 定常下降参数随速度变化的规律

定常下降时飞机的阻力 D、阻力与速度乘积 DV、下降梯度 G_D、下降率 R_D 随真实空速 V_{TAS} 变化的规律特性，可以用图 4-15 所示的下降速度极曲线描述。通常把慢车推力，即推力值可以忽略的下降称为滑翔飞行，以下降梯度最小的速度（最小阻力速度 V_{MD}）下降，可以使下降相同高度获得最长的水平距离，因此也称该速度为远翔或远滑速度 V_{FD}；以下降率最小的速度下降，可以得到下降相同高度时最长的留空时间，也称该速度为久翔或久滑速度 V_{MS}。通常情况下飞机的久滑速度小于远滑速度，即 $V_{MS}<V_{FD}$（图 4-15）。

4. 影响下降特性参数的因素

1) 高度的影响

飞机下降时随气压高度的减小密度不断增加，对于慢车推力的定常下降，根据下降梯度 $G_D = D/W$ 和下降率 $R_D = V\cdot D/W$，应该是随着密度的减小阻力减小，下降梯度和下降率是减小的，但是下降时通常是按高空等马赫数、中低空等指示空速下降的，因此飞机的真实空速在等马赫数下降时是随高度下降而增加的，但是在以恒定的指示空速下降时随高度降低真实空速是增大的（图 4-16(a)），而真实空速的增大会使阻力增大，因此高度对下降梯度和下降率的影响是复杂的，如图 4-16(b)和(c)所示。

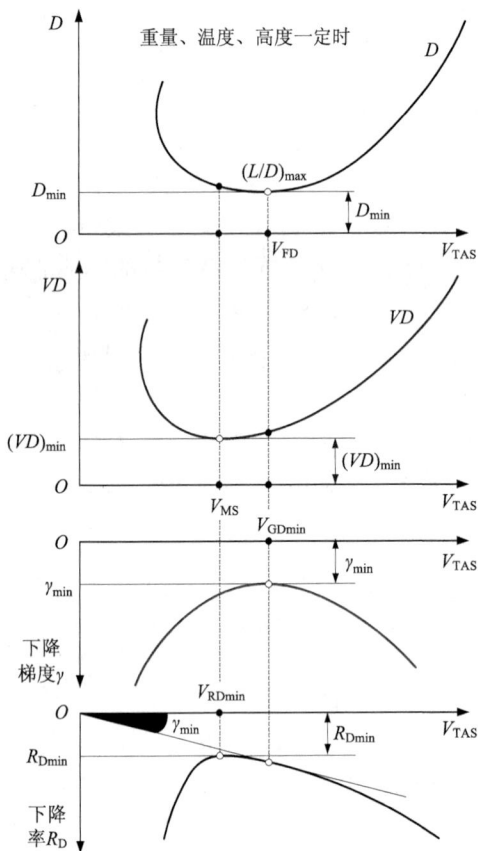

图 4-15 下降速度极曲线

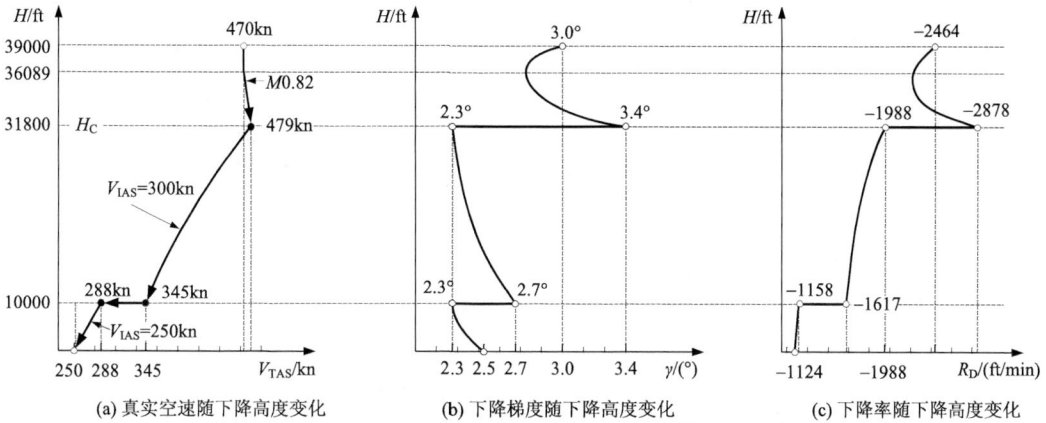

(a) 真实空速随下降高度变化　　(b) 下降梯度随下降高度变化　　(c) 下降率随下降高度变化

图 4-16　某型号飞机按 *M*0.82/300/250 典型剖面下降时的特性参数随下降高度变化

　　在慢车推力定常下降时，下降特性参数（下降梯度和下降率）的变化规律比较复杂，不是按一个方向变化的。主要原因在于它们的变化仅取决于阻力，而影响阻力的真实空速在下降时的变化与空气密度的变化不一致，因此阻力不是按一个方向变化的。

　　2）温度的影响

　　下降的过程中，在高度一定时温度上升将导致空气密度降低，会使阻力也减小，从而下降梯度和下降率将减小。但由于下降时真实空速 V_{TAS} 是变化的，对于通常使用的按给定的马赫数 *M* 和指示空速 V_{IAS} 下降，随温度上升其 V_{TAS} 是增加的，这又使阻力增加。因此下降梯度和下降率随温度的变化没有显著的规律性。

　　3）重量的影响

　　重量对下降梯度和下降率的影响取决于速度范围。在低速（指小于最小阻力速度 V_{MD}）飞行时，为了使升力等于重力，$W = L = 0.5\rho V^2 S C_L$，则重量越重需要的升力系数 C_L 越大，使得升致阻力（诱导阻力）增大，在低速飞行时阻力中诱导阻力占主要成分，从而阻力明显增加（大于重量的增加），所以下降率和下降梯度随重量增加而增大；而在高速（指大于最小阻力速度 V_{MD}，通常标准下降速度范围位于该区域）飞行时，满足 $W = L = 0.5\rho V^2 S C_L$，重量越重需要的升力系数 C_L 也越大，但是由于该速度区域升致阻力（诱导阻力）占总阻力的成分少（图 4-17），总阻力增大较小（小于重量的增加），所以高速下降时相同的速度对应的下降率和下降梯度随重量增加而减小。由图 4-17 可以看出，无论是低速还是高速下降，保持相同的下降率或下降梯度时，随着重量的增加所需的下降速度是增加的。

　　4）风的影响

　　当只考虑顺风和逆风时，恒定的风分量对下降高度没有影响，下降率（d*h*/d*t*）保持不变，但飞机相对于地面的下降梯度会改变，逆风时相对于地面的下降梯度 γ_G 大于相对于空气的爬升梯度 γ_A，逆风使地面距离减小，顺风的影响结果则相反，如图 4-18 所示。

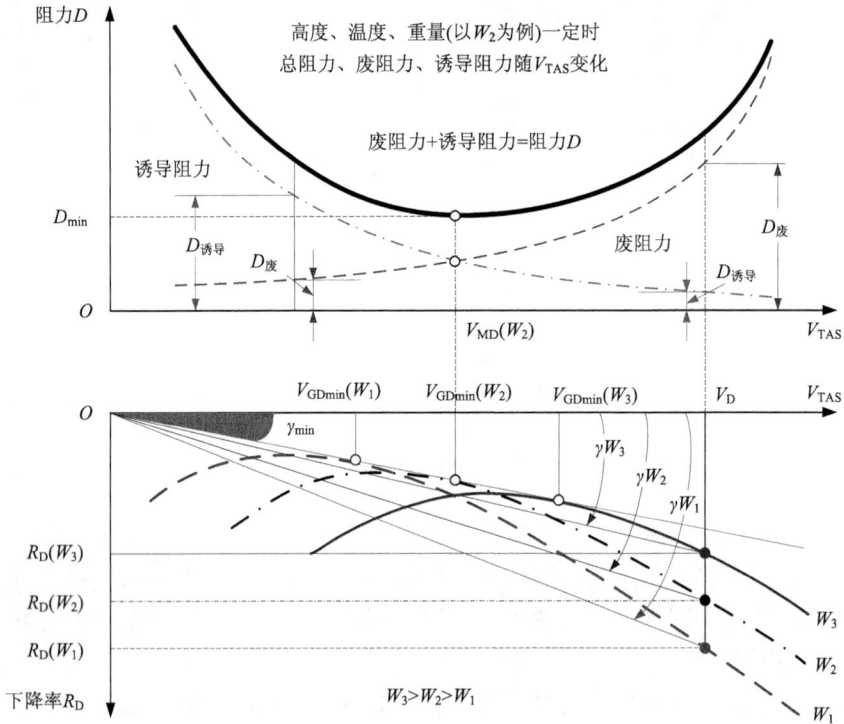

图 4-17 下降率随重量变化规律

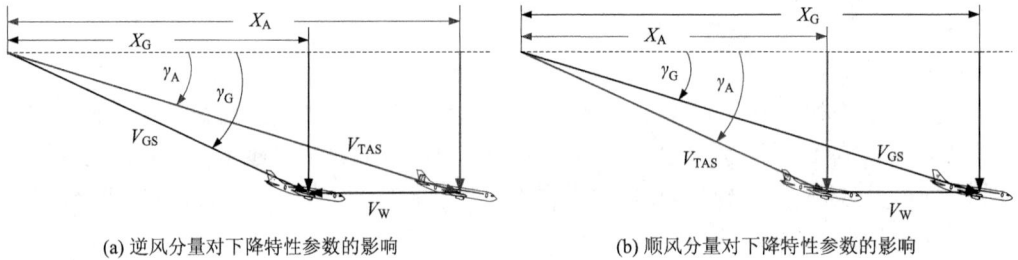

(a) 逆风分量对下降特性参数的影响   (b) 顺风分量对下降特性参数的影响

图 4-18 顺风和逆风分量对爬升特性参数的影响

  当只考虑上升和下降风时，定常的风分量不影响下降阶段的水平距离，对下降率和下降梯度都将产生影响，如图 4-19 所示。上升风使下降的高度减小，因此下降率减小，相对于地面的爬升梯度 γ_G 小于相对于空气爬升梯度 γ_A。下降风的影响恰好相反。

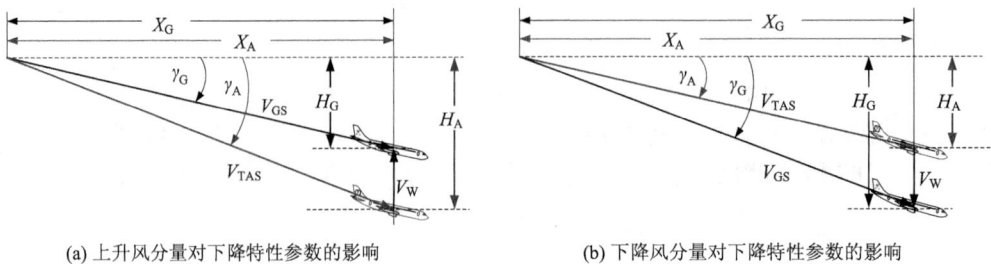

(a) 上升风分量对下降特性参数的影响   (b) 下降风分量对下降特性参数的影响

图 4-19 上升风和下降风分量对下降特性参数的影响

例 4-14　已知某飞机下降时的真实空速为 120kn，下降角为 4°，试计算飞机的下降率。

解：由于飞机的下降率为下降速度的垂直分量(式(4-34))，因此其下降率 R_D 为

$$R_D = V_{TAS} \cdot \sin 4° = 120 \times 0.0698 = 8.37 \text{(kn)} = 847.7 \text{(ft/min)}$$

例 4-15　已知某飞机由 10000ft 下降到 1500ft，真实空速是 250kn，顺风 40kn，相对静止大气的下降梯度为 6%，试计算飞机下降期间飞过的水平距离和飞机相对地面的下降梯度。

解：(方法一)如图 4-20 所示，飞机相对于静止大气的下降梯度记为 γ_A，相对地面的下降梯度记为 γ_G，计算过程如下。

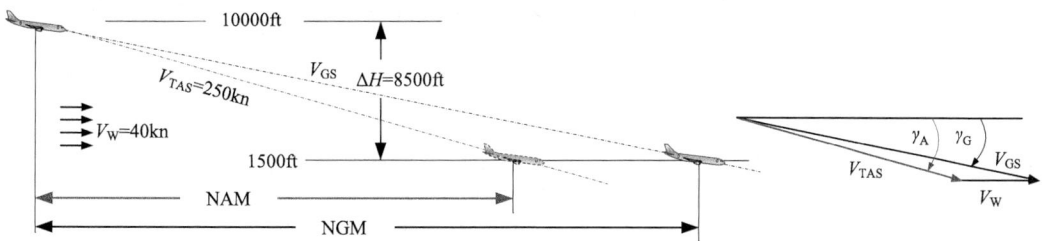

图 4-20　飞机下降期间位置与速度之间的关系图

飞机下降的高度 $\Delta H = 10000 - 1500 = 8500 \text{(ft)}$

飞机的下降率 $R_D = V_{TAS} \cdot \gamma_A = 250 \times 0.06 = 15 \text{(kn)} = 1519 \text{(ft/min)}$

飞机的下降时间 $t = \Delta H / R_D = 8500 \div 1519 = 5.60 \text{(min)} = 0.093 \text{(h)}$

飞机的地速 $V_{GS} = V_{TAS} + V_W = 250 + 40 = 290 \text{(kn)}$

若按三角函数关系计算地速应为 $\sqrt{(250 \times \cos 0.06 + 40)^2 + (250 \times \sin 0.06)^2} = 289.94 \text{(kn)}$。因此按 $V_{GS} = V_{TAS} + V_W$ 近似计算的精度足够。

飞机飞过的地面距离 $\text{NGM} = V_{GS} \cdot t = 290 \times 0.093 = 27 \text{(n mile)} = 164055 \text{(ft)}$

飞机相对地面的下降梯度 $\gamma_G = \Delta H / \text{NGM} = 8500 \div 164333 = 5.17\%$

(方法二)顺风不改变飞机的下降率，因此 $R_D = V_{TAS} \cdot \gamma_A = V_{GS} \cdot \gamma_G$，可得

$$\gamma_G = \frac{V_{TAS}}{V_{GS}} \gamma_A = \frac{250}{290} \times 0.6\% = 5.17241\%$$

因此，飞机飞过的地面距离为

$$\text{NGM} = \Delta H / \gamma_G = 8500 \div 5.17241\% = 164333 \text{(ft)} \approx 27 \text{(n mile)}$$

4.2.5　典型的下降方式

飞机下降方式的选择通常需要在确保飞行安全和满足限制条件的前提下，综合考虑旅客的舒适性、操纵效率和经济效益等因素。

(1)下降率不宜过大。既要满足旅客舒适性要求，又要与客舱压力变化相适应。

(2)便于操纵。通常可以采用高空等马赫数、中低空等按照指示空速下降。

(3)为了节省燃油,下降完成后应尽快进入进近和着陆,以避免长时间的低空飞行导致燃油消耗更大,因此需要合理地选择下降点。

(4)满足客舱结构强度对内外压力差限制的要求。

根据上述限制和要求,常用的下降方式包括如下。

(1)以给定的马赫数/指示空速进行下降的程序。

为了便于飞行员的操纵,下降时常采用高空等马赫数、中低空等指示空速的方式。图 4-21 是 A320 的标准下降($M0.78/300/250$)剖面,下降时真实空速随下降高度的变化特点与爬升时恰好相反。

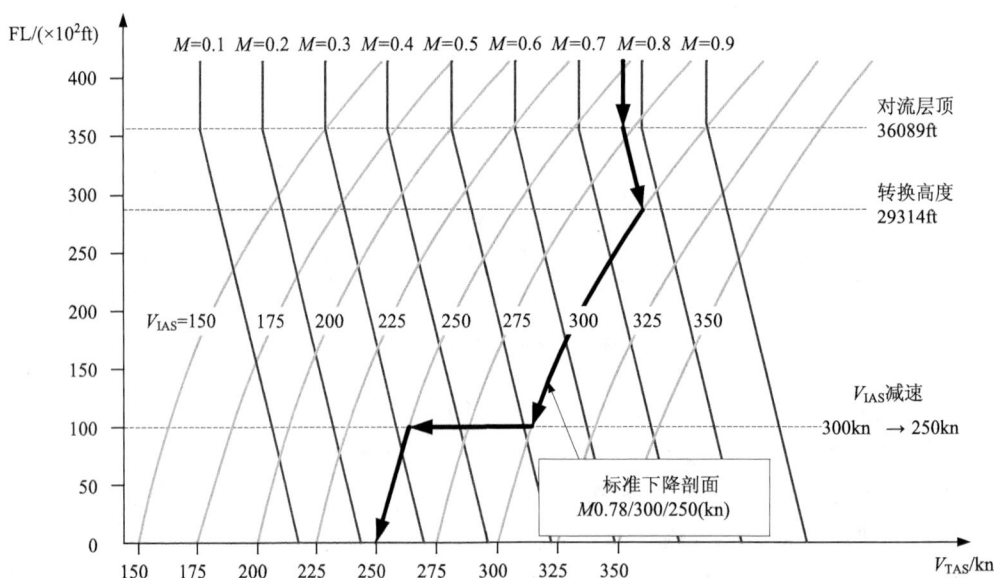

图 4-21 A320 的标准下降($M0.78/300/250$(kn))剖面下降时真实空速随高度变化

(2)以最小下降梯度下降。

当飞机以最大升阻比对应的速度即最小阻力速度(也称远滑速度)下降时,下降梯度将最小($\gamma_{\min} = -1/K$),下降相同的高度将能获得最大的水平距离,或在飞行相同的距离上能保持最大的高度。正常情况下该下降方式需要的下降时间较长,使用的意义不大。但是在巡航阶段一发失效时(尤其是飞越高山地区),以最小阻力速度下降将是有利的。通常称航线上一发停车后下降到单发升限高度的过程为飘降,飘降速度选择远滑速度是最有利的。

(3)最低成本的下降。

与爬升段成本最低的爬升进行同样的分析,可得

$$\frac{\mathrm{d}C}{\mathrm{d}h} = \frac{C_{\mathrm{F}}(F_{\mathrm{F}} + \mathrm{CI})}{V\left(\dfrac{T-D}{W}\right) \bigg/ \left(1 + \dfrac{V}{g}\dfrac{\mathrm{d}V}{\mathrm{d}h}\right)}$$

该式描述的是下降段直接成本随下降高度的变化率。需要注意的是,由于下降阶段

推力值远小于阻力值，计算出来的是负值。特别地，当选择 CI = 0 下降时，相当于不考虑时间成本，即 $C_t = 0$（CI = C_t/C_F），而仅考虑燃油成本，此时燃油消耗最少下降期间的成本就是最低的，一般以允许的最小速度下降来实现（通常选择高于最小阻力速度）；若仅考虑时间成本，则需要使用最大的成本指数，实现最快下降（即最大下降率速度），可以选择最大的下降速度来实现，通常可以选择最大允许使用速度 V_{MO}-10kn。因此，当燃油成本占直接成本的主要部分时，减少燃油消耗可降低成本，则选择低速下降；当时间成本占直接成本主要部分时，减少时间可使成本降低，则选择高速下降。一般情况下通过在飞行管理系统中输入合理的成本指数来实现成本最低的下降。

(4) 紧急下降。

紧急下降是指在巡航阶段客舱增压故障时导致客舱释压或是需要回避航路冲突等特殊情况而使用的非正常下降。遇到客舱释压时，由于氧气供应的限制，应尽快下降到不需供氧的安全高度 10^4ft 或以下。为此要用最大下降率下降（下降时间最短），选择允许的最大马赫数/速度（M_{MO}/V_{MO}）下降是最佳速度方案，因为它能够提供最大的下降率。需要时可以通过放减速板增加阻力，使得下降率得以增加；在避免航路冲突时，若需采取下降高度的方式避让，同样选择最大下降率下降是最有利的。

(5) 穿越颠簸气流时的下降。

飞机下降时若要穿越颠簸气流，其下降速度将受到限制。颠簸气流中的突风（风速和方向随时变化的不稳定气流）对飞行的影响较大，尤其是垂直突风会引起迎角改变，从而导致升力和载荷发生较大的变化。通常垂直向上的突风使升力增大，垂直向下的突风使升力减小。垂直突风引起的升力和载荷的改变量取决于突风导致的迎角改变量，一般垂直突风引起的迎角改变量与飞机的飞行速度和突风的大小成正比。因此，飞行速度越大、突风速度越大产生的升力和载荷的改变量就越大，而载荷的改变量必须限制在允许的机动载荷范围内。垂直突风值的大小是随机、不可控制的，需要通过适当地控制飞行速度来降低垂直突风引起的升力和载荷的变化，使垂直突风载荷在允许的机动载荷范围内，即在穿越颠簸气流下降时速度不能过大；同时，穿越颠簸气流的下降速度也不宜过小，因为飞机低速飞行（对应的飞行迎角较大）时，若遇到较大的垂直突风，则可能会因为较大的迎角增量导致飞机失速。所以，在下降时穿越颠簸气流的速度要限制，既要防止速度过大引起超出机动载荷限制的过载，又要避免速度过小有可能造成的失速，通常在机型的使用手册中会给出穿越颠簸气流的参考速度。

4.2.6　常见下降方式和成本指数

飞机的常见下降剖面如图 4-22 所示。低速下降的特点是相对省油、时间长、水平距离较长、下降率和下降梯度较小，对应于较小成本指数；高速下降的特点是耗油多、时间较短、水平距离较短、下降率和下降梯度大，对应较大的成本指数。从巡航结束的公共点到下降着陆为止的过程，可以根据时间和燃油成本所占的比例，选择合理的成本指数实现最低成本的下降。

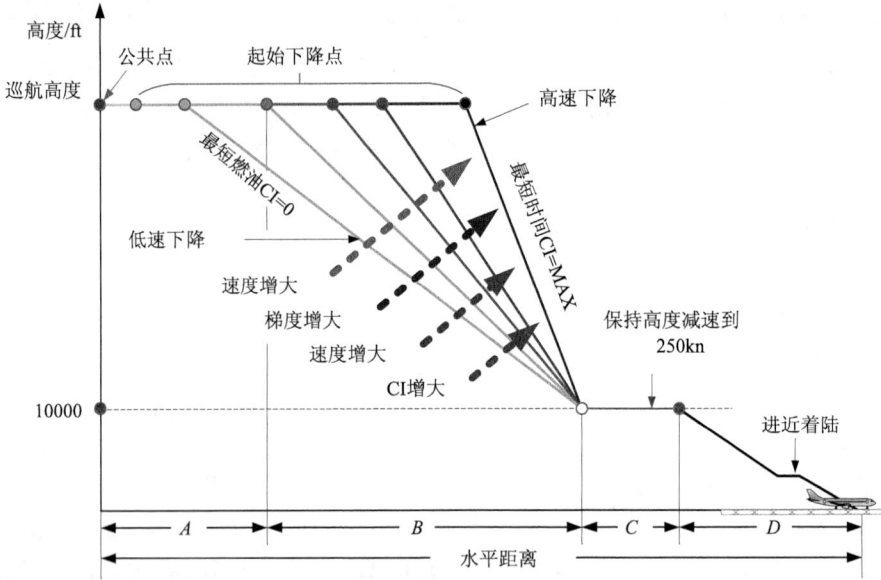

图 4-22 常见的下降剖面

4.2.7 客舱压强高度下降

巡航飞行时高度一般都在 40000ft 左右，客舱压力高度按规章要求不超过 8000ft。受飞机结构强度限制客舱内外的压强差通常不大于 8.35～8.6psi（576～593hPa）。同时要求在机场跑道着陆时保持客舱内外压强相等或不大于 0.1～0.15psi（7～10hPa，在低空相当于 200～300ft）。为了保障旅客的舒适性，通常客舱压强高度变化率被限制在 300～350ft/min，飞机的高度下降率要与客舱压强高度下降率相匹配，有时会限制飞机的下降速度。特别地，如果客舱压强高度下降时间大于飞机的下降时间时，需要二次增压，如图 4-23 所示。通常客舱压强高度的下降规律由飞行管理计算机控制，但要考虑到满足座舱结构的强度刚度对舱内外压强差的要求，并使乘客能长时间承受的压强变化率。

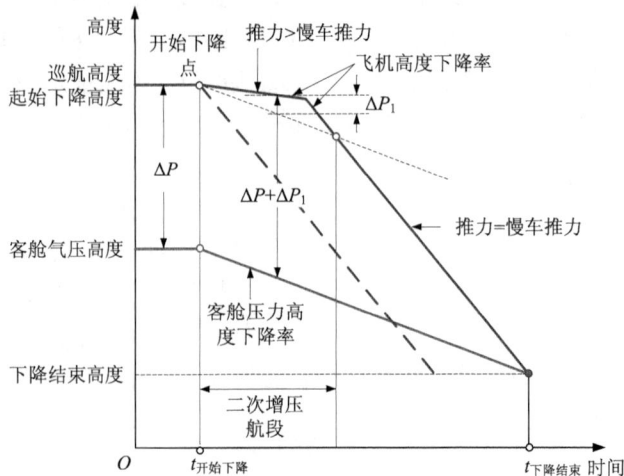

图 4-23 客舱二次增压

特别需要注意，在某些特殊的情况下（如高原机场着陆时），飞机在巡航高度层时客舱的压强高度（小于 8000ft）低于着陆机场的压强高度（高于 8000ft）。这时，飞机必须在下降期间增加压强高度（即需要减小客舱压强）。这样，当飞机以负的下降率（即垂直速度为负值）下降飞行高度时，客舱的压强高度需要以正的上升率（垂直速度为正值）随之变化，其目的在于满足在机场跑道着陆时保持客舱内外压力相等。

4.2.8　下降性能参数相关图表的使用

为了便于实际使用，下降性能的相关数据可以从相关的手册中查到。空客系列飞机的飞行机组使用手册 FCOM、波音机型的使用手册中都提供了下降性能表。从表中可查出对给定机型、下降速度规律时，从某高度下降到另一高度的下降性能参数：下降所需时间、下降段的水平距离、燃油消耗量等，以及空调、防冰打开和非标准大气时的修正量等。表 4-3 为空客 A219/320/321 以 $M0.78/300/250\,(\mathrm{kn})$ 下降时的下降性能数据表，其使用方法见例 4-15。

表 4-3　空客 A219/320/321 以 $M0.78/300/250\,(\mathrm{kn})$ 下降时的性能数据表

DESCENT – $M0.78/300/250\,(\mathrm{kn})$									
IDLE THRUST NORMAL AIR CONDITIONING ANTI-ICING OFF					ISA CG = 33.0% MAC		MAXIMUM CABIN RATE OF DESCENT 350ft/min		
WEIGHT /(×10³kg)	45				65				IAS /kn
FL	TIME /min	FUEL /kg	DIST. /n mile	N1	TIME /min	FUEL /kg	DIST. /n mile	N1	
390	16.1	181	102	73.0	17.0	125	103	IDLE	241
370	14.6	152	90	74.0	**16.2**	**121**	**98**	IDLE	252
350	12.9	115	77	75.9	15.6	118	93	IDLE	264
330	11.7	90	69	IDLE	14.9	114	88	IDLE	277
310	11.2	87	65	IDLE	14.3	110	83	IDLE	289
290	10.8	84	61	IDLE	13.7	107	79	IDLE	300
270	10.2	81	57	IDLE	12.9	103	73	IDLE	300
250	9.6	77	53	IDLE	12.1	98	67	IDLE	300
240	9.3	75	50	IDLE	11.7	95	64	IDLE	300
220	8.6	71	46	IDLE	10.9	90	59	IDLE	300
200	8.0	67	42	IDLE	10.1	84	53	IDLE	300
180	7.4	63	38	IDLE	9.3	79	48	IDLE	300
160	6.8	58	34	IDLE	8.5	73	43	IDLE	300
140	6.1	53	30	IDLE	7.6	66	37	IDLE	300
120	5.5	49	26	IDLE	6.8	60	32	IDLE	300
100	4.8	44	22	IDLE	5.9	53	27	IDLE	300

续表

WEIGHT /(×10³kg)	45				65				IAS /kn
FL	TIME /min	FUEL /kg	DIST. /n mile	N1	TIME /min	FUEL /kg	DIST. /n mile	N1	
50	1.8	17	8	IDLE	2.2	21	9	IDLE	250
15	0	0	0	IDLE	0	0	0	IDLE	250
CORRECTIONS	LOW AIR CONDITIONING		ENGINE ANTI ICE ON		TOTAL ANTI ICE ON			PER 1° ABOVE ISA	
TIME	—		+10 %		+10 %			—	
FUEL	−2 %		+ 60 %		+ 75 %			+ 0.60 %	
DISTANCE	—		+10 %		+10 %			+ 0.60 %	

例 4-16 已知 A320 从 37000ft 开始下降，起始下降点(T/D)的重量为 65000kg，环境温度为 ISA+8℃，飞机的空调使用正常，防冰关闭，重心位于 33%MAC，下降速度选择为 $M0.78/300/250(\text{kn})$。下降时的性能数据如表 4-3 所示。求其从 37000ft 下降到 1500ft 时的下降参数。

解： 根据表 4-3 可知，在标准大气时，下降重量 65000kg，下降起始高度 37000ft，下降到 1500ft 时，下降时间 16.2min，水平距离 98n mile，消耗燃油 121kg。

但是已知下降时的温度是 ISA+8℃，为非标准条件，因此需要修正。根据表 4-3 给出的修正原则，时间不需修正，燃油消耗和下降水平距离需要修正。

根据燃油消耗修正方法，每高于标准大气 1℃增加 0.60 %，燃油消耗为

$$121\text{kg}+(8℃×0.60\%/1℃)×121\text{kg}=127\text{kg}$$

根据距离修正方法，每高于标准大气 1℃增加 0.60 %，下降水平距离为

$$98\text{n mile}+(8℃×0.60\%/1℃)×98\text{n mile}=103\text{n mile}$$

表 4-4 为波音 B757-200 下降性能数据表，从表中可以查出下降时间、耗油、水平距离。但是其中只给出了着陆重量对水平距离的影响，而对时间和燃油的影响没有给出。这主要是因为下降时间和燃油消耗受重量的影响较小，因此用一个比较保守的数值即可，而重量对水平距离一是影响较大，二是水平距离会影响进近的调速距离以及进近着陆航迹的远近，因此表中给出了不同着陆重量时下降水平距离，目的在于准确地确定起始下降点的位置。

例 4-17 已知 B757-200 飞机按 $M0.78/290/250(\text{kn})$ 方式下降，下降性能数据如表 4-4 所示。着陆重量为 185klb，机场气压高度为 6000ft，求：①从 39000ft 下降到机场上空 1500ft 需要的时间、消耗的燃油、飞过的水平距离。②至着陆需要的时间、消耗的燃油、飞过的水平距离。

表 4-4 波音 B757-200 下降性能数据表

PRESS ALT/ft	TIME/min	FUFL/lb	DISTANCE/n mile		
			LANDING WEIGHT/lb		
			200000	170000	140000
41000	23	795	125	116	104
39000	**22**	**775**	**119**	**111**	**98**
37000	22	760	113	105	93
35000	22	750	108	100	89
33000	20	735	103	95	85
31000	20	725	99	91	81
29000	19	710	92	85	76
27000	18	695	86	80	71
25000	17	680	80	74	66
23000	17	665	74	68	61
21000	16	645	68	63	56
19000	15	630	62	57	52
17000	14	610	56	52	47
15000	13	595	50	47	43
10000	11	540	36	34	31
5000	7	440	17	16	15
1500	**5**	**370**	**6**	**6**	**6**

解：根据表 4-4 可知，下降时间、燃油消耗可以忽略重量的影响，但是需要对机场气压高度进行修正。如图 4-24 所示，机场气压高度为 6000ft，飞机从 39000ft 到着陆机场上空 1500ft，实际上相当于下降到气压高度 7500ft。根据表 4-4 可以按线性插值得到 7500ft 高度上的性能参数以及着陆重量 185000lb 时的相关参数，即如表 4-5 所示。

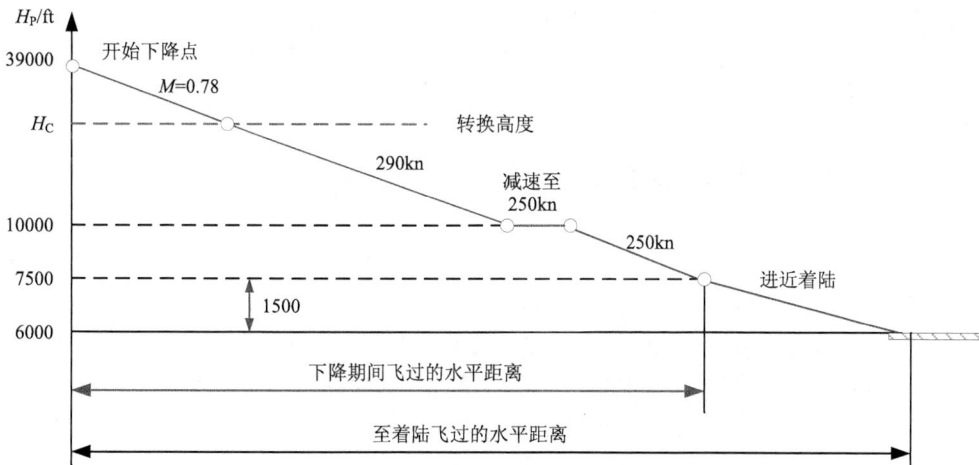

图 4-24 B757-200 下降水平距离示意图

表 4-5　根据表 4-4 经插值计算得到的 7500ft 上的性能参数

PRESS ALT/ft	TIME/min	FUFL/lb	DISTANCE/n mile			
			LANDING WEIGHT/lb			
			200000	**185000**	170000	140000
39000	22	775	119	**115**	111	98
10000	11	540	36	**35**	34	31
7500	**9**	**490**	**26.5**	**25.75**	**25**	**23**
5000	7	440	17	**16.5**	16	15
1500	**5**	**370**	**6**	**6**	**6**	**6**

(1) 从 39000ft 下降到机场上空 1500ft（即 7500ft 高度上）的下降参数分别如下。

时间为 22min − 9min = 13min。

消耗的燃油为 775lb − 490lb = 285lb。

飞过的水平距离为：115n mile − 25.75 n mile = 89.25 n mile。

(2) 至着陆需要的时间、消耗的燃油、飞过的水平距离分别如下。

时间为：13min + 5min = 18min。

消耗的燃油为：285lb + 370lb = 655lb。

飞过的水平距离为：89.25 n mile + 6 n mile = 95.25 n mile。

习　题

4-1　已知某型号双发涡轮喷气飞机，其每台发动机的推力为 60kN，在某阶段飞行时阻力为 40kN，在该飞行阶段要求其爬升梯度不小于 2.4%，试估算其单发失效时最大允许的质量。

4-2　已知某型号双发涡轮喷气飞机，每台发动机的推力为 50kN，爬升时其质量为 70000kg，升阻比为 12，试估算其全发工作时的爬升梯度。

4-3　已知某型号四发涡轮喷气发动机的可用总推力为 240kN，爬升时的质量为 120000kg，爬升的真实空速是 250kn，需用推力为 120kN。试估算其单发失效时的爬升梯度和爬升率。

4-4　已知某型号飞机的推重比（推力和重量）之比为 1∶5，如果爬升时其升阻比为 15，试估算其爬升梯度。

4-5　已知某型号飞机质量为 125000kg 时爬升梯度为 9%。如果其他条件不变，试估算其爬升梯度为 6% 时的最大爬升质量是多少？

4-6　已知某型号的飞机相对静止大气的爬升梯度 γ_A 为 9%，爬升的真实空速为 260kn，逆风的风速为 20kn，试估算其爬升率和相对地面的爬升梯度。

4-7　已知某型号飞机由 35ft 爬升到 1500ft 时，其相对于静止大气的爬升梯度 3.2%，真实空速为 200kn，逆风风速为 40kn，试估算其飞过的水平距离。

4-8　已知某飞机在起飞距离跑道 35ft 时的爬升梯度为 5%，在距离该点 64000ft 处有一高出跑道道面 2500ft 的障碍物，假设飞机的爬升梯度保持不变，试估算飞机飞越障碍物时与障碍物顶点的垂直距离。

4-9　已知飞机在爬升阶段的真实空速 200kn，爬升率为 1000ft/min，大气是静风条件，试计算爬升梯度与爬升角。

4-10　已知某双发涡轮喷气飞机爬升时质量为 82000kg，单台发动机推力为 42kN，爬升时其升阻比为 15，静风条件，真实空速为 300kn，试计算其爬升率。

4-11　已知某飞机的爬升性能参数如图 4-11～图 4-13 所示。若该飞机在 1500ft 以典型爬升方式 250/300/*M*0.78 爬升，开始爬升重量为 220000lb，按规定程序爬升至 35000ft 时需要的爬升时间、爬升阶段消耗的燃油、爬升阶段飞过的水平距离分别是多少？

4-12　已知飞机的爬升性能数据如表 4-1 所示。标准大气条件 ISA，无风，起飞重量 74000kg，爬升顶点(TOC)高度 37000ft，机场海拔 4000ft。试确定：爬升时间、爬升阶段飞过的水平距离、爬升阶段消耗的燃油、平均真实空速(mean TAS)。

4-13　已知空客 A320 飞机，其松刹车时飞机重量是 72t，温度为 ISA，重心位置：33%，空调正常，爬升速度 250kn/300kn/*M*0.78，发动机防冰开，爬升性能数据如表 4-2 所示，查出爬升到 35000ft 需要的时间、水平距离、消耗燃油、平均真实空速分别是多少？

4-14　已知某飞机的下降时的真实空速为 250kn，下降角为 5°，试计算飞机的下降率。

4-15　已知某飞机的下降时的真实空速为 250kn，下降梯度为 11%，试计算飞机的下降率。

4-16　已知某飞机由 10000ft 下降到 1500ft，真实空速是 250kn，逆风 40kn，相对静止大气的下降梯度为 6%，试计算飞机下降期间飞过的水平距离和飞机相对地面的下降梯度。

4-17　已知 A320 从 37000ft 开始下降，起始下降点(T/D)的重量为 45000kg，环境温度为 ISA+10℃，飞机的空调使用正常，防冰关闭，重心位于 MAC33%，下降速度选择为 *M*0.78/300/250(kn)。下降时的性能数据如表 4-3 所示。求其从 37000ft 下降到 1500ft 时的下降参数。

4-18　已知 B757-200 飞机按 *M*0.78/290/250(kn)方式下降，下降性能数据如表 4-4 所示。着陆重量为 170klb，机场气压高度为 5000ft，求：①从 39000ft 下降到机场上空 1500ft 需要的时间、消耗的燃油、飞过的水平距离。②至着陆需要的时间、消耗的燃油、飞过的水平距离。

第5章 飞机的巡航性能

飞机的巡航阶段是指从飞机爬升阶段结束时刻到开始下降时刻之间的飞行过程，通常保持高度和速度不变，一般满足升力和重力相等、推力和阻力相等，接近定常直线飞行的飞行状态。飞机的航班飞行过程中巡航阶段通常是飞行时间最长、航程最长、消耗燃油最多的阶段。巡航阶段主要是讨论飞机的航程、航时、燃油消耗。巡航性能分析的目的在于如何根据重量选择巡航高度和巡航速度，以最小的直接运营成本(direct operating costs, DOC)完成巡航阶段的飞行，进而获得更高的经济性。巡航性能还要考虑一发失效时的飘降和巡航高度及航迹的越障等问题。

5.1 巡航性能计算的基本公式

飞机在巡航期间通常高度保持不变(升力等于重力)，其受力关系如图 5-1 所示，飞机巡航阶段的动力学方程可写为

$$\begin{cases} \dfrac{W}{g}\dfrac{\mathrm{d}V}{\mathrm{d}t} = T\cos\alpha - D \\ W = L + T\sin\alpha \end{cases}$$

一般巡航飞行时的飞机迎角 α 较小，因此近似取 $\cos\alpha = 1$，同时 $L \gg T\sin\alpha$，等速巡航时的动力学方程可以进一步简化成

$$\begin{cases} T = D \\ W = L \end{cases}$$

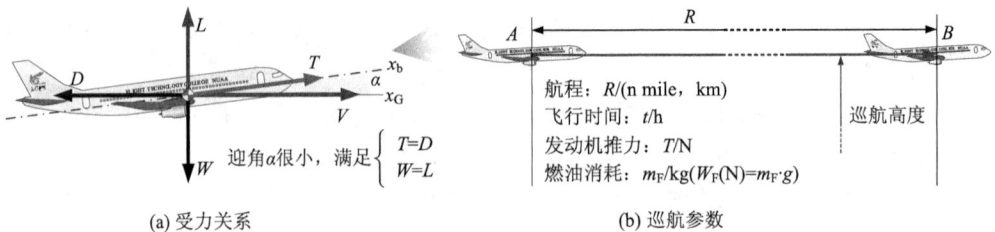

航程: R/(n mile，km)
飞行时间: t/h
发动机推力: T/N
燃油消耗: m_F/kg(W_F(N)=$m_F \cdot g$)

迎角 α 很小，满足 $\begin{cases} T=D \\ W=L \end{cases}$

(a) 受力关系　　　　　　　　(b) 巡航参数

图 5-1　巡航阶段受力分析与巡航参数

5.1.1 巡航阶段的主要性能参数

飞机巡航阶段获得的航程从本质上看，是通过发动机把燃油的能量转变为对飞机做功。巡航飞行实现最小的直接成本，就是在燃油消耗和时间消耗之间的权衡和优化。表征燃油消耗和时间消耗的主要参数是燃油流量、比航程(燃油里程)、公里耗油量、燃油

消耗率等。

(1)燃油流量 F_F(fuel flow)，是指飞行单位时间(常取 1h 为基本单位)所消耗的燃油质量(kg)，即发动机消耗燃油的速率，则有(图 5-1)

$$F_F = \frac{m_F}{t} = \frac{\mathrm{d}m_F}{\mathrm{d}t} = \frac{\mathrm{d}W_F}{g\mathrm{d}t}$$

其中，m_F 为飞行期间的燃油消耗；t 为飞行时间。

(2)比航程 S_R (specific range)，是指消耗单位燃油(kg)所飞过的水平距离(km 或 n mile)，也称为燃油里程或航程燃油比，则有

$$S_R = \frac{R}{m_F} = \frac{\mathrm{d}R}{\mathrm{d}m_F} = g \cdot \frac{\mathrm{d}R}{\mathrm{d}W_F} \tag{5-1}$$

其中，R 为航程。

(3)公里(海里)耗油量，是指飞行 1km(n mile)消耗的燃油量，显然，公里(海里)耗油量与燃油里程互为倒数。

(4)燃油消耗率(specific fuel consumption, SFC)，是衡量飞机发动机经济效率的一个重要指标，可以比较发动机的经济效率。

① 对于涡轮螺旋桨发动机，其燃油消耗率通常定义为产生单位功率在单位时间内消耗的燃油量，或单位功率的燃油流量，记作 C_{SFC}，则有

$$C_{SFC} = \frac{m_F}{Nt} = \frac{F_F}{N} \tag{5-2}$$

其中，N 为发动机的功率。

例 5-1　已知飞机发动机的燃油流量为 240kg/h，功率为 800kW。试计算其燃油消耗率。

解：根据式(5-2)可得发动机的燃油消耗率为

$$C_{SFC} = \frac{F_F}{N} = \frac{240\mathrm{kg/h}}{800\mathrm{kW}} = 0.3\mathrm{kg/(h \cdot kW)} = 300\mathrm{g/(h \cdot kW)}$$

② 对于喷气发动机，其燃油消耗率定义为产生单位推力在单位时间内消耗的燃油量(Thrust specific fuel consumption, TSFC)，或单位推力的燃油流量，记作 C_{TSFC}，则有

$$C_{TSFC} = \frac{m_F}{T \cdot t} = \frac{F_F}{T} \tag{5-3}$$

其中，T 为发动机的推力。

例 5-2　已知飞机发动机的燃油流量为 9000kg/h，推力为 250kN。试计算其燃油消耗率。

解：根据式(5-3)可得发动机的燃油消耗率为

$$C_{TSFC} = \frac{F_F}{T} = \frac{9000\mathrm{kg/h}}{250000\mathrm{N}} = 0.036\mathrm{kg/(h \cdot N)} = 36\mathrm{g/(h \cdot N)}$$

5.1.2　航程与气动效率

根据比航程定义可以推导出航程的计算公式。在式(5-1)中，考虑到巡航阶段燃油

$W_F(=m_F g)$ 的消耗即为飞机重量 $W(=mg)$ 的改变量(其值是减小的),因此有 $\mathrm{d}W = -\mathrm{d}W_F$,由式(5-1)可得

$$\mathrm{d}R = \frac{S_R}{g} \cdot \mathrm{d}W_F = -\frac{S_R}{g} \cdot \mathrm{d}W = -\frac{S_R W}{g} \cdot \frac{\mathrm{d}W}{W} \tag{5-4}$$

记飞机起始巡航的重量为 $W_1(=m_1 g)$,巡航结束重量为 $W_2(=m_2 g)$,则 $W_1 > W_2$。在式(5-4)中把 $S_R W$ 近似看作常数,取巡航段的平均值 $(W \cdot S_R)_{\mathrm{ava}}$,则由式(5-4)积分可得航程 R 为

$$R = \frac{1}{g} \cdot (S_R W)_{\mathrm{ava}} \cdot \ln \frac{W_1}{W_2} \tag{5-5}$$

由航程计算式(5-5)可以看出,携带燃油越多,即 W_1/W_2 越大,则航程越大;而当消耗燃油相同即 W_1/W_2 不变时,$(S_R W)_{\mathrm{ava}}$ 越大则获得的航程越大。

飞机的巡航距离,即航程,一般取决于其所携带的燃油量,即在式(5-5)中,通常携带的燃油量 $W_1 - W_2$ 为常数,何种情况下获得更大的航程,或等价地表述为消耗相同的燃油何种情况下航程更远,通常消耗的燃油量与航程的关系和飞机的气动效率 $M \cdot K$ 密切相关。由式(5-1)可得 $S_R = g \cdot \mathrm{d}R/\mathrm{d}W_F = (\mathrm{d}R/\mathrm{d}t)/[\mathrm{d}W_F/(g \cdot \mathrm{d}t)] = V/F_F$,将式(5-3)代入此式可得

$$S_R = \frac{V}{F_F} = \frac{V}{T \cdot C_{\mathrm{TSFC}}}$$

巡航飞行时,有 $T = D$,$W = L$,则 $T = (W \cdot D)/L$ 而 $V = a \cdot M = a_0 \sqrt{\theta} M$(其中,$a_0$ 为标准大气海平面的声速,θ 为巡航高度上的温度比),将 T 和 V 的表达式代入上式可得

$$S_R = \frac{V}{T \cdot C_{\mathrm{TSFC}}} = \frac{a_0 \sqrt{\theta} M}{C_{\mathrm{TSFC}}} \frac{1}{W} \frac{L}{D} = \frac{a_0 \sqrt{\theta}}{C_{\mathrm{TSFC}}} \cdot \left(M \frac{L}{D} \right) \cdot \frac{1}{W} \tag{5-6}$$

将式(5-6)代入式(5-4)可得

$$\mathrm{d}R = -\frac{S_R}{g} \mathrm{d}W = -\frac{1}{g} \frac{a_0 \sqrt{\theta}}{C_{\mathrm{TSFC}}} \cdot M \frac{L}{D} \cdot \frac{\mathrm{d}W}{W} \tag{5-7}$$

通常巡航飞行时 $a_0/(C_{\mathrm{TSFC}}/\sqrt{\theta})$ 和 $(M \cdot L/D = M \cdot K)$ 变化很小,近似认为其均为常数或取其巡航段的平均值,则飞机的航程可由式(5-7)积分可得

$$R = \frac{1}{g} \left(\frac{a_0 \sqrt{\theta}}{C_{\mathrm{TSFC}}} \right) \cdot \left(M \frac{L}{D} \right) \cdot \ln \frac{W_1}{W_2} = \frac{1}{g} \left(\frac{a_0 \sqrt{\theta}}{C_{\mathrm{TSFC}}} \right) \cdot (MK) \cdot \ln \frac{W_1}{W_2} \tag{5-8}$$

由式(5-8)可见,巡航时携带燃油越多即 (W_1/W_2) 越大,则航程越远。当巡航装载的燃油一定时,飞机的气动效率 $M \cdot K$ 越高航程越大,即选择与 $M \cdot K$ 乘积取最大值时所对应的速度巡航飞行,则航程越大;对发动机而言,其 $(C_{\mathrm{TSFC}}/\sqrt{\theta})$ 越小,则航程越大。

5.1.3 影响航程的因素

根据燃油里程的定义可知,巡航飞行时合理地选择高度和速度,当使燃油里程最大时,则意味着消耗相同的燃油能获得最远的航程。因此,影响航程的因素可以归结为影

响燃油里程的因素。根据巡航飞行时 $W = L$ 可得，巡航速度为 $V = \sqrt{\dfrac{2W}{\rho S C_L}}$ ，则由式(5-6)可得

$$S_R = \frac{V}{T \cdot C_{TSFC}} = \frac{1}{C_{TSFC}} \cdot \sqrt{\frac{2W}{\rho S C_L}} \cdot \frac{1}{T} \cdot \frac{W}{W} = \frac{1}{C_{TSFC}} \cdot \sqrt{\frac{2W}{\rho S C_L}} \cdot \frac{1}{T} \cdot \frac{L}{W}$$

再将 $W = L 0.5 \rho V^2 S C_L$ 和 $T = D = 0.5 \rho V^2 S C_D$ ，代入上式可得

$$S_R = \frac{L}{C_{TSFC} D} \cdot \sqrt{\frac{2}{\rho S C_L W}} = \frac{C_L}{C_{TSFC} C_D} \cdot \sqrt{\frac{2}{\rho S C_L W}}$$

为了便于分析影响燃油里程的各项参数，将反映飞机自身设计参数的参考面积 S、飞机装载情况的参数重量 W、气动效率的参数 $\sqrt{C_L}/C_D$、发动机的特性参数燃油消耗率 C_{TSFC}、高度参数大气密度 ρ 分开列写，即可得到

$$S_R = \sqrt{\frac{2}{S}} \cdot \frac{1}{\sqrt{W}} \cdot \frac{\sqrt{C_L}}{C_D} \cdot \frac{1}{C_{TSFC}} \cdot \frac{1}{\sqrt{\rho}} \tag{5-9}$$

利用式(5-9)和式(5-4)可得航程计算公式：

$$R = \frac{2\sqrt{2}}{g\sqrt{\rho S}} \cdot \frac{1}{C_{TSFC}} \cdot \frac{\sqrt{C_L}}{C_D} \cdot (\sqrt{W_1} - \sqrt{W_2}) \tag{5-10}$$

由式(5-9)和式(5-10)可知，影响航程的因素包括飞机的重量、巡航速度、巡航高度和发动机的燃油消耗率，在相同条件下，各因素的影响特性如下。

(1)飞机的重量。巡航重量越重，燃油里程会降低，因此航程会减小。

(2)巡航速度。选择与其动力参数($\sqrt{C_L}/C_D$)取最大值时对应的速度(即最大航程速度 V_{MRC})，此时的航程最大。如图 5-2 所示，速度 V_{MRC} 对应于平飞推力曲线上的 A 点，该点的 φ 角最小。而 $\tan\varphi = T_{RE}/V$，由于巡航时 $T_{RE} = D$ 和 $W = L$，该两式相除可得巡航需用推力的表示式为 $T_{RE} = W/(L/D) = W/(C_L/C_D)$；又由 $W = L$ 可得巡航时的速度为 $V = \sqrt{\dfrac{2W}{\rho S C_L}}$ ，因此有

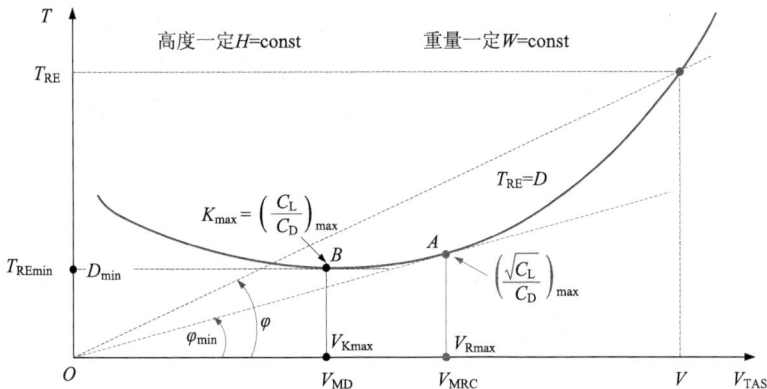

图 5-2　推力曲线上的最大航程速度 V_{MRC}

$$\tan\varphi = \frac{T_{RE}}{V} = \frac{W}{\dfrac{C_L}{C_D}} \cdot \frac{1}{\sqrt{\dfrac{2W}{\rho S C_L}}} = \frac{1}{\sqrt{C_L}} \cdot \frac{1}{\dfrac{C_L}{C_D}} \sqrt{\frac{W\rho S}{2}} \tag{5-11}$$

由于巡航飞行时 W、ρ、S 都是常数，由式(5-11)可知，当 φ 最小时，$\tan\varphi$ 也最小，则此时对应的 $(\sqrt{C_L}/C_D)$ 最大，根据式(5-9)可知燃油里程此时也是最大的，故航程也是最大的，所以最小的 φ 对应的速度就是最大航程速度 V_{MRC}。通常最大航程速度大于最小阻力速度 V_{MD}(也称有利速度，即以最大升阻比 K_{max} 飞行时对应的速度)，且理论上 $V_{MRC} = 1.316 V_{MD}$。

(3)巡航高度。巡航高度越高密度(ρ)越小，阻力小，需用推力也小，则燃油里程越大，因此航程越远。

(4)燃油消耗率。一般燃油消耗率越小，则航程越大。

(5)最大航程与航程因子的关系。

由式(5-6)可得

$$WS_R = a_0 \cdot \frac{1}{C_{TSFC}/\sqrt{\theta}} \cdot \left(M \frac{L}{D}\right) = a_0 \cdot \frac{1}{C_{TSFC}/\sqrt{\theta}} \cdot (MK) \tag{5-12}$$

通常称式(5-11)中的 WS_R 或 $a_0 \dfrac{1}{C_{TSFC}/\sqrt{\theta}} \cdot (MK)$ 为航程因子，它是一个综合反映飞机气动效率和发动机特性的参数，特别是现代大多数民航客机的巡航高度均在平流层，因此温度保持不变($\theta = \mathrm{const}$)、发动机的燃油消耗率也近似为常数，航程因子主要取决于 MK(称为巡航因子)。在平流层保持等高巡航时，可以通过寻找与最大的 $(MK)_{max}$ 对应的速度飞行可以获得最大的航程。

5.1.4 巡航速度的选择及其影响因素

从影响航程的因素分析可以看出，选择合理的巡航速度和高度是提高航班飞行效益的基础。常用的巡航速度包括基于燃油里程分析的最大航程的速度和长航程速度、基于飞行成本指数(即使航班直接成本最低)的经济巡航速度。

1. 最大航程速度及其影响因素

最大航程速度 V_{MRC}(maximum range cruise)即最大航程马赫数 M_{MRC}(maximum range Mach number)，是指在相同的巡航条件下，能使飞机航程最大的巡航速度或巡航马赫数。即以最大航程速度 V_{MRC} 或最大航程马赫数 M_{MRC} 巡航飞行，相同条件下能实现给定距离时的油耗是最少的，抑或给定耗油量时飞机的航程最大。

如前面所述，最大航程速度 V_{MRC} 或最大航程马赫数 M_{MRC} 是对应于燃油里程最大时的速度。当飞机的巡航高度和重量一定时，可以得到燃油里程随马赫数(速度)变化的曲线(图5-3)，从中可以得到燃油里程最大时对应的最大航程速度 V_{MRC} 或最大航程马赫数 M_{MRC}。

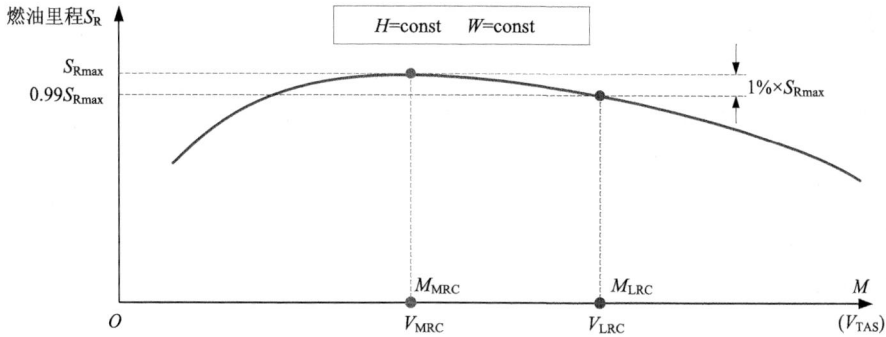

图 5-3　给定高度和重量时的燃油里程曲线

1) 重量对最大航程速度的影响

当飞机的巡航高度一定时，不同重量下的燃油里程曲线会发生变化(图 5-4)。通常其他条件一样时，随着巡航重量的增加，燃油里程不断减小、最大航程速度或马赫数逐步增大。

2) 高度对最大航程速度的影响

当飞机的巡航重量一定时，不同巡航高度对应的燃油里程曲线会变化规律如图 5-5 所示。通常其他条件一样时，随着巡航高度的增加，燃油里程也不断增加、最大航程速度或马赫数也会逐步增大。

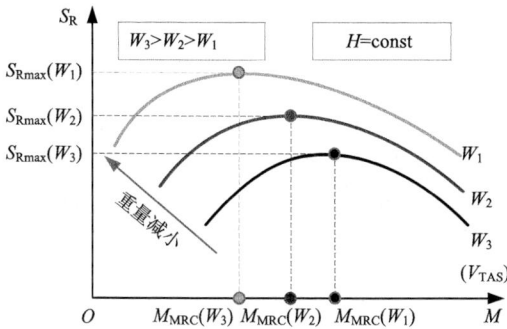

图 5-4　重量对燃油里程和最大航程马赫数的影响

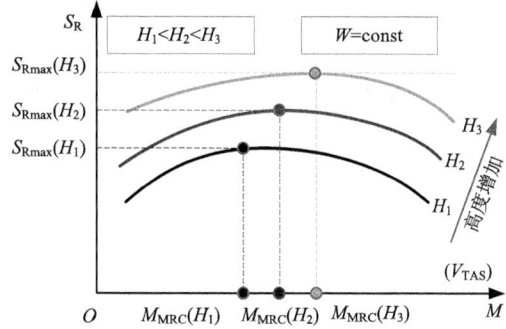

图 5-5　高度对燃油里程和最大航程马赫数的影响

2. 长航程速度及其影响因素

在相同条件下，飞机以最大航程速度 V_{MRC}，即最大航程马赫数 M_{MRC} 巡航飞行时，虽然燃油里程最大并能获得最大的航程，但是由前面的分析可知，巡航阶段飞机的重量是逐渐减小的，其燃油里程是增加的而最大航程速度是减小的，这将导致与飞行速度不稳定区(操纵特性和稳定性都与正常飞行不同的区域，如图 5-2 所示的小于最小阻力速度的区域)接近，因此不利于飞行。根据燃油里程曲线在最大燃油里程速度附近区域里，燃油里程随速度的变化比较平缓，通常选择降低 1%的燃油里程所对应的较大的速度巡航飞行，即对应于 99%最大燃油里程的速度(图 5-3)，该速度称为长航程速度 V_{LRC} (long-range cruise)或长航程巡航马赫数 M_{LRC}。由于 V_{LRC} 或 M_{LRC} 相比 V_{MRC} 或 M_{MRC} 增加较多，虽然燃油里程降低了 1%，但是巡航速度获得了增加，远离了速度不稳定区域，因而稳定性和操纵性会更好，同时飞行时间得以缩短，从而补偿了燃油的损失，因此长航程速度 V_{LRC} 或长航程巡航马赫数 M_{LRC} 是既省油飞行品质又好的巡航速度，是实际飞行中常使用的巡航方式。

相同条件下巡航高度和重量对长航程巡航马赫数的影响特性与最大航程速度相同，即高度一定时，M_{LRC} 随重量减小而减小，燃油里程增大；重量一定时，M_{LRC} 随高度减小而减小，燃油里程也减小。

3. 经济巡航马赫数

经济巡航马赫数 M_{ECON} 是指航班飞行的直接运营成本（direct operating costs, DOC）最小时的巡航马赫数或速度。通常直接运营成本主要包含三部分：固定成本，如税金、保险费等，通常是保持不变的常数；与飞行时间相关的成本，如小时维护成本、折旧、人员的小时费、空管和机场等服务费，一般与飞行时间成正比；与油耗相关的成本，与燃油价格相关，主要取决于航程。航班的直接运营成本记作 C，可表达为

$$C = C_F W_F + C_t t + C_0 \tag{5-13}$$

其中，C_F 为燃油成本系数($¥/kg$ 或 $\$/10^2 lb$)；$W_F$ 为消耗的燃油(kg 或 $10^2 lb$)；C_t 为时间成本系数 ($¥/h$ 或 $\$/h$)；$t$ 为飞行时间(h)；C_0 为固定成本($¥$ 或 $\$$)。

直接运营成本与巡航马赫数的关系如图 5-6 所示。使得其直接运营成本最低即图 5-6 中 DOC_{min} 对应的巡航速度即为经济巡航马赫数 M_{ECON}。最佳巡航马赫数或速度的选择，实际上就是使式(5-13)的直接成本最小。

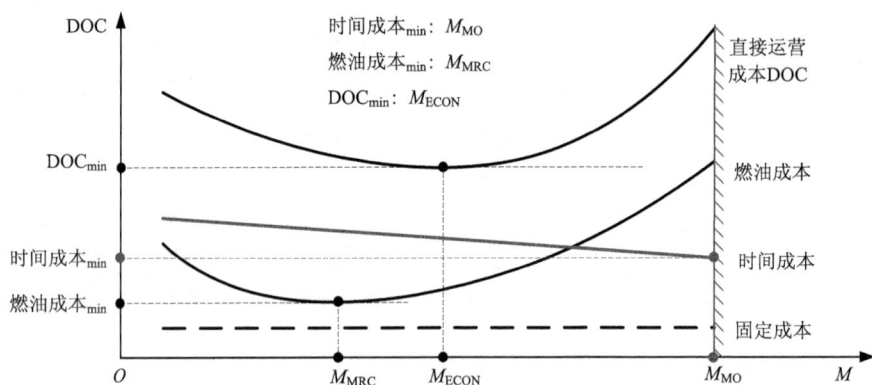

图 5-6　直接运营成本 DOC 与巡航马赫数的关系

1) 影响成本指数的主要因素

由式(5-13)可得直接运营成本随巡航距离的变化率(即单位巡航距离的直接运营成本)为

$$\frac{dC}{dR} = C_F \frac{dW_F}{dR} + C_t \frac{dt}{dR} = C_F \frac{1}{dR/dW_F} + C_t \frac{dt}{dR} = C_F \frac{1}{C_R} + C_t \frac{1}{V} = C_F \left(\frac{1}{C_R} + \frac{CI}{V} \right) \tag{5-14}$$

其中，$CI = C_t/C_F$ 为飞行成本指数(cost index)，即时间成本系数与燃油成本系数之比，其量纲为$[MT^{-1}]$，常用单位是 kg/min 或 100lb/h。直接运营成本低，应该使式(5-14)确定的 dC/dR 小，由此可知直接运营成本随燃油里程的增大而减小(燃油成本)，随飞行速度的增大而减小(时间成本)。飞行速度的影响大小取决于成本指数。特别地，有：

$CI = 0$，即飞行时间成本为 0，此时 $M_{ECON} = M_{MRC}$(燃油里程最大时的远航马赫数)。

$CI = CI_{max}$，即飞行时间成本高，燃油成本低，M_{ECON} = 最大允许马赫数，实现飞行时间最短巡航飞行。最大允许速度通常为选为 $M_{MO}-0.02$ 或 $V_{MO}-10kn$。

2)最低成本指数的巡航速度

把飞行时间 $t = R/V = R/(a \cdot M)$ 和消耗的燃油 $W_F = R/S_R$ 代入式(5-13)可得

$$C = C_F \cdot \frac{R}{S_R} + C_t \cdot \frac{R}{a_0 \sqrt{\theta} M} \tag{5-15}$$

其中，航程 R 是确定的巡航距离，通常为常数；燃油里程 S_R 是随巡航马赫数而变化的，因此 S_R 是马赫数的函数，使 $dC/dM = 0$ 时的巡航马赫数应该是成本最低的。由式(5-15)计算 dC/dM，并令其等于 0 可求得直接运营成本最低时成本指数与马赫数的关系为

$$CI = -\frac{a_0 \sqrt{\theta} M^2}{S_R^2} \cdot \frac{dS_R}{dM} \tag{5-16}$$

根据给定高度和重量时燃油里程随马赫数的变化关系(图 5-3)可以得到 dS_R/dM 随 M 的变化关系。进而由式(5-16)可以计算出给定高度下的 CI 随 M 的变化曲线，如图 5-7 所示。同样在给定高度时，针对不同的巡航重量和成本指数，可以得出如图 5-8 所示的不同成本指数的燃油里程曲线。一般最经济巡航马赫数的选择取决于实际飞行时的 CI 值的大小。

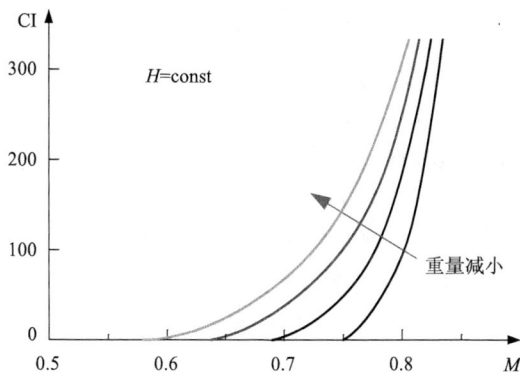

图 5-7　给定高度下的 CI 随 M 的变化曲线图　　　图 5-8　给定高度不同成本指数的燃油里程曲线

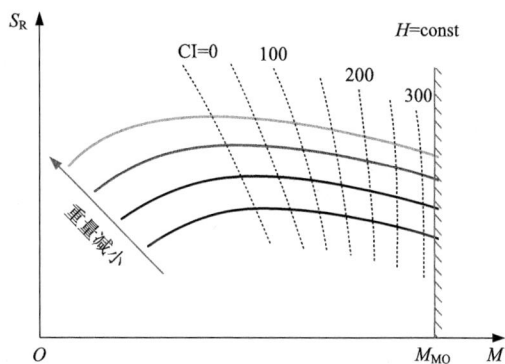

例 5-3　已知 B767-200 飞机，在标准气象条件下，在 35000ft 巡航(声速 576.48kn)，巡航时飞机重量 310000lb，时间成本系数 $C_t = \$500/h$，燃油成本系数 $C_F = \$10/(100lb)$。已知巡航高度上燃油流量随马赫数的关系为

M	0.75	0.77	0.79	0.81	0.83
$F_F/$(lb/h)	9706	9831	10159	10720	11727

试计算成本指数和巡航距离 100n mile 时的最经济巡航马赫数。

解：根据已知条件，巡航成本指数 CI = C_t/C_F = 5×10³lb/h。巡航距离 100n mile 时的最经济巡航马赫数的计算步骤和结果如表 5-1 所示。

表 5-1　巡航成本指数 CI = 5×10³lb/h 时巡航成本计算结果

M	0.75	0.77	0.79	0.81	0.83	备注
c/kn	576.48	576.48	576.48	576.48	576.48	35000ft 声速
V_{TAS}/kn	432.36	443.89	455.42	466.95	478.48	
R/n mile	100	100	100	100	100	
t/h	0.231	0.225	0.220	0.214	0.209	$t = R/V_{TAS}$
$F_F/$(lb/h)	9706	9831	10159	10720	11727	
W_F/lb	2244.88	2232.76	2230.69	2295.75	2450.89	$W_F = t·F_F$
$C_t/$($/h)	500	500	500	500	500	
时间成本/$	115.64	112.64	109.79	107.08	**104.50**	$t·C_t$
$C_F/$($/10²lb)	10	10	10	10	10	
燃油成本/$	224.49	**221.47**	223.07	229.58	245.09	$W_F·C_F$
总成本/$	340.13	334.11	**332.86**	336.65	349.59	$C = C_F W_F + C_t t$
时间成本最低/$					**104.50**	最大巡航马赫数
燃油成本最低/$		**221.47**				最大航程马赫数
总成本/$			**332.86**			经济马赫数

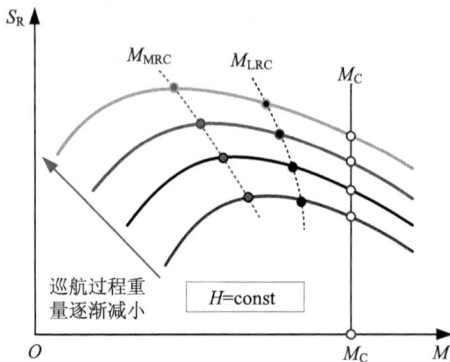

图 5-9　等马赫数 M_C 巡航

根据表 5-1 所示的计算结果可知，在给定条件下最经济的巡航马赫数为 0.79。同时还可以看出，若不计时间成本，即 CI = 0 时，则最经济的巡航马赫数为远航马赫数；若不计燃油成本，即 CI 值趋近于无穷大时，则最经济的巡航马赫数为允许的最大巡航马赫数。

4. 等马赫数巡航

当给定高度按等马赫数 M_C 巡航飞行时，随着飞机重量逐渐减小，所选择的巡航马赫数 M_C 与最大航程马赫数 M_{MRC} 之间的差距不断变大，如图 5-9 所示。由于远离燃油里程最大值，燃油消耗将不断增加。

5.1.5　巡航高度的选择及其影响因素

巡航高度的选择，通常要满足最佳的经济性，同时要考虑空中交通管制的限制、飞机自身的限制以及气象条件的影响。

1. 最佳巡航高度

由燃油里程计算式(5-9)可见，巡航高度会影响燃油里程，进而影响巡航飞行的经济性。在保持恒定马赫数巡航飞行时，对于每个给定重量，燃油里程 S_R 随气压高度的变化特性如图 5-10 所示。当选定巡航马赫数后，对应于每一个巡航重量，都有一个使 S_R 最大的高度，该高度常称为"最佳巡航高度"，其实质是使燃油里程最大的高度。当按恒定的 M 巡航飞行时，随着燃油的消耗，飞机的重量不断减小，其对应的最佳(最省油或最大航程)巡航高度是逐渐增加的，燃油里程的最大值也是增大的。

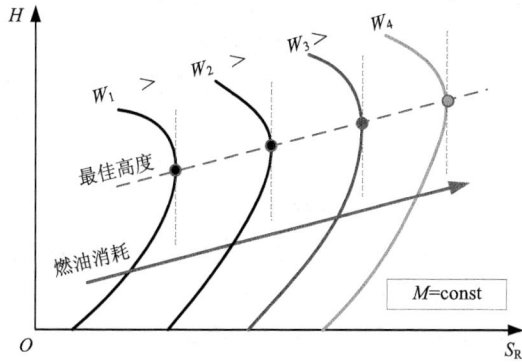

图 5-10　给定巡航马赫数的最佳巡航高

2. 高度与气动效率

飞机高速巡航时必须考虑空气压缩性的影响，即随着飞行马赫数的增加波阻逐渐增大，使得飞机的总阻力增加。通常当飞行马赫数小于 0.4 时，完全可以略去空气压缩性的影响；当马赫数为 0.4~0.76 时，空气压缩性对阻力的影响逐渐显现；当马赫数超过 0.76 后，空气的压缩性对阻力有显著影响。一般当飞行马赫数大于 0.6 后，飞行过程燃油消耗的计算必须计及波阻的影响。而对于同一架飞机在按不同马赫数飞行时，其高速极曲线是不同的，如图 5-11 所示。从中可以看出不同的马赫数对应的最大升阻比也不同。

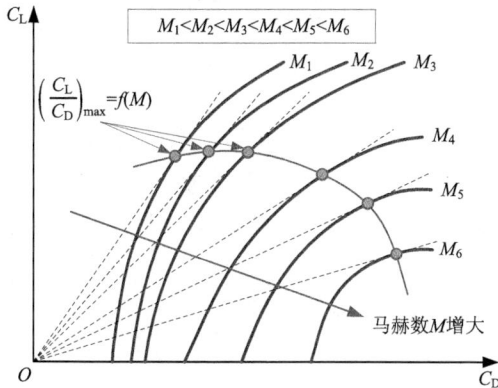

图 5-11　高速极曲线

在最佳巡航高度上保持燃油里程最大对应的巡航速度，既要选择以 MK 取最大值时对应的速度飞行，又要满足 $W=L$，因此有

$$W = \frac{1}{2}\rho V^2 S C_L = \frac{S}{2}\rho_0 a_0^2 \cdot \delta \cdot M^2 C_L \Rightarrow \frac{W}{\delta} = \frac{S}{2}\cdot\rho_0 a_0^2 \cdot M^2 C_L = 0.7 p_0 S \cdot M^2 C_L \tag{5-17}$$

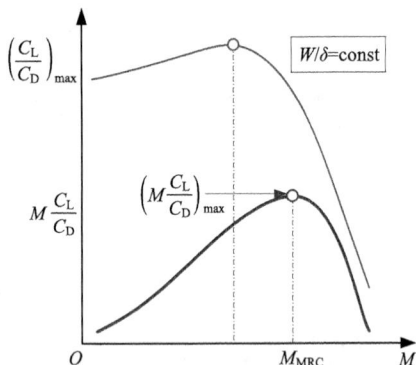

图 5-12　最大气动效率 MK 对应的 M_{MRC}

其中，a_0、ρ_0、p_0 分别为标准大气海平面的声速、密度、压强；δ 为飞行高度上的密度比；称 W/δ 为飞机的换算重量。当给定飞机巡航重量和巡航高度，即 W/δ 后，由飞机如图 5-11 所示的高速极曲线数据和式(5-17)，可以求得其最大气动效率 MK 所对应的最佳巡航马赫数 M_{MRC} 如图 5-12 所示。

3. 推力限制的高度

每台发动机有一个受到限制的最大巡航额定推力，通常该最大推力是随着气压高度的增加而减小的，当飞机按给定最重量飞行时，最大推力限制的最大飞行马赫数如图 5-13 所示。由于这个额定最大推力取决于涡轮能够承受的最大温度。通常是当外界温度增加时，该最大推力将减小(图 5-14)。因此，在高温时由于推力的减小会限制飞机可能飞行的高度。当给定重量并保持高度时，温度增加推力减小，将使平飞马赫数减小；当给定重量和马赫数时，由于随温度升高使可用推力减小，在其他条件不变时只有降低高度来增大空气密度以使升力增加，因而导致飞行高度降低。

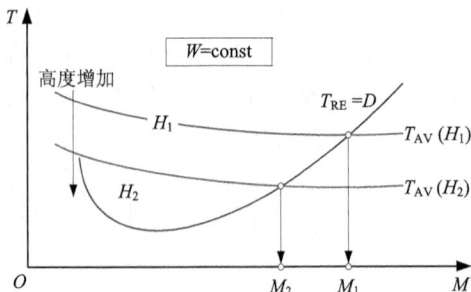

图 5-13　高度对推力限制的最大马赫数的影响

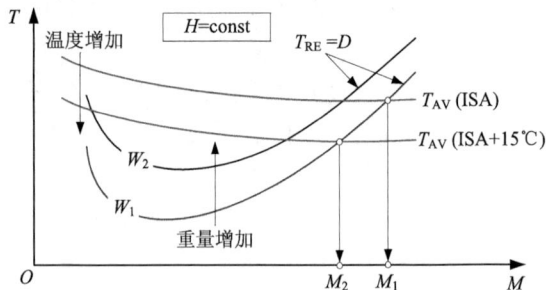

图 5-14　温度对推力限制的最大马赫数的影响

当巡航飞行的重量和马赫数一定时，在最大巡航推力下，飞机能够维持的最大飞行高度称为最大巡航高度。当飞机以给定的马赫数巡航飞行时，高度和温度越高，则需要的推力越大，因此不同温度下最大巡航高度随重量变化的规律如图 5-15 所示。给定温度(如实际温度小于 ISA+10℃)时重量越重($W_2>W_1$)对应的最大巡航高度越低($H_3<H_4$)；当给定重量(如 W_2)时，温度越高(ISA+20℃>ISA+10℃)其最大巡航高度越低($H_1<H_3$)。

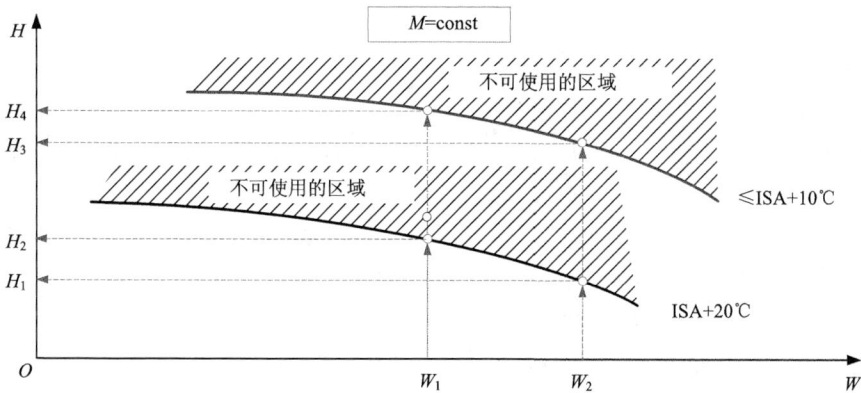

图 5-15　不同温度下最大巡航高度随重量变化的规律

最大巡航高度与最佳巡航高度取决于选择的巡航方式，其关系如图 5-16 所示。

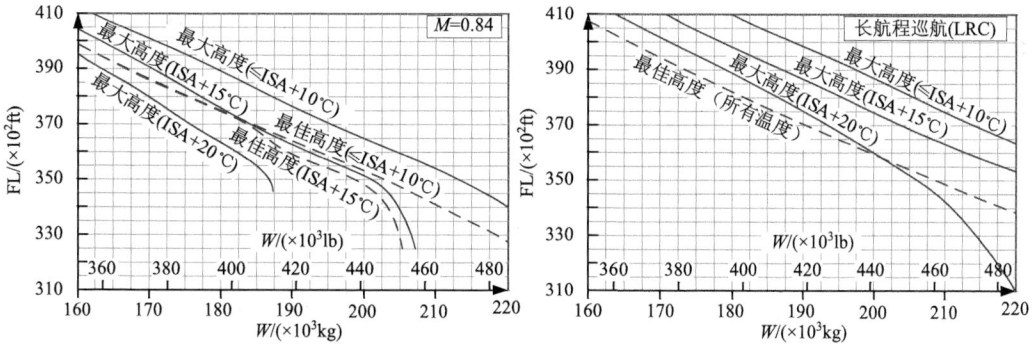

图 5-16　某型号飞机的最大和最佳巡航高度

4. 风的影响最佳巡航高度

当只考虑巡航阶段的水平风时，根据地速 $V_G = V_{TAS} \pm V_W$（顺风时取正，逆风时取负），飞机相对于地面飞过的距离取决于地速，因此有风时飞机相对于地面的燃油里程 S_{RG} 为

$$S_{RG} = \frac{R_G}{m_F} = \frac{R_G/t}{m_F/t} = \frac{V_G}{F_F} = \frac{V_{TAS} \pm V_W}{F_F} \tag{5-18}$$

由此可见，顺风时飞机的地速增大，使地面燃油里程 S_{RG} 增大，从而消耗相同燃油飞过的航程增加，而逆风则相反，如图 5-17 所示。在实际飞行中有时会遇到这样的情况，在最佳高度（航程最大）飞行时有不利的逆风（使航程减小），而在某个非最佳高度（航程不是最大）上有顺风（使航程增加）时，在哪个高度上飞行更有利，主要取决于综合的影响结果。为了比较风对航程的影响，通常把非最佳高度上在某

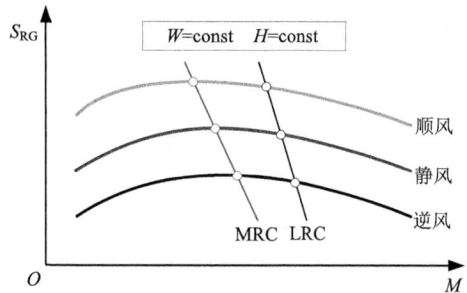

图 5-17　水平风对地面燃油里程的影响

一顺风的风速(或无风)时飞机的航程与最佳高度上无风(或某一逆风风速)时的航程相等，该顺风(逆风)的风速称为风速因子或得失相当的风速。根据巡航方式和巡航重量，飞行手册上会给出"风-高度换算表"或"风速因子表"(表 5-2，其使用方法见例 5-4)，表中针对不同的巡航方式，对应于每一给定重量，可以读出不同高度上的风速值，该值意为在该高度上相当于最佳巡航高度的有利风速。例如，等马赫数 0.84 巡航，重量 220000kg，则由表 5-2 可得，对应于巡航高度为 39000ft 的风速因子为 29kn，其含义是在给定条件下在 39000ft 高度巡航时若有 29kn 的顺风，则其航程与最佳高度巡航的航程一样。又如 LRC 巡航，重量 180000kg 在 39000ft 高度得到的风速因子为 0，则表明此巡航条件下静风时 39000ft 为最佳巡航高度。一般只有在非最佳高度上的实际风远大于有利的得失相当风(得失相当风指飞机在某一重量巡航时，在非最佳高度上的某一个顺风的风速获得收益与该非最佳高度上的损失相等，如表 5-2 中巡航重量为 1.8×10^5kg 的最佳巡航高度是 39000ft，当在非最佳高度 35000ft 有 23kn 的顺风时，其高度的损失和顺风的获益就是相当的，因此当巡航重量为 1.8×10^5kg 时非最佳高度 35000ft 的得失相当风为 23kn)时，才去考虑是否改变飞行高度，因为当飞机从一个高度改飞到另一个高度时也会消耗额外的燃油。

表 5-2　巡航高度和风速因子表(777-200ER/PW4090)

气压高度/($\times 10^3$ft)	LRC 巡航 巡航重量/($\times 10^3$kg)								
	300	280	260	240	220	200	180	160	140
43						73	21	1	4
41					72	24	2	0	17
39				66	24	3	0	11	33
37			56	21	3	0	8	26	51
35	89	45	16	2	0	7	23	44	69
33	33	11	1	0	7	21	39	62	86
31	7	0	0	8	20	37	57	79	101
29	0	2	9	21	36	54	74	94	115
27	3	11	23	37	53	71	90	109	127
25	14	25	38	53	70	87	104	121	137

气压高度/($\times 10^3$ft)	$M=0.84$ 巡航重量/($\times 10^3$kg)								
	300	280	260	240	220	200	180	160	140
43						86	26	0	7
41					86	30	3	3	27
39				96	29	4	0	18	55
37			67	26	4	0	14	44	88
35		54	20	3	0	12	37	75	124
33	40	14	0	0	12	34	67	109	161
31	8	0	2	13	33	63	100	145	197

例 5-4　已知 777-200 巡航飞行的风速因子如表 5-2 所示。LRC 巡航飞行，巡航重量 200000kg。若已知各高度上实际风的情况如下：41000ft 逆风 40kn，39000ft 逆风 30kn，37000ft 逆风 15kn，35000ft 无风 0kn，33000ft 顺风 10kn。

　　试确定考虑风速影响后在哪个高度上巡航更有利。

　　解：根据给定条件，查表 5-2（LRC 方式巡航）数据，计算步骤和结果见表 5-3。

表 5-3　风速因子对巡航高度影响计算结果

步骤	飞行高度层/($\times 10^3$ft)				
	41	39	37	35	33
根据巡航方式（LRC）和重量 200000kg 查得各高度的风速因子/kn	24	3	0	7	21
各高度上的实际风速/kn	−40	−30	−15	0	10
各高度上的得失相当风速 = 实际风速−风速因子/kn	−64	−33	−15	−7	−11

从表 5-3 的计算结果可知，在题中给定的条件下 35000ft 高度巡航是最有利的。

5.2　典型巡航方式及其特点

　　巡航飞行时通常要满足 $T = D$，$W = L$，因此巡航方式的选择要考虑气动效率、推力设定和高度选择，任何巡航方式都要三者之间的协调变化。任何最优的巡航方式都是针对某一个指标，如燃油消耗最小等意义上的最佳。巡航方式的选择必须满足安全和规章要求，同时要考虑操作上的简便性。

5.2.1　马赫数保持不变的巡航方式

　　马赫数保持不变的巡航方式可以分为最大航程巡航（max range cruise，MRC）和长航程巡航（long range cruise，LRC）。在保持马赫数不变巡航飞行时，为了取得最大航程，考虑到巡航飞行高度一般在平流层内，因此温度不变，即 θ 为常数，燃油消耗率 C_{TSFC} 变化很小也可以看作常数。根据式(5-8)可知，获得最大航程必须以最大气动效率 $(MK)_{\max}$ 时对应的马赫数巡航飞行。同时由式(5-17)可以看出，巡航时要满足 $W/\delta = 0.7p_0SM^2C_L$，而一般巡航飞行时间较长，燃油消耗较多，因此飞机重量不断减小对巡航参数的影响必须计及。为了综合考虑气动效率、高度的影响，往往根据飞机的相关参数绘制出航程性能曲线，确定 M_{MRC} 和 M_{LRC}。图 5-18 所示为某型号飞机航程性能曲线。可以看出，当换算重量 $W/\delta = 9.0\times10^5$lb 时恰好穿过气动效率最大的 $(MK)_{\max} = 13.84$ 点，因此巡航时实现保持最大航程巡航马赫数 $M_{\text{MRC}} = 0.793$ 飞行，必须要保证换算重量（$W/\delta = 9.0\times10^5$lb）保持不变，据此可以计算出不同巡航重量下的最大航程高度，如表 5-4 所示。

　　对于长航程巡航（LRC）的巡航速度，降低 $(MK)_{\max}$1%（相当于燃油里程降低 1%）对应的即为长航程巡航马赫数，该型号飞机为 $(MK)_{\text{LRC}} = 13.7$，穿过 $(MK)_{\text{LRC}} = 13.7$ 的换算重量 $W/\delta = 9.0\times10^5$lb，对应的 $M_{\text{LRC}} = 0.798$，同样可以得到如表 5-5 所示的不同巡航重量下的长航程高度。

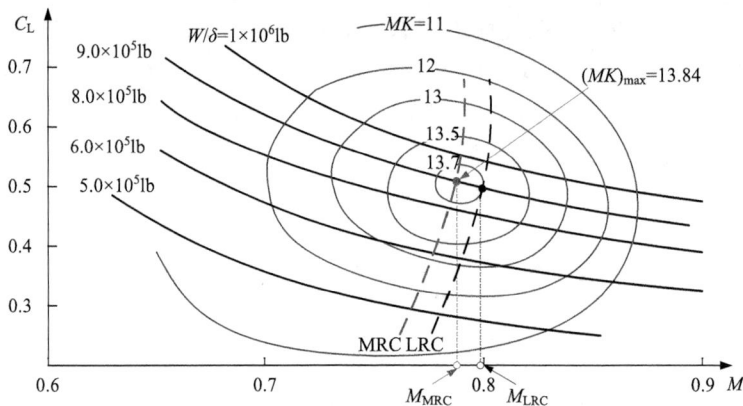

图 5-18　某飞机的航程性能曲线

表 5-4　某型飞机不同重量时的最大航程巡航 MRC 高度（$W/\delta = 9.0 \times 10^5$ lb，标准大气）

$W/(\times 10^3$ lb$)$	160	170	180	190	200	210	220
δ	0.178	0.189	0.200	0.211	0.222	0.233	0.244
$H/$ft	40700	39600	38400	37200	36000	35200	34200

表 5-5　某型飞机不同重量时的长航程巡航 LRC 高度（$W/\delta = 9.1 \times 10^5$ lb，标准大气）

$W/(\times 10^3$ lb$)$	160	170	180	190	200	210	220
δ	0.176	0.187	0.198	0.209	0.220	0.231	0.242
$H/$ft	41000	39800	38600	37500	36400	35400	34400

通过以上计算和分析，一般长航程马赫数大于最大航程马赫数，即 $M_{LRC} > M_{MRC}$。由于巡航阶段随着燃油消耗，飞机的重量不断减小，无论是等马赫数的最大航程还是长航程巡航，都要不断增加巡航高度，以满足换算重量(W/δ)保持不变，因此巡航高度将越来越高，实践中往往通过阶梯巡航来实现。

5.2.2　飞行高度保持不变的巡航方式

在实际飞行中，空管部门通常会要求飞机在某个指定的固定高度飞行。保持高度不变的巡航，通常也分为最大航程巡航和长航程巡航。

1. 高度不变的最大航程巡航

高度固定时，同样是根据飞行条件确定燃油里程最大或航程因子（MK）最大对应的速度为远航速（V_{MRC}）度或马赫数（M_{MRC}），飞机保持在（$\sqrt{C_L}/C_D$）最大值对应的迎角下飞行，同样要满足升力等于重力，即 $W/\delta = 0.7 p_0 SM^2 C_L$，但随着飞机的重量在燃油不断消耗后逐渐减轻，但高度保持不变则 δ 为常数，换算重量 W/δ 将随之不断减小，从而逐渐偏离了燃油里程或巡航因子的最佳值（图 5-9）。并且随着重量的逐渐减轻，所需升力也不断减小，为了满足迎角保持不变，巡航速度需要相应地减小，阻力也会随之减小，因此需要不断调整推力值。由于速度减小，其更接近第二速度范围，速度稳定性变差。一般最

大航程速度 M_{MRC} 就是"飞行管理系统(FMS)"中成本指数 CI 设为 0 时所飞的速度。

2. 高度不变的长航程巡航

给定高度下的长航程巡航是选择最大燃油里程或航程因子降低 1%后对应的巡航速度 V_{LRC} 或 M_{LRC}。通常该速度会比最大航程速度 V_{MRC} 或 M_{MRC} 增加 2%～4%，但燃油消耗仅仅略增加 1%，同时该速度能远离"操纵区"更易于操纵且速度稳定性更好。实际飞行中的长航程速度 V_{LRC} 或 M_{LRC} 可以从 FMS 页面直接选取，更经常使用。同样，随着飞机的重量不断减小，换算重量 W/δ 将减小，所需升力逐渐减小，保持迎角不变的情况下最大航程速度 V_{MRC} 或 M_{MRC} 也要相应地减小。

5.2.3　马赫数和飞行高度保持不变的巡航方式

由以上分析可以看出，无论是固定马赫数还是固定高度下的最大航程巡航或是长航程巡航，其巡航速度都必须随着飞机重量和巡航高度而变化(W/δ)，是一个需要不断改变的"动态"数值。比较直接和便于操作的巡航方式是采用固定高度、固定速度(马赫数)的巡航方式，即马赫数和巡航高度均固定不变的巡航。而且该巡航方式可以通过自动驾驶仪提供的高度保持(ALT HOLD)和马赫数保持(MACH HOLD)两项功能直接完成。在制定飞行计划时，按预计航线根据选定的马赫数得到其飞行的真实空速，进而计算出该次任务的飞行时间、需要的燃油量。采用马赫数和飞行高度保持不变的巡航方式巡航的特点是，随着燃油的消耗飞机的巡航重量不断减小，保持高度不变则需要随之减小升力，而速度也要保持不变，因此减小升力系数，即逐渐减小飞行迎角，阻力系数也会随之减小，飞机的阻力也减小。而依然要保持速度恒定，推力也要随着阻力的减小而减小。通常飞机制造商都会提供几种不同高度、马赫数的巡航性能数据以供不同情况选用。该种巡航方式的马赫数会大于最大航程速度和长航程速度，一般在时间成本占直接成本的主导地位时，马赫数和飞行高度保持不变的巡航方式更具有优势。

5.2.4　按发动机额定推力的巡航方式

按发动机额定推力的巡航方式是通常在飞行环境高温限制了推力、发动机性能下降或是飞机载重较大时使用的巡航方式。现代民航运输机上安装的大型涡轮风扇发动机通常设计有"巡航模式"，在该模式下发动机可以不受时间限制连续工作，发动机的自动装置(主要是"主控油器"或"EPR 限制计算器")根据实际大气条件实时计算出其工作参数，该巡航方式会使燃油消耗较大。通常是在选用其他巡航方式时，在给定的高度上巡航时发动机推力不足的情况下使用。按发动机额定推力的巡航有保持巡航高度不变和马赫数不变两种方式。保持巡航高度不变，随着飞机质量减轻，不变的推力使飞行速度(马赫数)不断增加；固定马赫数巡航飞行时，随着巡航重量的减小(重力小于升力)飞行高度不断增加。

5.2.5　成本指数巡航

成本指数(CI = C_t/C_F)既是对航班直接运营成本的一种简化归类，即把直接运营成本归结为燃油成本和时间成本，也是对航班直接运营成本的一种综合分析，其值取决于时间成本和燃油成本在航班直接运营成本中所占的权重。从 CI 的量纲[MT^{-1}]或常用单位

(kg/min 或 100lb/h)可以看出，其本质反映的是一种"燃油流率"或"燃油流量"，即单位时间(min 或 h)消耗的燃油质量(单位 kg 或 10^5lb)。实际使用中要将某一个确定的成本指数 CI 值输入计算机，由 FMS 根据该 CI 值确定巡航速度。通常 CI 值较大时，表示需要节省时间，燃油成本较低，飞行速度快但是燃油消耗较多；CI 值较小时，表示需要节省燃油，时间成本较低，飞行速度较慢但是节省消耗。因此，成本指数 CI 是对"飞行速度"和"飞行时间"的一种折中考虑(图 5-19)。各航空公司需要根据自身的成本构成状况对速度和时间的利弊权衡具体确定。成本指数巡航与前述几种巡航方式可以通过燃油里程如图 5-20 所示进行综合比较。

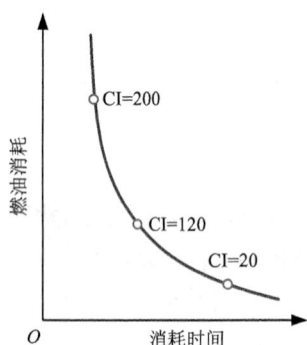

图 5-19　成本指数 CI 与燃油消耗和消耗时间　　图 5-20　基于燃油里程的巡航方式比较

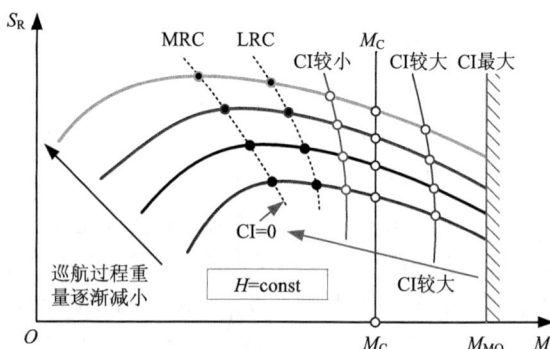

5.2.6　阶梯式爬升巡航

在前述的巡航方式中，经常遇到的一个问题是，随着燃油的消耗，保证最佳巡航参数值的换算重量(W/δ)不断减小，为此需要不断增加飞行高度。而频繁地改变巡航高度会带来飞机操纵上的麻烦，同时更重要的是受空中交通管制的限制很难实现这样的飞行。阶梯式爬升巡航是以尽可能接近最佳巡航高度，按照飞行高度层间隔规定的要求，每次以 1000ft 或 2000ft 的"台阶"向最佳高度逐步过渡的方式实现阶梯式爬升(图 5-21)。每次上升到一个新的巡航高度层保持在最佳高度±2000ft 范围内是最有利的，以便尽可能降低燃油消耗。对于大多数现代民航运输飞机，在高于最佳巡航高度 2000ft 时约损失燃油里程 2%，而低于 2000ft 时约损失 1%。一般按照 $S_R \geqslant 99\%S_{Rmax}$ 的原则确定是最理想的，同时要考虑发动机最大推力限制的高度，需要考虑实际风的影响。

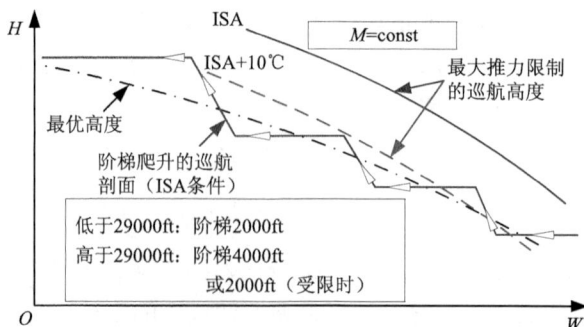

图 5-21　阶梯爬升的巡航剖面

5.2.7　短航程巡航

短航程是指航班飞行距离比较短（一般飞机航程小于 250n mile），与通常的远距离航班飞行的显著区别在于巡航段占的比例较小。短航程的航班飞行上升段和下降段所飞过的航程距离可能占总航程距离的 60%～70%。因此，在分析计算短航程巡航的燃油消耗等成本时必须考虑上升段和下降段的影响。

1. 短航程的巡航速度

短航程的最佳巡航速度应该通过优化整个飞行剖面计算得出。实践表明，通过飞行剖面优化得出的最佳速度，与前述的按爬升、巡航、下降分别得出的最佳速度很接近，通常飞行手册中会提供相应的程序。特别需要指出的是，短航程的巡航高度往往较低，因此通常按指示空速，不是按马赫数巡航。

2. 短航程的巡航高度

短航程的巡航高度一般都比常规意义上的远航高度要低，通常是航程越短则巡航高度越低，如图 5-22 所示。对于短航程飞行，飞行手册会提供专用的图表供使用者查找。其飞行剖面通常会包括必要的上升、下降和足够的巡航距离，这样便于飞行员做好下降的准备，图 5-23 便是某飞机的短航线巡航高度图。

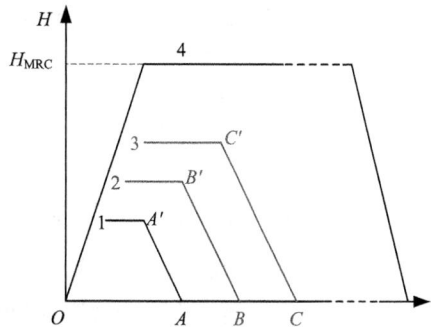

图 5-22　短航程时巡航高度和距离的关系

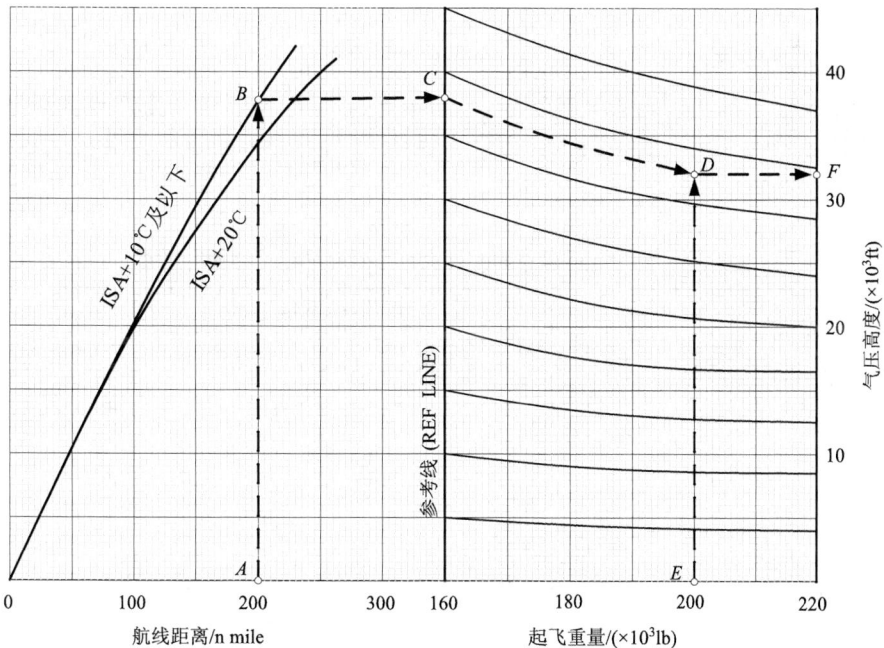

图 5-23　某飞机的短航线高度图

例 **5-5** 飞机起飞重量 200000lb，标准大气条件下，航线距离 200n mile，利用图 5-23 给出的航线高度图，确定其巡航高度。

解：按图中的步骤如下。

A（航线距离 200n mile）→B（标准大气条件）→C（参考线）→沿指引线与 E（起飞重量 200000lb）向上作的垂线相交于 D→F 得 32000ft，可得给定条件下的巡航高度为 32000ft。

5.3 单发失效的巡航性能

飞机发动机是衡量飞机性能的关键指标，是决定飞行安全和飞行效能的重要因素，随着现代科学技术的发展，现代民航飞机发动机的可靠性、运行效率和质量有了大幅度的提高。由于飞机组成部件的复杂性和运行环境的复杂性，为了确保飞行安全，对于飞机单发失效情况下的运行分析、应对措施和预案，每次飞行前必须认真做好准备。

5.3.1 单发失效的飞行性能变化

1. 可用推力减小而需用推力增加

现代民航运输机如果在巡航期间一台发动机失效，则可用推力减小，对于双发飞机可用推力将减小一半。同时，失效的发动机还会产生额外的阻力——风车阻力，这主要是由其涡轮和风扇的自转产生的。由于推力的不对称作用，飞机需要带坡度或侧滑保持平衡稳定地飞行，会产生附加阻力——操纵阻力，飞机的阻力将增大，因此平飞需用推力也增大。

2. 高度能力下降

由于单发失效后可用推力减小但阻力（需用推力）增加，其剩余推力显著减小，导致其在最大连续推力作用下的极限飞行高度（升限）下降，表 5-6 所示的是 B757-200 在全发工作和单发失效后的极限飞行高度。

表 5-6　B757-200 在全发工作和单发失效后的极限飞行高度

重量/($\times 10^3$lb)	气压高度/ft(ISA+10℃)	
	全发工作（巡航推力）	单发失效（最大连续推力）
240	37100	20500
230	37900	21700
220	38800	23000
210	39700	24400
200	40600	25700
190	41600	27100
180	42000	28400
170	42000	29900
160	42000	31500
150	42000	33000

3. 巡航性能变差，巡航高度降低

单发失效后飞机的可用推力减小，而由于阻力增加，其有利迎角时的升力系数增大，且最大升阻比减小，如图 5-24(a) 所示，飞机保持平飞的需用推力随阻力的增大也增加，使得有利速度和最大航程速度减小，如图 5-24(b) 所示。

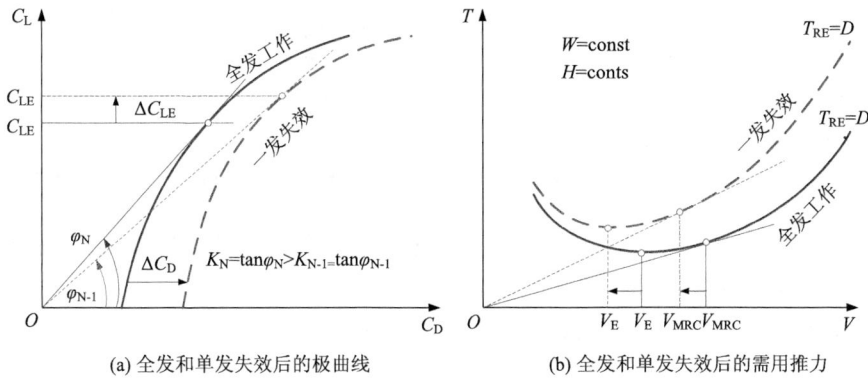

(a) 全发和单发失效后的极曲线　　(b) 全发和单发失效后的需用推力

图 5-24　全发和单发失效后的气动力特性与需用推力的变化

随着单发失效后阻力增大、升阻比减小，由式(5-6)和式(5-8)可知其燃油里程和航程都将减小。由于可用推力减小和阻力增大，剩余推力将减小，因此爬升梯度和爬升率随之下降，升限降低，最大航程高度也下降。

5.3.2　飘降

航线上单发失效后，飞机需要下降到一个较低高度并以较小速度飞行的过程称为飘降，如图 5-25 所示。通常飘降的策略和程序包括如下内容。

剩余的发动机选择最大连续推力(MCT)。

减速到飘降速度，一般该速度为最大升阻比速度(有利速度)。

以飘降速度下降至单发失效后的升限(飘降升限)。

选择最大升阻比速度作为飘降速度，可以使飘降过程的下降梯度最小和需要的推力最小。

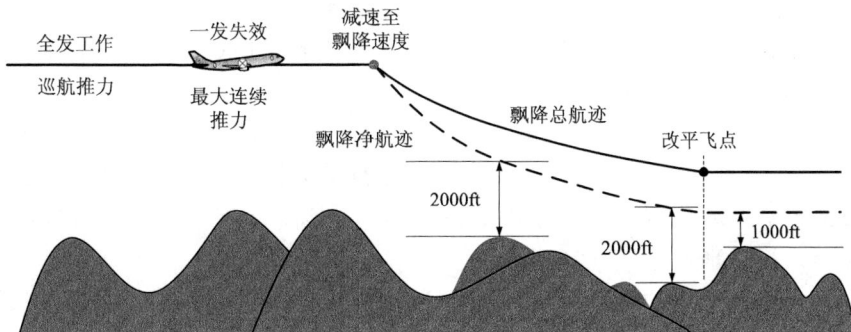

图 5-25　单发失效的飘降过程越障要求

1. 飘降的限制

按照 CCAR-25 和 CCAR-121 的相关规定，飞机飘降时要按净(飞行)航迹飞越障碍物。净航迹数据必须是总航迹梯度(飞机真实数据)减去一定规定的数值(表 5-7)后计算得到的。

表 5-7　飘降净航迹计算时规定的爬升梯度数值

参数	发动机状况	四发飞机	三发飞机	双发飞机
规定的爬升梯度数值/%	单发失效	1.6	1.4	1.1
	双发失效	0.5	0.3	—

计算出来的净航迹数据，要在考虑预定航迹两侧各 25km(13.5 n mile)范围内的所有地形和障碍物的情况下，满足以下要求之一。

(1)高于障碍物 1000ft 的高度上有正梯度，并且在准备着陆的机场上空 1500ft 的高度上有正梯度。

(2)在飘降阶段至少高出障碍物 2000ft，并且在准备着陆的机场上空 1500ft 的高度上有正梯度。

特别在改平飞高度处要求净航迹至少高出障碍物 1000ft，在改平飞高度后的飞行中必须高出所有障碍物至少 1000ft。

2. 飘降曲线和改平飞高度及重量限制

为了便于越障检查，飞机的使用手册上会给出飘降曲线和改平飞高度相关的图表。

1)飘降曲线

飞机的单发失效飘降性能曲线如图 5-26 所示。首先要根据空调、防冰的使用情况和实际温度进行修正，得出等效重量，再按图示中的虚线指引，可以得到飘降过程需要的时间、燃油消耗、飞过的地面距离等参数。

例 5-6　飞机单发失效开始飘降重量 93000kg，空调开，发动机和机翼防冰打开，从39000ft 飘降到 23000ft。ISA 温度，飘降过程有 50kn 逆风。根据图 5-26 求飘降过程的时间、耗油、距离等参数。

解：根据图 5-26 计算飘降参数的步骤如下。

(1)计算等效重量。根据图 5-26 中所给的等效重量修正量的计算方法，当发动机和机翼防冰打开需增加 7000kg 等效重量修正量，在所给条件下飞机飘降过程的等效重量是93000kg+7000kg＝100000kg。

(2)由 A(等效重量 100000kg，39000ft)点沿引导线移动与 B 点(飘降至 23000ft)所作的水平线得交点 C，C 点位于发动机失效开始时的耗油量 M(1000kg)和 N(1500kg)两点之间，根据 MN、CN 线段长度的比例关系，可知 C 点对应的燃油消耗为 1370kg。

(3)C→D 得到飘降时间为 26min。

(4)D→E(风修正栏的参考线)→F(飘降过程有 50kn 逆风)→G 飘降过程飞过的地面距离为 145n mile。

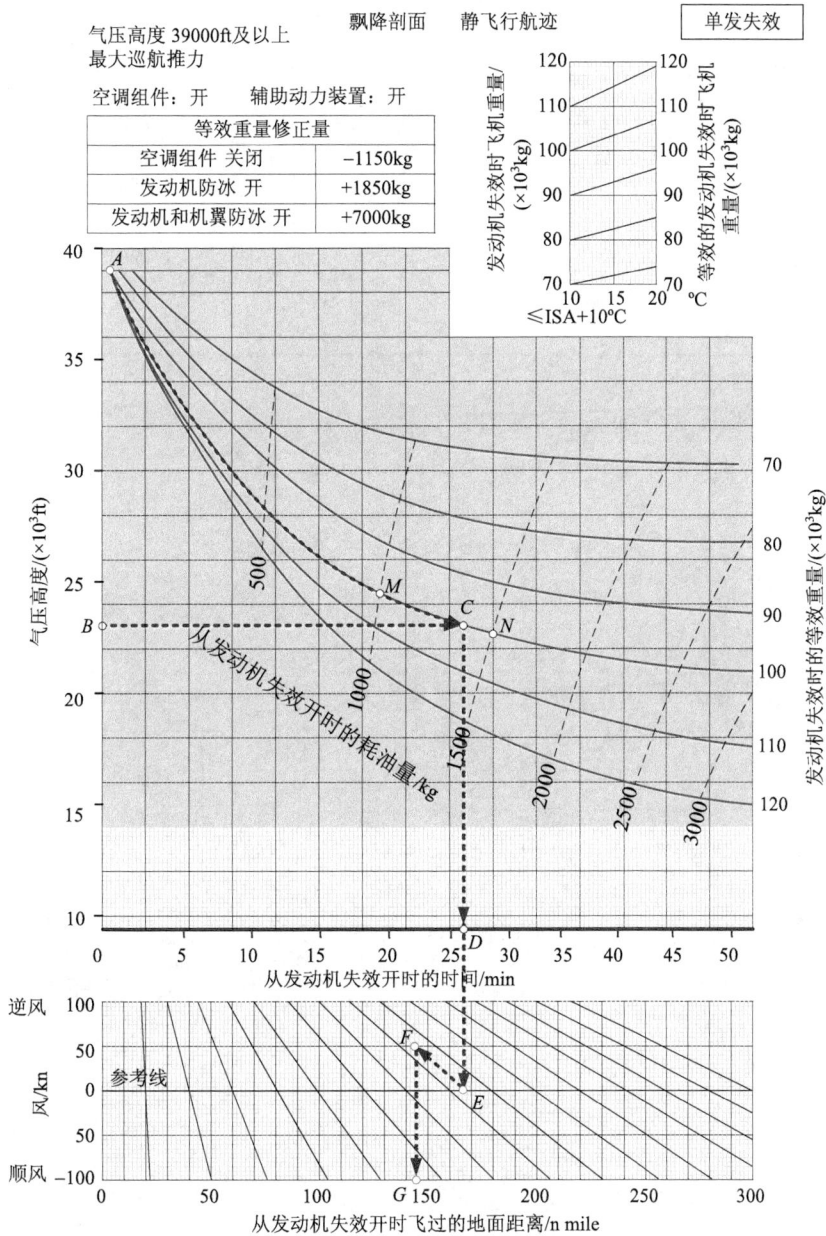

图 5-26　单发失效的飘降曲线

2)改平飞高度

在检查单发失效越障能力时,尤其是飞越高原航线,可以根据表 5-8 所示的改平飞高度表进行更详细的计算分析。

表 5-8　单发失效改平飞高度表

飞机重量/(×10³kg)		最佳飘降速度/kn	改平飞高度/ft		
开始飘降	改平飞		≤ISA+10℃	ISA+15℃	ISA+20℃
120	116	257	20400	19300	18000
110	106	247	22800	21900	20900
100	96	236	25400	24600	23600
90	87	224	28000	27300	26500
80	77	211	31000	30200	29500
70	67	198	34200	33500	32800

3）改平飞时障碍物限制的最大重量

　　飞机在发动机失效之后，在飞向合适的备降机场的航路上，按照要求在改平飞高度上距离障碍物净航迹至少保持 1000ft 的越障裕度，因此会限制其改平飞时的最大重量。为了便于使用，通常在飞机的相关手册中以图 5-27 的形式给出。

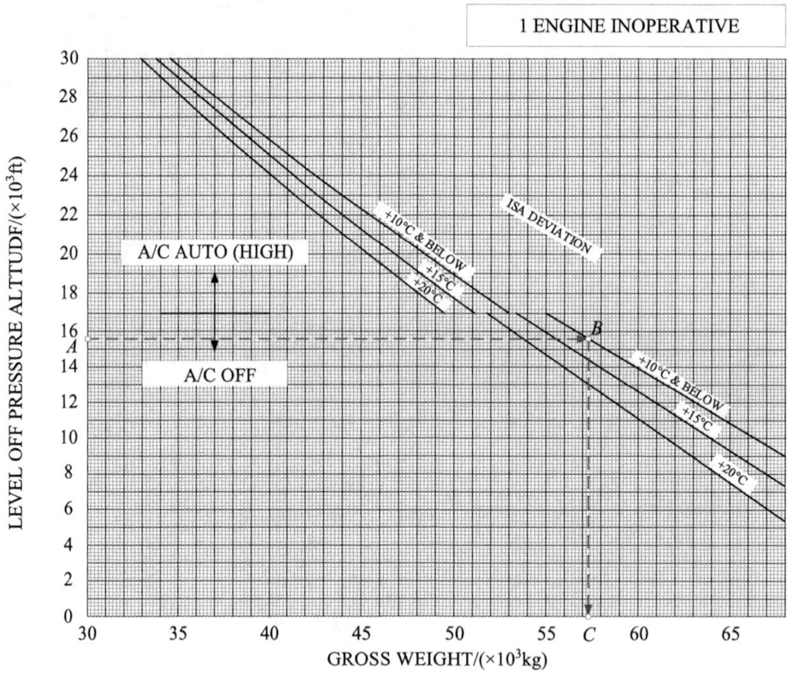

BLEED CONFIGURATION	MASS ADJUSTMENT/kg
ENG ANTI-ICE ON	−1950
ENG & WING ANTI-ICE ON	−5650
A/C AUTO (HIGH) BELOW 17000 ft	−2500

图 5-27　改平飞高度限制的最大重量

例 5-7　某飞机改平飞高度限制的最大重量如图 5-27 所示。若实际的飞行条件为环境温度为 ISA–8℃，发动机防冰打开，空调自动(高)，单发改平飞点有高度为 14600ft 的障碍物。试确定改平飞高度限制的最大重量。

解：改平飞需要的越障裕度为 1000ft，因此在改平飞处的净航迹高度应为障碍物高度与越障裕度之和，即 14600ft+1000ft＝15600ft；根据图 5-27 确定最大重量的步骤如下。

(1)根据净航迹高度 15600ft 找出点 A，由 A 点作水平线与"+10℃& BELOW"曲线交于 B 点(已知环境温度为 ISA–8℃)；由 B 点向下作垂线与重量坐标轴交于 C 点，C 点对应的重量为 57300kg。

(2)根据使用条件修正。由图 5-27 可知发动机防冰打开需修正–1950kg，在低于 17000ft 时使用空调自动(高)需要修正–2500kg，最大重量为

$$57300\text{kg}–1950\text{kg}–2500\text{kg}＝52850\text{kg}$$

3. 飞机在改平飞高度上的巡航飞行

由于飞机单发失效后，可用推力减小而阻力增大，阻力增大即需用推力也增大，因此需用推力与速度比值最大，即 $(T_{RE}/V)_{\max}$ 时所对应的最大航程速度 V_{MRC} 减小(图 5-24(b))，进而单发失效的最佳巡航高度也下降。同时，单发失效后的有利速度也减小。常用的单发失效巡航方式包括如下几种。

(1)根据改平飞高度和飞机重量，在改平飞高度上，按高度保持不变的 MRC 或 LRC 巡航速度巡航。

(2)根据实际飞行条件，下降到单发失效的最大航程高度，以该高度的长航程巡航速度 V_{LRC} 巡航。

(3)飘降到改平飞高度后，继续保持飘降速度巡航飞行，这样随着燃油消耗飞机重量逐渐减小，则其巡航高度将不断增高。

4. 无返回点和继续点

飞机在飞越高原和山区时，如果巡航中出现单发失效情况，必须按上述的越障要求，对净航迹进行越障计算分析。在分析计算中要考虑如下内容。

1) 确定航路上的关键点——无返回点 A 和继续点 B

航路飘降的关键点是指这样一个点，在该点如果发动机单发失效且飞机开始飘降，其净航迹将能以最小 2000ft 的裕度越过影响最大的障碍物。需要指出的是，在确定各个关键点的计算时，要按最恶劣的气象条件和在该点飞机可能的最大重量进行分析计算。

(1)无返回点 A：在航线上飞机单发失效后，在该点如果想返回，则其净航迹能以不低于 2000ft 的裕度越过最高的障碍物，而在该点之后若想返回时，就不能保证满足 2000ft 的净航迹越障裕度，如图 5-28 所示的 A 点所示，即无返回点是在其后飞机就不能返回的点，是可以返回飞行的最远点。

(2)继续点 B：在航线上飞机单发失效后，在该点如果想继续向前飞行，则其净航迹能以不低于 2000ft 的裕度越过最高障碍物，如图 5-28 的 B 点所示，即继续点是指在其之后可以继续向前飞行的点，是可以继续向前飞行的最近点。

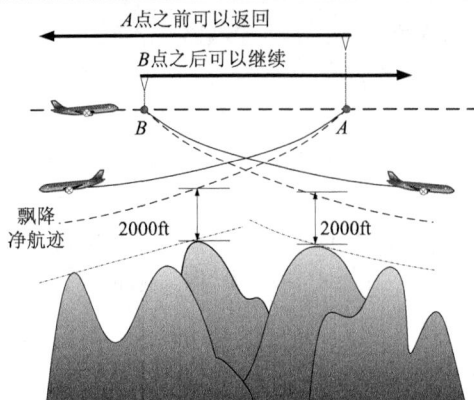

图 5-28　无返回点 A 在继续点 B 之后

2) 飘降净航迹与障碍物的比较分析

根据飞机重量和气象条件，获得的无返回点 A 和继续点 B 在航路上的可能位置有如下两种情况。

情况 I：若无返回点 A 在继续点 B 之后，如图 5-28 所示。单发失效时，若在 B 点前飞机则只能返回；若在 A 点后则飞机只能继续；当在 AB 之间飞行时，飞机既可返回也可继续。

情况 II：若无返回点 A 在继续点 B 之前，如图 5-29 所示。单发失效时，若在 A 点前飞机则只能返回；若在 B 点后则飞机只能继续；当在 AB 之间飞行时，从图 5-29 可以看出飞机前进和返回都无法满足越障的要求。此时必须建立一个逃离程序(改航)，以确保满足安全越障裕度的要求。若无法实现，则要考虑减小起飞重量或选择其他航路。

5. 返航点与等时点

飞机在单发失效后，飘降过程要符合越障限制的要求，同时还应确定航线上的返航点和等时点，主要目的在于确定在单发失效点上是返航还是继续飞往目的地，因此返航点与等时点也是航路上的关键点。

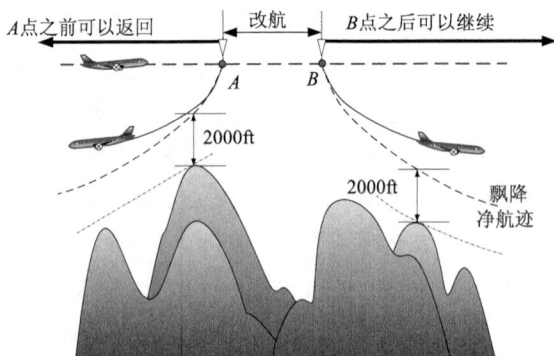

图 5-29　无返回点 A 在继续点 B 之前

1）返航点

返航点（point of safe return，PSR）是指若在该点飞机单发失效，消耗掉全部剩余燃油（保留储备燃油）飞机能返回到出发机场最远的检查点。通常由该点也能继续飞行到目的地机场，即该点是飞机单发失效后能返回出发机场的最远点，即由返航点返回起飞机场的距离是飞机返航的最远距离。一般飞机过了返航点就只能选择继续飞行。因此，返航点是从燃油角度考虑的关键点，是航班飞行中的一个重要检查点。返航点的计算可以根据距离计算也可以根据时间计算。

根据时间计算返航点。记飞机消耗完全部可用燃油的飞行时间为 t_E，单发失效之前的全发飞行的时间记为 t_R，则剩余的飞行时间为 $t_E - t_R$；全发巡航地速为 V_{GN}，单发失效后返航的真实空速为 V_{GN-1}。根据到返航点全发的出航航程等于单发失效的返航航程，记出发机场到返航点的距离为 R_{PSR}，则有

$$R_{PSR} = V_{GN} \cdot t_R = V_{GN-1} \cdot (t_E - t_R) \tag{5-19}$$

由此可解得到返航点的飞行时间为

$$t_R = \frac{V_{GN-1} \cdot t_E}{V_{GN} + V_{GN-1}} \tag{5-20}$$

例 5-8　已知某飞机计划燃油 82000lb，备用燃油 12000lb；全发出航真实空速为 474kn，逆风 50kn，燃油流量为 11500lb/h；单发失效后返航真实空速为 466kn，顺风 70kn，燃油流量为 10300lb/h。试估算其返航点及飞抵返航点的时间和由返航点飞回的时间。

解：记返航点距离出发机场的距离为 R_{PSR}。根据已知条件可得：全发出航地速 $V_{GN} = 474 - 50 = 424$（kn）。单发失效后的返航地速 $V_{GN} = 466 + 70 = 536$（kn）。可用燃油 $W_F = 82000 - 12000 = 70000$（lb）。出航时的海里耗油量＝燃油流量÷地速＝11500÷424＝27.123（lb/n mile）。出航消耗的燃油＝出航航程×出航时的海里耗油量＝$R_{PSR} \cdot 24.262$（lb）。返航时的海里耗油量＝10300÷536＝19.216（lb/n mile）。返航消耗的燃油＝返航航程×返航时的海里耗油量＝$R_{PSR} \cdot 19.216$（lb）。可用燃油 W_F＝出航消耗的燃油＋返航消耗的燃油，即

$$70000\,(lb) = R_{PSR} \cdot 24.262\,(lb) + R_{PSR} \cdot 19.216\,(lb)$$

由此解得

R_{PSR}＝可用燃油÷（出航时的海里耗油量＋返航时的海里耗油量）＝1510（n mile）

飞机飞到返航点的时间 $t_R = R_{PSR} \div V_{GN} = 3.56h = 213.6min$

飞机返航需要的时间 ＝ $R_{PSR} \div V_{GN-1} = 2.82h = 169.2min$

根据距离计算返航点的思想是，计算全发工作时的出航航程曲线，再计算单发失效后的返航航程曲线，如图 5-30 所示，这两条曲线相交处即为返航点，具体方法如下。

（1）计算出航航程曲线：记飞机起飞重量为 W_0；全部可用燃油为 W_F，若假设单发失效时消耗的燃油 W_{FN} 为全部可用燃油的一半，即 $W_{FN} = 0.5W_F$，则单发失效时，即全发巡航结束时飞机的重量为 $W_{EN} = W_0 - 0.5W_F$。根据全发起始巡航重量 W_0 和 W_{EN}，利用积分航程表或燃油里程曲线或航程公式可以算得到出航的空中航程 R_{AN}，经风修正可得地面航程 R_{GN}。

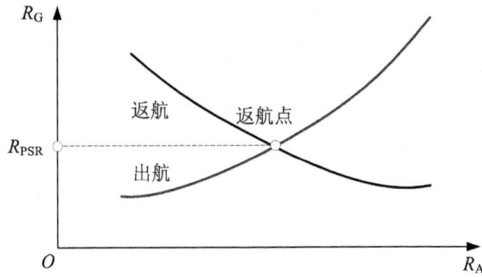

图 5-30 出航航程曲线与返航航程曲线

(2)计算返航航程曲线:单发失效后飞机返航飞行时,其起始重量恰好等于全发巡航结束时的重量,即 $W_{SN-1} = W_{EN}$;消耗全部可用燃油时的重量为 $W_{EN-1} = W_{EN} - W_F$,则根据单发失效后的起始巡航重量 W_{SN-1} 和巡航结束 W_{EN-1},同样可以计算出返航飞行的空中航程 R_{AN-1},经风修正可得返航飞行的地面航程 R_{GN-1}。

(3)以空中距离为横坐标、地面距离为纵坐标,可以分别得到全发出航和单发失效返航的一个点。

(4)假设不同的单发失效时消耗的燃油量,重复上述步骤(1)～(3),可以得到如图 5-30 所示的出航航程曲线与返航航程曲线,这两条曲线的交点对应的地面距离相等,即为返航点。

2)等时点

等时点(point of equal time,PET)是指如果在该点单发失效,飞机返回出发机场和继续飞到目的地机场所需的时间相等。显然,如果航路上是静风条件,则等时点即为航路中点。一般情况如图 5-31 所示。以飞往目的地机场时顺风为例。记航程为 R,返航航程为 R_{RET},则继续飞往目的地的航程为 $R-R_{RET}$;巡航真实空速为 V_A,风速为 V_W,则返航地速为 $V_{GR} = V_A - V_W$,继续飞往目的地的地速为 $V_{GD} = V_A + V_W$。根据等时点的定义,返航时间与继续飞到目的地的时间相等,因此有

$$\frac{R_{RET}}{V_A - V_W} = \frac{R - R_{RET}}{V_A + V_W} \tag{5-21}$$

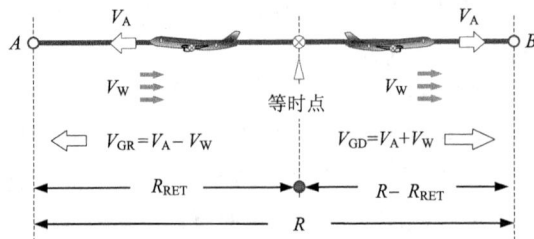

图 5-31 等时点示意图

由此可以求得等时点距离起飞机场的距离为

$$R_{RET} = \frac{R(V_A - V_W)}{2V_A} \qquad (5\text{-}22)$$

如果飞往目的地方向是逆风，则式(5-22)中的 V_A-V_W 应取 V_A+V_W。

5.4　等　待　飞　行

有时飞机到目的地机场或备降场上空，由于气象、地面或空中交通管制等原因，不能立刻进近着陆，则需要进行等待飞行。通常等待飞行按照由两个直线航段和两个180°的转弯组成的跑马场型航线飞行。在确定等待飞行速度时，通常掌握的原则是获得最长的等待时间(最大持续等待飞行时间)，这时一般以消耗单位燃油能持续飞行时间最长为选取速度的原则，以该速度作为等待速度将是最有利的。考虑到发动机的耗油特性，理论上选用发动机最小燃油流量时的速度是等待时间最长的速度，称该速度为久航速度。但是由于该速度一般处于操纵反区，因而其操纵性和稳定性不好。通常选用比该速度稍大的最大升阻比速度作为等待速度。实际等待飞行时，同时还要考虑等待区域障碍物和转弯坡度等的限制，还必须要考虑空中交通管制的要求。等待飞行性能的计算与分析，可以从飞机的飞行手册中查得所需的相关数据，表 5-9 所示即为 B757-200 的等待飞行性能数据。

表 5-9　B757-200(RB211-535E4)等待飞行操作性能表(襟翼收上)

重量 WEIGHT /(×10³ lb)		气压高度 PRESSURE ALTITUDE /ft								
		1500	5000	10000	15000	20000	25000	30000	35000	40000
260	推力 EPR	1.03	1.03	1.05	1.07	1.11	1.16	1.25		
	速度 KIAS	241	241	242	243	245	247	250		
	FF/ENG	4580	4490	4350	4290	4260	4310	4430		
240	推力 EPR	1.02	1.03	1.04	1.06	1.09	1.14	1.21	1.32	
	速度 KIAS	231	232	233	234	235	237	239	246	
	FF/ENG	4270	4170	4020	3960	3930	3950	4020	4180	
220	推力 EPR	1.02	1.03	1.04	1.05	1.08	1.12	1.18	1.29	
	速度 KIAS	221	222	223	224	225	226	228	231	
	FF/ENG	3960	3860	3700	3620	3600	3600	3680	3760	
200	推力 EPR	1.02	1.02	1.03	1.04	1.07	1.10	1.16	1.24	1.37
	速度 KIAS	213	213	213	213	214	215	217	220	234
	FF/ENG	3650	3560	3390	3320	3300	3290	3310	3360	3730
180	推力 EPR	1.01	1.02	1.02	1.04	1.05	1.08	1.13	1.20	1.31
	速度 KIAS	205	205	205	205	205	205	205	207	211
	FF/ENG	3350	3290	3120	3010	2970	2960	2960	2970	3190
160	推力 EPR	1.01	1.01	1.02	1.03	1.04	1.06	1.10	1.16	1.26
	速度 KIAS	197	197	197	197	197	197	197	197	197
	FF/ENG	3070	2990	2830	2710	2650	2640	2620	2640	2800

续表

重量 WEIGHT /(×10³ lb)		气压高度 PRESSURE ALTITUDE /ft								
		1500	5000	10000	15000	20000	25000	30000	35000	40000
140	推力 EPR	1.01	1.01	1.01	1.02	1.03	1.04	1.07	1.12	1.19
	速度 KIAS	188	188	188	188	188	188	188	188	188
	FF/ENG	2770	2690	2540	2420	2350	2320	2300	2300	2410

注：EPR 为压强比表示的推力；KIAS 为指示空速(kn)；FF/ENG 为单台发动机燃油流量(lb/h)，燃油流量是按跑马场航线飞行计算的。

　　表 5-9 中是对应于飞机等待结束时的重量和等待高度下的三个数据，其中，第一行给出的是推力设定值 EPR(发动机的压力比，即喷口截面压强与压气机进口截面压强之比)，第二行是等待飞行时的指示空速(kn)，第三行是每台发动机的燃油流量(lb/h)。该表的使用方法见例 5-9。

　　例 5-9　已知 B757-200 在备降场上空高度为 1500ft 做等待飞行，等待时间 45min，机场的气压高度 5000ft，等待结束时飞机的重量是 210000lb。试确定等待燃油量。

　　解：计算步骤与方法见表 5-10。

表 5-10　B757-200 给定条件下等待燃油计算

步骤	方法	结果
第一步：确定等待高度	机场高度+等待高度	1500+5000＝6500(ft)
第二步：根据等待结束时的重量，使用线性插值计算对应的燃油流量	根据表 5-9 中的数据可查得： |	200000lb	220000lb | |---|---|---| | 10000ft | 3390 | 3700 | | 5000ft | 3560 | 3860 | 据此表线性插值计算在 6500ft 等待飞行，结束重量为 210000lb 时的燃油流量	210000kg 时在 10000ft 和 5000ft 高度的燃油流量为 |	200000lb	210000lb	220000lb | |---|---|---|---| | 10000ft | 3390 | 3545 | 3700 | | 6500ft | — | 3660 | — | | 5000ft | 3560 | 3710 | 3860 | 由此再线性插值可得，在 6500ft 高度上，结束重量为 210000lb 时的燃油流量是 3660.5lb/h
第三步：计算等待中的平均重量	等待结束重量+消耗的燃油	210000+2×[3660.5×(45÷60)]＝215491(lb)
第四步：根据第三步计算出来的平均等待重量，再计算平均等待燃油流量。	根据表 5-9 中的数据可查得： |	200000lb	220000lb | |---|---|---| | 10000ft | 3390 | 3700 | | 5000ft | 3560 | 3860 | 据此表线性插值计算在 6500ft，等待飞行平均重量为 215491lb 时的燃油流量	平均重量 215491lb 时在 10000ft 和 5000ft 高度的燃油流量为： |	200000lb	215491lb	220000lb | |---|---|---|---| | 10000ft | 3390 | 3630 | 3700 | | 6500ft | — | 3743.4 | — | | 5000ft | 3560 | 3792 | 3860 | 由此再线性插值可得平均重量 215491lb 时在 6500ft 高度上的燃油流量 3743.4lb/h
第五步：根据平均等待燃油流量，计算出等待燃油量。	燃油流量×时间	等待燃油量 ＝2×[3743.4×(45÷60)]＝5615(lb)

　　通常等待飞行操作性能表是根据飞机的形态、发动机的工作状况(如飞机处于光洁形态的全部发动机正常工作、单发失效以及全部发动机正常工作但起落架放下等情况)给出不同的图表，使用时要根据飞机的实际状况查找对应的图表。

5.5　巡航性能参数计算

　　巡航飞行时，需要确定的性能参数为巡航距离(航程)、燃油消耗、飞行时间。通常根据巡航方式和巡航条件，飞行手册中提供了相关的图表，从中可以查得相关的性能数据。

5.5.1　积分航程表及其使用

　　飞行手册中通常根据巡航方式给出相应的积分航程表，表 5-11 即为 B757-200 的积分航程表(部分示例)，条件是：采用的是长航程巡航，巡航高度 35000ft，温度为标准大气温度。积分航程表中的数据是对应条件下飞机的航程能力。已知飞机巡航开始时的重量、巡航结束时的重量和巡航距离三个参数中的任意两个，利用积分航程表便可以查找或计算出第三个参数，再根据所选择的巡航方式对应的巡航速度可以计算出巡航时间，具体使用方法见例 5-10 和例 5-11。

表 5-11　B757-200(RB211-535E4)积分航程表 (LRC　FL350　ISA(−54.31℃))

W/lb	0	400	800	1200	1600	2000	2400	2800	3200	3600
140000	0	22	45	67	89	112	134	156	178	201
144000	223	245	267	289	311	333	355	377	399	421
148000	443	465	487	509	531	552	574	596	618	639
152000	661	683	705	726	748	770	791	813	834	856
156000	878	899	921	942	964	985	1007	1028	1050	1071
160000	1093	1114	1135	1157	1178	1200	1221	1242	1263	1285
164000	1306	1327	1348	1369	1390	1412	1433	1454	1475	1496
168000	1517	1538	1559	1579	1600	1621	1642	1663	1684	1704
172000	1725	1746	1767	1787	1808	1829	1849	1870	1891	1911
……	……	……	……	……	……	……	……	……	……	……
240000	5027	5045	5063	5081	5100	5118	5136	5154	5172	5190
244000	5208	5226	5244	5262	5280	5298	5316	5334	5351	5369
248000	5387	5405	5423	5441	5459	5476	5494	5512	5530	5547
252000	5565	5583	5601	5618	5636	5654	5671	5689	5706	5724
256000	5742	5759	5777	5794	5812	5829	5847	5864	5882	5899
260000	5917									

　　注：实际温度比标准大气温高(低)1℃，增加(减少)燃油 0.12%。

例 5-10 已知 B757-200 在 35000ft 高度巡航按 LRC 方式巡航，开始巡航重量是 255600lb，巡航结束时重量为 248400lb，其积分航程表为表 5-11。试计算在该巡航期间的巡航距离和消耗的燃油。

解：表 5-11 中的第一列和第一行代表的都是巡航重量（单位都是 lb），列中的数值和行中的数值相加代表实际的巡航重量，列和行的重量相交处对应的就代表其某一重量下具有的航程能力。开始巡航重量是 255600lb，根据表中的数据可知，255600lb 可以分解为 252000lb 与 3600lb 之和，因此第一列的 252000lb 与第一行中的 3600lb 相交处对应的是 5724n mile，表示在开始巡航重量是 255600lb 该飞机具有的航程能力为 5724n mile。

特别说明，若从表 5-11 中找不到对应的重量，如开始巡航重量是 255400lb，则需要找出上下相邻的 2 个重量对应的航程再做线性插值计算，显然 255400lb 位于 255200lb 和 255600lb 之间，从表 5-11 中可知 255200lb 等于 252000lb 和 3200lb 之和，因此对应的航程能力为 5706n mile，已查出了 255600lb 时的航程能力为 5724，经线性插值计算可得巡航重量为 255400lb 的航程能力为 5715n mile。

巡航结束时重量为 248400lb（＝248000lb+400lb）时，对应的航程能力是 5405 n mile，这期间飞机的巡航距离为

$$5724 \text{ n mile} - 5405 \text{ n mile} = 319 \text{ n mile}$$

巡航期间消耗的燃油（开始巡航重量与巡航结束重量之差）为

$$255600\text{lb} - 248400\text{lb} = 7200\text{lb}$$

由于不同的巡航方式往往速度、燃油消耗等不一样，因此其积分航程表也不同，为方便使用根据巡航方式给出不同的积分航程表，表 5-12 所示是 B757-200 按照等马赫数方式巡航时的积分航程表，该表中的中心格内的两行数据分别代表航程能力和飞行时间，如开始巡航重量为 1436000lb 时，对应表格中的 258n mile 代表其还具有的航程能力，0.595h 代表其继续飞行完 258n mile 需要的时间。

表 5-12　B757-200（RB211-535E4）积分航程表（M0.8　FL350　ISA（OAT＝−54.31℃　V_{TAS}＝461kn））

W/lb	0	400	800	1200	1600	**2000**	2400	2800	3200	**3600**
140000	0	29	57	86	115	143	172	201	229	**258**
	0.00	0.062	0.125	0.187	0.249	0.311	0.373	0.435	0.497	**0.595**
144000	286	315	343	372	400	429	457	486	514	542
	0.621	0.683	0.754	0.807	0.868	0.930	0.992	1.053	1.115	1.176
148000	571	599	627	656	684	712	740	769	797	825
	1.238	1.299	1.361	1.422	1.483	1.544	1.606	1.667	1.728	1.789
152000	853	881	909	937	965	**993**	1021	1049	1077	1105
	1.850	1.911	1.972	2.033	2.093	**2.154**	2.215	2.276	2.336	2.397
156000	1133	1161	1189	1217	1245	1272	1300	1328	1356	1383
	2.457	2.518	2.578	2.639	2.699	2.759	2.819	2.880	2.940	3.000
160000	1411	1439	1466	1494	1522	1549	1577	1604	1632	1659
	3.060	3.120	3.180	3.240	3.300	3.359	3.419	3.479	3.538	3.598

续表

W/lb	0	400	800	1200	1600	**2000**	2400	2800	3200	**3600**
164000	1687	1714	1742	1769	1796	1824	1851	1878	1906	**1933**
	3.658	3.717	3.777	3.836	3.895	3.955	4.014	4.073	4.132	**4.191**
……	……	……	……	……	……	……	……	……	……	……
224000	5472	5494	5517	5539	5562	5584	5606	5629	5651	5673
	11.866	11.915	11.963	12.012	12.061	12.109	12.158	12.206	12.254	12.302
228000	5695	5717	5740	5762	5784	5806	5828	5849	5871	5893
	12.350	12.398	12.446	12.494	12.542	12.589	12.637	12.684	12.732	12.779
232000	5915	5936	5958	5980	6001	6023	6044	6066	6087	6109
	12.826	12.873	19.920	12.967	13.014	13.060	13.107	13.154	13.200	13.246
236000	6130	6151	6172	6193	6215	6236	6257	6278	6299	6320
	13.292	13.339	13.385	13.430	13.476	13.522	13.568	13.613	13.659	13.704

注：实际温度比标准大气温度高(低)1℃，则增加(减少)燃油 0.12%。

例 5-11 已知飞机以 $M=0.8$ 在 35000ft 高度巡航飞行，标准大气，起始巡航重量为 167600lb，预计巡航飞行 940n mile。试根据其积分航程表 5-12 确定巡航结束的重量、消耗的燃油和时间。

解：根据表 5-12 巡航开始重量为 167600lb 时具备的航程能力为 1933n mile，巡航飞行 940n mile 距离后，到巡航结束时剩余的航程能力为 1933n mile−940n mile=993n mile。由表 5-12 可知，剩余航程能力为 993n mile 对应的重量为 154000lb(=152000lb+2000lb)，巡航期间消耗的燃油(开始巡航重量减巡航结束时重量)为 167600lb−154000lb=13600lb；由表 5-12 可知重量为 167600lb 和 154000lb 对应的航时分别为 4.191h 和 2.154h，巡航时间为 4.191h−2.154h=2.037h。

故在给定条件下飞机巡航结束的重量为 154000lb，消耗的燃油为 13600lb，时间为 2.037h。

5.5.2 巡航操纵表

为了便于飞行中驾驶员使用，飞机的飞行机组操作手册中提供了相应巡航方式的巡航操纵表，给出了相关的性能数据。如表 5-13 所示的是空客 A319/320/321 的巡航操纵表。

表 5-13 所示给出的是飞机按等马赫数 $M=0.78$ 巡航飞行时的操纵性能数据，由该表可以查得各重量和高度对应的相关性能数据。例如，重量为 60000kg 在 37000ft 高度按 $M=0.78$ 巡航飞行的性能数据含义为：第一项 86.9 表示发动机的低压转子的转速比应调至 86.9%N1（额定转速比的 86.9%）；第二项 0.78 表示巡航马赫数为 0.78；第三项 1102 表示单台发动机的燃油流量为 1102kg/h；第四项 252 表示飞行时飞机的指示空速为 252kn；第五项 203.0 表示燃油里程为 203.0n mile/(10^3kg)；第六项 447 表示飞行时飞机的真实空速为 447kn。

表 5-13　空客 A319/320/321 的巡航操纵表（*M*0.78）

	CRUISE-*M*.78										
MAX. CRUISE THRUST LIMITS（最大巡航推力） NORMAL AIR CONDITIONING（正常空调） ANTI-ICING OFF 防冰关							IS CG = 33.0%		N1 /% kg/h/ENG n mile/(10³kg)	MCH IAS /kn TAS /kn	
WEIGHT /(×10³kg)	FL290		FL310		FL330		FL350		FL370		FL390	
50	84.0	0.780	84.0	0.780	84.0	0.780	84.1	0.780	84.7	0.780	85.9	0.780
	1276	302	1189	289	1112	277	1044	264	992	252	955	241
	180.9	462	192.5	458	204.0	454	215.4	450	225.6	447	234.1	447
52	84.2	0.780	84.2	0.780	84.3	0.780	84.5	0.780	85.1	0.780	86.3	0.780
	1288	302	1202	289	1127	277	1060	264	1011	252	977	241
	179.2	462	190.3	458	201.4	454	212.0	450	221.3	447	229.0	447
54	84.4	0.780	84.5	0.780	84.6	0.780	84.8	0.780	85.5	0.780	86.9	0.780
	1300	302	1216	289	1142	277	1079	264	1031	252	1003	241
	177.5	462	188.1	458	198.6	454	208.4	450	217.0	447	223.1	447
56	84.7	0.780	84.8	0.780	84.9	0.780	85.2	0.780	85.9	0.780	87.6	0.780
	1314	302	1231	289	1159	277	1097	264	1052	252	1036	241
	175.7	462	185.9	458	195.7	454	204.8	450	212.6	447	216.0	447
58	84.9	0.780	85.1	0.780	85.2	0.780	85.6	0.780	86.4	0.780	88.3	0.780
	1328	302	1246	289	1176	277	1117	264	1075	252	1070	241
	173.9	462	183.6	458	192.8	454	201.3	450	208.1	447	209.0	447
60	85.2	0.780	85.3	0.780	85.6	0.780	85.9	0.780	86.9	0.780	89.2	0.780
	1342	302	1262	289	1195	277	1137	264	1102	252	1110	241
	172.0	462	181.3	458	189.8	454	197.6	450	203.0	447	201.5	447
62	85.5	0.780	85.6	0.780	85.9	0.780	86.3	0.780	87.6	0.780	90.1	0.780
	1357	302	1279	289	1214	277	1158	264	1135	252	1153	241
	170.1	462	178.8	458	186.8	454	194.1	450	197.1	447	194.0	447
64	85.7	0.780	85.9	0.780	86.2	0.780	86.7	0.780	88.2	0.780		
	1373	302	1297	289	1234	277	1182	264	1170	252		
	168.2	462	176.4	458	183.8	454	190.2	450	191.2	447		
66	86.0	0.780	86.2	0.780	86.6	0.780	87.2	0.780	89.0	0.780		
	1389	302	1316	289	1254	277	1209	264	1209	252		
	166.2	462	173.9	458	180.9	454	186.0	450	185.0	447		
68	86.2	0.780	86.5	0.780	86.9	0.780	87.8	0.780	89.8	0.780		
	1406	302	1335	289	1275	277	1242	264	1252	252		
	164.2	462	171.4	458	177.9	454	181.0	450	178.7	447		
70	86.5	0.780	86.8	0.780	87.3	0.780	88.4	0.780	90.8	0.780		
	1424	302	1355	289	1299	277	1277	264	1298	252		
	162.1	462	168.9	458	174.6	454	176.1	450	172.3	447		

续表

WEIGHT /(×10³kg)	FL290		FL310		FL330		FL350		FL370	FL390
72	86.8	0.780	87.1	0.780	87.7	0.780	89.0	0.780		
	1442	302	1375	289	1325	277	1314	264		
	160.0	462	166.4	458	171.2	454	171.1	450		
74	87.1	0.780	87.5	0.780	88.2	0.780	89.8	0.780		
	1462	302	1397	289	1357	277	1356	264		
	157.9	462	163.9	458	167.1	454	165.7	450		
76	87.4	0.780	87.8	0.780	88.8	0.780	90.5	0.780		
	1482	302	1419	289	1392	277	1400	264		
	155.8	462	161.3	458	162.9	454	160.5	450		
LOW AIR CONDITIONING ΔFUEL=−0.5%				ENGINE ANTI ICE ON ΔFUEL=+2%				TOTAL ANTI ICE ON ΔFUEL=+5%		

习　题

5-1　已知飞机巡航飞行时发动机的燃油流量为360kg/h,功率为1200kW。试计算其燃油消耗率。

5-2　已知飞机巡航飞行时发动机的燃油流量为6000kg/h,推力为200kN。试计算其燃油消耗率。

5-3　已知喷气发动机飞机巡航飞行 1200n mile,真实空速 400kn,共消耗燃油18000kg,推力为200kN。试计算其燃油消耗率。

5-4　已知飞机发动机的燃油流量为250kg/h,功率为1000kW。试计算其燃油消耗率。

5-5　已知飞机发动机的燃油流量为5000lb/h,功率为500kW。试计算其燃油消耗率。

5-6　已知双发飞机发动机的燃油流量为1500kg/h,单发推力为500kN。试计算其燃油消耗率。

5-7　已知喷气发动机飞机,巡航开始的重量为220klb,巡航结束时重量是196klb,巡航距离为1427n mile,飞行时间是 3.046h,巡航推力为32000lb。试计算其燃油消耗率。

5-8　已知 B757-200 飞机,利用书中表 5-12 的数据,计算该飞机巡航飞行起始重量为166klb,巡航结束重量150klb,巡航推力30000lb。试计算其燃油消耗率。

5-9　已知某喷气发动机飞机在最大航程巡航高度上巡航时其换算重量为 $0.88×10^6$lb,试计算其重量分别为140klb、160klb、180klb 时所对应的最佳巡航高度。

5-10　已知某型号飞机,巡航时飞机重量200000lb,时间成本系数 C_t=¥3200/h,燃油成本系数 C_F = ¥8/kg。在标准气象条件下,巡航高度是37000ft,燃油流量随马赫数的关系为

M	0.72	0.74	0.77	0.80	0.82
F_F/(lb/h)	6198	6299	6565	6890	7505

试计算巡航距离 100n mile 时的最经济巡航马赫数。

5-11 已知某飞机，在标准气象条件下，在 37000ft 巡航(声速 576.48kn)，巡航时飞机重量 320000lb，时间成本系数 $C_t = \$500/h$，燃油成本系数 $C_F = \$10/(100\text{lb})$。已知巡航高度上燃油流量随马赫数的关系为

M	0.75	0.77	0.79	0.81	0.83
$F_F/(\text{lb/h})$	9732	9811	10120	10630	11343

试计算其成本指数和巡航距离 200n mile 时的最经济巡航马赫数。

5-12 某飞机短航线巡航高度如图 5-23 所示。已知其起飞重量 190klb，标准大气条件，航线距离 150n mile，利用图 5-23 给出的航线高度图，确定其巡航高度。

5-13 已知 777-200 巡航飞行的风速因子如表 5-2 所示。以长航程方式巡航飞行，巡航重量 220000kg。若已知各高度上实际风的情况如下：FL410 逆风 10kn，FL390 逆风 20kn，FL370 逆风 30kn，FL350 顺风 40kn，FL330 顺风 50kn。试确定考虑风速影响后在哪个高度上巡航更有利。

5-14 已知 777-200 巡航飞行的风速因子如表 5-2 所示。以等马赫数 $M = 0.84$ 方式巡航飞行，巡航重量 220000kg。若已知各高度上实际风的情况如下：FL430 顺风 50kn，FL410 顺风 40kn，FL390 顺风 30kn，FL370 顺风 20kn，FL350 顺风 10kn，FL330 顺风 5kn。试确定考虑风速影响后在哪个高度上巡航更有利。

5-15 已知某飞机巡航飞行的风速因子如表 5-2 所示。拟选择 LRC 方式巡航飞行，巡航重量 240000kg。若已知各高度上实际风的情况如下：FL390 逆风 40kn，FL370 逆风 30kn，FL350 逆风 20kn，FL330 顺风 10kn，FL310 顺风 10kn。试确定考虑风速影响后在哪个高度上巡航更有利。

5-16 飞机起飞重量 210000lb，标准大气条件，航线距离 250n mile，利用图 5-23 给出的航线高度图，确定其巡航高度。

5-17 某飞机短航线巡航高度如图 5-23 所示。已知其起飞重量 200klb，大气条件是 ISA+20℃，航线距离 200n mile，利用图 5-23 给出的航线高度图，确定其巡航高度。

5-18 已知某飞机巡航飞行的风速因子如表 5-2 所示。拟选择等马赫数 $M = 0.84$ 方式巡航飞行，巡航重量 240000kg。若已知各高度上实际风的情况如下：FL390 逆风 40kn，FL370 逆风 30kn，FL350 逆风 20kn，FL330 顺风 10kn，FL310 顺风 10kn。试确定考虑风速影响后在哪个高度上巡航更有利。

5-19 飞机单发失效开始飘降重量 83000kg，空调开，发动机和机翼防冰打开，从 39000ft 飘降到 26000ft。ISA 温度，飘降过程有 50kn 顺风。根据图 5-26 估算飘降过程的时间、耗油、距离等参数。

5-20 简述飞机保持高度不变情况下，在巡航期间按照 MRC 速度飞行时其主要参数的变化特点。

5-21 简述在巡航期间始终按照 LRC 速度飞行时，其主要参数的变化特点。

5-22 简述飞机保持等高度和等马赫数巡航飞行时，在巡航期间其主要参数的变化特点。

5-23 某飞机改平飞高度限制的最大重量如图 5-27 所示。若实际的飞行条件为环境

温度为 ISA-5℃，发动机防冰打开，空调自动(高)，单发改平飞地点有高度为 14000ft 的障碍物。试确定改平飞高度限制的最大重量。

5-24　已知某飞机计划燃油 85000lb，备用燃油 13000lb；全发出航真实空速为 465kn，逆风 50kn，燃油流量为 11620lb/h；单发失效后返航真实空速为 456kn，顺风 60kn，燃油流量为 10320lb/h。试估算其返航点及飞抵返航点的时间和由返航点飞回的时间。

5-25　飞机在 35000ft 高度巡航按 LRC 巡航，其积分航程表如表 5-11 所示。开始巡航时其航程能力为 5882n mile，巡航结束时的重量是 244400lb。试计算其巡航期间消耗的燃油和巡航距离。

第6章 飞机的进近和着陆性能

飞机在结束下降阶段的飞行后，进场开始进近与着陆飞行过程。进近与着陆是非常重要的飞行阶段。现代民航运输机在进近与着陆期间，多是按仪表飞行程序飞行。仪表进近飞行过程，实质上是根据飞行仪表的指示和对障碍物保持规定的超障裕度，进行的一系列机动飞行。在进近过程中飞机由下降构型逐步转变为着陆形态，并完成高度表和发动机推力状态的调定、不断调整高度和速度并对准跑道。在进近阶段对飞机的操纵多且要求精确度高，而限制和影响因素也多。因此，飞行员为了准确操作飞机，必须注意力高度集中，通常航空公司对进近过程的飞行，制定有严格的标准和操作规程。飞机的进近与着陆过程如图 6-1 所示。

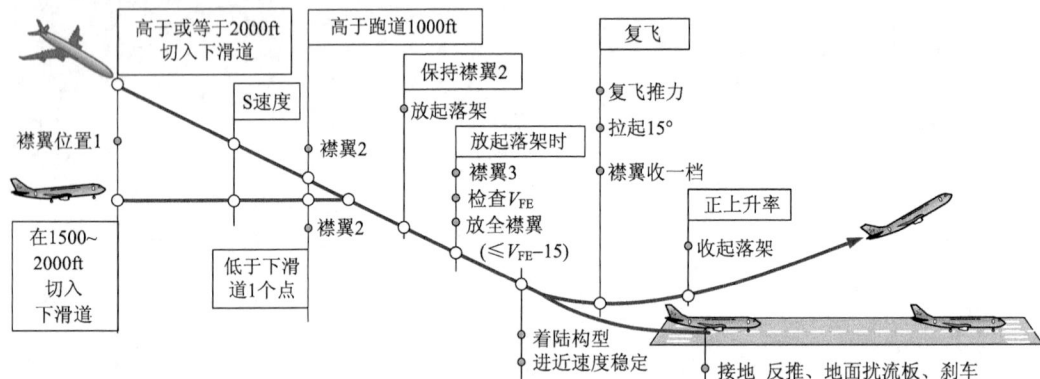

图 6-1 进近与着陆过程示意图

6.1 进 近

进近通常是指飞机下降到机场上空一定高度(通常是 1500ft)，在着陆之前对准跑道的飞行过程，进近期间需要调整飞机的高度和速度，安全超越地面的障碍物，将飞机的襟翼放下、起落架放下逐步达到着陆构型。现代民航飞机广泛使用仪表着陆系统(instrument landing system，ILS)，仪表着陆系统为飞机提供对准跑道的航向信号和指导飞机下降的下滑道信号，以及距离跑道的距离指示信号。一般仪表着陆系统由地面设备和机载设备组成，其中地面设备由航向信标、下滑信标、指点标三部分组成(图 6-2)。飞机在进近着陆期间通常是按照标准仪表进近程序飞行。仪表进近程序是指航空器根据飞行仪表提供的方位、距离和下滑信息，并对障碍物保持规定的超障裕度所进行的一系列预定的机动飞行，从规定的进场航路或起始进近定位点开始，直至能够完成着陆。仪表进近程序分为精密进近和非精密进近两大类。仪表进近程序通常由进场航段(arrival segment)（严格来说属于进场，不属于仪表进近程序）、起始进近航段(initial approach segment)、中间进近航段(intermediate approach segment)、最后进近航段(final approach segment)、复飞航段(missed segment)5 个航段组成(图 6-3)。

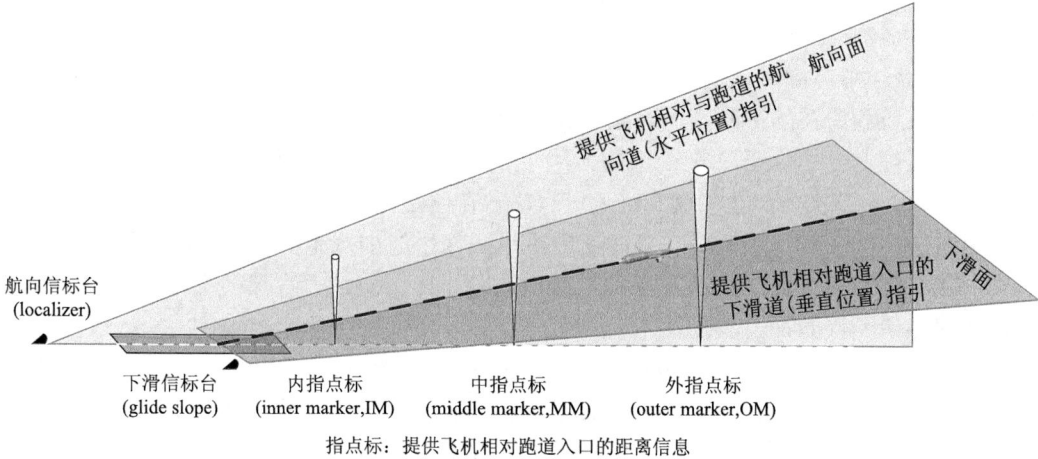

图 6-2　仪表着陆系统的地面设备

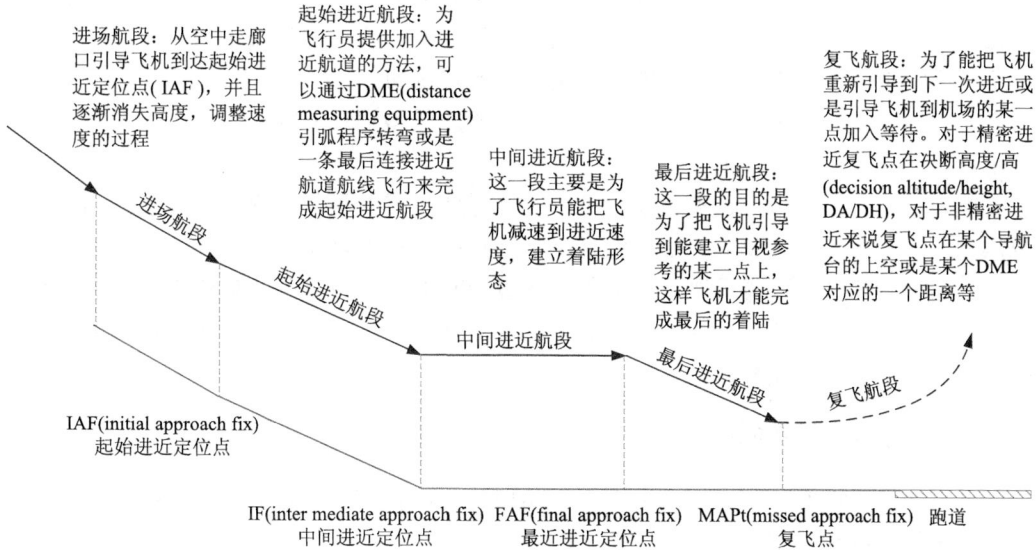

图 6-3　仪表进近程序的航段划分

6.1.1　稳定的进近

为了确保着陆安全，必须建立稳定的进近。对运输类飞机来说，稳定进近是飞机安全进近和着陆的一个重要条件。稳定进近的特征是保持恒定俯仰角和下降率的进近剖面，直到开始着陆动作。除非某些特定的情况下需要其他特殊的进近剖面，一般正常情况下稳定进近是最安全的剖面。

当仪表气象条件下飞机距离跑道入口处高度1000ft(目视气象条件下500ft)至着陆接地区满足了以下条件的进近称为稳定的进近。

(1)飞机在正确的航迹上(即指航道正确,径向线或其他航迹引导已经调定、调谐,并已被识别且飞行员正在跟踪该引导)。

(2)飞机建立正常的着陆形态。

(3)截获下滑道或飞越最后进近定位点后,操纵飞机的飞行员仅需要正常的修正来保持正确的航迹和所需的下降剖面,直至在接地区内着陆。正常的修正是指对坡度、下降率和推力管理进行的修正,主要包括以下内容。①航道/下滑道引导:航道和下滑道偏差必须在±1个点范围内;②在盘旋进近过程中,在五边高于机场标高300ft高度上,应保持机翼水平;③坡度:进近期间允许使用机组操作手册中规定的最大坡度,但不应大于30°;④下降率:保持在目标下降率±300ft/min以内;⑤推力管理:飞行员可使用被批准的手册中所允许的推力范围。

(4)飞机速度在经批准的飞机飞行手册中规定的范围内。

(5)下降率不大于1000ft/min。如果进近中遇到非预计的并持续大于1000ft/min的下降率,则应执行复飞,条件允许下再尝试第二次进近。

(6)推力调定适合于选择的着陆形态,并在允许的推力范围之内。

在进近期间,飞行机组应该考虑飞机的动态和风的条件,对进近计划的实施情况予以特别关注。操纵飞机的飞行员应根据情况及时调整下降率。除特别情况外,维持恒定俯角和恒定下降率终止于接地点的下降剖面是最安全的。

若建立了目视参考,即基于看到的跑道、相应的跑道灯光或标志,飞行员不能使用正常修正动作安全着陆,则应实施复飞。

若未建立目视参考,在接近最低下降高度时或批准的最低下降高度的缓冲高度时,或是到达了复飞点仍未建立目视参考,则飞行员应该实施复飞程序。

在仪表气象条件下飞机距离跑道入口高度1000ft时,目视气象条件下飞机距离跑道入口高度500ft时,飞机应建立稳定进近,如果在此高度以下仍处于不稳定进近时,飞行机组应立即启动复飞程序。

6.1.2 进近期间的速度要求

飞机在进近期间,随着高度的下降,需要建立起稳定的进近并不断调整速度,涉及如下相关的速度和限制。

(1)最小可选速度 V_{LS}。

一般在飞行阶段,应该选择一个不低于 V_{LS} 的飞行速度,通常该速度是用飞机实际构型下的失速速度来定义的,即

$$V_{LS} = 1.23 V_{S1g}; \quad V_{LS} = 1.3 V_{SR}$$

在进近着陆期间,为了实现保持稳定的进近,通常在高于目的地机场跑道50ft,保持校准空速不小于最小可选速度 V_{LS}。

（2）最后进近速度 V_{APP}。

最后进近速度 V_{APP} 是在进近着陆期间，起落架放下，襟翼、缝翼位于着陆形态，且高于跑道 50ft 的速度。V_{APP} 受到 V_{LS} 的限制，需满足

$$V_{APP} \geqslant V_{LS}$$

通常在定义 V_{APP} 时，要在 V_{LS} 之上保留一个裕度，即

$$V_{APP} = V_{LS} + \Delta V_W$$

其中，ΔV_W 为风修正量，其值被限制在 5~15kn 范围内。综合考虑风和阵风以及使用自动推力或补偿机翼积冰等情况来确定。

（3）基准速度 V_{REF}。

基准速度 V_{REF} 也称为着陆参考速度或跑道入口速度，要求 $V_{REF} \geqslant V_{LS}$，且不小于飞机恒速协调转弯时规定的机动能力速度。该速度是在规定着陆构型下，保障距跑道 50ft 时稳定进近的速度。一般若在空中发生故障、应急或非正常形态，依据该基准速度进行性能计算。

6.1.3　复飞

飞机在进近和着陆期间，如果没有建立起稳定的进近或发生需要复飞的情况，或是发生跑道入侵等特殊情况时，飞机需要停止进近转为复飞。复飞实质上是由于特殊原因而中断进近着陆，并转入爬升飞行的过程，目的在于重新进近着陆，以确保安全。复飞航段是按进近程序飞行的一个组成部分，因此有相应规定的复飞程序。复飞程序自开始爬升点到规定的终止高度，该终止高度应足以允许飞机开始一次新的进近、等待或重新开始航路飞行。一般根据飞机的构型不同，复飞可以分为进近爬升和着陆爬升两种情况。它们的异同以及需要满足的规章限制要求如表 6-1 所示。

表 6-1　进近爬升与着陆爬升

		进近爬升	着陆爬升
形态	起落架	收上	放下
	襟翼	进近襟翼	着陆襟翼
	发动机	关键发动机失效	全发工作
	推力	其余发动机处于复飞推力(功率)状态	从最小飞行慢车位置开始移向复飞设置位置，8s 后达到复飞推力(功率)
限制和要求	速度	$1.23V_{S1g} \leqslant V \leqslant 1.41V_{S1g}$　$V \geqslant V_{MCL}$	$1.13V_{S1g} \leqslant V \leqslant 1.23V_{S1g}$　$V \geqslant V_{MCL}$
	爬升梯度	双发飞机：定常爬升梯度≥2.1%　三发飞机：定常爬升梯度≥2.4%　四发飞机：定常爬升梯度≥2.7%	定常爬升梯度不得小于 3.2%

6.1.4　复飞爬升梯度及其影响因素

规章都对复飞时进近爬升与着陆爬升的爬升梯度提出了严格的限制要求。其计算方

法与起飞过程的爬升梯度即式(3-38)相同，为了便于分析重新写出该式：

$$G_C = \frac{T-D}{W} \cdot \frac{1}{1+\dfrac{V}{g}\dfrac{dV}{dh}} \tag{6-1}$$

其中，加速度因子的计算公式见表3-8，加速度因子随表速的变化特性如图3-41所示。从式(6-1)可以看出，影响飞机复飞爬升梯度的主要因素中，机场的气压高度、机场温度、飞机重量的影响特性与4.1.4节所述相同；复飞爬升的梯度还会受襟翼位置的影响，通常襟翼位置序号越大，则阻力越大，因而爬升梯度会减小；防冰系统若打开，会导致发动机推力减小，因而会使爬升梯度减小；另外，复飞爬升时若速度随高度增加($dV/dh>0$)，则爬升梯度会减小。

6.2　着　陆　性　能

飞机着陆过程是航班飞行中最复杂、最危险的阶段。着陆阶段通常从飞机离跑道道面50ft开始，保持规定的姿态、速度和下降角(一般为3°)，接地后迅速采取减速措施(使用刹车、发动机反推、打开减速板等)，直至在跑道上停下。着陆期间需要满足可用着陆距离、重量以及机场条件等限制。

6.2.1　着陆距离及其影响因素

按照民航规章(CCAR-25)的要求，飞机的着陆距离是从高于着陆表面15m(50ft)到飞机着陆至完全停止所需的水平距离。

1. 着陆过程和着陆距离的组成

飞机的着陆过程包括空中段和地面段(图6-4)。空中段自距离跑道面50ft开始，通常以参考速度并保持−3°下滑角直到接地；地面阶段由过渡段(接地后发动机推力由空中慢车改为地面慢车状态，并立刻拉出反推、打开扰流板、使用刹车等操作结束后，一般时间很短，约2s或更短)和减速段(在制动措施、摩擦力等作用下减速滑跑直至停下)组成。

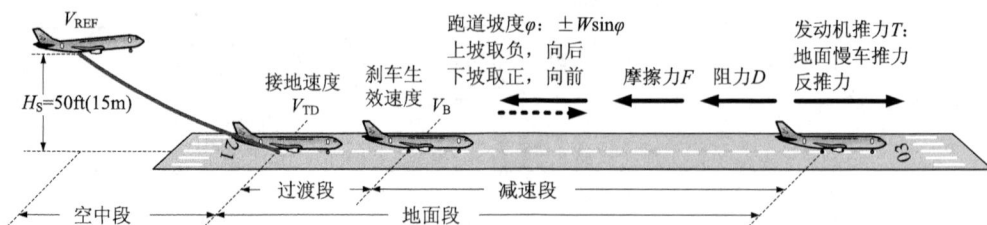

图6-4　着陆水平距离以及水平方向受力

2. 着陆距离的计算公式

1) 空中段距离 R_{LA} 的计算

如图6-4所示，记飞机在距跑道50ft高时的速度为 V_{REF}，接地速度为 V_{TD}，飞机的

阻力为 D，由于此时发动机为慢车推力，近似取 $T=0$，则根据能量守恒原理有

$$DR_{LA} = \left(\frac{W}{2g}V_{REF}^2 + WH_S\right) - \frac{W}{2g}V_{TD}^2 \tag{6-2}$$

由式(6-2)可以解得空中段距离 R_{LA} 的计算公式为

$$R_{LA} = \frac{W}{D}\left[\frac{1}{2g}(V_{REF}^2 - V_{TD}^2) + H_S\right] \tag{6-3}$$

2)过渡段地面距离 R_{LGT} 的计算

该段长度取决于过渡段的起始速度，即接地速度和刹车生效速度，以及所经历的时间 t_T，可用式(6-4)近似计算。

$$R_{LGT} = \left(\frac{V_{TD} + V_B}{2} + V_W\right) \cdot t_T \tag{6-4}$$

其中，V_W 为实际的风速。

3)减速段地面距离 R_{LGB} 的计算

减速段的计算与起飞地面滑跑距离计算类似，可以得减速段的加速度为

$$a = \frac{g}{W}[T - \mu_B(W - L) - D - W\sin\varphi] = \frac{g}{W}\left[(T - \mu_B W) - (C_D - C_L)\frac{\rho_0\sigma}{2}SV^2 - W\sin\varphi\right]$$

$$\tag{6-5}$$

其中，μ_B 为使用减阻措施(包括刹车)后的摩擦系数；φ 为跑道坡度，上坡着陆取正值，下坡着陆取负值。需要注意的是，式中的气动力系数需要计及地效影响，一般是通过试飞得出的。

根据 $dR_{LGB}/dV = (dR_{LGB}/dt)/(dV/dt) = V/a$，可得减速段地面距离 R_{LGB} 为

$$R_{LGB} = \int_{V_B}^{V_W} \frac{V \pm V_W}{a} dt \tag{6-6}$$

其中，V_W 为实际的风速，顺风时取负，逆风时取正；a 为按式(6-5)计算的加速度。

通过以上分析，可得着陆距离的计算公式为

$$R_L = R_{LA} + R_{LGT} + R_{LGB} \tag{6-7}$$

3. 影响着陆距离的因素

根据着陆距离的计算分析及其计算公式可知,影响着陆距离主要有进场速度(接地速度)、进场高度、减阻措施、襟翼的使用等操作和飞机本身特性等方面的因素,以及机场的气压高度和温度、风等气象条件,还包括机场跑道条件如跑道坡度、跑道道面状况等。

(1)进场速度的影响。很显然,飞机的进场速度越大,则接地速度越大,空中段距离和减速度距离都会增大,因此着陆距离会增加。

(2)进场高度的影响。在保持 $-3°$ 下滑角的前提下,高度越高,则接地点越远,空中距离增加,因此着陆距离会增大。同时,接地点远相当于减小了可用着陆距离。

(3)减阻措施和刹车的影响。飞机接地后,需要使用扰流板、反推和刹车等增加阻力,使飞机快速停下来,减小着陆距离。通常情况下刹车的减阻作用最大,扰流板次之,反推的减阻作用相对前两种最小。但是在大速度下和湿跑道条件下,反推的作用会提高。

现代运输机的制动系统主要由刹车及刹车防滞系统、扰流板、反推组成。刹车是着陆中的基本制动手段，尤其是在低速滑跑时，大部分的减速力来自刹车。现代大型运输机普遍采用自动刹车功能，它不仅能有效地减轻机组在着陆阶段的工作负荷，而且可以缩短刹车启动的延迟时间进而缩短着陆距离；刹车防滞系统通过调节刹车压力从而使机轮维持最佳打滑率，以获得最高的刹车效率和方向控制能力，并能有效地防止机轮锁死、拖胎等现象。刹车防滞系统可以确保在任何道面上都能获得最佳的减速效果，若防滞系统失效，将使着陆距离显著增加。扰流板的基本作用在于通过破坏机翼上表面绕流从而减小升力，并增大气动阻力。从其减速的效果来看，最关键的作用还是破坏机翼升力，提高作用于机轮上的正压力而增强刹车的效果。

(4)襟翼设定偏度大小的影响。一般襟翼偏度越大，阻力系数增大，有利于缩短着陆距离。但阻力增加会使升阻比减小，导致复飞时的爬升梯度减小，因此襟翼偏度大，进近和着陆爬升梯度限制的最大着陆机重减小。

(5)气压高度和温度的影响。由于着陆期间给定的速度是表速，而表速相同时，气压高度越高，对应的真实空速越大，飞机的动能也越大，着陆距离越大；温度高时大气的密度将减小，其影响与高度增加是一样的。同时，高度和温度高，会使进近爬升和着陆爬升的梯度减小，将导致复飞梯度限制的最大着陆机重减小。

(6)风的影响。从着陆距离的计算分析中可知，逆风使得着陆距离减小，而顺风将导致着陆距离增加。规章规定，在计及风对着陆距离的影响时，对有利于减小着陆距离的逆风，取风速的一半计算，而对于不利的顺风，则按 1.5 倍的风速计算。

(7)跑道坡度的影响。上坡(记坡度为 φ)着陆时，重力的分量 $W\sin\varphi$ 作用方向向后，使阻力增大，因此着陆距离将减小；下坡则相反。

(8)道面状况的影响。在积水、融雪等液态污染道面着陆时，一方面污染使摩擦系数降低，从而着陆距离加长；但同时产生的附加阻力又会使着陆距离缩短，液态污染道面对着陆距离的影响，需要通过试飞得出。结冰等硬质污染道面，摩擦系数的减小，导致着陆距离增加。

6.2.2 规章对着陆距离的要求

为了保障飞机的着陆安全，在 CCAR-25.125 条、CCAR121.195 条以及咨询通告《航空承运人湿跑道和污染跑道运行管理规定》(AC-121-FS-33R1)等规章中规定了可用着陆距离、审定着陆距离、运行着陆距离和所需着陆距离。

1. 可用着陆距离

可用着陆距离(landing distance available，LDA)是指机场公布的跑道可用着陆距离。该距离可能会比跑道的总长度更短。

1)着陆航迹上没有障碍物

在着陆航迹上没有障碍物的情况下，可用着陆距离就是跑道的实际长度，规定停止道不能用于着陆计算。

2)着陆航迹下有障碍物

若在进近净空区内有障碍物，则需要定义一个跑道入口内移的跑道，它的位置是以影响最大的障碍物形成 2%的正切平面然后再加 60m 的裕度，如图 6-5 所示。

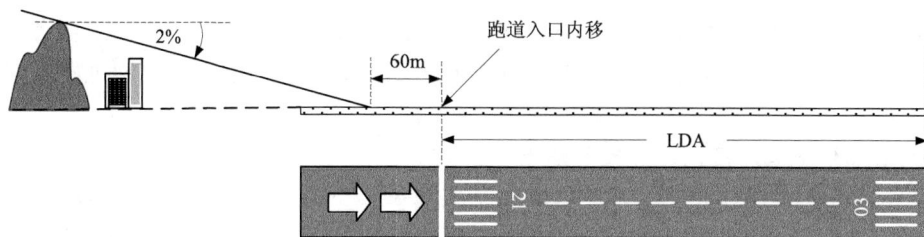

图 6-5 着陆航迹下有障碍物时的可用着陆距离

2. 审定着陆距离

审定着陆距离(certificated landing distance，CLD)也称演示着陆距离(demonstrated landing distance，DLD)，是指按人工驾驶着陆、人工最大刹车、以入口速度(V_{REF})、50ft (15m)高进跑道、水平干跑道、标准大气温度计算的从跑道入口到全停时用的距离。它未包含任何安全余量，也不使用自动刹车、自动着陆系统、平视引导(head up display，HUD)系统或反推，审定着陆距离通常不等于实际着陆距离。

3. 运行着陆距离

运行着陆距离(operation landing distance，OLD)是根据报告的气象和道面条件、标高、跑道坡度、飞机重量、飞机构型、进场速度、自动着陆系统或 HUD 系统的使用，以及预计着陆时将要使用的减速设备等条件所对应的着陆距离。该距离中不包括任何的安全余量，代表飞机在此条件下的最佳性能。

4. 所需着陆距离

所需着陆距离(required landing distance，RLD)是在审定着陆距离(CLD)的基础上，再加上适用的运行规章所定义的飞行前的计划安全余量所得到的着陆距离，所需着陆距离的计划安全余量通常根据不同的跑道道面状况给出具体要求，即

$$RLD = CLD + 安全余量$$

1)干跑道条件下的所需着陆距离($RLD_干$)

干跑道条件下要求飞机在跑道的有效长度 60%以内作全停着陆，因此干跑道所需着陆距离为审定着陆距离除以 0.6，即

$$RLD_干 = CLD/0.6 = 1.67 \times CLD$$

2)湿跑道条件下的所需着陆距离($RLD_湿$)

湿跑道条件下的所需着陆距离为干道面所需着陆距离的 1.15 倍，即

$$RLD_湿 = 1.15 \times RLD_干 = 1.92 \times CLD$$

在任何跑道条件下，规章中都要求所需着陆距离必须小于或等于可用着陆距离，即

$$RLD \leqslant LDA$$

6.2.3　着陆重量的限制

通过以上分析可知，为了保障飞机在进近着陆阶段的飞行安全，必须综合考虑着陆场地长度(即可用着陆距离 LDA)、复飞爬升梯度要求、结构强度以及快速过站等因素限制的最大着陆重量，从中选择最小的作为实际的最大着陆重量。

1. 着陆场地长度限制的最大着陆重量

飞机着陆时的重量越重，则所需着陆距离越长，因此着陆重量是限制飞机所需着陆距离的重要因素。在满足所需着陆距离小于等于可用着陆距离(RLD≤LDA)的前提下，能够安全着陆的最大重量，就是着陆场地长度(即可用着陆距离 LDA)限制的最大着陆重量。通常飞行手册中可以查得场地长度限制的最大起飞重量，如图 6-6 所示。

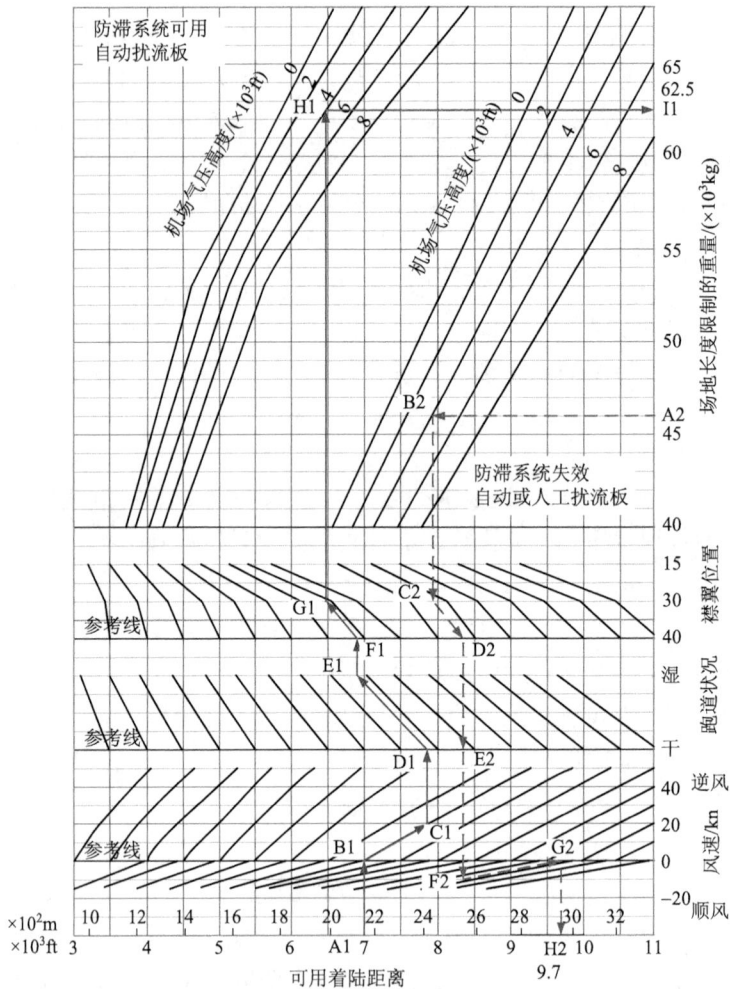

图 6-6　场地长度限制最大起飞重量

由图 6-6 可见，其中影响着陆距离的风、跑道状况、襟翼位置、刹车防滞系统工作状况等因素绘制在一起，便于查找和使用。

例 6-1 给定条件：飞机着陆襟翼位置 30；刹车防滞系统可用。着陆机场气压高度 4000ft；跑道长度(可用着陆距离 LDA)7000ft；湿跑道；逆风 20kn。

试根据以上着陆条件，使用图 6-6，确定场地长度限制的最大着陆重量。

解：如图 6-6 所示，由于已知中给定刹车防滞系统可用，用图中左上侧的一组高度曲线进行查找。

第一步：风修正。从机场跑道长度(可用着陆距离 LDA)7000ft 即 A1 点，向上作垂线至风修正单元的参考线 B1 点，沿引导线做逆风 20kn 修正至 C1 点。从修正结果可见，逆风时可用着陆距离增加。

第二步：跑道状况修正。经风修正后继续向上作垂线，与跑道状况修正栏参考线相交于 D1 点，给定条件是湿跑道，沿引导线修正至湿跑道 E1 点。从本例的修正结果可见，湿跑道导致可用着陆距离减小。

第三步：襟翼位置修正。经跑道状况修正后继续向上作垂线，先与襟翼位置修正单元的参考线相交于 F1 点，沿引导线修正值至着陆襟翼 30 至 G1 点。若使用襟翼位置 40 则不需修正，由此可见襟翼位置越小，可用跑道长度越短。

第四步：查场长限制的最大着陆重量。经襟翼位置修正后，继续向上作垂线，至防滞系统可用的一组曲线，与气压高度 4000ft 得交点 H1，由该交点向右作水平线，交于场长限制的最大着陆重量线，得到交点 I1 处坐标值是 62500kg，则该值即为本例所给条件下，场地长度限制的最大着陆重量。

同时在实际使用中，还可以利用飞机场地长度限制最大起飞重量图(图 6-6)，在已知着陆重量的条件下，确定所需着陆距离。

例 6-2 给定条件：着陆重量 46000kg；飞机着陆襟翼 30；刹车防滞系统失效。着陆机场气压高度 4000ft；干跑道；顺风 10kn。

试在如上给定条件下，根据图 6-6 确定所需着陆距离。

解：如图 6-6 所示，由于已知中给定防滞系统失效，因此用图中右上侧的一组高度曲线进行查找。按图 6-6 中右侧虚线所示的指引，A2(着陆重量 46000kg)→B2(着陆机场气压高度 4000ft)→C2(飞机着陆襟翼 30)→D2(襟翼位置修正栏参考线)→E2(跑道干)→F2(顺风 10kn)→G2(风修正栏参考线)→H2(9700ft)。由此可得在给定条件下，飞机所需着陆距离为 9700ft。

2. 复飞限制的最大着陆重量

为了保证进近着陆的飞行安全，根据规章要求复飞时包括进近爬升、着陆爬升，必须达到规定的最小爬升梯度。而爬升梯度是随着重量的增加而减小的，最小的爬升梯度限制了最大的着陆重量。为便于使用，飞机的手册中通常会提供爬升梯度限制的最大着陆重量图表，如图 6-7 所示。其使用查找方法与前述相关表格类似，见例 6-3 和例 6-4。

例 6-3 给定条件：机场气压高度 2000ft；实际温度 33℃；空调自动；着陆襟翼位置 30。

试根据图 6-7 确定爬升梯度限制的最大着陆重量。

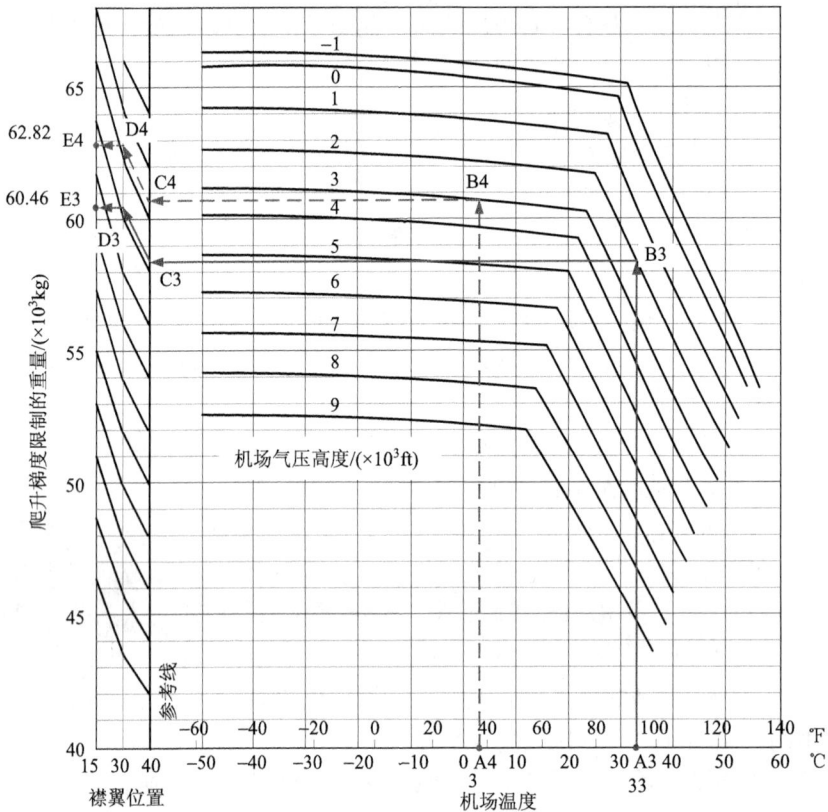

空调自动设置为准，如果空调主件关闭，允许增加的重量是：襟翼40增加重量1250kg；
襟翼30增加重量1310kg；襟翼15增加重量1440kg。

飞行中如遇到结冰的情况，当预报的着陆温度低于8℃时：减小襟翼40时的限重4960kg；
减小襟翼30时的限重4830kg；减小襟翼15时的限重4730kg。

使用防冰时重量的减小值/kg		
襟翼	发动机	发动机和机翼
15	650	5800
30	600	5350
40	550	5250

通常在10℃以上的
温度时不使用防冰

图6-7　复飞爬升梯度限制的最大着陆重量

解：根据给定条件（图6-7中实线箭头），A3（实际温度33℃）→B3（场气压高度2000ft）
→C3（襟翼修正单元的参考线）→D3（着陆襟翼 30）→E3（60460kg），可得重量数值为
60460kg。

实际温度33℃不需考虑结冰的影响，不需修正；实际温度33℃高于10℃，不使用
防冰，不需修正防冰；空调自动，也不需要修正。因此给定条件下爬升梯度限制的最大
着陆重量为60460kg。

例6-4　给定着陆条件：机场气压高度3000ft；机场实际温度3℃，发动机和机翼防
冰打开；着陆襟翼位置30；空调自动。

试根据图6-7确定爬升梯度限制的最大着陆重量。

解：根据给定条件（图 6-7 中虚线箭头），A4（实际温度 3℃）→B4（场气压高度 3000ft）→C4（襟翼修正单元的参考线）→D4（着陆襟翼 30）→E4（62820kg），可得最大着陆重量为628200kg。

在襟翼位置 30 时发动机和机翼防冰打开需要减小着陆重量，从图 6-7 中可得需减小5350kg；根据要求温度低于 8℃时，在襟翼位置 30 时防止结冰需要减小着陆重量 4830kg。因此，爬升梯度限制的最大着陆重量经修正后应为 62820kg−5350kg−4830kg＝52640kg。

3. 飞机结构限制的最大着陆重量

飞机在着陆时会受到较大的冲击载荷。为了满足在着陆时飞机结构强度的要求，特别需要保障起落架系统及其与机身连接的相关结构不受损伤，因此需要规定一个最大着陆重量，作为任何情况下着陆时都不能超过的重量，该重量即为飞机结构限制的最大着陆重量。通常制造商在飞机飞行手册和/或使用手册中的使用限制中会给出该重量。

6.2.4　快速过站及其限制的最大着陆重量

1. 刹车过热及预防措施

飞机着陆期间在跑道上减速滑跑，为了缩短飞机的着陆滑跑距离，保证安全地将飞机制动，飞机的刹车系统起着极为重要的作用；同时，在中断起飞时以及操纵地面滑行方向和停机时都需要使用刹车系统。但刹车过程，本质上是刹车系统耗散并吸收飞机动能的过程，是动能转换为热能的过程。而刹车系统本身的散热过程往往是缓慢的，刹车温度变化的一个显著特点是升温快而冷却慢，图 6-8 为 B747 飞机在完成一次中断起飞（示例为中度刹车能量 $30×10^6$ft·lb）后，作为刹车系统主要组成部分的中央固定子、刹车温度监控系统、保险塞（易熔塞）温度上升与冷却的变化过程。

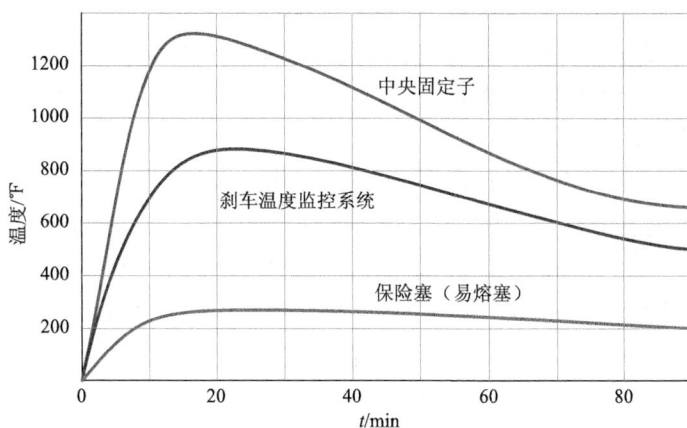

图 6-8　B747 飞机刹车温度上升与冷却变化过程

从图 6-8 中可以看出，中央固定子几乎是瞬间达到了 1300℉（704℃），而散热冷却过程却非常缓慢，经 90min 后温度仍达 650℉（343℃）以上。而保险塞（易熔塞）温度上升虽然稍显缓慢，但其散热冷却也非常慢。一般吸收的能量越大散热冷却时间越长，越频繁地使用越容易产生热量累积，容易造成刹车过热。存留在机轮中的热能积累或导致过热，在使用时更容易使保险塞熔化，进而导致机轮泄压、爆胎甚至起火，从而危及飞机的安全。为防止刹车过热需要采取如下措施。

(1)按图6-9所示的飞机刹车冷却时间表做好检查。

(2)按操作程序，控制好接地点和接地速度，及时打开减速板，使用反推，正确使用刹车。

(3)利用空中气流冷却刹车。

(4)做好快速过站限制最大重量检查。按手册提供的如表6-2所示的快速过站最大着陆重量限制表检查，或图6-10所示的快速过站限制最大着陆重量曲线检查。

2. 快速过站的冷却时间

快速过站飞行以及中断起飞后，必须避免刹车热量的累积，保障起飞和着陆的安全。通常可以根据如图6-9所示的刹车冷却程序表进行操作和预防，该表是一种咨询资料，提供了避免刹车过热所必需的刹车冷却参考时间和相应的建议措施等信息，可以帮助操作者正确地使用刹车冷却程序。该表在用于中断起飞、着陆时，可以获得建议的参考停留时间以及确保安全的相应措施。该表下方还给出了可用于估算刹车距离的数据信息。

1)中断起飞的冷却时间和措施

飞机中断起飞的冷却时间和措施一般可以从手册中相关的图表获得，图表的具体使用方法见例6-5。

例6-5 某型号飞机的刹车冷却时间表如图6-9所示。起飞机场气压高度5000ft，温度30℃，无风，中断起飞重量140000lb，中断起飞速度120kn，试根据如图6-9所示的刹车冷却时间表，确定中断起飞时建议的冷却时间以及冷却的建议措施。

解：确定中断起飞时建议的冷却时间步骤如下。

(1)如图6-9所示，从图左上侧中断起飞重量140000lb对应的A点向右做水平的直线，与中断起飞刹车时的速度120kn相交于B点，该速度通常取决断速度V_1，有风时再作风修正，即减去50%的逆风速度或加上150%的顺风速度。

(2)对机场气压高度进行修正，从B点向下作垂线，与气压高度修正区域的参考线交于C点，从C点作其左侧引导线的平行线至机场气压高度5000ft得到D点。

(3)对机场温度进行修正。由D点向下作垂线与实际温度修正区域的参考线交于E点，由E点作与其相邻最近的左侧引导线的平行线修正到机场温度30℃得到F点。

(4)从F点向下作垂线，与底端刹车能量横坐标轴交于G点，G点对应的数值$31.7×10^7$ft·lb即为给定条件的刹车能量值。

(5)由G点继续向下作垂线，与冷却建议措施区Ⅳ域交于H点，即执行图6-9下端的建议措施Ⅳ。

(6)由H点继续向下作垂线，与刹车冷却时间坐标轴交于I点，则I点对应的值可知建议的冷却时间为90min以上。

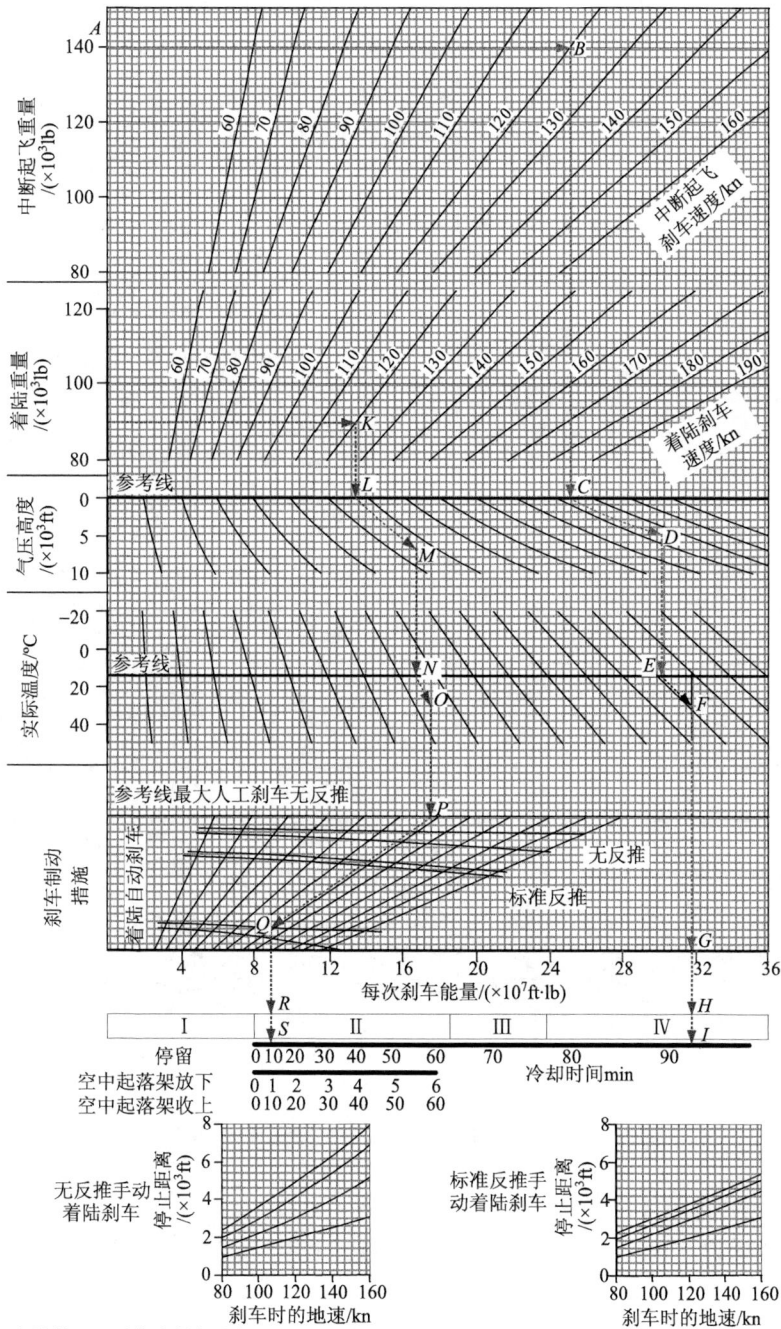

I 标准情况：无特殊程序要求

II 冷却建议：在起飞之前实施既定的冷却程序

III 警告：刹车保险塞可能熔断，此时应终止起飞并于30min之后检查。在起飞之后，至少延伸传动装置7min

IV 保险丝熔断：在这一区域没有反向推力或者可用的制动装置，应立即清空跑道，不能设置停车制动，在规定的冷却时间之前，不要接近传动装置、不要尝试滑行、不要即刻起飞。注意火警装置

图6-9 飞机刹车冷却时间图

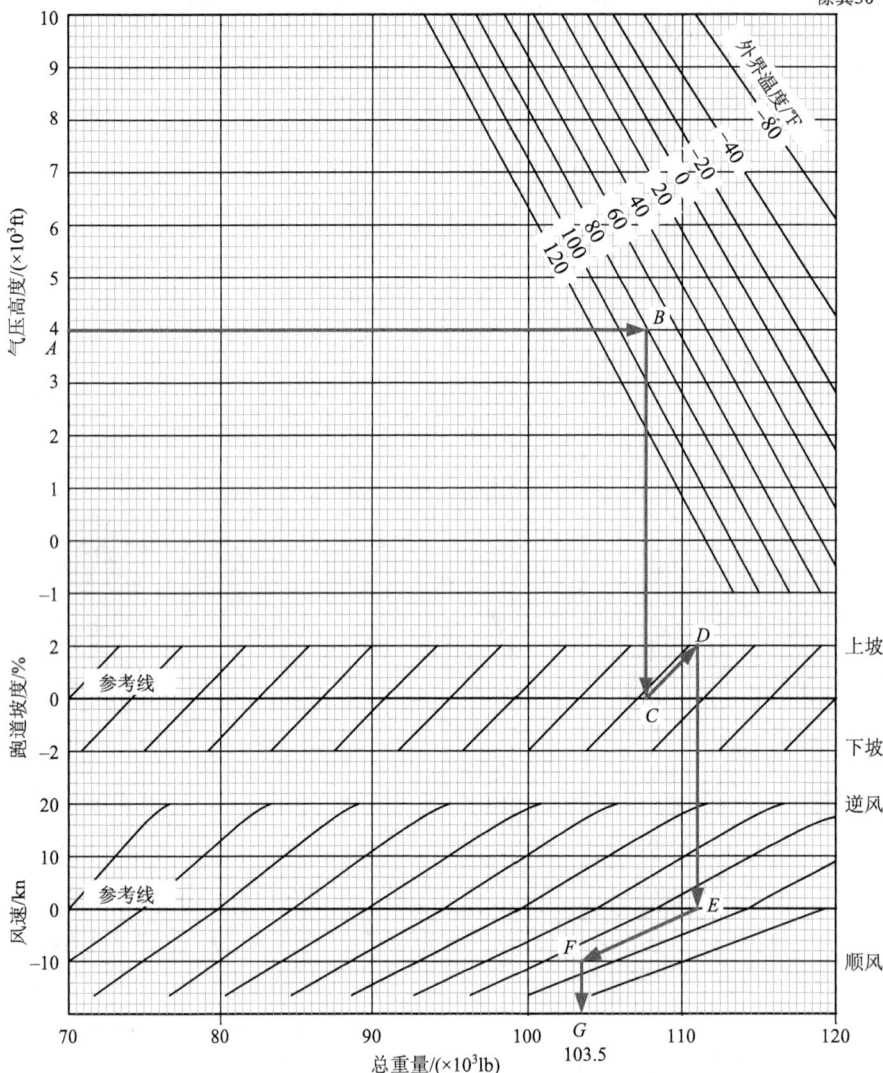

图 6-10 快速过站限制最大着陆重量曲线

2) 着陆的冷却时间和措施

飞机着陆的冷却时间和措施一般可以从手册中相关的图表获得，图表的具体使用方法见例 6-6。

例 6-6 某型号飞机的刹车冷却时间表如图 6-9 所示。飞机的着陆重量 90000lb，着陆刹车时的速度 120kn，机场气压高度 7000ft，无风，机场温度 30℃。拟采用的刹车措施是着陆自动刹车标准反推#3。试根据如图 6-9 所示的刹车冷却时间表，确定着陆后建议的冷却时间以及冷却的建议措施。

解： 确定着陆后建议的冷却时间以及冷却的建议措施步骤如下。

(1) 在图 6-9 左侧的着陆重量区域找出着陆重量 90000lb 对应的 J 点，由 J 点向右作水平线，与着陆刹车时的速度 120kn（该速度通常是按照 V_{REF}-3kn 并修正风速后获得，即减去 50%的逆风速度或加上 150%的顺风速度)曲线相交 K 点。

(2)对机场气压高度进行修正。由 K 点向下作垂线与气压高度修正区域的参考线相交于 L 点，从 L 点沿着与其最近的右侧的引导线作平行线至机场气压高度 7000ft 交于 M 点。

(3)对机场实际温度进行修正。由 M 点向下作垂线与实际温度修正区域的参考线相交于 N 点，从 N 点沿着与其最近的左侧的引导线作平行线至机场实际温度修正 30℃交于 O 点。

(4)对使用的刹车制动措施进行修正。从 O 点向下作垂线与刹车制动措施修正区域的参考线交于 P 点，从 P 点沿着与其最接近的右侧引导线作平行线修正到着陆自动刹车标准反推#3 得到焦点 Q。

(5)从 Q 点继续向下作垂线，与冷却建议措施区域交于 R 点，得到应采取冷却建议措施Ⅱ。

(6)由 R 点继续向下作垂线，与建议的冷却时间坐标轴交于 S 点，由 S 点可知建议的冷却时间是大约 10min。

3)快速过站限制的最大起飞重量

通常飞机在经停或快速过站时必须有足够的停留时间，以便使刹车系统有效地散热冷却，同时为了保障快速过站飞行时的安全，满足刹车系统所能吸收的总能量要求，因此必须限制飞机快速过站的最大重量。通常可以根据快速过站最大着陆重量限制表(表 6-2)和快速过站限制最大着陆重量曲线(图 6-10)来确定。

例 6-7 已知飞机的快速过站重量检查表如表 6-2 所示，着陆时机场气压高度 3000ft，实际温度是 20℃，下坡 1%，逆风 10kn，使用襟翼位置 30。试确定在以上给定条件下，快速过站限制的最大着陆重量。

表 6-2　快速过站最大着陆重量限制表　　　　　　(单位：×10³kg)

襟翼位置	机场气压高度/ft	机场实际温度										
		−60℉	−40℉	−20℉	0℉	20℉	40℉	60℉	80℉	100℉	120℉	130℉
		−51℃	−40℃	−29℃	−18℃	−7℃	4℃	16℃	27℃	38℃	49℃	54℃
襟翼15	−1000	59	57	56	54	53	52	51	50	49	49	48
	0	58	56	55	54	52	51	50	49	49	48	47
	1000	56	55	54	53	51	50	49	49	48	47	46
	2000	55	54	53	52	50	49	49	48	47	46	
	3000	54	53	52	51	49	49	48	47	46	45	
	4000	54	52	51	50	49	48	47	46	45		
	5000	53	51	50	49	48	47	46	45	44		
	6000	51	50	49	48	47	46	45	44	44		
	7000	50	49	48	47	46	45	44	44	43		
	8000	49	49	47	46	45	44	44	43	42		
	9000	49	48	46	45	44	44	43	42	41		

续表

襟翼位置	机场气压高度/ft	机场实际温度										
		−60℉	−40℉	−20℉	0℉	20℉	40℉	60℉	80℉	100℉	120℉	130℉
		−51℃	−40℃	−29℃	−18℃	−7℃	4℃	16℃	27℃	38℃	49℃	54℃
襟翼30	−1000	66	64	62	61	59	58	57	56	55	54	54
	0	64	63	61	60	59	57	56	55	54	53	53
	1000	63	62	60	59	58	56	55	54	53	52	52
	2000	62	60	59	58	56	55	54	53	52	51	
	3000	61	59	58	57	**55**	54	53	52	51	50	
	4000	60	58	57	55	54	53	52	51	50		
	5000	59	57	54	56	54	52	51	50	49		
	6000	58	56	54	55	52	51	50	49	49		
	7000	56	55	53	54	51	50	49	49	48		
	8000	55	54	53	51	50	49	49	48	47		
	9000	54	53	52	50	49	49	48	47	46		
襟翼40	−1000	68	67	65	64	62	60	59	58	57	56	55
	0	67	65	64	62	61	59	58	57	56	55	54
	1000	66	64	63	61	60	59	57	56	55	54	54
	2000	64	63	61	60	59	57	56	55	54	53	
	3000	64	62	60	59	58	56	55	54	53	52	
	4000	62	60	59	58	56	55	54	53	52	51	
	5000	61	59	58	57	55	54	53	52	51		
	6000	60	58	57	55	54	53	52	51	50		
	7000	59	57	56	54	53	52	51	50	49		
	8000	58	56	54	54	52	51	50	49	49		
	9000	56	55	54	53	51	50	49	49	48		

注：每1%上坡时增加着陆重量350kg；每1%下坡时减小着陆重量1150kg；每10kn逆风增加着陆重量1100kg；每10kn顺风减小着陆重量7450kg。

解：根据给定条件机场气压高度3000ft，实际温度是20℃时，着陆襟翼30快速过站限制的最大着陆重量是55000kg，1%下坡时需减小着陆重量1150kg，10kn逆风可以增加着陆重量1100kg，因此快速过站限制的最大着陆重量为55000kg−1150kg+1100kg＝54950kg。

例6-8 已知飞机的快速过站重量曲线如图6-10所示，着陆时机场气压高度4000ft，实际温度是80℉，跑道上坡2%，顺风10kn，使用襟翼位置30。试确定在如上给定条件下，快速过站限制的最大着陆重量。

解：图6-10中带箭头线的指引。A(着陆机场高度4000ft)→B(实际温度是80℉)→C(跑道坡度修正参考线)→D(跑道上坡2%)→E(风修正参考线)→F(顺风10kn)→G(数值103.5)，由此可得给定条件下的快速过站限制的最大着陆重量103500lb。

习　题

6-1　某型号飞机着陆条件：飞机着陆襟翼位置 15；刹车防滞系统可用；着陆机场气压高度 4500ft；跑道长度(可用着陆距离 LDA)7500ft；湿跑道；逆风 30kn。试根据以上着陆条件，使用图 6-6，确定场地长度限制的最大着陆重量。

6-2　某型号飞机着陆条件：着陆重量 50000kg；飞机着陆襟翼位置 30；刹车防滞系统失效；着陆机场气压高度 2000ft；干跑道；顺风 10kn。试在以上给定条件下，根据图 6-6 确定所需着陆距离。

6-3　给定条件：机场气压高度 3000ft；实际温度 30℃；空调自动；着陆襟翼位置 30。试根据图 6-7 确定爬升梯度限制的最大着陆重量。

6-4　给定条件：机场气压高度 3000ft；实际温度 30℃；空调主件关闭；着陆襟翼位置 30。试根据图 6-7 确定爬升梯度限制的最大着陆重量。

6-5　给定着陆条件：机场气压高度 2500ft，机场实际温度 5℃，发动机和机翼防冰打开；着陆襟翼位置 30；空调自动。试根据图 6-7 确定爬升梯度限制的最大着陆重量。

6-6　某型号飞机的刹车冷却时间表如图 6-9 所示。起飞机场气压高度 5000ft，温度 30℃，无风，中断起飞重量 130000lb，中断起飞速度 120kn。试根据如图 6-9 所示的刹车冷却时间表，确定中断起飞时建议的冷却时间以及冷却的建议措施。

6-7　某型号飞机的刹车冷却时间表如图 6-9 所示。飞机的着陆重量 85000lb，着陆刹车时的速度 120kn，机场气压高度 7000ft，无风，机场温度 30℃。选用自动刹车#3，标准反推。试根据如图 6-9 所示的刹车冷却时间表，确定着陆后建议的冷却时间以及冷却的建议措施。

6-8　已知飞机的快速过站重量检查表如表 6-2 所示，着陆时机场气压高度 2500ft，实际温度是 25℃，跑道上坡 1%，逆风 10kn，使用襟翼位置 40。试确定在如上给定条件下，快速过站限制的最大着陆重量。

6-9　已知飞机的快速过站重量曲线如图 6-10 所示，着陆时机场气压高度 3000ft，实际温度是 80℉，跑道上坡 0.5%，逆风 10kn，使用襟翼位置 30。试确定在如上给定条件下，快速过站限制的最大着陆重量。

第7章 飞机的载重与平衡

飞机的重量和平衡是航班运行的一个重要业务环节，是保障航班飞行安全的重要前提，是保障飞机具有良好稳定性和操纵性的前提。飞机在起飞前在符合运行规章相关要求的前提下，需要解决两个主要问题，一个是确保在各飞行阶段飞机的总重量符合飞机的结构和性能的限制，另一个是要确保飞机在其整个飞行阶段重心位于合理的位置。因此，必须确保飞机合理的运行重量，并将重心配置和控制在规定的范围内。飞机的载重与平衡控制的核心是通过有效的手段控制飞机的重量和重心的位置，确保在飞机飞行过程中，其在允许的范围内，保障飞行安全。因此，飞机的载重与平衡问题即重量和重心的控制问题。

7.1 飞机重量的定义

通常飞机重量的相关概念和定义可以从飞机认证和实际运行两方面给出，其中认证重量可以分为飞机制造商认证的重量和运营商认证的重量两类。

7.1.1 飞机制造商认证的重量

飞机制造商在飞机设计和认证阶段制定或认证的飞机运行重量，需要在飞机型号合格证与制造商规范文件中进行规定，制造商认证的飞机运行重量一般包括如下重量。

1) 最大滑行重量

最大滑行重量(maximum taxi weight, MTW)是指飞机在地面机动滑行时的最大重量，其通常受限于飞机的强度(减震器的应力作用和转弯时的弯矩限制)和适航要求。通常最大滑行重量包含从滑行开始到起飞位置的燃油重量。

2) 最大起飞重量

最大起飞重量(maximum takeoff weight, MTOW)又称刹车释放总重，是指在飞机强度和适航性要求的限制条件下，飞机在起飞滑跑时全部重量的最大限额；同时也是飞机在跑道上松刹车的瞬时所允许的最大起飞重量。起飞开始时最大重量的限定因素一般包括飞机自身结构、刹车效能限制、发动机功率及推力、轮胎限速等，其影响因素包括机场温度和标高、机场的净空条件、风速与风向、跑道的长度等。最大设计起飞重量是一个出于安全的角度考虑的理论值，一些经过认证的机型，其最大起飞重量达不到理论上的最大值，因此有时最大起飞重量等同于最大设计起飞重量。飞机的最大起飞重量中包含着商载、燃油，而且其与航程有极其密切的关系。

3) 最大着陆重量

最大着陆重量(maximum landing weight, MLW)是指在飞机强度和适航性要求的限制条件下，飞机着陆时的全部重量的最大限额。最大着陆重量通常是按照飞机结构强度及其在空中所能承受载荷的标准、起落架在着陆时冲击跑道的承载能力标准、刹车系统的要求所确定的。其限定因素包括飞机自身结构强度、起落架冲击承载能力、飞机复飞爬升能力等。其影响因素与影响最大起飞重量的主要因素相似，都与机场温度和标高、机场的净空条件、风速与风向、跑道的条件等相关。

4）最大无燃油重量

最大无燃油重量（maximum zero fuel weight，MZFW）是指飞机装载客货后，在未装载燃油或可用燃料时所允许的最大重量。最大无燃油重量依然受到飞机结构强度和适航性要求的限制，其与飞机空机重量的差值即为最大结构商载。其主要受翼根弯矩的限制影响，在燃油量达到最小时，翼根受到的弯曲力矩最大，而飞机在空中飞行时，防止在燃油减少过程中升力对于作用在翼根上产生的弯矩增大，造成机翼受损的现象，因此最大无燃油重量的限制尤为重要。

对于同一型号的飞机，其飞机制造商认证的重量，在实际的飞机运行中通常包括飞机的结构设计最大重量和运营商按照规定得到授权的最大使用重量两类。最大结构设计重量（maximum structural design weight）是飞机自身结构强度和适航性要求限制的绝对最大重量。其设计是为了避免结构过载和飞机飞行过程中性能失效等问题，包括最大设计滑行重量（maximum design taxi weight，MDTW）、最大设计起飞重量（maximum design takeoff weight，MDTOW）、最大设计着陆重量（maximum design landing weights，MDLW）、最大设计零油重量（maximum design zero-fuel weight，MDZFW）；最大许用重量（maximum authorized weights）是运营商或航空公司可以合法使用的经过授权的重量限制。最大使用重量在飞机飞行手册（airplane flight manual，AFM）和飞机重量与平衡手册（aircraft weight & balance manual，AWBM）都有规定，且记录在适航文件中。授权的最大许用重量必须小于等于最大结构设计重量的限制。因此，认证的使用重量必须在设计阈值以内，并将较低的值简单地称为飞机的最大滑行重量（MTW）、最大起飞重量（MTOW）、最大着陆重量（MLW）和最大无燃油重量（MZFW）。

经过授权的最大使用重量由航空公司选择，通常将其称为购买重量。运营商可以购买低于最大结构设计重量的经过认证的重量作为其最大使用重量，以减少某些最大重量（如 MTOW、MLW 等）带来的相关费用（机场着陆和导航费用），表 7-1 所示为某运营商所属的某型号飞机经过授权认证的最大使用重量。

表 7-1 某型号飞机经过授权认证的最大使用重量

制造商认证重量	最大使用重量/lb	结构设计最大重量/lb
最大滑行重量	156200	174900
最大起飞重量	155500	174200
最大着陆重量	144000	146300
最大无燃油重量	136000	138300

7.1.2 运营商认证的重量

除由制造商认证的相关的飞机运行重量外，还有一些与飞机相关的重量参数则需要由运营商确定，并且这些重量参数会随着飞机的规格和选项配置而变化。在飞机的运行阶段运营商需要认证的重量并在相关的运行文件(如飞机飞行手册(AFM)、飞机重量与平衡手册(AWBM))中给出，主要包括使用空机重量和最大结构商载两部分。

(1)使用空机重量(operational empty weight, OEW)是指准备投入使用的飞机重量，分别由制造商的空重、标准设备项目(standard items，SI)、运营商项目(operator items, OI)三部分组成，一般使用空机重量会影响飞机的结构商载重量。

① 制造商的空重(manufacturer's empty weight, MEW)是指飞机离开制造厂家时的重量，通常包括飞机自身的结构部件、动力装置、家具装备、系统和其他设备重量之和。这些设备是飞机上特定配置的组成部分。MEW 还包括飞机内封闭系统中的流体，但不包括厨房卫生间设备、客舱座椅、内部装饰等，也不包含商载、燃油等一些运营商自身会投入的项目。

② 标准设备项目(SI)是指除飞机特定组成设备和可用燃油外的项目。它包括不可用燃油和其他不可用液体、发动机滑油、厕所冲洗液、灭火器和紧急氧气设备、厨房结构和固定设备及辅助电子设备等。

③ 运营商项目(OI)是指特定运营过程中所需的人员、设备和用品。这些项目包含的设备和航空公司的要求及理念相关，因为它们会涉及航空公司的服务质量，因此运营商项目都不尽相同。大致包括机组人员和行李、飞机文件、餐食设备等旅客服务项目、客舱座椅、救生筏与救生衣等。

(2)最大结构商载(maximum structural payload, MSP)是指以飞机结构的极限重量计算得出的最大设计载荷，由乘客、货物、行李等组成。对于已定义了最大无燃油重量的飞机，最大有效载荷可以近似看成最大无燃油重量(MZFW)与使用空机重量(OEW)的差值。

在飞机飞行手册(AFM)和飞机重量与平衡手册(AWBM)中通常都会记录 OEW 和 MSP 重量，因为它们是计算飞机起飞重量和飞机重心所必需的要素。需要运营商认证的 OEW 和 MSP 重量，通常会随着其选择并经过授权的最大使用重量即购买重量的不同而改变，因此针对同一型号飞机其 OEW 和 MSP 两者在制造商和运营商之间存在不一致的可能性。

经过授权和认证的最大使用重量由运营商即航空公司选择，通常将其称为购买重量。运营商可以购买低于制造商经过认证的最大结构设计重量作为其最大使用重量，以减少某些最大重量(如 MTOW、MLW 等)带来的相关费用(机场着陆和导航费用)，表 7-2 所示为某运营商所属的某型号飞机经过授权认证的最大使用重量。

表 7-2　某型号飞机经过授权认证的最大使用重量

运营商认证重量	制造商认证的最大结构设计重量/lb	运营商购买的最大使用重量/lb
最大滑行重量	174900	156200
最大起飞重量	174200	155500
最大着陆重量	146300	144000
最大无燃油重量	138300	136000

7.1.3　实际运行中飞机的重量

为了确保飞机的飞行安全，并且满足运行环境、条件等限制，以及运行规章的要求，并根据飞机手册中规定的最大起飞重量、最大着陆重量、最大无燃油重量和最大滑行(停机坪)重量的限制，起飞前做好飞机的装载与配平工作，通常需要确定如下相关的重量。

(1)使用空机重量(operational empty weight, OEW)也称作飞机的基本重量(basic weight, BW)，是指除商载和燃油之外完成起飞前准备的飞机重量，包括：①飞机自身的结构、动力装置、固定设备、油箱内不能使用或放出的燃油、润滑油及散热器中的液体等重量的总和构成的空机重量；②运行附加设备的重量；③服务设备或物品、供应品的重量；④标准机组及其携带物品的重量；⑤其他非商务载重量。

(2)干使用重量(dry operating weight，DOW)也称为修正后的使用重量，是指在标准的使用空机重量基础上，根据实际航班任务需求，对实际机组、航食、航材、附加设备等可变更项目进行修正后的重量，干使用重量是用于飞机实际飞行计划指定、商载配平计算的重量。

(3)无燃油重量(zero fuel weight, ZFW)也称零燃油重量，是指干使用重量与商载之和。飞机的实际无燃油重量必须小于制造商认证的最大(结构设计)无燃油重量，同时小于运营商经过认证的最大使用重量中的最大无燃油重量(MZFW)，一般

$$无燃油重量=干使用重量+商载$$

且无燃油重量≤最大无燃油重量。

(4)起飞重量(takeoff weight, TOW)或称松刹车重量(brake-released weight, BRW)一般是指飞机在出发机场跑道上松刹车开始起飞滑跑时的重量。飞机的实际起飞重量必须小于制造商认证的最大(结构设计)起飞重量，同时小于运营商购买的低于最大结构设计重量并经过认证的最大使用重量中的最大起飞重量(MTOW)。在确定起飞重量时还必须考虑到：①机场标高、场长、场压、风速、风向；②跑道长度、坡度、质量；③机场净空条件和航线高度；④航路上单发超障能力；⑤进近着陆阶段可能的复飞爬升能力；⑥中断起飞时轮胎速度限制、刹车能量限制；⑦使用襟翼位置；⑧其他影响因素。飞机的实际起飞重量等于干使用重量、燃油重量、商载重量之和，即

$$起飞重量=干使用重量+商载重量+燃油重量$$

其中，燃油=航程燃油+不可预期燃油+备降燃油+最后储备燃油+酌情携带的燃油。且实际起飞重量≤最大起飞重量(MTOW)。

(5)滑行重量(taxi weight, TW)是指可以开始操纵飞机滑行时的重量，是起飞重量与滑行燃油(滑行期间消耗的燃油)重量之和。实际的滑行重量必须小于制造商认证的最大(结构设计)滑行重量，同时小于运营商经过认证的最大使用重量中的最大滑行重量(MTW)，即

$$滑行重量=起飞重量+滑行燃油(滑行期间消耗的燃油)重量$$

或

$$滑行重量=干使用重量+商载重量+可用燃油重量$$

其中，用燃油=滑行燃油+航程燃油+不可预期燃油+备降燃油+最后储备燃油+酌情携带的燃油。且实际滑行重量≤最大滑行重量(MTW)。

(6)停机坪重量(ramp weight, RW)是指装完商载和可用燃油后在停机坪时的总重量，通常停机坪重量等同于滑行重量。

(7)着陆重量(landing weight, LW)是指到目的地机场着陆时的重量，它等于无燃油重量加上未被消耗的储备燃油的重量，一般

$$着陆重量=起飞重量-航程燃油重量$$

或

$$着陆重量=无燃油重量+剩余可用燃油重量$$

其中，剩余可用燃油重量=不可预期燃油重量+备降燃油重量+最后储备燃油重量+酌情携带的燃油重量。

且实际着陆重量≤最大着陆重量(MLW)。

上述各运行重量之间的关系如图7-1所示。

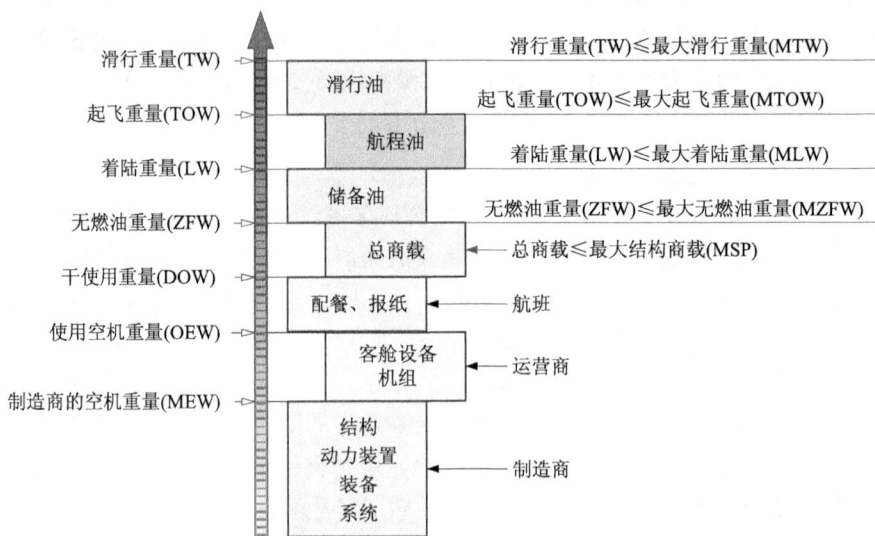

图7-1 飞机在实际运行中的重量及其关系

(8) 关于燃油的重量。

飞机起飞前携带足够的燃油是保证飞机飞行安全的重要基础。根据运行规章(《大型飞机公共航空运输承运人运行合格审定规则》(CCAR-121-R7))统一了国内、国际定期载客运行的燃油要求，CCAR-121-R7 中 121.657 条"燃油量要求"明确规定了飞机起飞前需要的可用燃油量的要求如下。

① 飞机必须携带足够的可用燃油以安全地完成计划的飞行。

② 飞行前对所需可用燃油的计算必须包括以下方面。

(a) **滑行燃油**：是指起飞前预计消耗的燃油量。

(b) **航程燃油**(trip fuel)：考虑到 CCAR-121-R7 中 121.663 条的运行条件，允许飞机从起飞机场或从重新签派或放行点飞到目的地机场着陆所需的燃油量。

(c) **不可预期燃油**：为补偿不可预见因素所需的燃油量。根据航程燃油方案使用的燃油消耗率计算，它占计划航程燃油 10% 的所需燃油，但在任何情况下不得低于以等待速度在目的地机场上空 450m (1476ft) 高度上在标准条件下飞行 15min 所需的燃油量。

(d) **备降燃油**：飞机有所需的燃油以便能够在目的地机场复飞，爬升到预定的巡航高度，沿预定航路飞行，下降到开始预期进近的一个点，在放行单列出的目的地的最远备降机场进近并着陆。

(e) **最后储备燃油**：使用到达目的地备降机场，或者不需要目的地备降机场时，到达目的地机场的预计着陆重量计算得出的燃油量，对于涡轮发动机飞机，以等待速度在机场上空 450m (1476ft) 高度上在标准条件下飞行 30min 所需的油量。

(f) **酌情携带的燃油**：合格证持有人决定携带的附加燃油。

③ 合格证持有人应按照四舍五入方式为其机队每种型别飞机和衍生型确定一个最后储备燃油值。

④ 除非机上可使用的燃油按照要求符合本条②款的要求，否则不得开始飞行；除非机上可使用的燃油按照要求符合本条②款除滑行燃油以外的要求，否则不得从飞行中重新签派点继续飞往目的地机场。

在上述的航程燃油计算中需要考虑 CCAR-121-R7 中 121.663 条包括下列 (1)~(4) 条目中所列的因素。

(1) 携带的可用燃油量必须至少基于下列数据。

①如果有的话，从燃油消耗监测系统获得的特定飞机的目前数据；

②如果没有特定飞机的目前数据，则采用飞机制造商提供的数据。

(2) 计算燃油量须考虑计划飞行的运行条件，包括以下内容。

①风和其他天气条件预报。

②飞机的预计重量。

③航行通告。

④气象实况报告或气象实况报告、预报两者的组合。

⑤空中交通服务程序、限制及预期的延误。

⑥延迟维修项目和/或构型偏离的影响。

⑦空中释压和航路上一台发动机失效的情况。

⑧可能延误飞机着陆的任何其他条件。

(3)尽管有本规则 657 条和 659 条的规定,若安全风险评估结果表明合格证持有人能够保持同等的安全水平,局方仍可以向合格证持有人颁发运行规范,批准合格证持有人使用不同的燃油政策。

(4)本条中的所需燃油是指不可用燃油之外的燃油。

由上述运行规章要求的起飞前加油量可以看出,每个航班的起飞燃油(takeoff fuel, TOF)中必须包含 4 个部分,即航程燃油(trip fuel, TF)、不可预期燃油(unanticipated fuel)、备降燃油(alternate fuel, AF)、最后储备燃油(final reservefuel),即

$$起飞燃油 = 航程燃油 + 不可预期燃油 + 备降燃油 + 最后储备燃油$$

不可预期燃油是按照下列两个油量取较大值,即"航程燃油的 10%"与"不低于以等待速度在目的地机场上空 450m(1476ft)高度上在标准条件下飞行 15min 所需的燃油量"。

备降燃油除满足上述要求外,特定情况下的备降燃油要求分为两种情况,一种情况是当不需要有目的地备降机场时,所需油量能够使飞机在目的地机场上空 450m(1500ft)高度上在标准条件下飞行 15min;另一种情况是预定着陆机场是一个孤立机场(无可用备降机场的特定目的地机场),能够以正常燃油消耗率在目的地机场上空飞行 2h 的所需油量,包括最后储备燃油。

最后储备燃油是航班飞行中一个重要参考值并需要按照运行规章要求进行检查。飞机必须随时确保机上剩余可用燃油量,不低于飞往可以安全着陆的机场的所需燃油量与计划最后储备燃油量之和。如果飞行中燃油检查的结果表明,在目的地机场着陆时的机载剩余可用燃油量可能低于备降燃油量与计划最后储备燃油量之和,飞机的机长必须评估目的地机场、备降机场与航路的空中交通情况和天气趋势、导航设备开放状况等运行条件,以确保安全着陆时的机载剩余可用燃油量不低于最后储备燃油量。当决定在某一特定机场着陆时,若机长经计算表明对飞往该机场现行管制许可的任何改变会导致着陆时的机载剩余可用燃油量低于计划最后储备燃油量时,机长必须通过宣布"最低油量"或"MINIMUM FUEL"向空中交通管制部门通知最低油量状态,并通知飞行签派员。此时所宣布的"最低油量"是通知空中交通管制部门对现行许可的任何改变会导致使用低于签派放行时的最后储备燃油着陆,这并非指燃油紧急状况,仅表示如果再出现不适当耽搁,很可能发生紧急状况。当预计在距离最近的能安全着陆的合适机场着陆时的机载剩余可用燃油量低于计划最后储备燃油量时,机长必须通过广播"MAYDAY MAYDAY MAYDAY FUEL"宣布燃油紧急状况。

7.2 重量的限制及其影响因素

飞机在实际的航班运行时必须使用经批准的重量与平衡控制系统来符合对应的适航要求和运行限制,充分考虑运行环境如机场、航路的条件,以及单发失效等特情处置时的要求。

1. 最大起飞重量（MTOW）

飞机的起飞重量（TOW）一定不能超过最大结构起飞重量（maximum structural take off weight，MTOW）。MTOW 是按照空中结构抗荷标准，垂直速度等于–1.83 m/s（–360 ft/min）着陆冲击时起落架和结构的抗荷标准确定的。

飞机的最大起飞重量是由飞机制造厂家规定的，在一定条件下适用的飞机在起飞滑跑时全部重量的最大限额。限定飞机的最大起飞重量主要因素包括：飞机的结构强度、发动机的功率、刹车效能限制及起落架轮胎的线速度要求等。

影响飞机最大起飞重量的因素主要有：大气温度和机场标高、风向和风速、起飞跑道长度、机场的净空条件、航路上单发超越障碍的能力、起飞襟翼位置、机场噪声的限制要求等。

2. 最大着陆重量（MLW）

飞机的着陆重量（LW）必须不大于最大着陆重量（maximum landing weight, MLW）。对于运输类飞机的最大着陆重量（MLW）是按照下沉速度为–3.05m/s（–10ft/s）着陆冲击时的起落架和机体结构的抗载荷要求确定的。因此，飞机的着陆重量必须符合下面的关系式：

$$实际\ LW = TOW - 全部燃油重量 \leqslant MLW$$
$$实际\ TOW \leqslant MLW + 全部燃油重量$$

飞机的最大着陆重量是在飞机设计制造和航空公司购买时确定的飞机着陆时全部重量的最大限额。限定飞机的最大着陆重量的原因主要包括飞机的机体结构强度和起落架允许承受的冲击载荷、飞机的复飞爬升能力等。

影响飞机最大结构着陆重量的因素主要有大气温度和机场标高、风向和风速、跑道的情况、机场的净空条件等。

3. 最大无燃油重量（MZFW）

最大无燃油重量（MZFW）也称为最大无燃油重量。由于飞机飞行过程中，依靠左右机翼产生的升力之和克服重力，当机翼中的燃油量最小时，作用在翼根的弯矩最大（图 7-2）。在空中，机翼中的燃油量 W_F 不断减少。为了避免油箱中没有燃油时，升力对翼根弯矩过大，需要限制飞机此时的重量。

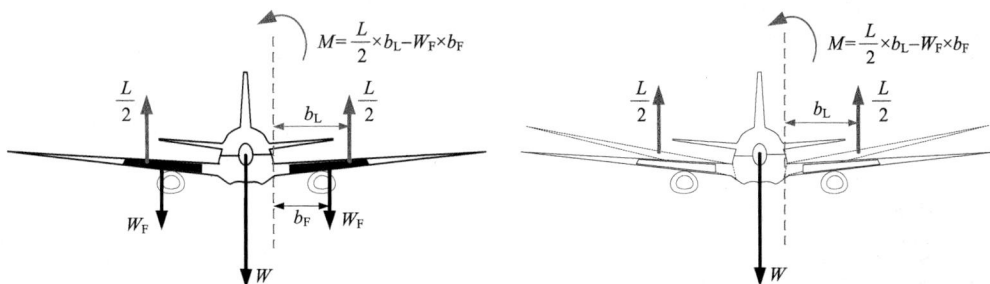

图 7-2　机翼油箱的燃油重量减小产生的机翼弯矩

按此限制的规定，需要满足

$$实际\ ZFW \leqslant MZFW$$

$$实际\ TOW \leqslant MZFW+全部燃油重量$$

4. 最大滑行重量(MTW)

最大滑行重量(maximum taxi weight, MTW)是指考虑到飞机地面滑行时，受到减震器上应力以及在地面转弯期间可能受到的弯矩限制的最大重量。通常最大结构滑行重量 MTW 是用最大起飞重量 MTOW 规定的，即

$$MTW=MTOW+滑行期间消耗的燃油重量油$$

7.3 飞机的重量与航程的关系

按照规章的相关要求，科学合理地控制飞机的重量和平衡，是保障飞机安全飞行的一个关键环节，同时每次航班飞行尽可能装载更多的商载是保障运输效益的根本。

飞机的重量、商载、燃油与航程的关系如图 7-3 所示，其中使用空机重量是常数，不随航程变化，如图 7-3(a)所示；航班的商载本身通常与航程的远近无关，但是其最大值会受到最大商载重量限制，如图 7-3(b)所示；航班飞行所需的燃油重量随着航程的增大而增加，但是会受到油箱容积的限制，存在一个最大燃油重量，如图 7-3(c)所示。飞机的实际起飞重量与航程之间的关系如图 7-3(d)所示，考虑到飞机的最大无燃油重量和最大起飞重量的限制，根据商载重量、燃油重量、航程之间关系的特性可以将飞机的航程能力分为三个航程范围。

在第 Ⅰ 航程范围(图 7-3(d)中所示的航程小于 R_1)内，随着飞机航程的增加，需要的燃油也是增加的，但能保障飞机保持最大商载重量并满足最大起飞重量的限制，即该航程范围内飞机的使用空机重量、最大商载重量、燃油重量之和小于或等于飞机最大起飞重量，如图 7-3(d)所示的当航班的航程为第 Ⅰ 航程范围最远的 R_1 距离时，飞机的使用空机重量、最大商载重量 W_{Fmax}、所需燃油重量 $W_F(R_1)$ 三者之和恰好满足最大起飞重量限制要求，即

$$最大起飞重量=使用空机重量+最大商载重量\ W_{Fmax} +燃油重量\ W_F(R_1)$$

在第 Ⅱ 航程范围(图 7-3(d)所示的航程大于 R_1 且小于 R_2)内，随着飞机航程的增加，需要的燃油也更多，如图 7-3(d)所示，当航班的航程为 R_B 时，所需的燃油重量为 $W_F(R_B)$，燃油重量的增加量为 $\Delta W_F = W_F(R_B)-W_F(R_1)$，此时为了满足最大起飞重量限制，只能减小航班商载的重量(减小的商载重量为 ΔW_F)。当航程所需燃油恰好等于最大油箱容积所决定的最大燃油重量时，如图 7-3(d)所示的 R_2 时即为第 Ⅱ 航程范围的最大航程，因此在第 Ⅱ 航程范围运行的航班，随着航程增加需要减少商载。

第 Ⅲ 航程范围是指大于图 7-3(d)所示的 R_2 的航程，由于此时油箱已经加满，如果航班的航程大于 R_2，通常只有进一步减小飞机的重量以增加飞行距离，即在第 Ⅲ 航程范围运行飞机只能依靠进一步减小商载实现。

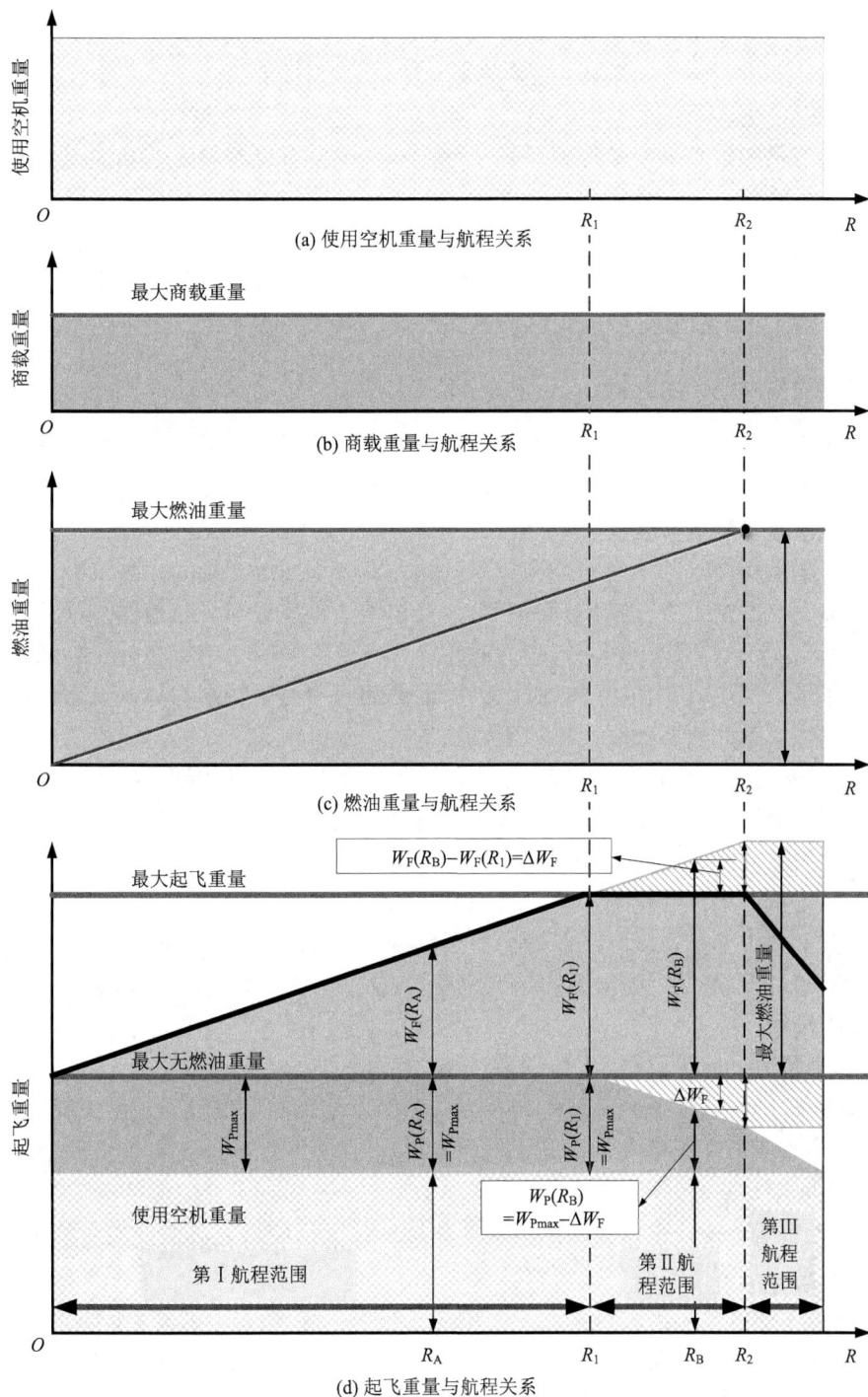

(a) 使用空机重量与航程关系

(b) 商载重量与航程关系

(c) 燃油重量与航程关系

$W_F(R_B)-W_F(R_1)=\Delta W_F$

$W_P(R_B)=W_{Pmax}-\Delta W_F$

(d) 起飞重量与航程关系

图 7-3　飞机的重量与航程关系曲线

7.4 重量和重心的限制

飞机的重量和重心位置是保障飞机在地面和空中具有良好稳定性和操纵性的关键因素。航班飞行时随着旅客数量和货物重量等的不同，同一架飞机在执飞航班时其重量是不同的，随着旅客及货物的位置变化其重心位置也是不同的。飞机的重量和重心位置是影响飞机稳定性和操纵性的重要因素，因此需要控制飞机的重量和重心位置在规定的范围内，以保障飞机具有良好的稳定性和操纵性进而确保飞行安全。

7.4.1 飞机重量对飞行的影响

航班飞行时必须要综合考虑业载、燃油和航程的关系。飞机的重量对于飞机运行的限制和影响主要体现在结构强度和飞行性能两个方面。

1) 飞机重量对结构强度的影响

飞机的重量越重，其承受的结构载荷就越大。在地面运行期间各种机械应力主要作用在起落架上，在空中飞行阶段机械应力主要作用于机翼根部。在地面滑行尤其是转弯时，起落架会受到弯曲应力和冲击载荷的作用，在着陆瞬间起落架将会受到强烈的垂直冲击力的作用。当飞机在空中飞行时，机翼根部的弯曲力矩特别明显，飞机越重这些应力作用就越强，为此需要限制飞机的无燃油重量。除机械载荷之外，飞机的部件如果持续处于过度的应力(如超载)作用状态之下，再加之不利的环境(温度的波动、污染物)影响，这些应力会导致飞机某些部件疲劳，随着时间的推移和部件的疲劳累积，将可能导致某些部件失效，进而危及安全。

2) 飞机重量对飞行性能的影响

飞机在其整个飞行阶段的性能均会受到重量的影响。

(1) 起飞阶段，重量大则需要的起飞速度(包括 V_1、V_R、V_{LOF}、V_2)增大、起飞滑跑距离和起飞距离增大。

(2) 爬升阶段，由于重量大而使其爬升梯度和爬升率减小。

(3) 巡航阶段，重量大会降低巡航高度和速度，使燃油里程降低，增大耗油量。

(4) 下降阶段，在正常使用的速度范围($[V_{DM}, V_{MO}]$)内，随着飞机重量的增加，其下降梯度和下降率均减小。

(5) 进近着陆阶段，重量大则进近速度和接地速度都将增大，需要的着陆距离增大，结构上尤其是起落装置、刹车系统容易受损。

(6) 重量大会降低飞机的机动能力，增加飞机的失速速度，导致操纵性变差。

(7) 重量大时在飞行期间尤其是机动飞行阶段也会导致飞机的结构载荷增加，易引起机体疲劳损伤。特别当飞机在多山地形上空飞行、高原机场或高温天气起降时，飞机的重量往往会受到更严格的限制。

(8) 飞机的平衡。

7.4.2　重心位置对飞行的影响

考虑到飞机自身结构强度和稳定性、操纵性的限制和要求，以及地面和空中飞行的特点和性能要求，对飞机的重心位置都会给出重心前后极限位置。在给出重心限制位置时通常需要考虑的主要因素如表 7-3 所示。

表 7-3　飞行各阶段上重心包线的主要限制因素

飞行阶段	前重心极限位置	后重心极限位置
起飞	前轮强度 抬前轮(升降舵最大偏转) 机动能力	主起落架强度 飞机擦尾(升降舵最大偏转) 前轮转向控制 稳定性
空中	升降舵最大偏转的载荷 操纵性的要求 机动能力	稳定性要求 爬升限制 配平状态的失速速度限制 迎角保护
着陆	前轮强度 升降舵最大偏转的载荷 机动能力	主起落架强度 进近阶段的限制 复飞爬升 配平状态的失速速度限制 迎角保护

飞机的重心反映的是自身和包括燃油在内的全部装载的质量分布。飞机重心位置是决定其处于平衡状态时各力矩值的参考点，飞机的平衡实质上是力矩平衡，而力矩的平衡取决于重心(center of gravity，CG)位置，重心是飞机上的一个点，理论上若在该点将飞机支撑或悬挂起来，那么飞机会处于平衡状态，即无任何方向的倾斜和转动，该平衡状态表明其各个方向的力矩之和为零。飞机的平衡一般分为纵向平衡(对横轴的俯仰力矩之和为零)、横向平衡(对纵轴的滚转力矩之和为零)和方向平衡(对立轴的方向力矩之和为零)。因此，飞机的重心位置决定了飞机平稳飞行的姿态，是决定飞机具有良好稳定性的关键，也是影响飞机操纵性的关键因素。

通常飞机的重心要位于其对称面内，其位置一般用平衡力臂或在平均空气动力弦(mean aerodynamic chord, MAC)上的相对位置给出。飞机的重心位置也是驾驶员操控飞机所必需的依据之一。飞机重心位置的限制是由制造商确立的，包括重心的前极限(forward limit)和后极限(aft limit)(图 7-4)，任何情况下的飞行都要保证飞机的重心不能超过这个限制范围。

限制飞机的重心位置主要是基于以下考虑。

为了保证飞机纵向稳定性，重心位置必须配置在焦点 AC(空气动力中心，aerodynamic center)之前。重心与焦点之间的距离决定了飞机稳定性的强和弱，该距离越大即越靠近机头位置，飞机的稳定性越强，但操纵性会变得迟缓；反之，该距离越短，

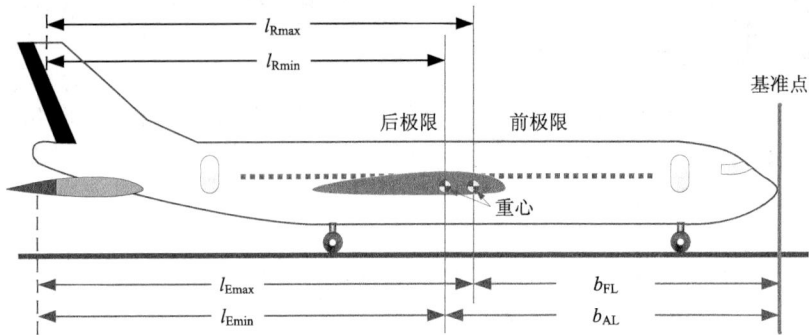

图 7-4 重心位置限制

则稳定性变弱但操纵性更灵敏。因此重心与焦点间的距离必须限制在一定的范围内。由设计制造者提出来的范围会在飞机的技术手册上给出。

从配平飞机的纵向稳定飞行上看，若重心过于靠前，则升力产生的下俯力矩越大，需要俯仰舵提供的上仰力矩就越大，那么就需要俯仰舵偏转更大的角度，这样俯仰舵面上的阻力会增加，同时需要的飞行迎角会更大，导致总的阻力增大。特别当飞机低速飞行时，可能俯仰舵偏转最大时的配平抬头力矩也不足以克服升力的下俯力矩，这将危及飞行安全。同时，阻力的增加会使飞行成本增大，降低航班飞行的经济效益，因此要限定飞机的重心位置在一定的范围之内。

7.5　重心计算的原理和方法

通常要求飞机的重心位置计算准确和方便，针对小型飞机和大型飞机的特性，往往采用不同的重心计算方法和重心位置表示方法，目的针对不同的机型在于确保重心计算准确的前提下更快速简便。

7.5.1　重心计算的原理和位置表示方法

1. 重心计算的原理

飞机的各组成部分都具有重力，这些所有重力的合力为整个飞机的重力，飞机重力的着力点即为飞机的重心。飞机的重心位置取决于各组成部分在飞机上的分布，并且飞机上任何部位载重量如果发生变化，都会引起飞机的重心位置发生移动，并且重心总是向载重量增大的方向移动。

重心计算的原理是依据合力矩定理，即一个平面力系的合力对任意一点的力矩等于各分力对同一点的力矩之和。假设系统包含 n 部分，每部分的质量为 $m_k(k=1,2,\cdots,n)$，每部分距离系统中某个基准点(或称为重心计算的参考点)的距离为 $b_k(k=1,2,\cdots,n)$，则系统的重心位置与基准点的距离 b_{CG} 为

$$b_{CG} = \frac{\sum_{k=1}^{n} W_k \cdot b_k}{\sum_{k=1}^{n} W_k} = \frac{\sum_{k=1}^{n} m_k g \cdot b_k}{\sum_{k=1}^{n} m_k g} = \frac{\sum_{k=1}^{n} m_k \cdot b_k}{\sum_{k=1}^{n} m_k} \tag{7-1}$$

利用合力矩定理计算重心的方法见例 7-1。

例 7-1 已知由 A、B、C、D 共 4 个质量均匀的物体组成的一个系统，其重量以及平衡力臂如图 7-5 所示，基准点选在图 7-5 所示的位置，试计算其重心(CG)位置。

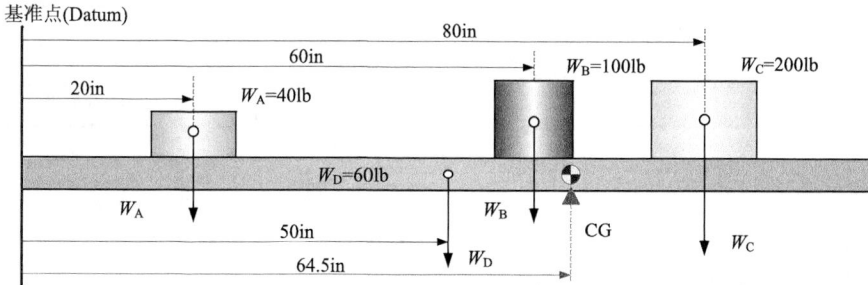

图 7-5 系统组成示意图

解： 该系统的总重量为 400lb，分别计算每个物体对基准点的力矩，根据合力矩定理，系统的中心位置距离基准点的距离为 64.5in，计算过程如表 7-4 所示。

表 7-4 根据合力矩定理计算重心结果

物体	重量/lb	力臂/in	力矩 = 重力×力臂/(lb·in)	重心 = 合力矩÷总重/in
A	40	20	800	
B	100	60	6000	
C	200	80	16000	
D	60	50	3000	
求和	400		25800	64.5(25800÷400)

例 7-2 已知由 A、B、C、D 共 4 个质量均匀的物体组成的一个系统，基准点选在图 7-5 所示的位置，其重量以及平衡力臂如图 7-6 所示，试计算其重心位置。

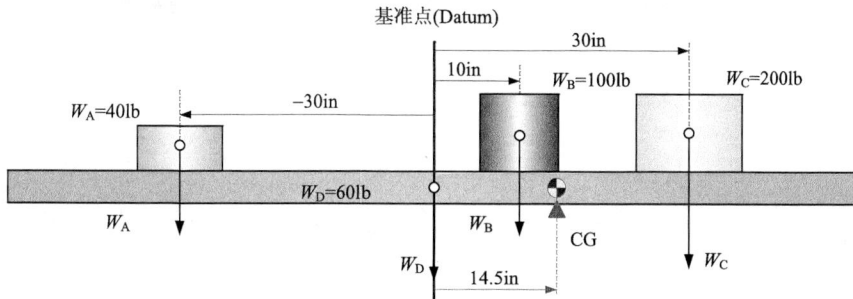

图 7-6 系统组成示意图

解：本题的已知条件与例 7-1 相同，只是基准点选得不同，因此该系统的总重量为400lb，分别计算每个物体对基准点的力矩，根据合力矩定理系统的中心位置距离基准点的距离为 14.5in，计算过程如表 7-5 所示。

表 7-5　根据合力矩定理计算重心结果

物体	重量/lb	力臂/in	力矩＝重力×力臂/(lb·in)	重心＝合力矩÷总重/in
A	40	−30	−1200	
B	100	10	1000	
C	200	30	6000	
D	60	0	0	
求和	400		5800	14.5(5800÷400)

由例 7-1 和例 7-2 可以看出，利用合力矩定理计算重心位置时，基准点的选择不影响系统的重心位置，只是基准点不同时表示重心位置的数值会发生改变。

2. 重心位置表示方法

利用合力矩定理计算重心时，虽然无论基准点选在哪里都不会影响重心在飞机上的具体位置，但是相对于不同的基准点表示的数值是不一样的。常用的表示重心位置的方法有平衡力臂、站位、平均空气动力弦或几何平均弦。

1) 平衡力臂

当相对于飞机确定了一个基准点之后，用重心到该基准点的距离来表示重心的位置，通常称为平衡力臂(balance arm，BA)。常用的典型基准位置有机头、发动机防火墙、机翼前沿以及距机头某一确定的距离等。基准点实质上是一个假想垂直平面或直线，是由飞机制造商确定的，飞机所有的力臂和重心位置的范围都是以该点为起点测量的。根据平衡力臂用代数的方法即可计算和表示重心的位置。

例 7-3　已知某单引擎飞机的实际数据及限制(图 7-7)如下。

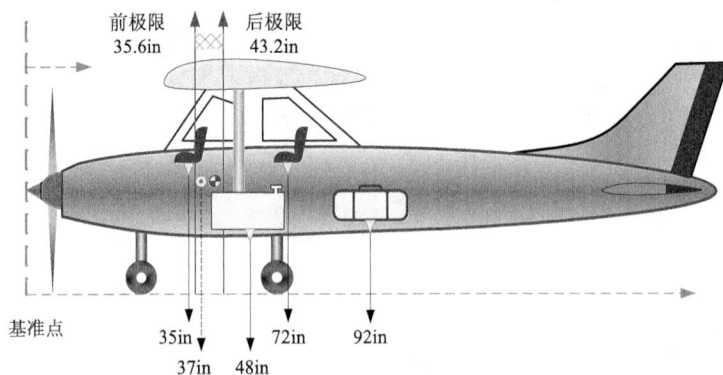

图 7-7　某单引擎飞机的装载限制

飞机空重 1340lb，平衡力臂+37.0in；最大起飞重量 2300lb；重心限制范围+35.6～+43.2in；前排 2 个座位平衡力臂+35in；后排 2 个座位平衡力臂+72in；油箱最大容积 40gal，平衡力臂+48in；行李箱最大重量 60lb，平衡力臂+92in。

执行本次飞行时的条件是：前座座位上是一位 140lb 重的飞行员和一位 115lb 重的乘客，后排座位上有两名体重分别为 212lb 和 97lb 的乘客，同时有 50lb 重的行李，计划飞行最大航程，因此携带了最大值的航油。

试确定重心位置，是否满足限制要求？若不满足重心限制起飞前应该如何调整？

解：将给定条件并计算可得表 7-6 所示的结果，其中最大值的燃油是 40gal，重量是 240lb（通常燃油的比重为 6lb/gal）。

表 7-6　给定条件的装载重心计算表

项目	重量/lb（最大起飞重量(2300lb)）	力臂/in	力矩/(lb·in)	重心/in（35.6～43.2in）
空机重量	1340	37	49580	
靠前的座位	255	35	8925	
靠后的座位	309	72	22248	
燃油	240	48	11520	
行李	50	92	4600	
合计	2194		96873	**44.1**

由表 7-6 的计算结果，重心位置为 CG=44.1in。超出了限制的重心范围 35.6～43.2in。因此需要调整。重心靠后了，可以尝试把后排体重 212lb 与前排 115lb 的乘客调换，计算结果如表 7-7 所示。

表 7-7　调整后的装载重心计算表

项目	重量/lb（最大起飞重量 2300lb）	力臂/in	力矩/(lb·in)	重心/in（35.6～43.2in）
飞机	1340	37	49580	
靠前的座位	**352**	35	**12320**	
靠后的座位	**212**	72	**15264**	
燃油	240	48	11520	
行李	50	92	4600	
合计	2194		93284	**42.5**

2）站位法

站位（station）是用来表示飞机上任何一点位置的一种度量单位。在设计、制造飞机时，厂家选定某一点为站位基准点，该点处定义为 0 站位（图 7-8），而其他任何点相对于站位基准点的距离，称为此任意点的站位。一般也取站位基准点右侧（飞机尾部方向）各点的站位为正值，左侧各点的站位为负值，这样只要确定了站位基准点（0 站位）的位置，飞机上任何一点的站位均可确定。飞机上各个装载项目所在站位数可以直接作为该项目的力臂值。实际上可以用作平衡力臂的站位是指纵向方向到 0 站位的距离，即指机身站位(body station, BS)。

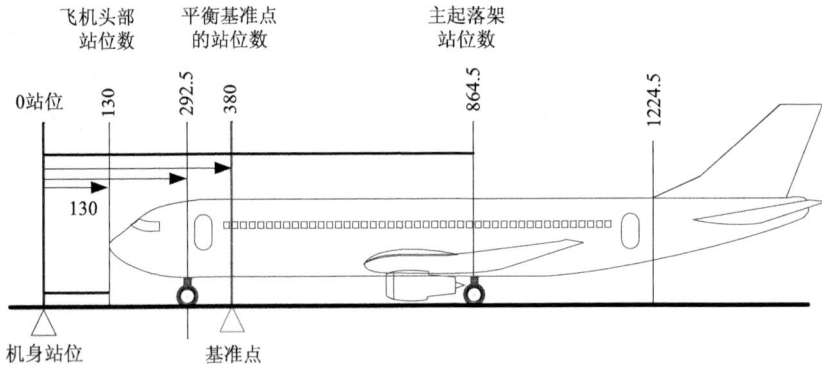

图 7-8　站位与平衡基准点的关系

站位和平衡力臂都是沿飞机纵轴的坐标，飞机的站位和区域主要是用来确定组件在飞机上位置的一种工具，便于对飞机进行维修。若飞机的平衡力臂基准点就选在 0 站位上时，则平衡力臂与站位数值相同；但也有些机型还另外选定一点作为平衡力臂计算的平衡基准点(或称力矩基准点)，则其装载项目的力臂长度都以平衡基准点为准计算。因此，在装载配平计算中应该使用平衡力臂来计算力矩。这样当平衡基准点与机身 0 站位不重合时，就需要把各个装载项目以站位基准点为准计算的力臂(即该项目的站位数)换算成以平衡基准点为准的力臂，换算方法如下所示。

装载项目相对于平衡基准点的力臂＝装载项目的站位数－平衡基准点的站位数

按该式的平衡力臂计算得到的重心位置是相对于平衡基准点的位置，按下式也可以换算成重心的站位数。

重心的站位数＝重心相对于平衡基准点的位置＋平衡基准点的站位数

3) 标准平均弦

标准平均弦(standard mean chord，SMC)也称为几何平均弦长。是指一个面积等于给定机翼的面积、长度等于机翼翼展的矩形机翼的弦长；或称长度等于机翼面积与翼展之比的翼弦为标准平均弦，可以视该弦长是在翼展范围内所有翼弦的平均值(图 7-9)。显然标准平均弦的长度和位置取决于机翼的平面形状。

4) 平均空气动力弦

平均空气动力弦(mean aerodynamic chord，MAC)是一个假想的矩形机翼的弦，这一假设矩形机翼的面积 S 和实际机翼的面积相等，假设的矩形机翼的空气动力和力矩与实际机翼相等，该假设矩形翼的弦(长度不变)即平均空气动力弦，其长度即为平均空气动力弦长，一般记作 b_{MAC}(图 7-10)。亚声速飞机的平均空气动力弦的位置取决于机翼的平面形状，可以用几何方法确定平均空气动力弦的位置及长度 b_{MAC}。先取根弦和梢弦的中

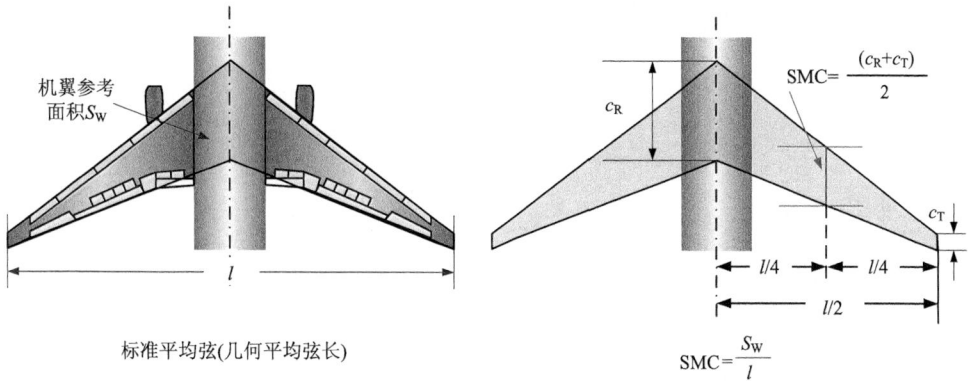

图 7-9　标准平均翼弦(SMC)

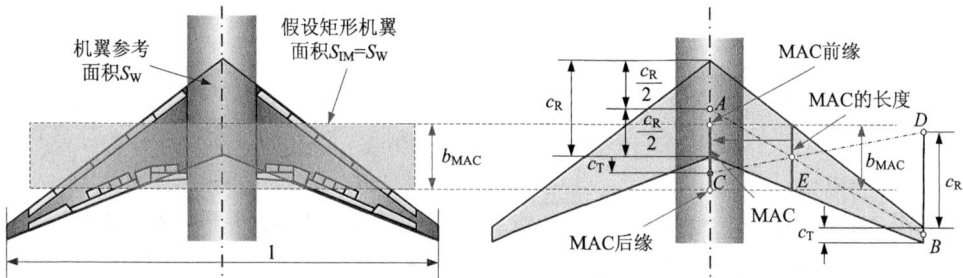

图 7-10　平均空气动力弦长(MAC)及其位置

点 A 和 B(图 7-10),并连线;再把根弦向后延长和梢弦相等的长度得到 C 点,把梢弦向前延长和根弦相等的长度得到 D 点,并连接 C 和 D 两点;AB 和 CD 相交于 E 点,过 E 点作机翼的剖面,得到的翼型的弦长就是平均空气动力弦的弦长 b_{MAC}。将其平移至飞机的对称面内就得到平均空气动力弦 MAC 的位置。实际上机翼的平均气动力弦正好是通过半个翼面的面积中心(相当于均质的机翼翼面的重心)位置的翼弦,将其平移至飞机的对称面即得平均空气动力弦的长度和位置。因此只要实际机翼的平面形状及几何参数确定了,MAC 的长度及其纵向位置就都确定了。

任何机型的飞机其平均空气动力弦的长度和所在位置都是固定的,在飞机的技术说明书中都会标明。因此,可以把飞机的重心投影到平均空气动力弦上,然后以重心投影点与平均空气动力弦的前缘之间的距离占平均空气动力弦长的百分比表示重心的位置。如图 7-11 所示,记 $\mathrm{BA_{CG}}$ 为重心的平衡力臂,$\mathrm{BA_{LEMAC}}$ 为平均空气动力弦前缘的平衡力臂,重心距离平均空气动力弦的前缘距离为 $x_{\mathrm{CG}}=\mathrm{BA_{CG}}-\mathrm{BA_{LEMAC}}$,则重心相对于平均空气动力弦(MAC)的位置 $\overline{x}_{\mathrm{CG}}$ 可以写为

$$\overline{x}_{\mathrm{CG}} = \frac{x_{\mathrm{CG}}}{b_{\mathrm{MAC}}} \times 100\% (\mathrm{MAC})$$

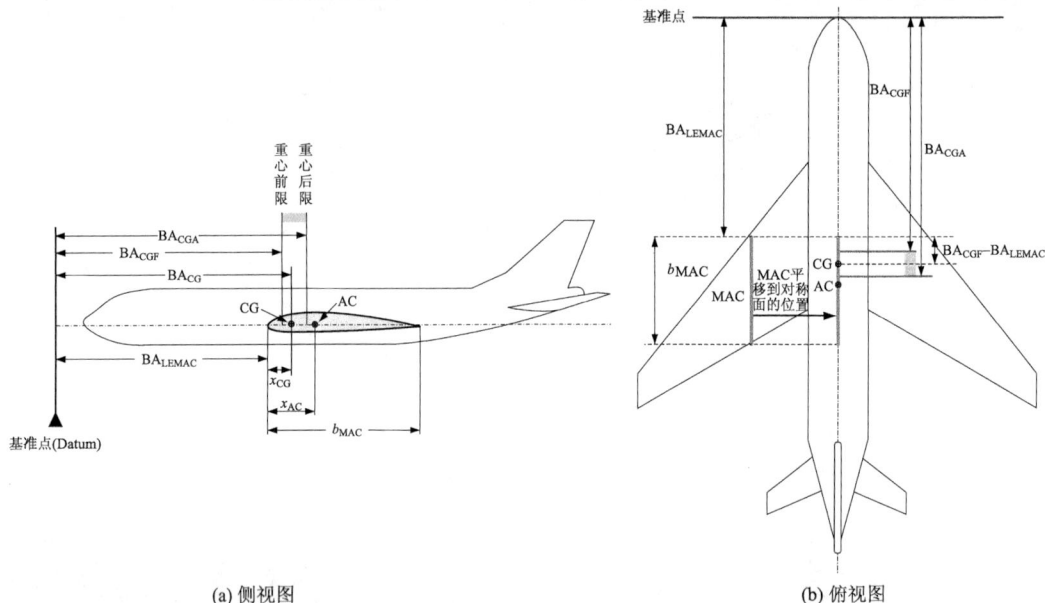

(a) 侧视图　　　　　　　　　　　(b) 俯视图

图 7-11　重心在平均空气动力弦上的位置

由图 7-11 可见，用平衡力臂表示的重心位置和平均空气动力弦的百分数表示的重心位置是可以转换的。根据图 7-11 中的几何关系可得，重心位置由平衡力臂表示转换为平均空气动力弦(MAC)的百分数的公式是

$$\overline{x}_{CG}(\%MAC) = \frac{BA_{CG} - BA_{LEMAC}}{b_{MAC}} \times 100\%(MAC) \qquad (7\text{-}2)$$

重心位置由平均空气动力弦(MAC)的百分数表示转换为平衡力臂表示的公式是

$$BA_{CG} = \frac{\overline{x}_{CG}(\%MAC) \cdot b_{MAC}}{100} + BA_{LEMAC} \qquad (7\text{-}3)$$

例 7-4　已知某飞机重心(CG)的平衡力臂为 $BA_{CG} = 648.5$in，该飞机的平均空气动力弦长 $b_{MAC} = 134.5$in，平均空气动力弦前缘的平衡力臂为 $BA_{LEMAC} = 625.6$in。

试计算用平均空气动力弦(MAC)的百分数表示的重心位置。

解：由平衡力臂转换为平均空气动力弦的百分数的式(7-2)可得

$$\overline{x}_{CG} = \frac{BA_{CG} - BA_{LEMAC}}{b_{MAC}} \times 100\% = \frac{648.5 - 625.6}{134.5} \times 100\% = 17\%MAC$$

例 7-5　给定某飞机的人员和货物装载、平均空气动力弦、重心范围如图 7-12 所示，具体的装载情况如表 7-8 所示。

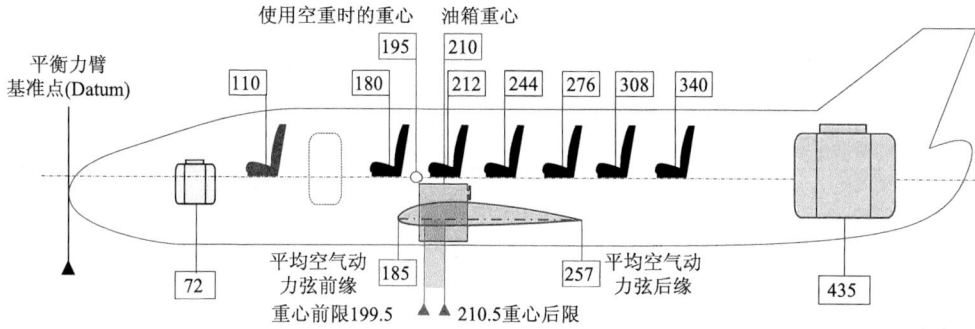

图 7-12　飞机装载的平衡力臂、平均空气动力弦和重心限制示意图(单位：in)

表 7-8　航班装载配平表

项目	重量/lb	平衡力臂/in	力矩/(lb·in)
空机重量(empty weight)	20000	195	
飞行机组(flight crew)	350	110	
燃油(fuel)	2700	210	
一排座位(Pax – Row 1)	350	180	
二排座位(Pax – Row 2)	510	212	
三排座位(Pax – Row 3)	250	244	
四排座位(Pax – Row 4)	480	276	
五排座位(Pax – Row 5)	425	308	
六排座位(Pax – Row 6)	450	340	
前货舱(Fwd Cargo)	350	72	
后货舱(Aft Cargo)	525	435	

　　试给出本机用平均空气动力弦表示的重心限制范围。确定重心位置是否满足限制要求？分别给出用平衡力臂和平均空气动力弦表示的重心位置。

　　解： 由图 7-12 给定的数据可知，空气动力弦的弦长 $b_{MAC}=257-185=72\,(in)$。

　　重心前限位置在平均空气动力弦上的位置为 $(199.5-185)\div72=20.14\%MAC$；

　　重心后限位置在平均空气动力弦上的位置为 $(210.5-185)\div72=35.42\%MAC$；

　　因此本机用平均空气动力弦表示的重心限制范围为 20.14%MAC～35.42%MAC。

　　根据给定的装载情况，计算起飞重量和合力矩，结果如表 7-9 所示。

表 7-9　给定装载情况下的起飞重量和合力矩

项目	重量/lb	平衡力臂/in	力矩/(lb·in)
使用空机重量(empty weight)	20000	195	3900000
飞行机组(flight crew)	350	110	38500
燃油(fuel)	2700	210	567000
一排座位(Pax – Row 1)	350	180	63000

续表

项目	重量/lb	平衡力臂/in	力矩/(lb·in)
二排座位(Pax – Row 2)	510	212	108120
三排座位(Pax – Row 3)	250	244	61000
四排座位(Pax – Row 4)	480	276	132480
五排座位(Pax – Row 5)	425	308	130900
六排座位(Pax – Row 6)	450	340	153000
前货舱(Fwd Cargo)	350	72	25200
后货舱(Aft Cargo)	525	435	228375
合计	26390		5407575

因此重心位置的平衡力臂 BA_{CG} = 5407575(lb·in)÷26390lb = 204.9in。重心位置符合 199.5~210.5in 限制要求,位置是适合的。

用平均空气动力弦(MAC)表示的重心位置为(204.9 – 185)÷72 = 27.64%MAC。同样 也满足重心限制范围(20.14%MAC~35.42%MAC)的要求。

7.5.2 重量移动和增减对重心的影响

实际飞行运行过程中,遇到飞机的总重量符合限制要求,但飞机重心位置不符合限 制要求时,需要根据超限情况进行调整,或重心符合限制要求,但是临时需要调整重量 所在位置,会导致重心改变,即人员或货物在飞机上移动后需要重新计算重心位置;也 会遇到人员或货物的临时增减,既会使总重量改变,也会使飞机的重心位置发生改变, 即重量发生增减后需要重新计算重心位置。

1. 重量的移动对重心的影响

若起飞前已经确定起飞重量 W,重心位置 b_{CG} 位于重心前限 b_F 和重心后限 b_A 之间 均符合起飞限制要求,若临时将已经装载在飞机上的重量为 W_m 的物体,由平衡力臂 b_{m2} 处移动到平衡力臂 b_{m1} 处,如图 7-13(a)所示,将物体移动后的新的重心位置记为 b_{CGNEW}, 重心的改变量记为 Δ_{CG}。根据合力矩定理,重量移动后分力矩的改变量应等于合力矩的 改变量,因此有

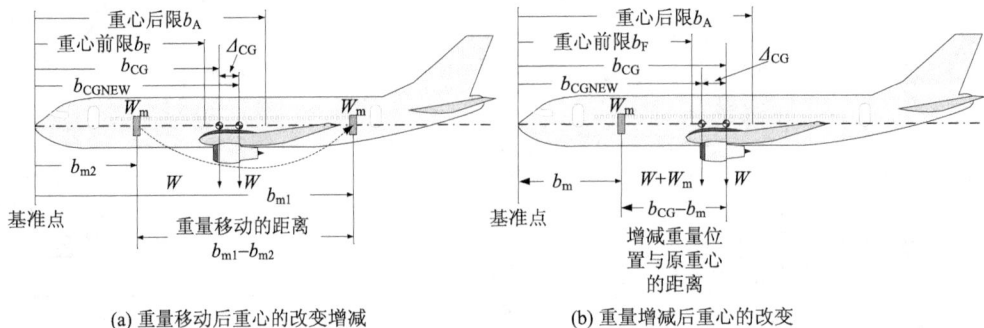

(a) 重量移动后重心的改变增减　　　　(b) 重量增减后重心的改变

图 7-13　重量改变后重心变化图

$$W_{\mathrm{m}} \times (b_{\mathrm{m1}} - b_{\mathrm{m2}}) = W \times \varDelta_{\mathrm{CG}} \tag{7-4}$$

或

移动的重量÷飞机的总重量 = 重心的改变量÷重量移动的距离 　　(7-4a)

在例 7-3 中，移动的重量 = 212lb − 115lb = 97lb；重量移动的距离 = 72in − 35in = 37in；则由式(7-4)可知：

重心的改变量 = (移动的重量×重量移动的距离)÷总重量 = 97lb×37in÷2194lb = 1.6in

新的重心位置 = 原重心位置−重心的改变量 = 44.1in − 1.6in = 42.5in。与例 7-3 中的计算结果一致。

2. 重量的增减对重心的影响

若起飞前已经确定起飞重量 W，重心位置 b_{CG} 位于重心前限 b_{F} 和重心后限 b_{A} 之间均符合起飞限制要求，若临时在平衡力臂 b_{m} 处增加重量为 W_{m} 的物体，如图 7-13 (b) 所示，将增加重量后的新重心位置记为 b_{CGNEW}，重心的改变量记为 $\varDelta_{\mathrm{CG}}$。根据合力矩定理，即式(7-1)，在增减重量之前有

$$W \cdot b_{\mathrm{CG}} = \sum_{k=1}^{n} W_k \cdot b_k \tag{7-5}$$

在平衡力臂 b_{m} 处增加重量为 W_{m} 的物体后，有

$$(W + W_{\mathrm{m}}) \cdot b_{\mathrm{CGNEW}} = \sum_{k=1}^{n} W_k \cdot b_k + W_{\mathrm{m}} \cdot b_{\mathrm{m}}$$

如图 7-11 (b) 所示的几何关系，将 $\varDelta_{\mathrm{CG}} = b_{\mathrm{CG}} - b_{\mathrm{CGNEW}}$ 代入式(7-5)可得

$$W_{\mathrm{m}} \times (b_{\mathrm{CG}} - b_{\mathrm{m}}) = (W + W_{\mathrm{m}}) \times \varDelta_{\mathrm{CG}} \tag{7-6}$$

或

重量改变量÷飞机新的总重量 = 重心改变量÷增减重量位置与原重心的距离　　(7-6a)

例 7-6　飞机原总重 6680lb，原重心位置 80in，准备在平衡力臂为 150in 的行李舱中增加行李 140lb。试确定新的重心位置。

解：根据重量改变引起的重心变化计算式(7-6a)可得

重心的改变量 = (增减重量位置与原重心的距离×重量的改变量)÷飞机新的总重量
　　　　　　 = [(150in − 80in)×140lb] ÷ (6680lb+140lb) = 1.4in

新的重心位置 = 原重心位置+重心的改变量 = 80in+1.4in = 81.4in。

无论是移动还是增减重量，导致的重心改变量都是相对于原重心前移或后移，一般通过重量变化的位置可以清楚地判断。

7.5.3　指数及其应用

在应用合力矩定理计算飞机的重心时，常常会显现力矩值很大，这为准确地计算力矩值带来了不便。于是在实际中常利用指数(index)进行计算，通常使用的指数是建立在力矩基础之上的，即以力矩为基数，按照给定的规则——指数方程，把力矩转换为指数。使用指数的目的是简化力矩计算，力矩的加减运算转换为指数的加减计算，也便于编制

相关的图表或曲线供实际使用。最简单的力矩指数(moment indexes)就是缩小了一定倍数的力矩。

1. 小型飞机的力矩指数及其应用

对于正常类、实用类等小型飞机,其力矩指数就是缩小一定倍数的力矩(通常使用力矩 100 或力矩 1000)。通常在飞行员操作手册(Pilot's Operating Handbook, POH)或飞机飞行手册中给出力矩指数计算曲线和相应的重心限制范围,以方便飞行员查找和使用,确保飞行过程的安全。图 7-14～图 7-16 为典型的小型飞机的装载力矩指数和重心位置检查图表或曲线。

例 7-7　某小型飞机前排乘坐两人(包括驾驶员),重量分别为 130lb 与 170lb;后排坐 1 人,重 190lb,行李 30lb,主油箱燃油 44gal(燃油的比重为 6lb/gal),试利用图 7-14 确定其装载是否符合要求(图中重量单位为 lb,长度单位为 in)。

解:(1)计算起飞重量。根据所给的起飞条件可知起飞总重为乘员、货物、燃油之和。由图 7-14 可知飞机的基本空重 2015lb,燃油重量为

$$44\text{gal} \times 6\text{lb/gal} = 264\text{lb}$$

因此飞机的起飞重量为

$$2015 + 264 + 130 + 170 + 190 + 30 = 2799\,(\text{lb})$$

(2)计算各部分的力矩指数(力矩指数的单位均为 100lb·in)。在图 7-14 中可查出第一排座椅 130lb 和 170lb 的两位乘员的力矩指数分别为 110 和 144,因此第一排乘员的力矩指数为 254,第二排 190lb 乘员的力矩指数为 230;燃油 44gal(264lb)的燃油指数为 198;所携带的 30lb 行李的力矩指数为 42。总的力矩指数为各部分重量的力矩指数之和,即

$$1554 + 110 + 144 + 230 + 42 + 198 = 2278\,(\times 10^2 \text{lb·in})$$

将上述计算结果填入图 7-14 的阴影区的表中。

(3)检查起飞条件是否符合要求。先做重量检查,由图中右侧的重量限制区可知该飞机的最大起飞和着陆重量均为 2950lb,实际起飞重量 2799lb 小于最大起飞重量限制,因此满足起飞重量要求;再做中心位置检查,图 7-14 中右侧表格中的数据是用于中心位置检查的,该表格的数据包含三列,其中第一列是飞机的重量,第二列是当飞机的重心位于重心限制的前端时对应的力矩指数,第三列是当飞机的重心位于重心限制的后端时对应的力矩指数。因此当已知飞机的重量和其力矩指数时,如果力矩指数大于第二列的数值,即说明重心位于其前限之后,如果力矩指数小于第三列的数值,即说明重心位于其重心后限之前。本次飞行起飞总重 2799lb 力矩指数为 2278,由图 7-14 右侧表中对应于 2800lb(此处由于 2799lb 与 2800lb 相差甚微,不进行插值计算结果的精度足够)重量的力矩指数分别为 2254(当重心位于前限时)和 2381(当重心位于后限时),而本次飞行的实际力矩指数为 2278,位于 2254 和 2381 之间,因此可以判定重心位置符合要求。

USEFUL LOAD WEIGHTS AND MOMENTS

OCCUPANTS				USABLE FUEL		
FRONT SEAT ARM 85		REAR SEATS ARM 121		MAIN WING TANKS ARM 75		
120	102	120	145	5	30	22
130	110	130	157	10	60	45
140	119	140	169	15	90	68
150	128	150	182	20	120	90
160	136	160	194	25	150	112
170	144	170	206	30	180	135
180	153	180	218	35	210	158
190	162	190	230	40	240	180
200	170	200	242	44	264	198

BAGGAGE OR 5TH SEAT OCCUPANT ARM 140

Weight	Moment 100
10	14
20	28
30	42
40	56
50	70
60	84
70	98
80	112
90	126
100	140
110	154
120	168
130	182
140	196
150	210
160	224
170	238
180	252
190	266
200	280
210	294
220	308
230	322
240	336
250	350
260	364
270	378

AUXILIARY TANKS ARM 94

Gallons	Weight	Moment 100
5	30	28
10	60	56
15	90	85
19	114	107

*OIL

Quarts	Weight	Moment 100
10	19	5

*Included in basic Empty Weight

Empty Weight ~ 2015
MOM/100 ~1554

MOMENT LIMITS vs WEIGHT

Moment limits are based on the following weight andcenter of gravity limit data (landing gear down).

WEIGHT CONDITION	FORWARD CG LIMIT	AFT CG LIMIT
2950lb Takeoff and landing	82.1	84.7
2525lb	77.5	85.7
2475lb or less	77.0	85.7

SAMPLE LOADING PROBLEM		
	Weight	Moment/100
Basic Empty Weight	2015	1554
Fuel Main Tanks (44 gal)	264	198
*Front Seat Passengers	300	254
Rear Seat Passengers	190	230
Baggage	30	42
Total	2799	2278

*You can interpolate or, as in this case, add appropriate numbers.

Weight	Minimum Moment 100	Maximum Moment 100
2100	1617	1800
2110	1625	1808
2120	1632	1817
2130	1640	1825
2140	1648	1834
2150	1656	1843
2160	1663	1851
2170	1671	1860
2180	1679	1868
2190	1686	1877
2200	1694	1885
2210	1702	1894
2220	1709	1903
2230	1717	1911
2240	1725	1920
2250	1733	1928
2260	1740	1937
2270	1748	1945
2280	1756	1954
2290	1763	1963
2300	1771	1971
2310	1779	1980
2320	1786	1988
2330	1794	1997
2340	1802	2005
2350	1810	2014
2360	1817	2023
2370	1825	2031
2380	1833	2040
2390	1840	2048
2400	1848	2057
2410	1856	2065
2420	1863	2074
2430	1871	2083
2440	1879	2091
2450	1887	2100
2460	1894	2108
2470	1902	2117
2480	1912	2125
2490	1922	2134
2500	1933	2143
2510	1943	2151
2520	1953	2160
2530	1963	2168
2540	1974	2176
2550	1984	2184
2560	1995	2192
2570	2005	2200
2580	2016	2207
2590	2027	2215
2600	2037	2223
2610	2048	2231
2620	2059	2239
2630	2069	2247
2640	2080	2255
2650	2091	2263
2660	2101	2271
2670	2112	2279
2680	2123	2287
2690	2134	2295
2700	2144	2303
2710	2155	2310
2720	2166	2318
2730	2177	2326
2740	2188	2334
2750	2199	2342
2760	2210	2350
2770	2221	2358
2780	2232	2366
2790	2243	2374
2800	2254	2381
2810	2265	2389
2820	2276	2397
2830	2287	2405
2840	2298	2413
2850	2309	2421
2860	2321	2428
2870	2332	2436
2880	2343	2444
2890	2354	2452
2900	2365	2460
2910	2377	2467
2920	2388	2475
2930	2399	2483
2940	2411	2491
2950	2422	2499

图 7-14　力矩指数

例 7-8　某小型飞机在某次执行航班飞行时，给定的装载情况如表 7-10 所示。

表 7-10　航班飞行装载情况

项目	重量/lb	力矩/($\times 10^3$ lb·in)
飞机的空机重量	1874	67.7
前排座位	300	
后排座位	175	
燃油	528	
A 行李区	100	
B 行李区	50	
总计	3027	

试根据图 7-15 所给的载重与装载力矩指数曲线，确定飞机本次飞行的重心位置。再利用图 7-16 所给的重心力矩包线检查重心是否在允许的范围内。

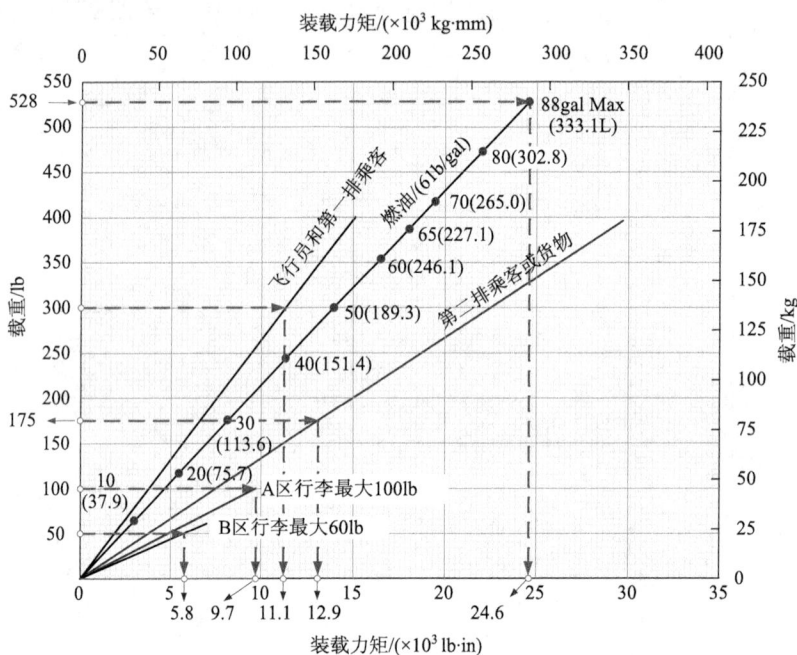

图 7-15　某小型飞机的载重与装载力矩指数曲线(载荷图)

解：在该飞机的载荷图(loading graph)7-15 中，分别给出了在飞机的各个部位上，不同装载重量(纵坐标)时的力矩指数(横坐标)。根据给定装载条件前排座位 300lb、后排座位 175lb、燃油 528lb、A 行李区 100lb、B 行李区 50lb，可以查得(图 7-15 虚线所示)对应的装载力矩指数(力矩/1000)分别为 11.1、12.9、24.6、9.7、5.8，把得到的数据填入表 7-10 中，结果如表 7-11 所示。

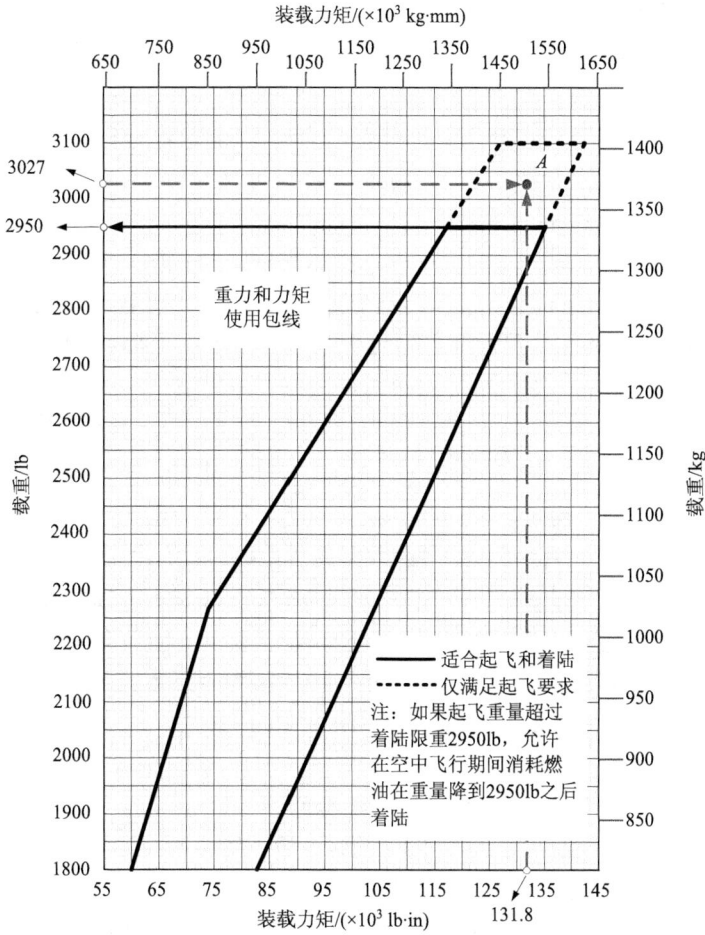

图 7-16　重心力矩包线

表 7-11　给定航班装载情况下的力矩指数

项目	重量/lb	力矩/(×10³lb·in)
飞机的使用重量	1874	67.7
前排座位	300	11.1
后排座位	175	12.9
燃油	528	24.6
A 行李区	100	9.7
B 行李区	50	5.8
总计	3027	131.8

由以上计算可得，在给定的起飞装载条件下，飞机的起飞总重是 3027lb，总的力矩指数是 131.8×10³lb·in，即总的力矩为 1.318×10⁵lb·in。

再利用图 7-16 检查重心是否超限，步骤如下。

(1)根据起飞重量 3027lb，从重心力矩使用包线左侧载重为 3027lb 点向右作水平线，如图 7-16 中的虚线所示。

(2)根据装载力矩 131.8($\times 10^3$lb·in)，从重心力矩使用包线下端力矩指数 131.8 点向上作垂线，如图 7-16 中的虚线所示。

(3)引自步骤(1)和步骤(2)的两条线相交于 A 点。

(4)由于 A 点落于虚线所示的区域内，根据图中给的说明可知，此时的装载是满足起飞限定要求的；但是不满足着陆的要求，因为从图中的飞行包线限制可以看出，该飞机的着陆最大重量是 2950lb，要保障着陆安全，飞行期间必须消耗 77lb(3027lb−2950lb = 77lb，即 12.84gal)以上的燃油之后才符合着陆限制要求。

2. 大型客机的力矩指数

本质上指数就是缩小了一定倍数的力矩，在实际计算时，通过构造指数方程，把力矩计算的基准点设置到平均空气动力弦的某一点上，即所有的力矩计算的矩心取在平均空气动力弦的某一确定百分比处，把力矩转化为指数。不同的机型计算指数的方程不同。如图 7-17 所示，假设某飞机的空气动力弦前缘(leading edge of mean aerodynamic chord，LEMAC)的站位是 H_{LEMAC}(或平衡力臂)，单位为 in 或 m；选定的重心力矩计算基准点(CG datum)的站位是 $H_{\text{CG·D}}$，单位为 in 或 m。则通常力矩指数方程可写作

$$\text{INDEX} = \frac{H_{\text{ARM}}(\text{in}) - H_{\text{CG·D}}(\text{in})}{C} \times W(\text{lb}) + K \tag{7-7}$$

其中，H_{ARM} 为任意装载项目的站位点(或平衡力臂)(in 或 m)；W 为任意装载项目的重量(lb 或 kg)；C 为选定的使力矩标准化(无量纲化)的力矩常数(lb·in)；K 为选定的指数基础常数，目的在于防止计算的指数出现负值。

若已知飞机的平均空气动力弦长为 b_{MAC}，则用平均空气动力弦长的百分数表示的飞机重心计算基准点可以写作

$$\bar{x}_{\text{CG·D}}(\%\text{MAC}) = \frac{H_{\text{CG·D}} - H_{\text{LEMAC}}}{b_{\text{MAC}}} \times 100\% \tag{7-8}$$

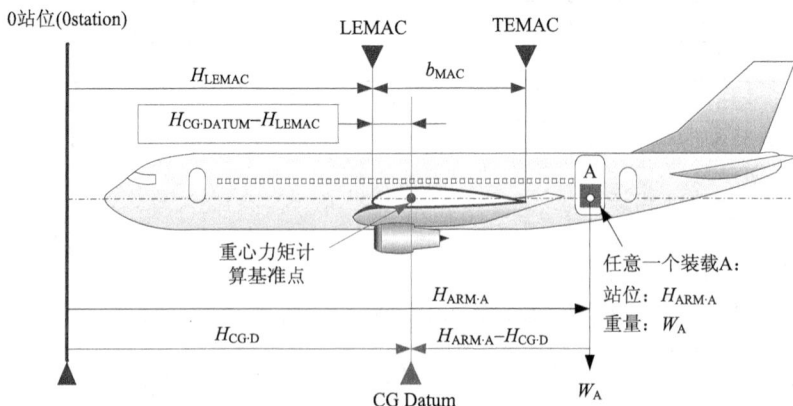

图 7-17　力矩指数计算示意图

例 7-9 已知 B777F 飞机的平均空气动力弦长为 $b_{MAC} = 278.5in$，空气动力弦前缘的站位为 $H_{LEMAC} = 1174.5in$，选定的重心力矩计算基准点的站位是 $H_{CG \cdot D} = 1258.0in$，力矩常数 $C = 500000 lb \cdot in$，指数基础常数 $K = 50$。

试确定对于任意一个装载 A（重量为 W_A，站位点为 $H_{ARM \cdot A}$）的指数；用 MAC 百分数表示的重心计算的基准点是多少。

解：根据式(7-7)可得，装载项目 A 的指数为

$$INDEX_A = \frac{H_{ARM \cdot A} - 1258.0}{500000} \times W_A + 50$$

根据式(7-8)，所选的力矩计算基准点在 MAC 上的位置是

$$\bar{x}_{CG \cdot D}(\%MAC) = \frac{H_{CG \cdot D} - H_{LEMAC}}{b_{MAC}} \times 100\%MAC = \frac{1258.0 - 1174.5}{278.5} \times 100\%MAC = 30\%MAC$$

7.6 重心包线与重心包线图

为了保障飞机在每个阶段的飞行安全，CCAR-25.25 和 CCAR-25.143 等条款规定，需要考虑飞机的结构强度、稳定性和操纵性以及机动能力等方面的限制要求，在每个重量下飞行时都有一个对应的重心前后限边界。

7.6.1 重心包线

通常把满足飞机在整个飞行阶段的重心都不允许超出的极限边界称为飞机的重心包线。纵坐标代表重量，横坐标表示力矩。位于力矩计算参考点左侧（机头方向）的力矩为负，右侧为正。这样就可以在图上做力矩加减，利用图解法确定重心，得到的重心限制范围称为重心包线，如图 7-18～图 7-20 所示。

1. 起飞的重心包线

飞机起飞时重心包线如图 7-18 所示。

(1) 限制起飞的重心前限的因素如下：前轮强度；抬前轮（升降舵最大偏转）；机动能力；操纵性要求；配载要求。

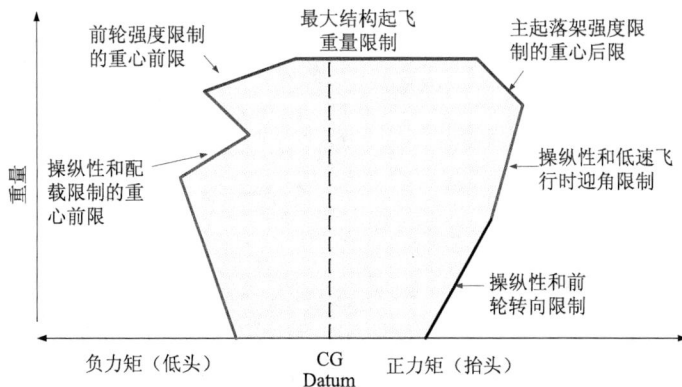

图 7-18 起飞时重心包线

(2)限制起飞的重心后限的因素如下：主起落架强度；前轮转向控制；离地擦尾角限制；爬升梯度；稳定性、操纵性限制。

(3)最大结构起飞重量限制。

2. 着陆的重心包线

飞机着陆时重心包线如图 7-19 所示。

(1)限制着陆重心前限的因素：一般满足起飞重心前限要求时，通常都会符合着陆时重心前限的要求。

(2)限制着陆重心后限的因素：与起飞重心后限的限制因素类似，主要包括受到操纵性重量的限制、低速时迎角的限制，以及复飞要求的限制。另外，考虑到主起落架的强度，最大结构着陆重量会限制重心的后限。

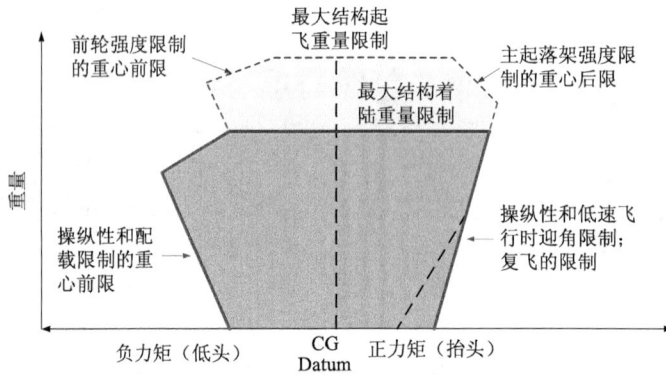

图 7-19　着陆时重心包线

3. 空中的重心包线

空中飞行时，同样要考虑到结构强度、稳定性要求、舵面的操纵效率、机动性要求、爬升要求、失速速度、迎角以及尽可能降低燃油消耗等因素，确定重心的前后限边界，但是通常在空中飞行时，飞机所受到的限制要比起飞时少，因此考虑到实际情况，可以在起飞包线的基础上再适当地放宽 1%～2%，如图 7-20 所示。

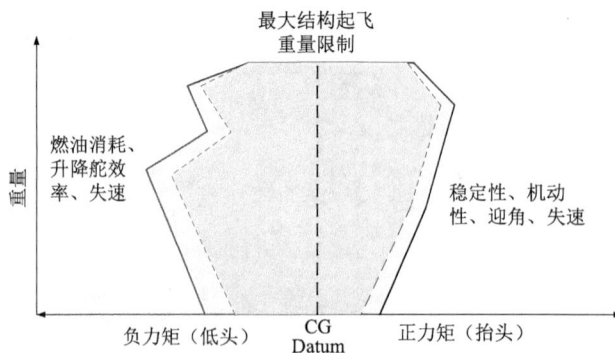

图 7-20　空中飞行时重心包线

7.6.2　重心包线图

为了便于实际使用，把相对于力矩基准点计算的力矩转换为平均空气动力弦的百分数和指数方程计算出相应的指数，然后以指数和对应的平均空气动力弦百分数作为横坐标、重量为纵坐标，绘制出的重心包线，就是实际使用的重心包线。

1. 平均空气动力弦与重心包线的关系

为了便于实际计算和使用，根据式(7-5)可以把相对基准点的重心位置转换成%MAC。如图 7-21 所示，假设所选取的重心基准点位于 25%MAC，则当重心恰好位于基准点时，其力矩为零，当重心位于该点时，力矩不随重量变化，是一条向上的直线；若装载后重心位于基准点之后(图 7-21 中假设在 37%MAC 处)，则重量越重对基准点的力矩越大，这是因为在相同的弦线位置，虽然力臂不变但是重量越大则力矩越大，因此该位置处载重的力矩随重量的增加线性增加，是一条向右倾斜的直线；同理，在基准点之前的平均空气动力弦的百分比(%MAC)的位置上，载重越大则力矩值也越大，这时是负的(低头)力矩，因此力矩在相同的空气动力弦的百分比处随重量的变化是向左倾斜的直线。

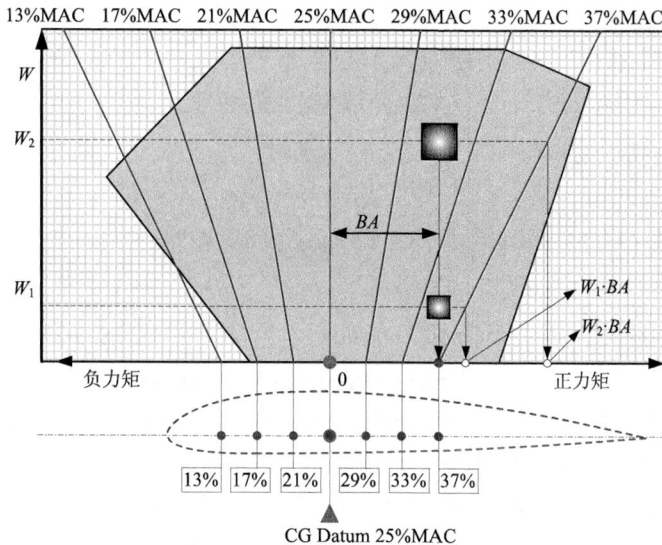

图 7-21　MAC 与重心包线的关系

2. 指数与重心包线

由于力矩的数值很大，不便于使用。通常把力矩转换为指数，即以式(7-4)计算的指数替代力矩值作为横坐标，就可以得到如图 7-22 所示的实际使用的重心包线。

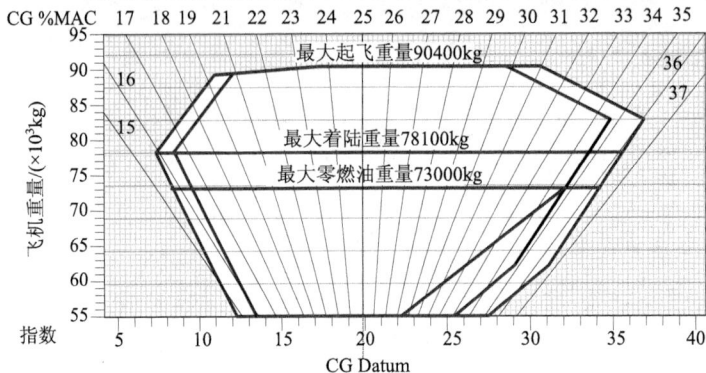

图 7-22　重心包线图

7.7　指 数 计 算

7.7.1　基本使用指数

使用空机重量(operating empty weight，OEW)中包括机组、乘务组、配餐等重量，因此飞行时该重量会变化。按基本配备(标准机组、乘务组和标准配餐)时的使用空机重量称为基本使用重量(basic operating weight，BOW)，基本使用指数(basic operating weight index，BOI)就是把按照基本使用重量计算的指数再加上一个正数(常数)得到的值，例如

A310-200：$BOI = W_{BOW} \times (H_{ARM} - 26.67)/2000\,(kg \cdot m) + 40$

其中，W_{BOW} 为飞机的基本使用重量；H_{ARM} 为飞机基本使用重量时的重心站位点(以下相同)。

B737-300：$BOI = W_{BOW} \times (H_{ARM} - 648.5)/29483\,(kg \cdot in) + 40$

B757-200：$BOI = W_{BOW} \times (H_{ARM} - 1037.8)/75000\,(kg \cdot in) + 50$

B777F：$BOI = W_{BOW} \times (H_{ARM} - 1258.0)/250000\,(kg \cdot in) + 50$

B747-400：$BOI = W_{BOW} \times (H_{ARM} - 1323.6)/286000\,(kg \cdot in) + 50$

例 7-10　已知 B777F 飞机的基本使用重量为 $W_{BOW} = 140000 kg$，基本使用重量的重心站位为 $H_{ARM} = 1237.7 in$，平均空气动力弦的弦长为 $b_{MAC} = 278.5 in$，空气动力弦前缘的站位为 $H_{LEMAC} = 1174.5 in$，选定的重心力矩计算基准点的站位是 $H_{CG \cdot D} = 1258.0 in$。

试计算其 BOI、相对基准点的力矩、重心的空气动力弦的百分比位置。

解：$BOI = 140000\,kg \times (1237.7\,in - 1258.0 in)/250000\,(kg \cdot in) + 50 = 38.6$。

相对基准点的力矩为：$140000\,kg \times (1237.7 in - 1258.0 in) = -2842000\,kg \cdot in$。

基本使用重量重心的空气动力弦的百分比位置为：$(1237.7 in - 1174.5 in)/278.5 = 23\% MAC$。

7.7.2　干使用指数

在每次航班飞行时，实际执行的机组、乘务组以及配餐等与标准基本配置不同，因此需要根据实际情况，对基本使用重量做修正，修正机组、乘务组、配餐等重量后的使用空机重称为干使用重量（DOW）。实际航班飞行应对基本使用指数（BOI）做相应的修正，一般称修正后的 BOI 为干使用指数（dry operating weight index，DOI）。具体的修正值随机型而定。例如，A330-200 中给出的修正值包括如下项目。

驾驶舱增加一名机组人员重量增加 80kg：DOI＝BOI－1.3。

前厨房配餐增加 100kg：　DOI＝BOI－1.3。

后厨房配餐增加 100kg：　DOI＝BOI＋1.2。

由于飞机在大修之后其使用空机重量及其重心位置可能会变化，其 DOI（BOI）也会相应地变化，一般在飞机大修之后应重新称重并确定其 DOI（BOI）。因此，机型相同的飞机，每一架的 DOI（BOI）也可能不同。

7.7.3　燃油指数

燃油指数同样是使用给定机型的指数方程进行计算。燃油指数取决于装载燃油的多少和油箱的位置。通常为了减小由于燃油消耗而产生的重心变化量，飞机的油箱大都位于基准点附近，这样使得随着飞行过程燃油的减少，其指数也围绕在 0 附近一个小区间内变化。实际上燃油的密度、油箱的体积等也会引起重心和指数的变化。

通常情况下给油箱加油的顺序是翼尖油箱、翼根油箱、机身油箱。燃油指数的大小、正负取决于各个油箱相对基准点的位置和加油的顺序，当燃油的密度不同时，油箱的体积是不变的，因此也会影响重心位置，从而导致指数不同。表 7-12 所示是 A330-200 飞机按正常的加油顺序，装载不同密度的燃油时，加油量和指数的关系。

表 7-12　A330-200 加油量与燃油指数

W/kg	燃油密度/(kg/L)														
	0.760	0.765	0.770	0.775	0.780	0.785	0.790	0.795	0.800	0.805	0.810	0.815	0.820	0.825	0.830
20	−2	−2	−2	−2	−2	−2	−2	−2	−2	−2	−2	−2	−2	−2	−2
4000	−4	−4	−4	−4	−4	−4	−4	−4	−4	−4	−4	−4	−4	−4	−4
6000	−6	−6	−6	−6	−6	−6	−6	−6	−6	−6	−6	−6	−6	−6	−6
8000	−8	−8	−8	−8	−8	−8	−8	−8	−8	−8	−8	−8	−8	−8	−8
10000	−8	−8	−8	−8	−8	−8	−8	−8	−8	−8	−8	−8	−8	−8	−8
12000	−4	−4	−4	−4	−4	−4	−4	−4	−4	−4	−4	−4	−4	−4	−4
14000	+1	+1	+1	+1	+1	+1	+1	+1	+1	+1	+1	+1	+1	+1	+1
16000	+1	+1	+1	+2	+2	+2	+2	+2	+2	+2	+2	+2	+3	+3	+3
18000	−1	−1	−1	+0	+0	+0	+0	+0	+0	+0	+0	+0	+1	+1	+1
20000	−3	−3	−2	−2	−2	−2	−2	−2	−2	−2	−2	−2	−1	−1	−1
22000	−5	−4	−4	−4	−4	−4	−4	−4	−4	−4	−3	−3	−3	−3	−3
24000	−6	−6	−6	−6	−6	−6	−6	−6	−6	−5	−5	−5	−5	−5	−5
26000	−8	−8	−8	−8	−8	−8	−8	−8	−7	−7	−7	−7	−7	−7	−7
...	...	...	...	...	...	...	...	...	...	...	...	...	...	...	...
87000	+2	+2	+2	+2	+2	+2	+3	+3	+3	+3	+3	+3	+3	+4	+3

续表

W/kg	密度/(kg/L)														
	0.760	0.765	0.770	0.775	0.780	0.785	0.790	0.795	0.800	0.805	0.810	0.815	0.820	0.825	0.830
89000	+1	+1	+1	+1	+1	+2	+2	+2	+2	+2	+2	+2	+2	+3	+3
91000	+0	+0	+0	+0	+1	+1	+1	+1	+1	+1	+1	+1	+1	+2	+2
93000	−1	−1	−1	+0	+0	+0	+0	+0	+0	+0	+0	+0	+0	+1	+1
95000	−2	−2	−1	−1	−1	−1	−1	−1	−1	−1	−1	−1	−1	+0	+0
97000	−2	−2	−2	−2	−2	−2	−2	−2	−2	−2	−2	−2	−1	+0	−1
99000	−3	−3	−3	−3	−3	−3	−3	−3	−3	−3	−3	−2	−2	−1	−2
101000	−4	−4	−4	−4	−4	−4	−4	−4	−4	−4	−3	−3	−3	−2	−3
103000	−6	−5	−5	−5	−5	−5	−5	−5	−5	−4	−4	−4	−4	−3	−4
105000	−8	−7	−7	−6	−6	−6	−6	−6	−6	−5	−5	−5	−5	−4	−5
107000			−9	−8	−8	−7	−7	−7	−7	−6	−6	−6	−6	−5	−6
109000					−9	−9	−8	−8	−8	−8	−7	−7	−6	−7	
111000								−10	−9	−9	−9	−8	−7	−8	
113000											−10	−10	−8	−9	
115000													−10	−11	
FULL	−9	−9	−9	−9	−9	−9	−9	−9	−9	−10	−10	−10	−10	−10	−10

7.7.4 旅客和货物的指数

旅客及货物的指数同样也取决于它们的重量和位置。其中，旅客的重量往往是按平均值计算的，不同的公司会有差别，常用的每位旅客平均重量按 75kg 或 80kg 计算（旅客重 70kg 或 75kg，手提行李 5kg）；其他装载以及旅客交运的行李按实际重量计算。为了便于计算旅客产生的指数（即力矩），客舱一般分为若干段（区），货舱一般有前货舱、后货舱，大飞机可能有中货舱和散货舱。同样的重量在不同段或不同的货舱内产生的指数不同，对每个舱段或者每个区，要确定它的"平均位置"（假设该区的旅客或货物都集中在这个点上）和可能产生的力矩的最大误差。

7.7.5 对无燃油重心的限制

1. 燃油消耗与人员移动对无燃油重心的限制

航班实际飞行时，必须要考虑燃油消耗引起的重心改变量，尤其是当起飞重心靠近限制边界时，由于在飞行过程中随着燃油消耗会引起重心移动，从会使飞机重心变化，因此有可能超出允许范围危及飞行安全。防止重心超限的主要方法是缩减无燃油重量的重心允许范围，保障燃油消耗引起的重心变化在允许范围内，通常把燃油消耗可能引起的重心位置最大变化量，作为无燃油重量重心位置范围的改变量。例如，最大燃油消耗量可能引起重心最大变量是前移 2%MAC 和后移 3%MAC，则把零无重量的重心限制范围相应地缩小，重心的前限后移 2%MAC，后限前移 3%MAC，如图 7-23 所示。

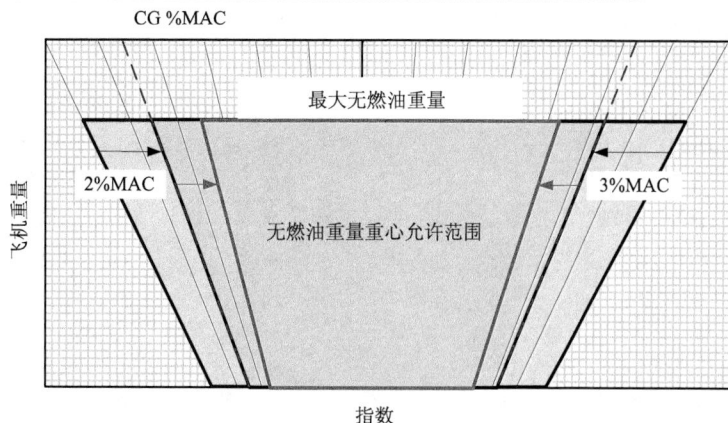

图 7-23 无燃油重量的重心限制范围

2. 其他因素导致的对无燃油重心的限制

实际航班飞行时，还必须考虑计算值的误差、人员移动以及构型改变等因素对重心可能产生的影响，需要计算下述各因素造成的最大可能误差。

(1)旅客实际重量与计算时采用的平均重量不同所造成的力矩误差。

(2)旅客实际座位分布造成的力矩误差。

(3)人员及服务车移动造成的力矩误差。

(4)货物重心与货盘、集装箱几何中心不重合造成的力矩误差，在配平计算时，通常认为各货舱指定重量货物是在货盘或集装箱的中心上，但实际上会存在偏差。

(5)飞机起飞、着陆加减速时油箱内燃油的涌动(slosh)造成的燃油重心的变化。

(6)收放起落架造成的重心和力矩变化。

(7)收放襟翼造成的重心和力矩变化。

(8)燃油比重的差别造成力矩的变化。

通常根据对造成重心向前、向后移动的各种随机误差，分别求出均方根值，再分别加上其他向前、向后的固定性误差，从而算出上述误差使无燃油重量的重心可能向前和向后移动的数值，再把图 7-22 中的前、后限制边界线分别向右、向左移动该数值，以抵消上述各种误差产生的影响，确保飞机重心在任何情况下不会超出允许范围。因此，无燃油重量的重心被限制在一个较小的范围内，安排客、货时必须确保无燃油重量的重心落在此范围内。

7.8 应 用 实 例

为了便于掌握有关的指数计算和相关的图表使用，以某型飞机的实例为背景进行较全面的介绍。

案例一：某中型双发涡轮喷气发动机飞机相关数据如下。

(1)飞机为中型双发涡轮喷气发动机飞机，收放式起落架，性能等级 A 类。

(2)飞机的基本数据。

① 力矩计算的基准点选在前翼梁前方 540in 位置(图 7-24)。机身站位与平衡力臂换算如表 7-13 所示。

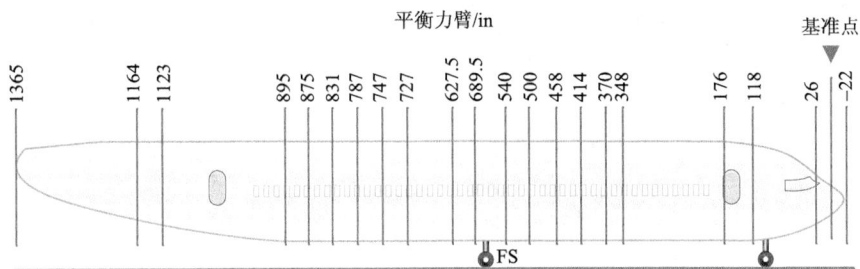

平衡力臂/in

基准点

1365 1164 1123 895 875 831 787 747 727 627.5 689.5 540 500 458 414 370 348 176 118 26 -22

FS

图 7-24 平衡力臂位置示意图

表 7-13 站位与平衡力臂换算表

Body Station (B.S.)	Conversion	Balance Arm/in
130~500	B.S. − 152 in	−22~348
500A	348 + 22 in	370
500B	348 + 44 in	392
500C	348 + 66 in	414
500D	348 + 88 in	436
500E	348 + 110 in	458
500F	348 + 132 in	480
500G	348 + 152 in	500
540~727	B.S. + 0 in	540~727
727A	727 + 20 in	747
727B	727 + 40 in	767
727C	727 + 60 in	787
727D	727 + 82 in	809
727E	727 + 104 in	831
727F	727 + 126 in	853
727G	727 + 148 in	875
747~1217	B.S. + 148 in	895~1365

② 飞机起落架收放对重心位置的影响可以忽略不计。

③ 收放襟翼对重心的影响以力矩指数的形式给出，见表 7-14。襟翼收上时影响的力矩指数为负，襟翼放下时影响的力矩指数为正。

④ 起飞之前水平安定面的设置如图 7-25 所示。在图 7-25 中给出了起飞襟翼位置 5 和 15 时，用以%MAC 表示重心位置时对应的水平安定面的设置值。

表 7-14 襟翼收上时力矩指数改变量

From	To	Moment Change/ (×10³kg·in)
5°	0°	−11
15°	0°	−14
30°	0°	−15
40°	0°	−16

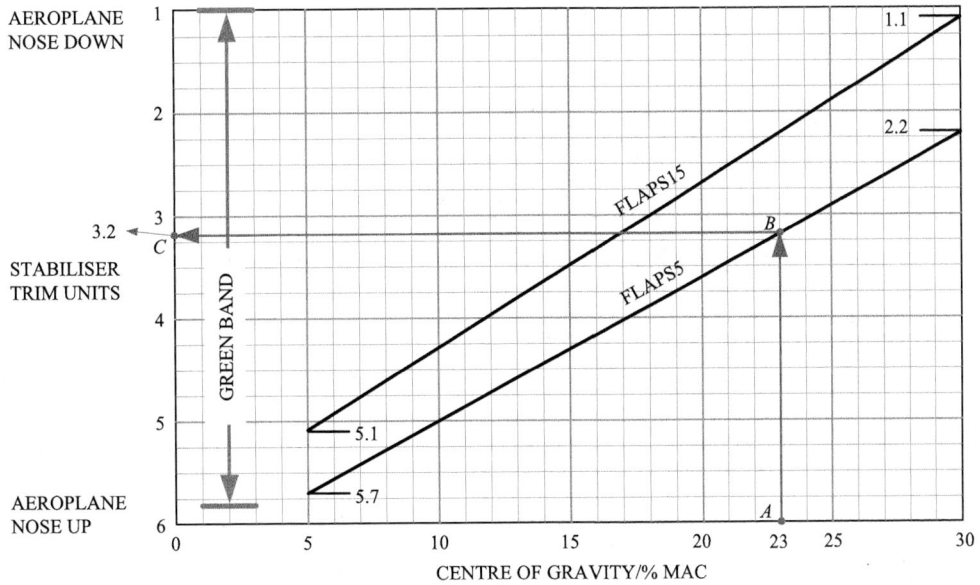

图 7-25 根据重心位置调整水平安定面设置图

通常起飞前根据飞机的重心位置调整水平安定面主要目的是提高飞机的操控性。该图的使用方法见例 7-11。

例 7-11 已知飞机选择起飞襟翼位置 5 起飞，重心位于 23%MAC，试根据图 7-25 确定起飞前水平安定面的调整值。

解：在图 7-25 的横坐标轴找到 23%MAC 对应的 A 点，由 A 点向上作垂线与起飞襟翼位置 5 曲线相交于 B 点，从 B 点向左作水平线交纵坐标于 C 点，由 C 点可以得到水平安定面的调整值为 3.2。

⑤ 飞机的平均空气动力弦长 134.5in，平均空气动力弦的前缘距基准点 625in。用平衡力臂 BA_{CG} 表示的重心位置与以%MAC 表示的重心位置的换算关系为（图 7-26）

$$\frac{BA_{CG} - 625.6in}{134.5in} \times 100\% = \%MAC \tag{7-9}$$

例 7-12 飞机需要通过称重得出其基本空机重量和重心位置。飞机基本空机重量称重情况如图 7-26 所示，称重结果如表 7-15 所示。试确定以平衡力臂和%MAC 表示的飞机的重心位置。

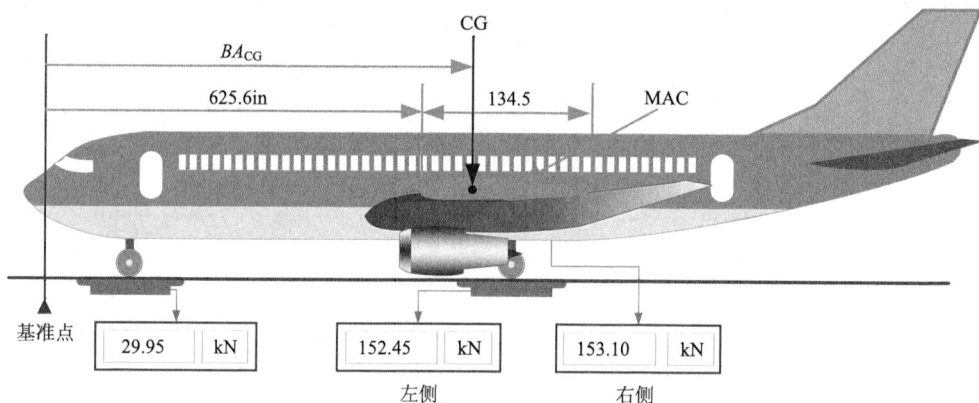

图 7-26 平均空气动力弦及其位置与平衡力臂的关系和称重结果示意图

表 7-15 飞机基本空机重量称重结果

Location	BA/in	Force/kN
Nose Wheel	158	29.95
L Main wheel	698	152.45
R Main wheel	698	153.10

解：根据表 7-14 测得的数据，飞机基本空机重量及其力矩计算结果如表 7-16 所示。

表 7-16 飞机基本空机重量及其力矩计算结果

Location	BA /in	Force /kN	Moment/(kN·in)
Nose Wheel	158	29.95	4732.1
L Main wheel	698	152.45	106410.1
R Main wheel	698	153.10	106863.8
total		335.5	218006.0

飞机基本空机重量 $= 335.5 \times 1000 \text{N} \div 9.80665 \text{m/s}^2 = 34211.47895 \text{kg}$。

飞机基本空重的重心平衡力臂为

$$BA_{CG} = 218006.0 \text{ kN·in} \div 335.5 \text{kN} = 649.8 \text{in}$$

由式(7-9)可得以%MAC 表示的飞机的重心位置为

$$\frac{649.8 \text{in} - 625.6 \text{in}}{134.5 \text{in}} \times 100\% = 18\% \text{MAC}$$

(3) 重量与平衡的限制。

① 重量限制分别如下：结构限制的最大滑行重量 63060kg；结构限制的最大起飞重量 62800kg；结构限制的最大着陆重量 54900kg；结构限制的最大无燃油重量 51300kg；

② 重心限制。飞机的中心限制范围如图 7-27 所示的重心包线。

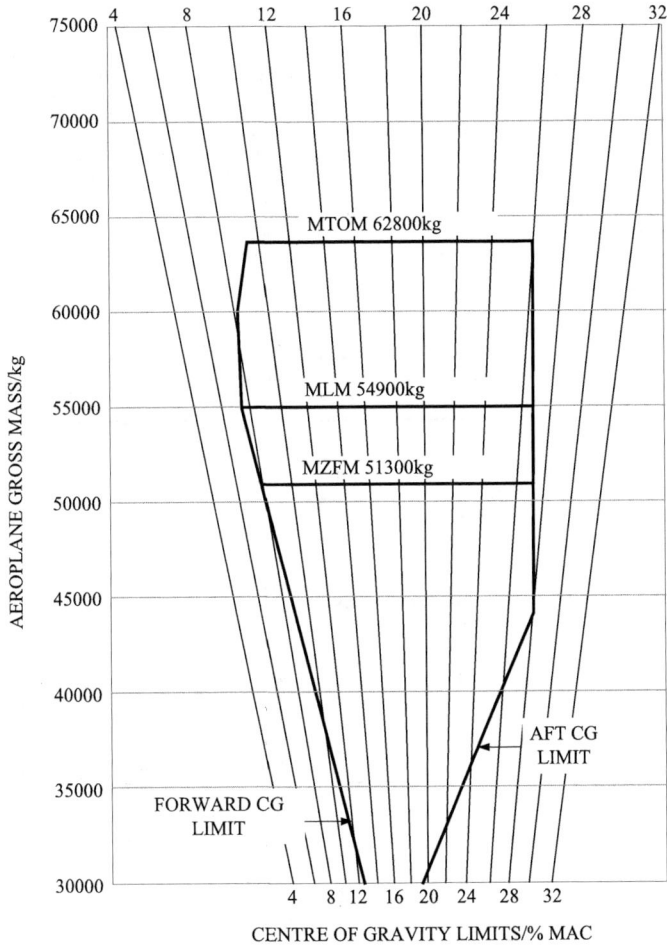

图 7-27　重心包线图

(4)燃油数据。飞机的油箱位置如图 7-28 所示。燃油箱最大容量(重量)及平衡力臂如表 7-17 所示,油箱中不可用燃油量及其平衡力臂如表 7-18 所示,燃油指数修正表如表 7-19 所示。

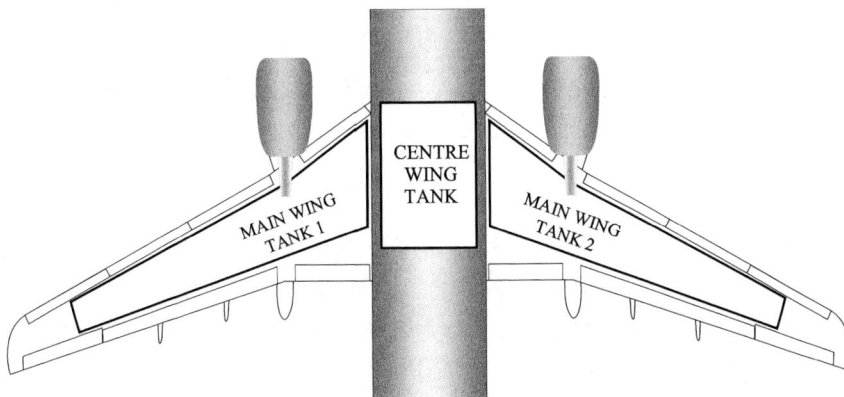

图 7-28　油箱位置图

表 7-17 燃油箱最大容量(重量)及平衡力臂

Location	BA (full tanks)	Volume/gal	Mass/kg
Left Wing Main Tank 1	650.7	1499	4542
Right Wing Main Tank 2	650.7	1499	4542
Centre Tank	600.4	2313	7008
Max. Total Fuel (assumes 3.03 kg/gal.)	628.8	5311	16092

注：如果中央油箱的重量超过 450 kg，则机翼油箱必须加满。

表 7-18 不可用燃油量及其平衡力臂

Location	Volume/gal	Mass/kg	BA/in
Wing Tank 1	4.6	14.0	599.0
Wing Tank 2	4.6	14.0	599.0
Centre Tank	7.9	24.0	600.9

表 7-19 燃油指数修正表

tanks 1 and 2 full				centre tank full			
Fuel Mass/kg	Index Units	Fuel Mass/kg	Index Units	Fuel Mass/kg	Index Units	Fuel Mass/kg	Index Units
500	−1.0	6500	−6.1	9330	−0.3	13080	−9.3
750	−1.5	7000	−5.9	9580	−0.9	13330	−9.9
1000	−1.9	7500	−5.0	9830	−1.5	13580	−10.5
1250	−2.3	7670	−4.6	10080	−2.1	13830	−11.1
1500	−2.6	7830	−4.1	10330	−2.7	14080	−11.7
1750	−3.0	8000	−3.7	10580	−3.3	14330	−12.3
2000	−3.3	8170	−3.2	10830	−3.9	14580	−12.9
2500	−3.7	8330	−2.6	11080	−4.5	14830	−13.5
3000	−4.3	8500	−2.1	11330	−5.1	15080	−14.1
3500	−4.7	8630	−1.6	11580	−5.7	15330	−14.8
4000	−5.1	8750	−1.1	11830	−6.3	15580	−15.4
4500	−5.4	8880	−0.6	12080	−6.9	15830	−16.3
5000	−5.7	9000	−0.1	12330	−7.5	16080	−17.1
5500	−5.9	9080	+0.3	12580	−8.1	16140	−17.3
6000	−6.0			12830	−8.7		

(5)机组与乘客数据。

① 最大乘客数量 141，其中经济舱 108 个座位，商务舱 18 个座位，头等舱 15 个座位。

② 乘客分布。客舱的分区情况和平衡力臂如图 7-29 和表 7-20 所示。特别地，如果乘客数量较少，建议首选 B、C 和 D 座位区。

③ 乘客重量计算。除非另有说明，每名乘客均按照 84 kg(包括 6 kg 手提行李限额)计。

④ 旅客行李的重量计算。除非另有规定，每位乘客的行李均按 13kg 计算。

⑤ 机组人员的重量计算。机组人员不考虑性别差异，按照人均 90kg 计算，详细数据见表 7-21。

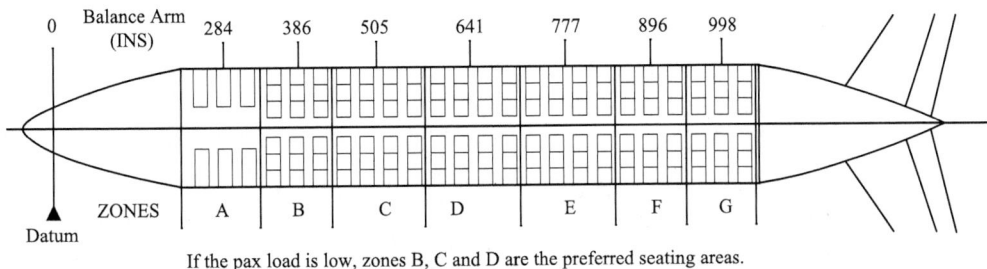

If the pax load is low, zones B, C and D are the preferred seating areas.

图 7-29 客舱的分区与平衡力臂

表 7-20 乘客区、乘客数量和平衡力臂表

ZONE	NO. PAX	BA
A	15	284
B	18	386
C	24	505
D	24	641
E	24	777
F	18	896
G	18	998

表 7-21 机组数量、标准重量及平衡力臂

	No.	BA	Standard Mass (kg) each
Flight Deck	2	78.0	90
Cabin Staff Forward	2	162.0	90
Cabin Staff Aft	1	1107.0	90

(6) 货舱数据。飞机的货舱包括有均由三个部分组成的前段货舱和后段货舱，前、后货舱的相关数据和载荷限制分别见表 7-22 和表 7-23。

表 7-22 前货舱划分及其平衡力臂和载荷限制

Forward Cargo Compartment	FA	FB	FC
BA /in	228↔286	286↔343	343↔500
Compartment Centroid (BA)/in	257	314.5	421.5
Maximum Compartment Running Load/(kg/in)	13.15	8.47	13.12

续表

Forward Cargo Compartment	FA	FB	FC
Maximum Distribution Load Intensity/(kg/ft^2)		68	
Maximum Compartment Load /kg	762	483	2059
Maximum Total Load /kg		3305	
Fwd Hold Centroid (BA)/in		367.9	
Fwd Hold Volume/ft^3		607	

表 7-23　后货舱划分及其平衡力臂和载荷限制

Aft Cargo Compartment	FD	FE	FF
BA/ in	731↔940	940↔997	997↔1096
Compartment Centroid (BA)/in	835.5	968.5	1046.5
Maximum Compartment Running Load/(kg/in)	14.65	7.26	7.18
Maximum Distribution Load Intensity/(kg/ft^2)		68	
Maximum Compartment Load/kg	3062	414	711
Maximum Total Load/kg		4187	
Aft Hold Centroid (BA)/in		884.5	
Aft Hold Volume /ft^3		766	

(7) 重量和平衡计算。

飞机起飞前，根据飞机实际的相关限制和起飞实际装载情况，填写装载清单并进行重心位置检查。

① 起飞前装载清单的填写。

根据实际起飞条件填写装载清单并完成相应的计算，具体的人员货物装载情况和装载清单的填写内容见表 7-24，涉及的实际数据与计算详见表 7-24 中的备注部分。

表 7-24　装载清单及其说明

Max Permissible Aeroplane Mass Values:
TAXI MASS—63060kg
ZERO FUEL MASS—51300kg
TAKE OFF MASS—62800kg
LANDING MASS—54900kg

ITEM	MASS /kg	BA /in	MOMENT /(×10^{3}kg·in)	CG/ %MAC	备注
1.DOM	34500.00	649.00	22390.50		飞机干使用重量(含机组人员)
2.PAX Zone A	840.00	284.00	238.56		A 区头等舱 10 人
3.PAX Zone B	1512.00	386.00	583.63		B 区商务舱 18 人
4.PAX Zone C	2016.00	505.00	1018.08		C 区经济舱 24 人
5.PAX Zone D	2016.00	641.00	1292.26		D 区经济舱 24 人
6.PAX Zone E	2016.00	777.00	1566.43		E 区经济舱 24 人

续表

ITEM	MASS /kg	BA /in	MOMENT /(×10³kg·in)	CG %MAC	备注
7.PAX Zone F	1512.00	896.00	1354.75		F 区经济舱 24 人
8.PAX Zone G	1092.00	998.00	1089.82		G 区经济舱 24 人
9.CARGO HOLD 1	650.00	367.90	239.14		1 号货舱装载 650kg
10.CARGO HOLD4	2120.00	884.50	1875.14		4 号货舱装载 2120kg
11.ADDITIONAL ITEMS	NIL	NIL	NIL		无附加项
ZERO FUEL MASS	48274.00	655.60	31648.43	22.30	无燃油重量(等于前 1~11 项重量之和)；利用式(7-9)可得重心 22.3%MAC
12.FUEL TANKS 1& 2	9084.00	650.70	5910.96		机翼油箱
13.CENTRE TANK	4916.00	600.40	2951.57		中央油箱
TAXI MASS	62274.00	650.52	40510.48	18.50	滑行重量(等于无燃油重量和全部燃油重量之和利用式(7-9)可得重心 18.5%MAC
LESS TAXI FUEL	260.00	600.40	−156.10		消耗的滑行燃油
TAKE-OFF MASS	62014.00	650.70	40352.51	18.70	起飞重量 = 滑行重量-滑行燃油利用式(7-9)可得重心 22.3%MAC
LESS FLIGHT FUEL	4844.00	650.70	−3151.99		飞行期间消耗的机翼燃油
	4656.00	600.40	−2795.46		中央油箱飞行期间消耗的燃油(等于 4916kg 减去滑行消耗 260kg)
	合计 9500.00				在飞行期间消耗的中央油箱(先使用)和机翼油箱的燃油之和
EST.LANDING MASS	52514.00	655.20		22.53	预计着陆重量 = 起飞重量-飞行燃油

根据表 7-24 所示的装载清单和计算结果,检查本次实际起飞的无燃油重量 48274kg、滑行重量 62274kg、起飞重量 62014kg、预计的实际着陆重量 52514kg,由表 7-24 可知,相关的重量均小于飞机限制的最大重量(最大无燃油重量 51300kg、最大滑行重量 63060kg、最大起飞重量 62800kg、最大着陆重量 54900kg)。因此,本次起飞的重量限制满足起飞的要求。

② 重心位置绘制与检查。

根据表 7-24 中飞机的实际将飞机的滑行重量 62274kg、无燃油重量 48274kg、起飞重量 62014kg、着陆重量 52514kg 及其各自相应的重心位置 22.30%MAC、18.50%MAC、18.70%MAC、22.53%MAC,可以在图 7-26 所示重心包线图上分别得到相应的重心位置,结果如图 7-30 所示。由图 7-30 可见,在飞行的各阶段,飞机的重心位置均位于规定的限制范围之内,符合要求。

(8)装载配平表与指数重心包线图的使用。

中大型飞机的装载配平表与指数重心包线图是起飞前计算飞机载重平衡的基本图表之一,其形式如图 7-31 所示。使用该图可以提高飞机重量与平衡的计算效率,同时该图

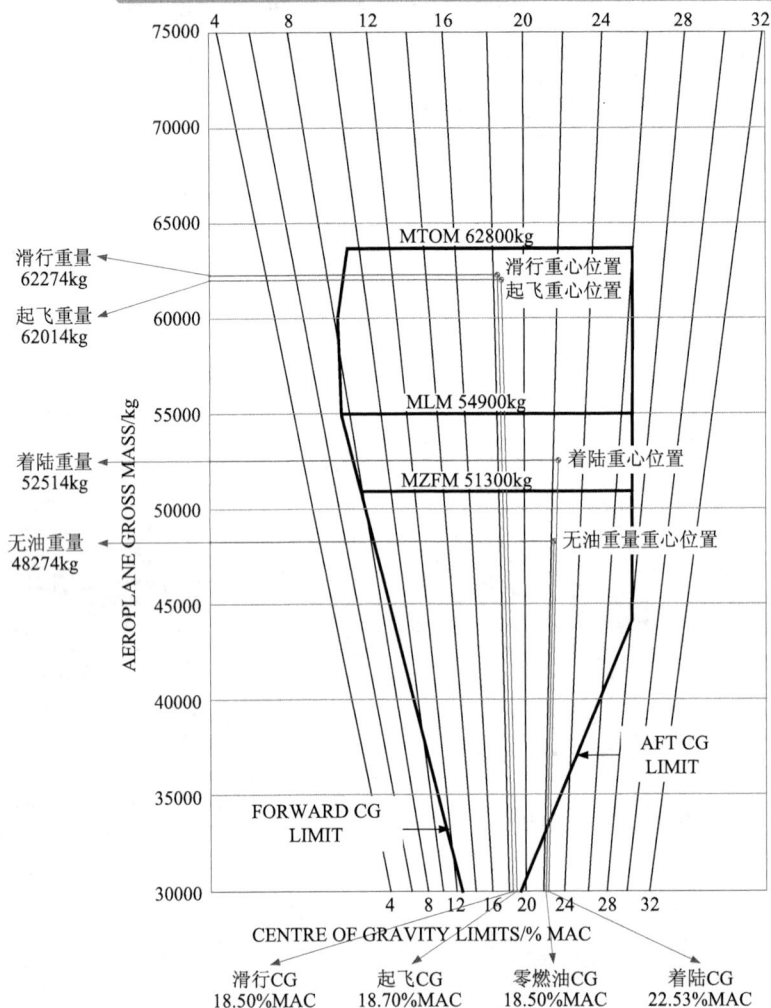

图 7-30　重心位置

包含飞行员需要的相关重要信息和局方规定的必备信息，如飞机的注册信息、航班号、干使用重量及重心位置、燃油量和航程所需燃油、起飞重量、着陆重量、无燃油重量及其重心与限制、旅客、货物、邮件等在飞机上的分布情况。图 7-31 的具体使用方法如下。

航班使用条件如下。

飞机的最大起飞重量 62800kg，最大着陆重量 54900kg，最大无燃油重量 51300kg，干使用重量 34300kg。起飞燃油 14500kg，其中航程燃油 85000kg。旅客和货物的装载情况如下。

行李总重 1820kg，其中前货舱 1 中装载 600kg，后货舱 4 中装载 1220kg。

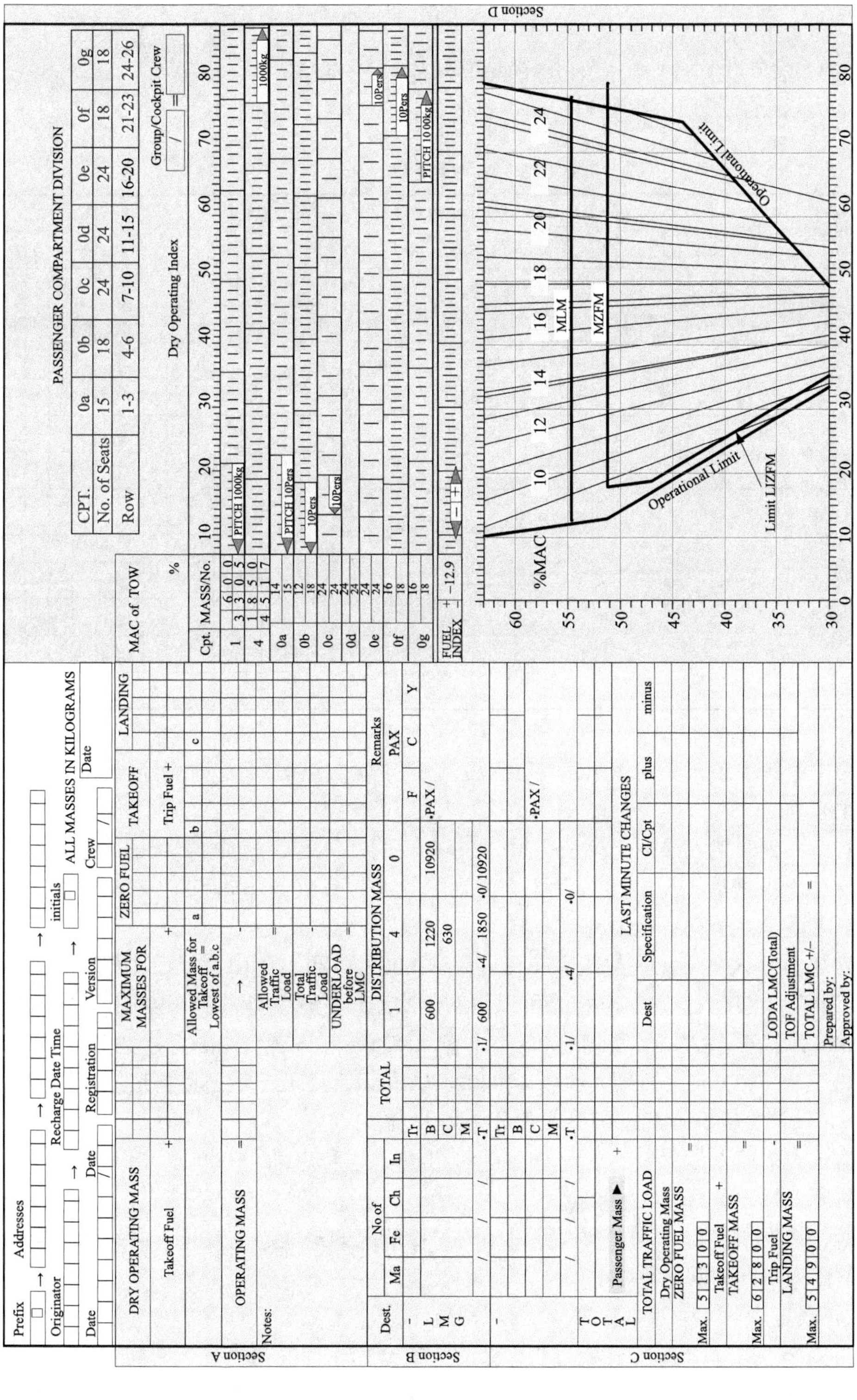

图 7-31　装载配平表与重心包线图

货物 630kg 装在后货舱 4 中。

旅客(成年男性)共计 130 人，分布在客舱的 0a～0g 段的人数分别为 14、12、24、24、24、16、16。

① 起飞重量(图 7-31 中 A 部分)的填写与计算。

由表 7-25 可以看出，需要填写和计算的数据分为 4 个大列。

表 7-25　起飞重量(A 部分)

项目	数值	MAXIMUM MASSES FOR	ZERO FUEL	TAKEOFF	LANDING
DRY OPERATING MASS	3 4 3 0 0	MAXIMUM MASSES FOR	5 1 3 0 0		5 4 9 0 0
Takeoff Fuel　+	1 4 5 0 0	+	1 4 5 0 0	Trip Fuel +	8 5 0 0
		Allowed Mass for Takeoff	a	b	c
		Lowest of a.b.c　=	6 5 8 0 0	6 2 8 0 0	6 3 4 0 0
OPERATING MASS　=	4 8 8 0 0	→　　　—		4 8 8 0 0	
Notes:		Allowed Traffic Load		1 4 0 0 0	
		Total Traffic Load　—		1 3 3 7 0	
		UNDERLOAD before LMC　=		6 3 0	

在第 1 大列中填入干使用重量 34300kg，起飞燃油 14500kg，据此可以得到飞机的使用重量 48800kg。

在第 2 大列中填入最大无燃油重量 51300kg，再填入起飞燃油 14500kg，将该两项相加可以计算出根据最大无燃油重量计算得到的最大起飞重量 65800kg(该起飞重量超出了最大起飞重量 62800kg 的限制)。

在第 3 列填入飞机允许的最大起飞重量 62800kg，再填入由第一列计算得到的飞机实际使用重量 48800kg，这两项相减可以得到该次航班的最大业载为 14000kg。本次航班的实际业载为行李 1820kg、货物 630kg、旅客 10920kg(130 人×84kg/人 = 10920kg)之和，即 13370kg。由本次航班的最大业载 14000kg 减实际业载 13370kg 可得班次航班的剩余业载为 630kg。将实际业载、剩余业载分别填入表 7-25 中。

在第 4 大列填入最大着陆重量 54900kg，再填入航程燃油 85000kg，由此可得着陆重量限制的最大起飞重量为 63400kg。

根据表 7-25 的第 2～4 大列计算得到的三种情况的最大起飞重量，必须选择其中最小的重量作为实际的起飞重量。

② 业载重量(图 7-31 中 B 部分)的填写与计算。

由表 7-26 可以看出，需要填写和计算的数据分为相同的两大行，重复的部分是考虑到如果航班有经停的情况需要分为两段计算。本次航班假设无经停，因此只需要填写第

1 大行即可。其中，LMG 为目的地机场代码，代码 Ma、Fe、Ch、In 分别代表成年男性、成年女性、儿童、婴儿。代码 Tr(Transit)、B(Baggage)、C(Cargo)、M(Mail) 分别代表过站经停、行李、货物、邮件。代码 1、4、0 分别代表前货舱 1、后货舱 4、客舱。代码 F、C、Y 表示头等舱、商务舱、经济舱。根据本次航班实际业载的数据，在 B 所在的行中下一列将行李总重 1820kg 填入；在 C 所在行中的下一列填入货物 630kg。业载的具体装载情况的填写和计算见表 7-26，在 B 与 1 交叉处填写前货舱 1 中装 600kg 货物，在 B 与 4 交叉处填写后货舱 4 中装 1220kg 货物，在 B 与 0 交叉处填写客舱旅客合计 10920kg。在 ·T 所在行的后面，分别计算前货舱 1 装载总重 600kg，后货舱 4 装载总重 1850kg(行李 1220kg 与货物 630kg 之和)，客舱总重 10920kg。

表 7-26 业载重量(B 部分)

Dest.	No of					TOTAL		DISTRIBUTION MASS			Remarks		
	Ma	Fe	Ch	In				1	4	0	PAX		
-					Tr						F	C	Y
L	130				B	1	8	2	0	600	1220	10920	·PAX /		
M					C		6	3	0		630				
G					M										
	/	/	/	·T				·1/ 600	·4/ 1850	·0/ 10920			
-					Tr								
					B								
					C						·PAX /		
					M								
	/	/	/	·T				·1/	·4/	·0/			

③ 起飞前重量检查(图 7-31 中 C 部分)的填写与计算。

表 7-27 中的第 1 大列的第 4、6、8 行中分别列出了飞机的最大无燃油重量、最大起飞重量、最大着陆重量的限制值。先计算总业载重量，在表 7-27 中第 1 行，填入旅客数量 130 人，行李 1820kg 和货物 630kg 的重量之和 2450kg，再填入旅客总重 10920kg，该两项相加可得总的业载 13370kg；再填入本次航班的干使用重量 34300kg，总业载重量和干使用重量相加，可得本次航班的无燃油重量 47670kg；再填入起飞燃油 14500kg，无燃油重量和起飞燃油重量之和可得本次实际起飞重量 62170kg；再填入航程燃油 8500kg，起飞重量减航程燃油可得预计着陆着陆 53670kg。实际无燃油重量、起飞重量、着陆重量均小于规定，经检查符合起飞的着陆要求。

④ 根据指数计算重心(图 7-31 中 D 部分)。

使用图 7-30 计算飞机的重心位置，首先要做好数据准备，再根据已知数据从图 7-31 所示的 D 部分计算查找重心位置。

表 7-27 起飞前重量检查（C 部分）

T	130			2	4	5	0				
O											
T	Passenger Mass ▶ +		1	0	9	2	0	LAST MINUTE CHANGES			
A											
L											
	TOTAL TRAFFIC LOAD		1	3	3	7	0	Dest	Specification	CI/Cpt	plus	minus
	Dry Operating Mass		3	4	3	0	0					
	ZERO FUEL MASS											
	Max. 5 1 3 0 0	=	4	7	6	7	0					
	Takeoff Fuel +		1	4	5	0	0					
	TAKEOFF MASS											
	Max. 6 2 8 0 0	=	6	2	1	7	0					
	Trip Fuel −			8	5	0	0	LODA LMC (Total)				
	LANDING MASS							TOF Adjustment				
	Max. 5 4 9 0 0	=	5	3	6	7	0	TOTAL LMC +/− =				
								Prepared by:				
								Approved by:				

图 7-32 可以分为两部分（带阴影的区域和不带阴影的区域），带阴影的区域需要把相关数据填入，再根据实际数据在其余部分计算查找重心。

阴影的区域上部分的右侧是表格，该表给出了客舱在力矩指数计算时分为 0a～0g 段，同时该表给出了各段对应的最大座位数以及座椅的排数；Cpt.(Compartment) 是指货舱段，其下的两行中的 1 代表前货舱 1，其右侧两行第一行填入实际的货物重量，第二行数值 3305 是指该货舱的最大载重量 3305kg；4 代表后货舱 4，其右侧两行第一行填入实际的货物重量，第二行数值 4517 是指该货舱的最大载重量 4517kg；0a 单元右侧两行，第一行填入该段的实际旅客数量，第二行表示该段的最大座位数 15，0b～0g 舱段右侧两行的数据与 0a 的相同。根据已知的相关指数和业载数据，在载重平衡图中计算重心位置的步骤与方法如下（图 7-32）。

第一步，在图 7-32 中填入相关的已知数据。已知本次航班驾驶舱的机组为两人，飞机的干使用指数为 45.0，将该数据填入相应的位置（图 7-31）；将前货舱 1 装载 600kg，后货舱 4 装载 1850kg，将已知的 0a～0g 的旅客数量 14、12、24、24、24、16、16 分别填入图 7-32 中相应的位置；根据起飞燃油 14500kg，由表 7-26 可以查得燃油修正指数为 −12.9，也填入图 7-32 中。

第二步，根据已知飞机的干使用指数为 45.0，在图 7-32 非阴影区最顶端指数 45 对应的点向下作垂线至 A 点。

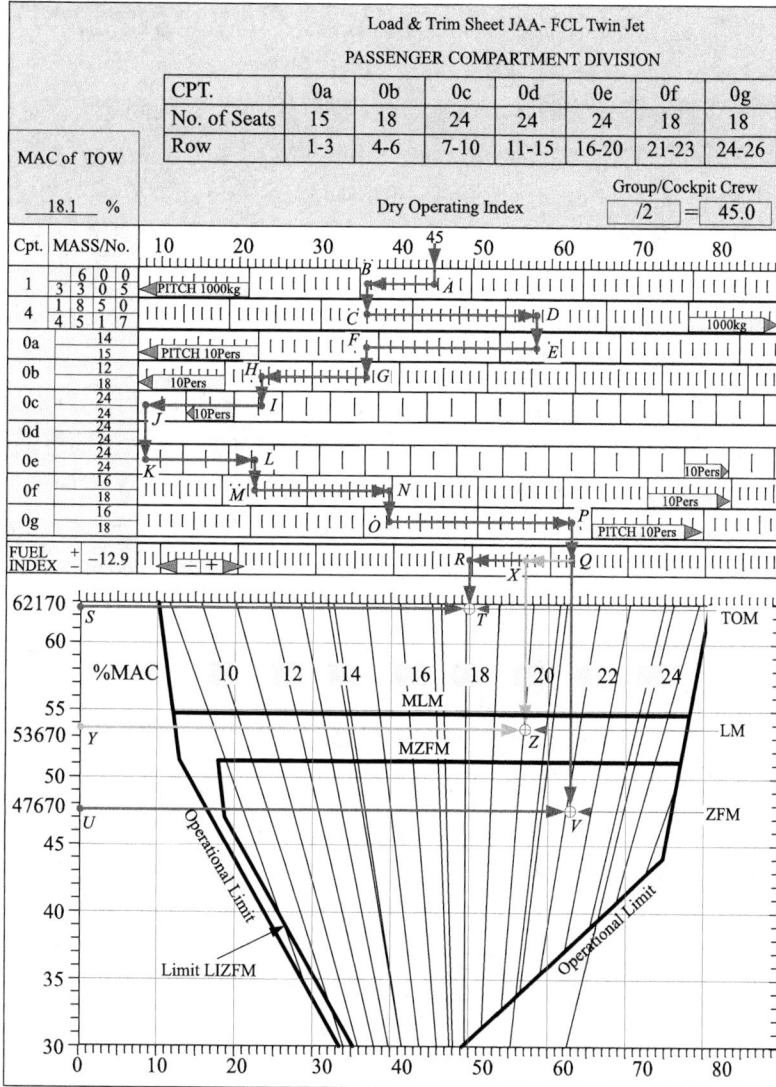

图 7-32　载重平衡图

第三步，对前货舱 1 装载 600kg 的货物进行指数修正。根据前货舱 1 所在行右侧给出的修正量是 ◄PITCH 1000kg，指 1 个大格代表 1000kg 的向左的移动量。本次所载 600kg 需要向左移动 6 个小格至 B 点。

第四步，对后货舱 4 装载 1850kg 的货物进行指数修正。由 B 点向下作垂线至 C，根据该行给出的修正比例关系，由 C 点向左移动至 D 点。

第五步，对 0a 段客舱旅客重量修正。由 D 点向下作垂线至 E，根据该行给出的修正比例 10 位旅客 1 个大格的关系，0a 段客舱 14 位旅客由 E 点向左移动 14 个小格至 F 点。

第六步，对 0b～0g 段客舱旅客重量修正。与第五步的修正方法相同，由 F→G→H(0b 段客舱 12 位旅客)→I→J(0c 段客舱 24 位旅客)→K(0d 段不需要修正)→L(0e 段客舱 24 位旅客)→M→N(0f 段客舱 16 位旅客)→O→P(0g 段客舱 16 位旅客)。

第七步，计算起飞重心时需要修正燃油指数修正。与上述方法相同由 $P \rightarrow Q \rightarrow R$（由于已知燃油指数为-12.9，故向左修正）。

第八步，起飞重心位置的确定。在重心包线图的纵坐标轴找到起飞重量 62170kg 对应的点 S，由点 S 向右作水平线与从 R 点向下作的垂线相交于 T 点，T 点即为起飞重心所在位置，根据重心包线图可知 T 点位于 18.1%MAC，并将该数值填入图中。

第九步，计算零燃油重心位置。在计算零燃油重心位置时不要对燃油值数进行修正，因此在重心包线图的纵坐标轴找到无燃油重量 47670kg 对应的点 U，由点 U 向右做水平线与从 Q 点向下作的垂线相交于 V 点，V 点即为无燃油重量的重心位置，根据重心包线图可知 V 点位于 22.2%MAC。

第十步，计算着陆重心位置。飞机正常着陆时剩余燃油重量为 6000kg（起飞燃油 14500kg 与航程燃油 8500kg 之差），根据表 7-19 可查的 6000kg 对应的燃油指数的修正量为-6。由前面得到的 Q 点向左修正至 X 点（燃油指数为-6），由 X 点向下作垂线 XZ，在重心包线图的纵坐标找到着陆重量 53670kg 对应的 Y 点，从 Y 点向右作的水平线 YZ 并与 XZ 相交于 Z 点，Z 点即为着陆重量对应的重心位置，由图中可以得到 Z 点位于 20.1%MAC。

从图 7-32 可以看出，起飞重量、无燃油重量、着陆重量的重心均位于包线之内，符合要求。总的计算分析结果如图 7-33 所示。

案例二：某大型双发涡轮喷气发动机飞机，相关数据如下。

飞机的最大无燃油重量 62500kg，最大起飞重量 77100kg，最大着陆重量 66000kg，起飞时选择襟翼 5，飞机的最大业载 20960kg；执飞航班时飞机的基本空机重量 40400kg，机组重量 490kg，餐食 650kg，起飞燃油 12500kg，航程燃油 11000kg；旅客和货物装载分布如下。

乘客共计 150 人（男性 85 人，女性 53 人，儿童 12 人）合计总重量 11780kg，其中客舱前段、中段、后段分别是 8 人、42 人、100 人（忽略乘客之间的体重差异）。

行李共计 2250kg，2、3、4 号货舱分别装载 1000kg、1000kg、250kg。

货物共计 3000kg，1、2、3 号货舱分别装载 500kg、1000kg、1500kg。

(1) 本次航班的装载配平单的计算和填写如下（表 7-28）。

① 确定飞机的操作重量。将已知的基本空机重量 40400kg，机组重量 490kg，餐食 650kg，分别填入相应的表格中，上述三项之和为飞机的干操作重量 41540kg；再填入起飞燃油重量 12500kg。干使用重量和起飞燃油重量相加可得飞机的操作重量 54040kg。

② 确定最大起飞重量。情况 a，将允许的最大无燃油重量 62500kg 与本次航班所需的航程燃油重量 12500kg 填入表中并求和，该两项重量相加得到的最大起飞重量为 75000kg；情况 b，填入飞机允许的最大起飞重量 77100kg；情况 c，将允许的最大着陆重量 66000kg 和航程燃油 11000kg 分别填入表中相应的位置，该两项重量相加得到的最大起飞重量为 77000kg。实际允许的最大起飞重量选择情况 a、b、c 中最小的值，即最大起飞重量为 75000kg。

③ 行李和货物重量的分布计算。将行李 2250kg、货物 3000kg 填入并求和可得行李和货物总重 5250kg；根据行李和货物的装载分布可知 1 号货舱装载 500kg（货物），2 号

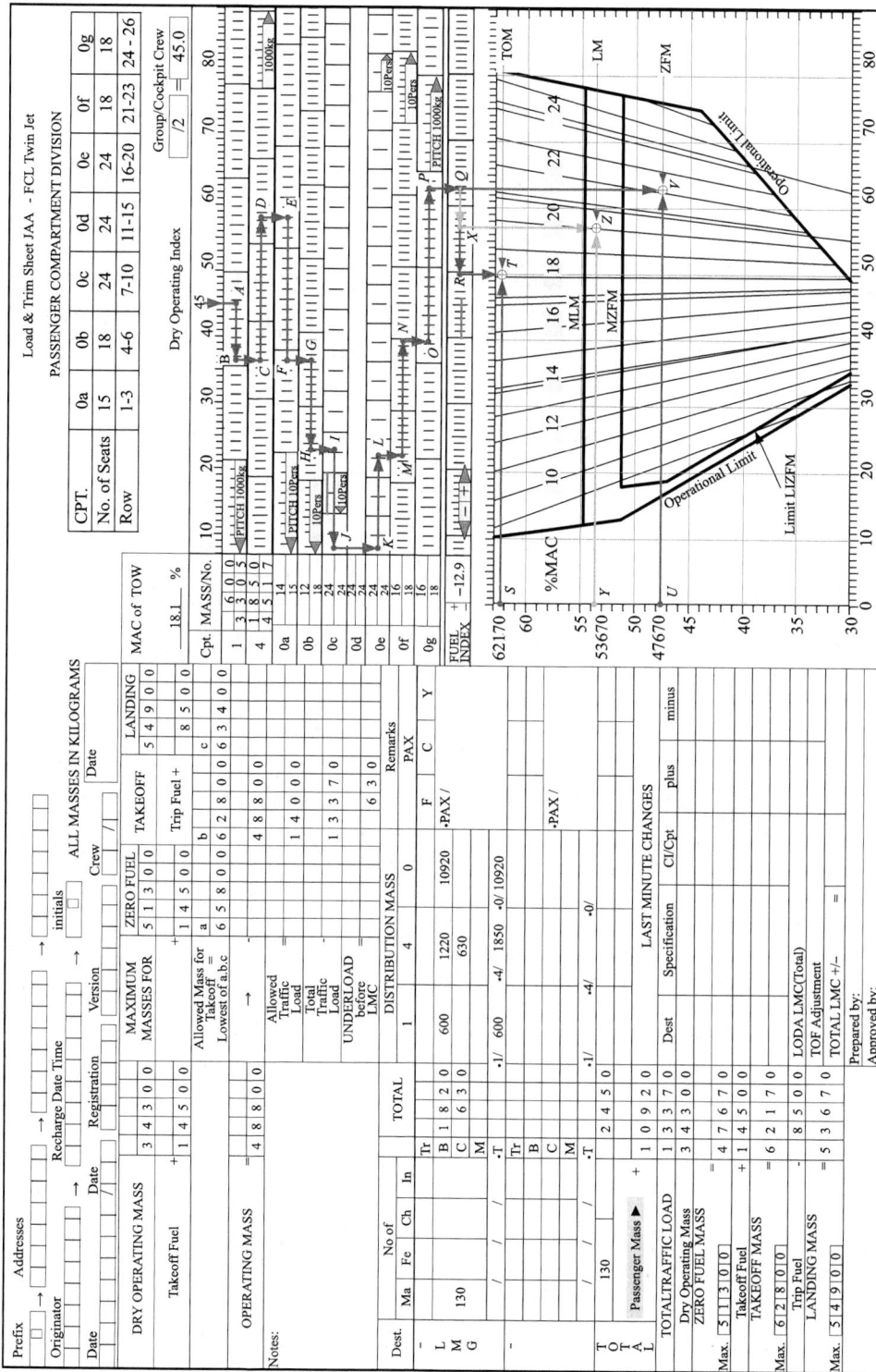

图 7-33 装载配平表与重心包线图计算重心位置总的计算分析结果

表 7-28　装载配平单

Priority Address (es) To　　　　　　　　　　　　　　　　All weights in kilograms

Originator/From　Recharge/Date/Time　Initials　Date　Captain　　Flight No. _____

Date: _____

Flight　　　　Registration　　　Version　　Crew　　Station: _____

Valid for A/C Reg. No._____

Basic (Empty) Weight	4	0	4	0	0	Maximum Weight For		ZERO FUEL				TAKEOFF				LANDING				
Adjustment ± Crew			4	9	0			6	2	5	0	0				6	6	0	0	0
Adjustment ± Pantry			6	5	0	Takeoff Fuel +		1	2	5	0	0	↓ Trip Fuel→			1	1	0	0	0
Adjustment ±																				
DRY OPERATING WEIGHT	4	1	5	4	0	Allowed Weight For Takeoff (Lowest of a,b or c)	**a**	7	5	0	0	0	**b** 7 7 1 0 0			**c** 7	7	0	0	0
Takeoff Fuel +	1	2	5	0	0	Operating Weight −		5	4	0	4	0								
Operating Weight =	5	4	0	4	0	Allowed Traffic Load =		2	0	9	6	0								

Dest	No.of Pax					DISTRIBUTION - WEIGHT							REMARKS	
	M	F	C	TOTALS		1	2	3	4	5		0	PAX	PAD
-				Tr									F Y	F Y
				B	2 2 5 0		1000	1000	250					
	85	53	12	C	3 0 0 0	500	1000	1500						
				M										
.	/ / /.			.T	5 2 5 0	.1/	.2/	.3/	.4/	.5/		.0/		
-				Tr										
				B										
				C										
				M										
.	/ / /.			.T		.1/	.2/	.3/	.4/	.5/		.0/		
	85	53	12		5 2 5 0	500	2000	2500	250					

TOTALS										
Passenger Weight +	1	1	7	8	0	Allowed Traffic Load	2	0 9 6 0		
Total Traffic Load =	1	7	0	3	0	Total Traffic Load −	1	7 0 3 0		
Dry Operating Weight +	4	1	5	4	0	UNDERLOAD =	3	9 3 0		
ZERO FUEL WEIGHT =	5	8	5	7	0	BEFORE L.M.C.				

		LAST MINUTE CHANGES (L.M.C.)				Si▶
LMC± =						
LMC± =		Destination	Specification	Comp.	+/− Weight	
Takeoff Fuel +	1 2 5 0 0					
TAKEOFF WEIGHT =	7 1 0 7 0					
LMC± =						
LMC± =						Notes
Trip Fuel −	1 1 0 0 0					
LANDING WEIGH =	6 0 0 7 0					
LMC± =			LMC Total			
LMC± =						

货舱装载 2000kg(行李 1000kg，货物 1000kg)，3 号货舱装载 2500kg(行李 1000kg，货物 1500kg)，4 号货舱装载 250kg(行李)。

④ 计算全部业载和实际零燃油、起飞、着陆重量。将全部行李和货物总重 5250kg 和乘客的总重 11780kg 分别填入相应的位置，该 2 项之和 17030kg 为实际的业载重量(小于飞机的最大允许的最大业载 20960kg，符合要求)；再填入计算得到的飞机的干使用重量 41540kg，干使用重量与实际的业载重量之和，得到飞机的实际无燃油重量 58570kg；填入起飞燃油重量 12500kg，将实际无燃油重量和起飞燃油重量相加可得实际起飞重量 71070kg(该值小于②中确定的允许最大起飞重量 75000kg，符合要求)；再在表中填入所需的航程燃油 11000kg，实际起飞重量减去航程燃油重量得到着陆重量为 60070kg。

⑤ 计算剩余业载能力。将允许的最大业载 20960kg 和实际业载 17030kg 填入相应的位置，计算两者之差可得剩余业载为 3930kg。剩余业载允许起飞前临时加载，但加载后不得超过允许的最大起飞重量，本次航班若将剩余业载 3930kg 加上④中计算得到的实际起飞重量 71070kg 相加得 7500kg，恰好等于最大允许起飞重量 75000kg，可以增加的业载为 3930kg，特别若该两项之和大于最大允许起飞重量，则需要从可增加业载的重量中减掉超出的部分。

(2) 重心位置的计算。

本次航班起飞前装载配平单的计算与填写，已知基本空机重量和干使用重量的力矩指数为 21，具体步骤如下(图 7-34)。

① 数据准备。

将本次航班的基本空机重量和干使用重量的力矩指数 21 填入相应的位置中；再将 1~4 号货舱的载重 500kg、2000kg、2500kg、250kg 填入；将客舱前、中、后段的乘客数 8、42、100 填入。

计算燃油指数，由图 7-34 中右侧燃油指数表可以查得，燃油 12300kg 和 13300kg 时的燃油指数分别为 1.2 和 0.7。本次飞行的起飞燃油 12500kg，经线性插值计算可得燃油指数为 1.1。

② 重心位置修正。

在图 7-34 上端找到对应的指数 21 位置向下作垂线并分别按照图中所示分别对各货舱的装载、客舱各段的装载、燃油的装载进行修正。

第一步，1 号货舱重量修正。由指数 21 向下所引出的垂线相较于 1 号货舱修正栏中的指引线于 A 点，根据 1 号货舱修正栏给出的每 500kg 重量向左修正 1 个间隔长度的规则，由 A 点向左作水平线，根据 1 号货舱装载 500kg 重量，因此其长度为 1 个间隔的长度得到 B 点。

第二步，2 号货舱重量修正。由 B 点向下作垂线相较于 2 号货舱修正栏中的指引线于 C 点，根据 2 号货舱修正栏给出的每 500kg 重量向左修正 1 个间隔长度的规则，由 C 点向左作水平线，根据 2 号货舱装载 2000kg 重量，其长度为 4 个间隔的长度得到 D 点。

第三步，3 号货舱重量修正。由 D 点向下作垂线相交 3 号货舱修正栏中的指引线于 E 点，根据 3 号货舱修正栏给出的每 500kg 重量向右修正 1 个间隔长度的规则，由 E 点向右作水平线，根据 3 号货舱装载 2500kg 重量，其长度为 5 个间隔的长度得到 F 点。

B. 737-800 CFM56-7B26

Stab. Setting Versus %MAC

Flaps 1,5 — T.O.W.

%MAC	6	8	10	12	14	16	18	20	22	24	26	28	30	32	34
45000 kg	6.0	5.7	5.4	5.0	4.7	4.5	4.2	3.9	3.6	3.4	3.1	2.9	2.7	2.5	2.2
60000 kg	7.2	6.9	6.6	6.3	6.0	5.7	5.4	5.1	4.8	4.5	4.2	3.9	3.6	3.3	3.0
80000 kg	8.5	8.5	8.0	7.6	7.2	6.8	6.4	6.1	5.8	5.5	5.2	4.9	4.6	4.3	4.0

Flaps 10,15,25 — T.O.W.

%MAC	6	8	10	12	14	16	18	20	22	24	26	28	30	32	34
45000 kg	5.1	4.8	4.5	4.2	3.9	3.6	3.3	3.0	2.7	2.4	2.1	2.1	2.1	2.1	2.1
60000 kg	7.7	7.1	6.6	6.0	5.4	4.9	4.5	4.2	3.7	3.4	3.1	2.7	2.3	2.1	2.1
80000 kg	8.5	8.5	8.5	7.8	7.0	6.1	5.6	5.2	4.8	4.5	4.0	3.6	3.2	2.8	2.5

	−	+
Basic (Empty) Index		21
Adjustment		
Adjustment		
D.O.W. INDEX		21

All weights in kilograms

DRY OPERATING WEIGHT INDEX

Compartment	MAXIMUM	ACTUAL
HOLD 1	888	500
HOLD 2	2670	2000
HOLD 3	3777	2500
HOLD 4	667	250
FWD PAX	12	8
MID PAX	48	42
AFT PAX	102	100
FUEL INDEX CORRECTION	+1.1	

TAKEOFF FUEL LOAD 12500 KGS

FUEL INDEX TABLE

Weight	Index	Weight	Index
3000	0.1	14800	0.1
4000	0.3	15400	−0.3
5000	0.7	15800	−0.4
5500	0.9	16500	−0.8
6000	1.3	16800	−0.9
6500	1.5	17500	−1.3
7000	2.1	17800	−1.4
7500	2.5	18500	−1.8
8000	3.3	18800	−2.0
8300	3.5	19500	−2.3
9300	2.9	19800	−2.5
10300	2.4	20200	−2.8
11300	1.8	21200	−3.2
12300	1.2	21500	−3.5
13300	0.7	21900	−3.7
14400	0.3	Full Tank	−3.8

Passenger weights are Actual/Standard
Baggage weights are Actual/Standard
Delete as appropriate

Reg. No.	MTOW kg.
N1234	77100
N2345	77150
N3456	77975
N4567	77900

M.L.W. 66000 kg M.Z.F.W. 62500 kg UNSAFE

Z.F.W. %M.A.C.	T.O.W. %M.A.C.	FLAP	STAB
28.2 %	27.5 %	5	4.5

Loading Certificate
I certify that this aircraft is loaded in accordance with current Loading Instructions.
Signed: □□□□□ Date: □□□□

Captains Certificate
I certify that I am satisfied that this aircraft is loaded in accordance with current legislation.
Signed: □□□□□ Date: □□□□

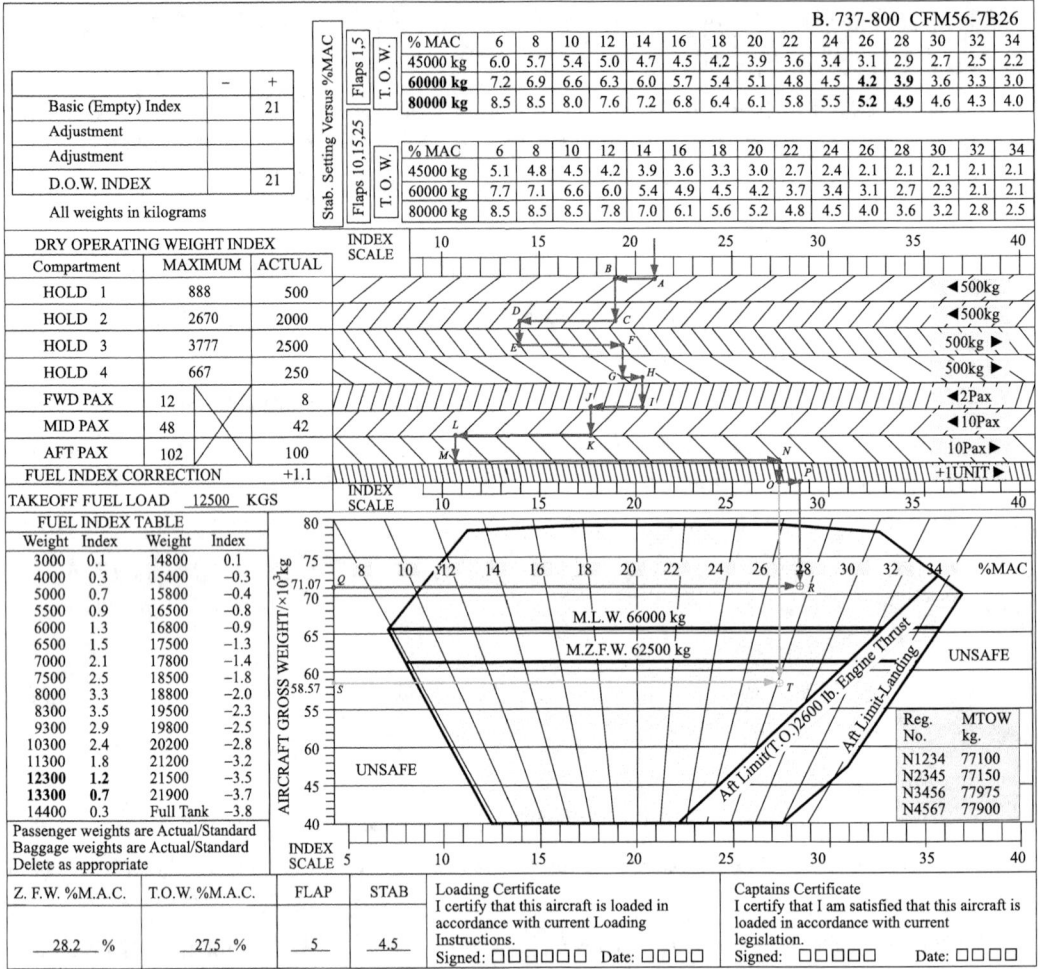

图 7-34 某型号飞机的重心包线图

第四步，4 号货舱重量修正。由 *F* 点向下作垂线相交 4 号货舱修正栏中的指引线于 *G* 点，根据 4 号货舱修正栏给出的每 500kg 重量向右修正 1 个间隔长度的规则，由 *G* 点向右作水平线，根据 4 号货舱装载 250kg 重量，其长度为 0.5 个间隔的长度得到 *H* 点。

第五步，前段客舱乘客数量修正。由 *H* 点向下作垂线相交前段客舱修正栏中的指引线于 *I* 点，根据客舱前段修正栏给出的每 2 位乘客向左修正 1 个间隔长度的规则，由 *I* 点向左作水平线，根据客舱前段有 8 位乘客，其长度为 4 个间隔的长度得到 *J* 点。

第六步，中段客舱乘客数量修正。由 *J* 点向下作垂线相交中段客舱修正栏中的指引线于 *K* 点，根据客舱前段修正栏给出的每 10 位乘客向左修正 1 个间隔长度的规则，由 *K* 点向左作水平线，根据客舱前段有 42 位乘客，其长度为 4.2 个间隔的长度得到 *L* 点。

第七步，后段客舱乘客数量修正。由 *L* 点向下做垂线相交于后段客舱修正栏中的指引线于 *M* 点，根据后段客舱修正栏给出的每 10 位乘客向右修正 1 个间隔长度的规则，由 *M* 点向右作水平线，根据后段客舱有 100 位乘客，其长度为 10 个间隔的长度得到

N 点。

第八步，燃油指数修正。由 N 点向下作垂线相交燃油指数修正栏中的指引线于 O 点，根据燃油指数修正栏给出的每增加（减小）1 个燃油指数向右（左）修正 1 个间隔长度的规则，由 O 点向右作水平线，根据燃油指数修正量为+1.1，其长度为 1.1 个间隔的长度得到 P 点。

③　确定起飞重心位置。

由经过货物重量、乘客数、燃油修正后得到的 P 点向重心包线图中作垂线 PR，在包线图的纵坐标中找出对应于起飞重量 71700kg（71.07×1000kg）对应的 Q 点，从 Q 点向右作水平线 QR 并与垂线 PR 相交于 R 点，R 点即为起飞的重心位置，根据 R 点所在位置和图中所给出的各%MAC 所在的线段位置，可计算出本次航班的起飞重心位置为 27.5%MAC，并填入图 7-34 中相应的位置。

④　确定无燃油重心位置。

由于无燃油重量不需要对燃油指数进行修正，因此由经过货物重量、乘客数修正后得到的 O 点向重心包线图中作垂线 OT，在包线图的纵坐标中找出对应于无燃油重量 58570kg（58.57×1000kg）对应的 S 点，从 S 点向右作水平线 ST 并与垂线 OT 相交于 T 点，T 点即为无燃油的重心位置，根据 T 点所在位置和图中所给出的各%MAC 所在的线段位置，可计算出本次航班的起飞重心位置为 28.2%MAC，并填入图 7-34 中相应的位置。

⑤　确定水平安定面的设置值。

在图 7-34 中的右上部分给出了确定水平安定面的设置值的有关数据。已知本次航班选择起飞襟翼位置 5，需要根据襟翼位置 5 对应的表即图 7-34 中最上端的数据表。本次航班的起飞重量 71700kg，该重量位于表中所给数据的 60000kg 和 80000kg 之间，起飞重心位置是 27.5%MAC，该位置在表中所给数据的 26%MAC 和 28%MAC 之间，因此需要经过两次线性插值计算，计算步骤与结果如表 7-29 所示，确定出的水平安定面的设置值为 4.5 并填入相应的位置。

表 7-29　插值计算水平安定面的设置值

	26%MAC	27.5%MAC	28%MAC
60000	4.2	3.975	3.9
71070	4.7535	4.5285	4.4535
80000	5.2	4.975	4.9

习　　题

7-1　根据例 7-3 所给的飞机数据，如果某次飞行的条件是：前座座位上是一位 140lb 的飞行员和一位 110lb 的乘客，后排座位上有两名体重分别为 210lb 和 98lb 的乘客，同时有 50lb 的行李，计划飞行最大航程，因此携带了最大值的航油。试确定重心位置，是否满足限制要求？若不满足重心限制，起飞前应该如何调整？

7-2 已知某飞机重心(CG)的平衡力臂为 $BA_{CG}=649in$，该飞机的平均空气动力弦长 $b_{MAC}=135in$，平均空气动力弦前缘的平衡力臂为 $BA_{LEMAC}=626in$。试计算用平均空气动力弦的百分比(%MAC)表示的重心位置。

7-3 飞机原总重 7080lb，原重心位置 83in，准备在平衡力臂为 155in 的行李舱中增加行李 160lb。试确定新的重心位置。

7-4 飞机总重 4294lb，原重心位置 74.5in，准备将 50lb 的行李，从平衡力臂为 155in 的后货舱移至平衡力臂为 58in 的前货舱。试确定新的重心位置。

7-5 某小型飞机前排乘坐两人(包括驾驶员)，重量分别为 135lb 与 165lb；后排坐 1 人，重 195lb，行李 35lb，主油箱燃油 44gal(燃油的比重为 6lb/gal)，试利用图 7-14 确定其装载是否符合要求。

7-6 某小型飞机在某次执行航班飞行时，给定的装载情况如表 1 所示。

表 1 航班飞行装载情况

项目	重量/lb	Moment/$(\times 10^3\ lb\cdot in)$
飞机的使用重量	1874	67.7
前排座位	310	
后排座位	180	
燃油	528	
A 行李区	100	
B 行李区	50	

试根据图 7-15 所给的其装载力矩指数曲线，确定飞机本次飞行的中心位置。再利用图 7-16 所给的重心力矩包线检查重心是否在允许的范围内。

7-7 已知该飞机的起飞襟翼位置 15，重心位于 26%MAC，试根据图 7-25 确定起飞前水平安定面的调整值。

7-8 在例 7-11 中，若飞机基本空机重量称重结果如下表 2 所示(图 7-26)。

表 2 飞机基本空机重量称重结果

Location	BA/in	Force/kN
Nose Wheel	158	30.00
L Main wheel	698	153.10
R Main wheel	698	153.10

试确定以平衡力臂和%MAC 表示的飞机的重心位置。

第8章 飞 行 计 划

8.1 概 述

航空营运人进行民用航空飞行活动，其预先飞行计划(aviation flight plan)应当获得批准；未获得批准的，不得实施飞行。且航空营运人应当按照批准的预先飞行计划实施飞行；取消获得批准的预先飞行计划，应当及时向预先飞行计划的批准部门备案。预先飞行计划(简称为飞行计划)是指航空营运人为达到其飞行活动的目的，预先制定的包括运行安排和有关航空器、航路、航线、空域、机场、时刻等内容的飞行活动方案。预先飞行计划应当在领航计划报(filed flight plan message，FPL)发布之前获得批准。因此飞行计划是飞行员执行航班任务中最重要的飞行文件之一。为了保证航班飞行安全，提高运输的经济性并保障旅客的舒适性，执行航班任务之前要制定飞行计划(flight plan)，即在每次航班飞行前要根据具体的气象条件和航行情报、机场和备降场的条件、领航和航行规则、飞机的载量和设备状况，按照飞机性能的限制、有关的运行限制和规章规定，确定实际的飞行剖面、计算并确定可携带的商载，本次航班飞行所需的燃油量和飞行时间。本章所述的飞行计划主要是介绍航班的燃油计划及其相关的问题。

8.1.1 飞行计划分类及其要求

按照中国民航《一般运行和飞行规则》(CCAR-91-R4)的规定，飞行计划分为目视飞行规则飞行计划和仪表飞行规则飞行计划。

1. 目视飞行规则飞行计划(CCAR-91.349)

在 CCAR-91-R4 中 91.349 条对目视飞行规则飞行计划要求如下。

(1)目视飞行规则。若本场空域符合目视气象条件，则可以在本场按目视飞行规则飞行；若当前气象报告或者当前气象报告和气象预报的组合表明本场、航路和目的地的天气符合目视气象条件，可以按照目视飞行规则进行航路飞行。

(2)目视飞行规则飞行计划的要求。航空器驾驶员提交的目视飞行规则飞行计划必须包括以下内容：①该航空器国籍登记号和无线电呼号(若需要)；②该航空器的型号，或者若编队飞行，每架航空器的型号及编队的航空器数量；③机长的姓名和地址，或者若编队飞行，编队指挥员的姓名和地址；④起飞地点和预计起飞时间；⑤计划的航线、巡航高度(或者飞行高度层)以及在该高度的航空器真空速；⑥第一个预定着陆地点和预计飞抵该点上空的时间；⑦装载的燃油量(以时间计)；⑧机组和搭载航空器的人数；⑨局方和空中交通管制要求的其他任何资料。

(3)当批准的飞行计划生效后，航空器机长拟取消该飞行时，必须向空中交通管制机构报告。

2. 仪表飞行规则飞行计划

CCAR-91-R4 中 91.359 条对仪表飞行规则飞行计划要求如下。

(1)除经空中交通管制同意外,仪表飞行规则飞行计划应当包括下列内容:①本规则91.349 条(2)款中要求的内容;②备降机场,除本条(2)款规定外。

(2)如果符合可以不选择备降机场条件(即预计着陆的目的地机场具有局方公布的标准仪表进近程序;并且天气实况报告、预报或者两者组合表明,在飞机预计到达目的地机场时刻前后至少 1h 的时间段内,云高高于机场标高600m,能见度至少5000m。),可以不选用备降机场,本条(1)款②项不适用。

(3)除经局方批准外,对于列入仪表飞行规则飞行计划中的备降机场,应当有相应的天气实况报告、预报或者两者组合表明,当航空器到达该机场时,该机场的天气条件等于或者高于下列最低天气标准。

①对于具有局方公布的仪表进近程序的机场,使用下列标准:(a)对于直升机以外的航空器,在有一套进近设施与程序的机场,云高在最低下降高度/高(MDA/MDH)或者决断高度/高(DA/DH)上增加 120m,能见度增加 1600m;在有两套(含)以上精密或者非精密进近设施与程序并且能提供不同跑道进近的机场,云高在最低下降高或者决断高上增加 60m,能见度增加800m,在两条较低标准的跑道中选取较高值。(b)对于直升机,云高在所用机场进近程序最低下降高或者决断高上增加60m,能见度至少1600m,但是不小于所用进近程序最低能见度标准。

②对于没有公布仪表进近程序的机场,云高和能见度应当保证航空器可以按照基本目视飞行规则完成从最低航路高度(minimum enroute altitude,MEA)开始下降、进近和着陆。

(4)当航空器机长决定取消或者完成该已生效的飞行计划时,必须通知空中交通管制机构。

8.1.2 飞行计划的制定

在制定飞行计划时,必须综合考虑飞机使用性能的限制、机场和航路的限制、实际的气象条件、航行情报等对飞机性能和飞行的影响,制定出科学的飞行计划,确保飞行安全性;根据实际条件,制定合理的燃油装载计划,选择有利的飞行航线、确定最佳的速度和高度,以及采取二次放行的方法,利用燃油差价等,有效地降低运营成本,制定最经济的飞行计划,提高航班运输效益;通过制定合理的飞行计划,提前预测并实时掌握飞机的运行状况,实现对飞机进行及时、合理的调配,减少飞机原因造成的航班延误,提高航班的正点率。需要在充分做好航行通告、气象、航线、机场、飞机性能、机组等因素分析,并考虑其他限制和要求的基础上,制定出科学、经济、合理的飞行计划。在制定飞行计划时需要考虑并完成如下主要内容。

(1)确定最大起飞重量和最大着陆重量。这是确定商载的主要依据,也是制定燃油计划和飞行时间的必备数据。

(2)根据需要选定飞行剖面中各段的速度和高度。根据飞机的性能和实际条件,确定各航段最佳的高度和速度剖面,力争实现成本最低。

(3)燃油计划计算，计算各飞行阶段所需要的燃油量和时间，并由此得到该航班飞行所需的总燃油量和总时间。这是飞行计划的主要内容，也是本章介绍的主要内容。

(4)给出有关航路资料，主要包括航路点的位置、经纬度、导航设备的电台频率、呼号、各航段的航路代号、各航段间的航向、距离等，以便于飞行员使用。

(5)其他需要的数据，如特殊情况下的飞行要给出返航点、二次放行点等。

8.2 飞 行 剖 面

飞行计划中燃油计划的主要内容是针对航班任务、航路和起降机场的实际情况，基于飞机的飞行性能，计算出所需燃油量、最大业载、飞行时间等内容，为了便于分析计算，通常会使用飞行剖面，飞行剖面(flight profile)是指飞机在垂直平面内的飞行轨迹图，是制定航班飞行计划的依据和基础。

飞行剖面如图 8-1 所示，包括飞行任务和储备两部分，飞行任务部分用于计算飞行计划的飞行时间和所需的轮挡燃油，储备部分用于计算储备燃油和时间。

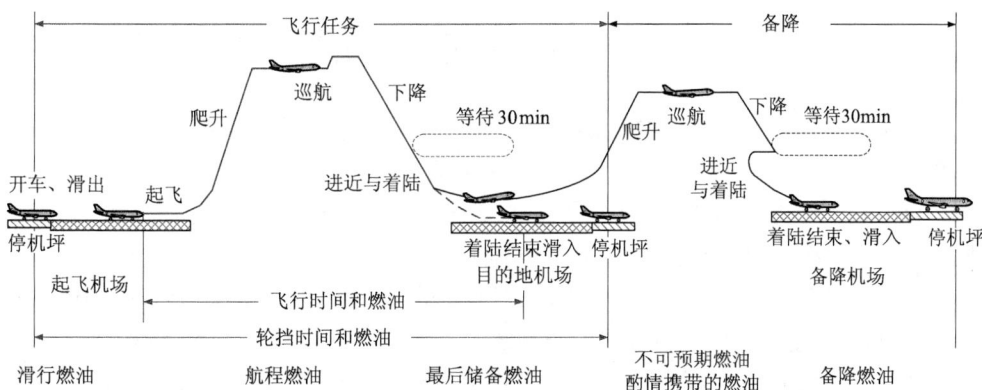

图 8-1 航线飞行剖面

1. 飞行任务部分

(1)滑出阶段：按指定的滑行路线，计算出滑行时间和所需的滑行燃油(taxi fuel)。

(2)起飞阶段，包括起飞场道阶段(从松开刹车开始在跑道加速滑跑到离地后距离道面 35ft 高并达到安全速度 V_2)和航道阶段(离道面 35ft 至爬升到 1500ft 并达到爬升速度和爬升构型)。

(3)航路爬升阶段：通常选择成本最低或燃油最省的爬升方式，需要考虑风的影响。

(4)巡航阶段：根据飞机的性能和实际飞行条件，选择合适的巡航高度和速度，并要考虑实际风的影响，通常选择阶梯巡航实现成本最低。

(5)下降阶段：与爬升阶段类似，一般选择成本最低或燃油最省的下降方式，需要考虑风的影响。

(6)进近和着陆阶段：进近和着陆阶段的燃油消耗量，一般按手册提供的数据计算。

(7)滑入阶段：根据机场给定的进出路程计算滑行时间，据此滑行时间计算耗油量。

根据实际飞行条件计算出完成(2)~(7)阶段所需的航程燃油(trip fuel)和时间。

2. 储备部分

储备部分其飞行阶段与飞行任务部分除滑行外是一样的(图 8-1),需要增加的燃油包括如下方面。

(1)备降燃油或改航燃油(alternate fuel or diversion fuel, AF):是指由目的地机场飞到备降机场所需的燃油;该部分燃油由复飞、爬升、巡航、下降、进近和着陆等阶段组成,计算方法与飞行任务部分相似。

(2)最后储备燃油(final reserve fuel)是指以等待速度在备降机场跑道上空 1500ft (或指定高度),在标准温度条件下飞行 30min 所需要的油量;当不需要备降机场时,则指在目的地机场上空 1500ft 以等待速度飞行 30min 消耗的油量。

(3)不可预期燃油(Contingency Fuel,CF),该部分燃油仅限按照 CCAR-121-R7 部运行的航班需要加注。

(4)酌情携带的燃油。该部分燃油通常是由合格证持有人,根据飞机发动机的实际状况或机长根据实际飞行条件决定携带的附加燃油。

8.3 关于燃油和备降机场的规定

为了保障飞行安全,关于最低加油量要求和备降机场的选择,在相关的规章中给出了明确的规定。飞机类别的民用航空器的飞行运行,可以分为通用航空和公共运输航空。其中,通用航空是指使用民用航空器从事公共航空运输以外的民用航空活动,包括从事工业、农业、林业、渔业和建筑业的作业飞行以及医疗卫生、抢险救灾、气象探测、海洋监测、科学实验、教育训练、文化体育等方面的飞行活动,该类飞行运行的燃油和备降场的要求在民航局的《一般运行和飞行规则》(CCAR-91-R4)给出了明确的规定;公共航空运输企业(是指以营利为目的,使用民用航空器运送旅客、行李、邮件或者货物的企业)使用民用航空器经营的旅客、行李或者货物的运输,包括公共航空运输企业使用民用航空器办理的免费运输。公共航空运输企业分为两类,其一是依据民航局的《小型航空器商业运输运营人运行合格审定规则》(CCAR-135-R2)取得运行资质的企业,其运行使用的飞机通常是最大起飞全重不超过 5700kg 的多发飞机、单发飞机(客运或货运)飞行运行的燃油和备降场的要求需要符合 CCAR-135 部的中的规定;其二是按照民航局的《大型飞机公共航空运输承运人运行合格审定规则》(CCAR-121-R7)取得运行资质的企业,其飞行运行的燃油和备降机场需要符合 CCAR-121 中的有关规定。

8.3.1 燃油的要求

对于飞机类别的航空器的飞行运行有关燃油的要求,在民航局的 CCAR-91、CCAR-135、CCAAR-121 中分别针对不同类型的运行规定了燃油要求,详见表 8-1。

1. 按照 CCAR-91 部运行的燃油量

(1)目视飞行规则条件下的燃油要求:

$$燃油量 = 航程燃油 + 最后储备燃油$$

表 8-1　关于燃油和备降机场的要求

运行规章		滑行燃油	燃油					酌情携带的燃油	备注
			航程燃油	不可预期燃油	备降燃油（目的地备降机场著陆）	最后储备燃油	额外燃油		
CCAR-91-R4	目视飞行规则		飞到第一个预定著陆点			飞行 30min（昼间）或 45min（夜间）			第91.347条
	仪表飞行规则		飞到目的地机场著陆		从目的地机场飞到到备降机场著陆（满足第91.167条(b)项时不适用）	以正常巡航速度飞行45min			第91.357条
CCAR-135-R3	小型航空器运行	目视飞行规则	应当在考虑风和预报的天气条件，有足够的燃油飞到至到目的地机场著陆第一个预计著陆点			(1)对于昼间运行，至少再飞行 30 min　(2)对于夜间运行，至少再飞行 45 min			第135.145条
		仪表飞行规则	完成到达第一个预定著陆机场的飞行		从该机场飞至至备降机场	以正常巡航速度飞行 45 min			第135.189条
	运输类航空器商业客货或著货运行	考虑到起飞机场当地条件和辅助动力装置（APU）的燃油消耗，起飞前预计消耗的燃油量	从起飞机场或重新签派点放行点飞行到到目的地机场著陆所需的燃油量	为补偿不可见因素所需的燃油量。根据航程燃油消耗计算，占飞行中航程燃油或者放行点5%的所需燃油，但在任何情况下不得低于以预计巡航速度在目的地机场上空 450 m（1500 ft）高度上在标准条件下飞行 5min 所需的燃油量	(1)当需要有目的地备降机场时，飞机所需的燃油应应能够：①在目的地机场复飞；②爬升到预定的巡航高度；③沿预定航路飞行；④下降到起始进近定位点；⑤在目的地备降机场进近并著陆。(2)当不需要有两个目的地备降机场时，能够使飞机飞行到目的地机场著陆。(3)当不需要有备用目的地备降机场时，所需油量能够使飞机在发动机发生失效或者客舱失压临界点发时需要更多燃油的情况下，允许飞机在必要时下降并飞行到某一备降机场，按照局方规定的速度和高度飞行 45 min 所需的油量。②对于涡轮发动机飞机，以等待速度在著陆机场上空 450 m（1500 ft）高度上在标准大气条件下飞行 30 min 所需的油量	使用到达目的地备降机场，或者不需要要有目的地备降机场时，到达目的地机场的预计重量，按照发动机一台失效出的燃油消计算。①对于涡轮螺旋桨飞机，飞行 45 min 所需的油量。②对于涡轮发动机飞机，以等待速度在著陆机场上空 450 m（1500 ft）高度上在标准大气条件下飞行 30 min 所需的油量	所需燃油的补充，即如果根据航程燃油，不可预期燃油、备降燃油，最后储备燃油计算的最低燃油不足以完成①～③飞行时所需的补充燃油：①假设在航路最困难点或者丧失增压临界点发生失效或者客舱失压，需要更多燃油的情况下，允许飞机在这该机场著陆并飞行到某一备降机场。②对于涡轮发动机飞机，以等待速度在著陆机场上空 450 m（1500 ft）高度上在标准条件下飞行 15min。（b）进近时间运行（EDTO）的飞行计划方案。②允许进行延长改守局方批准的临界燃油方案。③满足上述未包含的其他规定	机长自行决定必须携带定携带的额外的燃油	第135.351条
CCAR-121-R7			起飞前预计消耗的著陆所需的燃油量	占计划航程燃油 10% 的所需燃油量	飞机有所需的燃油以便能够：①在目的地机场复飞；②预定航路飞行；④下降到到预期开始进近备降机场进并著陆；⑤满足 CCAR 第 121.639 或 121.641 条要求时可以不选择目的地备降机场	③沿以等待速度在在著陆机场上空 450 m（1500 ft）高度上在标准条件下飞行 30 min		合格证持有人决定携带的附加燃油	第121.657条

（2）仪表飞行规则条件下飞行的燃油要求：

$$燃油量 = 航程燃油 + 最后储备燃油 + 备降燃油$$

其中，当满足91.167条（b）项要求时可以不选择目的地备降机场，不加备降燃油。

2. 按照CCAR-135部运行的燃油量

1）小型航空器运行

（1）目视飞行规则条件下的燃油要求：

$$燃油量 = 航程燃油 + 最后储备燃油$$

（2）仪表飞行规则条件下的燃油要求：

$$燃油量 = 航程燃油 + 最后储备燃油 + 备降燃油$$

其中满足135.189条（b）项要求时可以不选择目的地备降机场，不加备降燃油。

2）运输类飞机商业载客或者载货飞行

燃油量 = 滑行燃油 + 航程燃油 + 不可预期燃油 + 备降燃油 + 最后储备燃油 + 额外燃油 + 酌情携带的燃油

3. 按照CCAR-121部运行的燃油量

燃油量 = 滑行燃油 + 航程燃油 + 不可预期燃油 + 备降燃油 + 最后储备燃油 + 酌情携带的燃油

特别地，当飞行时满足CCAR-121中121.639条或121.641条要求时可以不选择目的地备降机场，不加备降燃油。

其中，CCAR-121中121.639条是针对国内定期航班可以不选择目的地备降机场的条件，"如果天气实况报告、预报或者两者的组合表明，在飞机预计到达目的地机场时刻前后至少1h的时间段内，该机场云底高度和能见度符合下列规定并且在每架飞机与签派室之间建立了独立可靠的通信系统进行全程监控，则可以不选择目的地备降机场：①机场云底高度至少在公布的最低的仪表进近最低标准中的最低下降高（或者决断高）之上450m（1500ft），或者在机场标高之上600m（2000ft），取其中较高值；②机场能见度至少为4800m（3mile），或者高于目的地机场所用仪表进近程序最低的适用能见度最低标准3200m（2mile）以上，取其中较大者。"

CCAR-121中121.641条是针对国际定期航班可以不选择目的地备降机场的条件，"在下列情形下，如果在每架飞机与签派室之间建立了独立可靠的通信系统进行全程监控，则可以不选择目的地备降机场：预定的飞行不超过6h，且相应的天气实况报告、预报或者两者的组合表明，在预计到达目的地机场时刻前后至少1h的时间内，目的地机场的天气条件符合下列规定：①机场云底高度符合下列两者之一：如果该机场需要并准许盘旋进近，至少在最低的盘旋进近最低下降高度（MDA）之上450m（1500ft）；至少在公布的最低的仪表进近最低标准中的最低下降高度（MDA）或者决断高度（DA）之上450m（1500ft），或者机场标高之上600m（2000ft），取其中较高者。②机场能见度至少为4800m（3mile），或者高于目的地机场所用仪表进近程序最低的适用能见度最低标准3200m（2mile）以上，取其中较大者。"

8.3.2　备降机场的要求

1. 备降机场的分类和一般要求

备降机场是指当飞机不能或不宜飞往预定着陆机场或在该机场着陆时，可以飞往的另一具备必要的服务与设施、可满足飞机性能要求以及在预期使用时间可以运行的机场。备降机场包括起飞备降机场、航路备降机场和目的地备降机场。起飞机场也可作为该次飞行的航路或目的地备降机场。

起飞备降机场：是指当飞机在起飞后较短时间内需要着陆而又不能使用原起飞机场时，能够进行着陆的备降机场。

航路备降机场：是指当飞机在航路中遇到不正常或者紧急情况后，能够着陆的备降机场。

目的地备降机场：是指当飞机不能或者不宜在预定着陆机场着陆时能够着陆的备降机场。

选择的起飞备降机场、航路备降机场、目的地备降机场必须满足运行规范或有关规章中所规定的着陆最低标准。

当满足《一般运行和飞行规则》（CCAR-91-R4）、《小型航空器商业运输运营人运行合格审定规则》（CCAR-135-R2）、《大型飞机公共航空运输承运人运行合格审定规则》（CCAAR-121-R7）中相关规定的条件（表 8-1）时，可以不选择目的地备降机场。

2. 起飞备降机场的要求

CCAR-91-R4 中 91.533 条"仪表飞行规则的起飞、进近和着陆最低标准"规定，若机场天气条件达到或高于起飞最低标准但低于仪表飞行规则着陆最低标准，则必须在离该机场 1h 飞行时间（正常巡航速度和静风条件下）的距离范围内选择起飞备降机场，否则不得从该机场起飞。

CCAR-135-R2 中 135.227 条"仪表飞行规则起飞限制"规定，当天气条件不低于起飞最低标准，但低于经批准的仪表飞行规则着陆最低标准时，任何人不得按照仪表飞行规则起飞航空器，除非在距起飞机场 1h 飞行时间（在静止空气中以正常巡航速度飞行）的距离内有一备降机场。

CCAAR-121-R7 中 121.637 条"起飞备降机场"规定如下。

（1）如果起飞机场的气象条件低于合格证持有人运行规范中为该机场规定的着陆最低标准，在签派或者放行飞机前应当按照下述规定选择起飞备降机场。

①对于双发动机飞机，备降机场与起飞机场的距离不大于飞机使用一发失效的巡航速度在静风条件下飞行 1h 的距离。

②对于装有三台或者三台以上发动机的飞机，备降机场与起飞机场的距离不大于飞机使用一发失效时的巡航速度在静风条件下飞行 2h 的距离。

（2）对于本条（1）项，备降机场的天气条件应当满足本规则 121.643 条的要求。

（3）在签派或者放行飞机前，签派或者飞行放行单中应当列出每个必需的起飞备降机场。

3. 航路备降机场和目的地备降机场的要求

CCAAR-121-R7 中 121.643 条"备降机场最低天气标准"规定如下。

(1)对于签派或者飞行放行单上所列的备降机场,应当有相应的天气实况报告、预报或者两者的组合表明,当飞机到达该机场时,该机场的天气条件等于或者高于合格证持有人运行规范规定的备降机场最低天气标准。

(2)在确定备降机场天气标准时,合格证持有人不得使用标注有"未批准备降机场天气标准"的仪表进近程序。

(3)在确定备降机场天气标准时,应当考虑风、条件性预报、最低设备清单条款限制等影响因素。

(4)在合格证持有人运行规范中,签派或者放行的标准应当在经批准的该机场的最低运行标准上至少增加下列数值,作为该机场用作备降机场时的最低天气标准如下。

①对于至少有一套可用进近设施的机场,其进近设施能提供直线非精密进近程序、直线类精密进近程序或直线Ⅰ类精密进近程序,或在适用时可以从仪表进近程序改为盘旋机动,最低下降高(MDH)或者决断高(DH)增加 120m(400ft),能见度增加 1600m(1mile)。

②对于至少有两套能够提供不同跑道直线进近的可用进近设施的机场,其进近设施能提供直线非精密进近程序、直线类精密进近程序或直线Ⅰ类精密进近程序,应选择两个服务于不同适用跑道的进近设施,在相应直线进近程序的决断高(DH)或最低下降高(MDH)较高值上增加 60m(200ft),在能见度较高值上增加 800m(1/2mile)。

(5)如选择具备Ⅱ类或Ⅲ类精密进近程序的机场作为备降机场计算备降机场天气标准,合格证持有人必须确保机组和飞机具备执行相应进近程序的资格,且飞机还应具备Ⅲ类一发失效进近能力。此时,签派或者放行标准应按以下数值确定。

①对于至少一套Ⅱ类精密进近程序的机场,云高不得低于 90m,能见度或跑道视程不得低于 1200 m。

②对于至少一套Ⅲ类精密进近程序的机场,云高不得低于 60m,能见度不得低于 800m,或云高不得低于 60m,跑道视程不得低于 550m。

(6)当选择具备基于全球卫星导航系统(global navigation satellite system,GNSS)导航源的类精密进近程序的机场作为备降机场计算备降机场天气标准时,合格证持有人应当经过局方批准并确保以下内容。

①机组和飞机具备执行相应进近程序的资格。

②在签派或放行时,不得在目的地机场和备降机场同时计划使用类精密进近程序。

③对使用基于 GNSS 导航源的类精密进近的机场,应当检查航行资料或航行通告并进行飞行前接收机自主完好性(receiver autonomous integrity monitoring,RAIM)预测。

④对于使用要求授权的所需导航性能(required navigation performance authorization required,RNP AR)程序的备降机场,计算备降机场天气标准所基于的 RNP(required navigation performance)值不得低于 RNP0.3。

⑤在目的地机场有传统进近程序可用。

⑥在确定本条(4)项中的进近导航设施构型时,应当将基于同一 GNSS 星座的仪表

进近程序当作一套进近导航设施。

8.4　简易航班飞行计划图表使用简介

为了便于实际飞行中使用，飞机的飞行手册或相关手册中会给出制作简易飞行计划的相关图表。通常根据飞机的性能参数和发动机设置、起飞机场参数、巡航高度以及气象等条件，将所需计算的燃油、时间、距离、航程、速度等参数绘制于表格中，飞行前可以根据实际的使用条件从图表中查找读取所需的数据。

8.4.1　单发活塞式发动机飞机的简易飞行计划图表的使用

对于常用的单发活塞式发动机飞机制作飞行计划常用的相关图表及其使用方法，通过实例分别介绍。

1. 爬升时间、消耗的燃油和飞过的水平距离

单发活塞式发动机飞机，用于计算其爬升时间、消耗的燃油和飞过的水平距离的典型用图如图 8-2 所示，该飞机使用恒速螺旋桨，可收放式起落架，最大起飞重量 3650lb，最大着陆重量 3650lb，最大燃油量 74gal(US)，燃油密度 6lb/gal。图 8-2 给出了该飞机从标准海平面且无风条件下，爬升到任一巡航高度所需的时间、燃油和水平距离。

例 8-1　利用图 8-2，在给定下列使用条件下无风时的爬升时间、需要的燃油和飞过的水平距离。

使用条件：起飞机场气压高度位于标准海平面；预计巡航高度 8500ft，该高度温度 +10℃；发动机节气门全部打开，全富油，转速为 2500r/min；起飞重量 3400lb，爬升速度 110kn。

解：如图 8-2 所示。由于预计巡航高度 8500ft 在图 8-2 中给出的巡航高度曲线 8000ft 和 10000ft 之间，因此需要查两组值再插值计算得出。

第一步，先查找巡航高度 8000ft，温度+10℃时的爬升时间、需要的燃油和飞过的水平距离。

(1) 由巡航高度温度+10℃的 A1 点向上作垂线与气压高度 8000ft 相交于 A2 点；

(2) 由 A2 点向右作水平线与起飞重量 3400lb 相交于 A3 点；

(3) 由 A3 点向下作垂线，与爬升时间坐标轴交点得爬升时间是 9.0min、与爬升燃油坐标轴交点得消耗燃油 3.40gal、与水平距离坐标轴交点可得飞过的水平距离 17.80n mile；

第二步，先查找巡航高度 10000ft，温度+10℃时的爬升时间、需要的燃油和飞过的水平距离。

重复上述步骤，如图 8-2 所示的点和线段，步骤为 A1(巡航高度温度+10℃)→B1(巡航高度 8000ft)→B2(起飞重量 3400lb)，由 B2 点向下作垂线可得爬升到 10000ft 的时间、燃油、距离分别为 14.0min、4.60gal、27.00n mile。

插值计算可得爬升至 8500ft 的时间 t、燃油 W_F、距离 R 分别为

$$t=9+\frac{8500-8000}{10000-8000}\times(14-9)=10.25(\text{min})$$

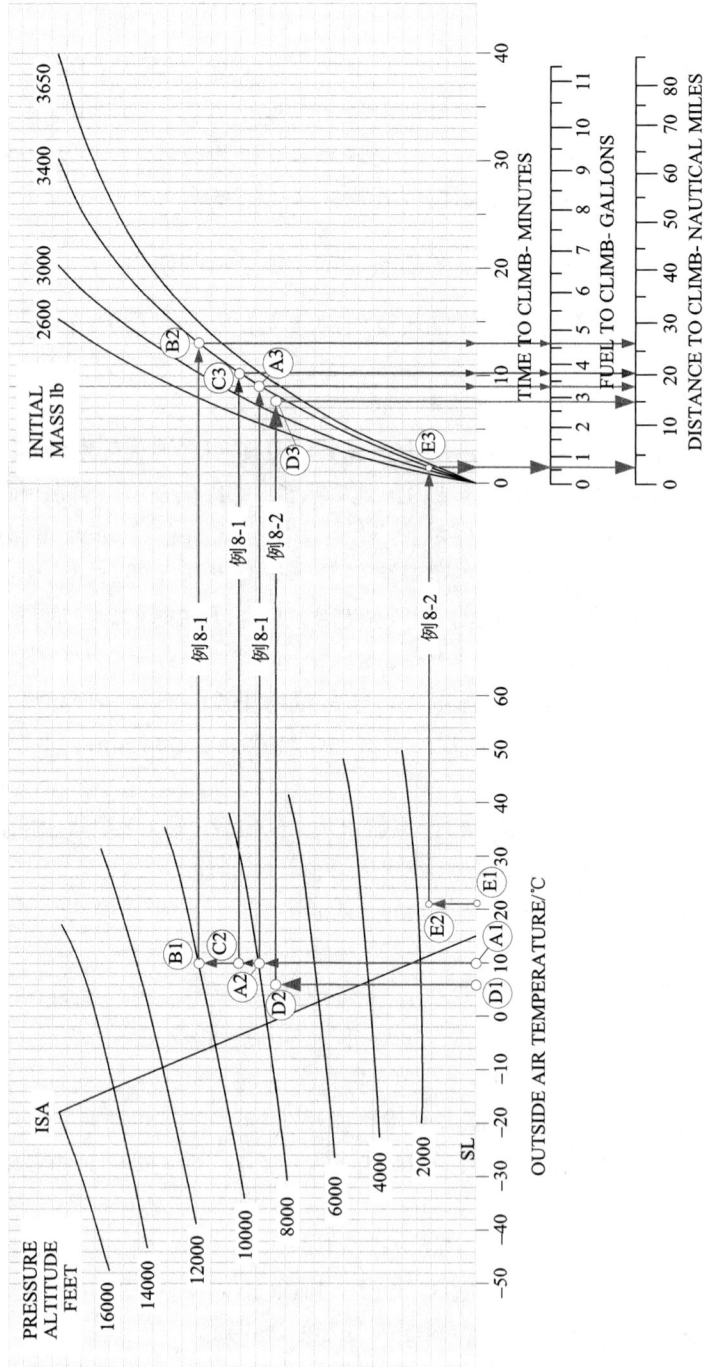

图 8-2 爬升时间、燃油和水平距离

$$W_F = 3.4 + \frac{8500 - 8000}{10000 - 8000} \times (4.6 - 3.4) = 3.70 (\text{gal})$$

$$R = 17.8 + \frac{8500 - 8000}{10000 - 8000} \times (27.0 - 17.8) = 20.1 (\text{n mile})$$

对于巡航高度不在图 8-2 的曲线中可以按上述的插值方法计算，也可以根据给出的巡航气压高度曲线从曲线中等比例地读出，如图 8-2 中的 C2 点（该点为 8500ft 高度对应的曲线），按照图 8-2 中所示的查找顺序 A1（巡航高度温度 +10℃）→C2（巡航高度 8000ft）→C3（起飞重量 3400lb），由 C3 向下作垂线直接可得爬升到 8500ft 的时间、燃油、距离分别为 10.2min、3.70 gal、20.10n mile。

特别说明：①当选定的巡航高度和爬升重量恰好与图中的曲线一致，即可直接读出结果，如例 8-1 中若爬升重量 3400lb，爬升到温度为 +10℃的 8000ft，可以直接读得出爬升时间是 9.0min、消耗燃油 3.40gal、水平距离 17.80n mile；②当爬升顶点的高度不在图 8-2 所给的曲线上时，按照例 8-1 所给的方法处理；③对于实际爬升重量不是图 8-2 中所给的 2600lb、3000lb、3400lb、3650lb 时，处理方法与高度曲线类似，需要插值计算或按比例在所给爬升重量左右两条曲线之间判断出所给重量的位置直接读取。

例 8-2 飞机在爬升期间遇到的平均顺风为 20kn，使用条件如下，试利用图 8-2 确定其爬升时间、需要的燃油和飞过的水平距离。

使用条件：起飞机场海拔 1800ft，温度 21℃，QNH1020hPa；爬升到 75000ft，该高度的温度 6℃；发动机节气门全部打开，全富油，转速为 2500r/min；起飞重量 3300lb，爬升速度 110kn。

解：第一步，计算爬升到温度 6℃、高度 7500ft 所需的时间、燃油、距离。

如图 8-2 所示的点和线段，步骤为 D1（巡航高度的温度 6℃）→D2（爬升到 75000ft）→D3（起飞重量 3300lb），由 D3 向下作垂线，分别得到爬升时间 7.5min，燃油消耗 2.8gal，飞过的水平距离 15n mile。

第二步，对起飞机场气压高度进行修正。由于本例题中的起飞机场海拔 1800ft，应先将其转换为气压高度，才可以使用图 8-2（图 8-2 中使用的是气压高度）。

根据所给定的条件，由图 8-3 中各高度之间的关系可知，机场到标准海平面（1013.25hPa）的高度为

$$1800\text{ft} - (1020\text{hPa} - 1013.25\text{hPa}) \times 30\text{ft/hPa} = 1590\text{ft}$$

通常在 10000ft 以下，标准大气的压强随高度增加的衰减率为 27~36ft/hPa，一般取 30ft/hPa。

由于机场的气压高度为 1590ft，表明机场位于标准海平面之上，因此机场以下的高度不需要爬升，需要对起飞机场的高度进行修正。

根据所给定的机场条件，按图 8-2 中所示的顺序 E1（机场温度 21℃）→E2（机场气压高度 1590ft）→E3（起飞重量 3300lb），由 E3 向下作铅垂线，可得飞机由标准海平面爬升到 21℃、高度 1590ft 所需的时间、燃油、距离分别为 1.5min、1.1gal、3n mile。

因此根据给定的起飞机场条件，经修正后飞机爬升到 7500ft 所需的时间、燃油、飞过的水平距离分别为 6.0min（7.5min − 1.5min）、1.7gal（2.8gal − 1.1gal）、12n mile（15n mile − 3n mile）。

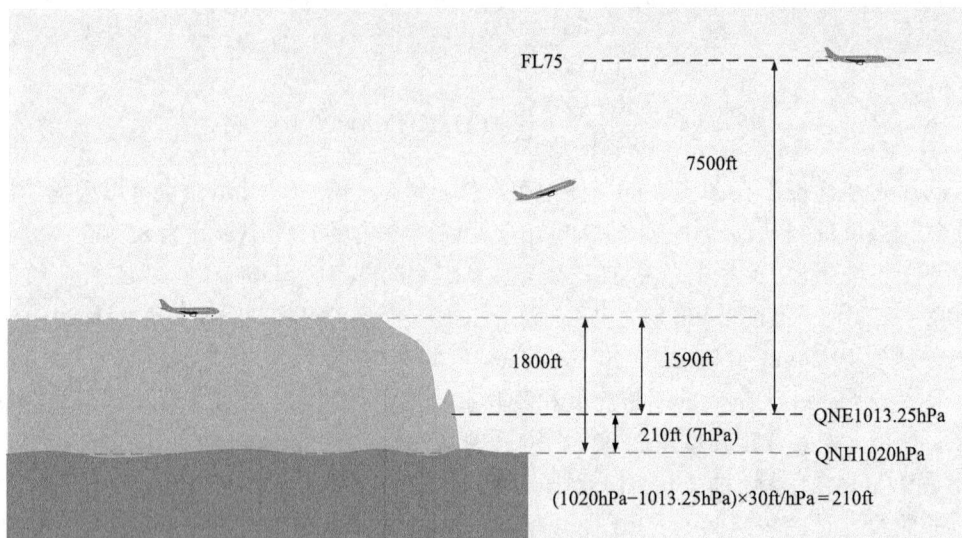

图 8-3　爬升时的高度关系

第三步对风进行修正。爬升期间的顺风或逆风仅影响飞过的地面水平距离（记为 NGM），前两步中所求得的水平距离为空中距离（记为 NAM）。由图 8-2 可知，爬升的指示空速为 110kn，在低空指示空速与真实空速之间的差别在近似分析计算时通常可以忽略，可以认为其爬升的真实空速为 $V_{TAS}=110$kn，因此地速为 $V_{GS}=110$kn$+20$kn$=130$kn。根据 NAM$/V_{TAS}=$NGM$/V_{GS}$，可得实际飞过的地面距离为

$$\text{NGM}=\text{NAM}\times V_{GS}\div V_{TAS}=12\text{n mile}\times130\text{kn}\div110\text{kn}=14.18\text{n mile}$$

地面距离也可以按下式计算：

$$\text{地面距离}=\text{空中距离}\pm\text{风速}\times\text{爬升时间}（顺风取负值，逆风取正值）$$

本例中为顺风，取正值，实际飞过的地面距离为

$$\text{NGM}=12\text{n mile}+20\text{n mile/h}\times(6.0/60)\text{h}=14\text{n mile}$$

以上 2 种风修正后的地面距离结果稍有差别，这主要是在图 8-2 中读取数值时会有误差导致的，对实际使用不会产生影响，两种修正方法均可以使用。

本例题中经过起飞机场高度修正和风修正后，飞机爬升到 7500ft 所需的时间、燃油、飞过的水平距离分别为 6.0min、1.7gal、14n mile。

2. 巡航动力设置表

单发螺旋桨飞机的飞行手册中会给出推荐巡航动力设置或经济巡航动力设置表，表 8-2 是某单发螺旋桨飞机的经济巡航动力设置表，其具体使用方法见例 8-3。

例 8-3　某单发螺旋桨飞机的经济巡航动力设置表如表 8-2 所示。巡航条件为：高度 8000ft，ISA+20℃；功率设置为 21.0 inHg（或全富油），2100 r/min。试确定其进气压力、燃油流量、飞行速度。若需要巡航飞行 80n mile，试估算所需的飞行时间和燃油是多少？

表 8-2 经济巡航动力设置表

21.0 in. Hg（or full throttle）@ 2100r/min

Off-peak EGT   Cruise lean mixture @ cruise weight 3400lb

ISA Dev	Press. Alt.	IOAT		Man. Press.	Fuel Flow		Airspeed	
℃	Feet	℃	°F	in.HG	PPH	GPH	KIAS	KTAS
	0	−4	25	21.0	52.7	8.8	126	120
	2000	−8	18	21.0	54.0	9.0	128	125
	4000	−11	12	21.0	55.4	9.2	130	130
	6000	−15	5	21.0	56.9	9.5	131	136
−20	8000	−19	−2	21.0	58.9	9.8	132	141
	10000	−23	−9	20.8	60.1	10.0	132	144
	12000	−27	−17	19.3	56.7	9.5	123	139
	14000	−31	−24	17.9	54.5	9.1	113	132
	16000	−35	−32	16.5	52.2	8.7	95	114
	0	16	61	21.0	51.8	8.6	120	118
	2000	12	54	21.0	53.1	8.9	123	124
	4000	9	48	21.0	54.4	9.1	124	129
	6000	5	41	21.0	55.7	9.3	125	134
0	8000	1	34	21.0	57.3	9.6	126	140
	10000	−3	27	20.8	58.5	9.8	126	143
	12000	−7	19	19.3	55.6	9.3	116	137
	14000	−11	12	17.9	53.5	8.9	103	125
	16000	—	—	—	—	—	—	—
	0	36	97	21.0	50.8	8.5	114	115
	2000	32	90	21.0	52.1	8.7	116	121
	4000	29	83	21.0	53.4	8.9	118	127
	6000	25	77	21.0	54.7	9.1	119	132
+20	8000	21	70	21.0	55.9	9.3	120	137
	10000	17	63	20.8	56.8	9.5	119	141
	12000	13	55	19.3	54.5	9.1	108	131
	14000	—	—	—	—	—	—	—
	16000	—	—	—	—	—	—	—

Figure Economy Cruise Power Settings

NOTE:（1）Full–throttle manifold pressure settings are approximate.

（2）Shaded areas represent operation with full throttle.

（3）Fuel flows are to be used for flight planning. Lean using the EGT.

解：根据所给定的条件，查表 8-2 可得进气压力应为 21.0inHg，燃油流量为 55.9lb/h 或 9.3gal/h，指示空速（IAS）120kn，真实空速（TAS）137kn。

飞行时间 $t = 80 \text{n mile} \div 137 \text{n mile/h} = 0.58\text{h} = 35\text{min}$

消耗的燃油 $W_F = 0.58\text{h} \times 55.9\text{lb/h} = 32.4\text{lb}$，或 $W_F = 0.58\text{h} \times 9.3\text{gal/h} = 5.4\text{gal}$。

3. 航程图

为了便于航程的计算和分析使用，单发螺旋桨飞机的飞行手册中会给出其航程图，通常按照飞机的重量、燃油、天气、机场等条件绘制出一系列航程图。飞机起飞前根据实际的起飞条件和发动机设置等查出航程(图 8-4)以及巡航的真实速度，其具体使用方法见例 8-4。

例 8-4 某单发螺旋桨飞机，起飞条件如下：发动机启动前重量 3663lb；燃油为航空汽油；燃油比重 6.0lb/gal；初始燃油 74gal(US)(包括试车、起飞滑行、爬升、巡航、45min 备份燃油等全部飞行所需燃油)；起飞机场高度为海平面；静风；标准大气条件。发动机设置为满油门(25inHg/2500r/min)，预计巡航高度 11500ft。试根据图 8-4 确定其航程和巡航的真实空速。

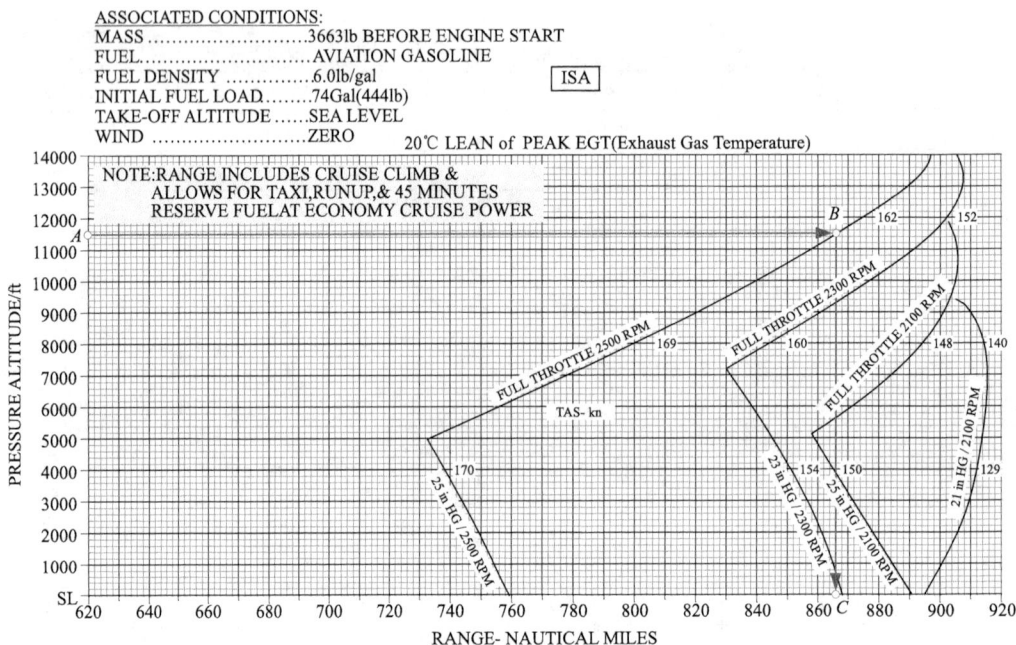

图 8-4　航程图

解：根据本次飞行符合图 8-4 中所给的使用条件，确定该次飞行的航程步骤如下。

第一步，根据巡航高度 11500ft，在图 8-4 的左侧纵坐标轴中找出其对应的 A 点。

第二步，从 A 点作水平线与发动机设置满油门(FULL THROTTLE 2500r/min)曲线相交于 B 点(图 8-4 中给出了 4 条发动机设置曲线，需要根据发动机的具体设置确定该交点)。

第三步，从 B 点向下作垂线与横坐标航程轴相交于 C 点，C 点对应的航程值即为给的使用条件的航程，本例为航程 866n mile。

巡航真实空速的确定通常需要插值计算,其步骤如下。

从图 8-4 中可以读出对应所给的发动机设置曲线中,在 8000ft 高度巡航时其对应的真实空速是 169kn,12000ft 时是 162kn,经线性插值可得 11500ft 高度巡航的真实空速是 163kn。

4. 航时图

对于航时的计算和分析使用,单发螺旋桨飞机的飞行手册中会给出其航时图,与航程图类似,通常按照飞机的重量、燃油、天气、机场等条件绘制出一系列航时图。飞机起飞前根据实际的起飞条件和发动机设置等查出航时(图 8-5)以及巡航的真实速度,其具体使用方法见例 8-5。

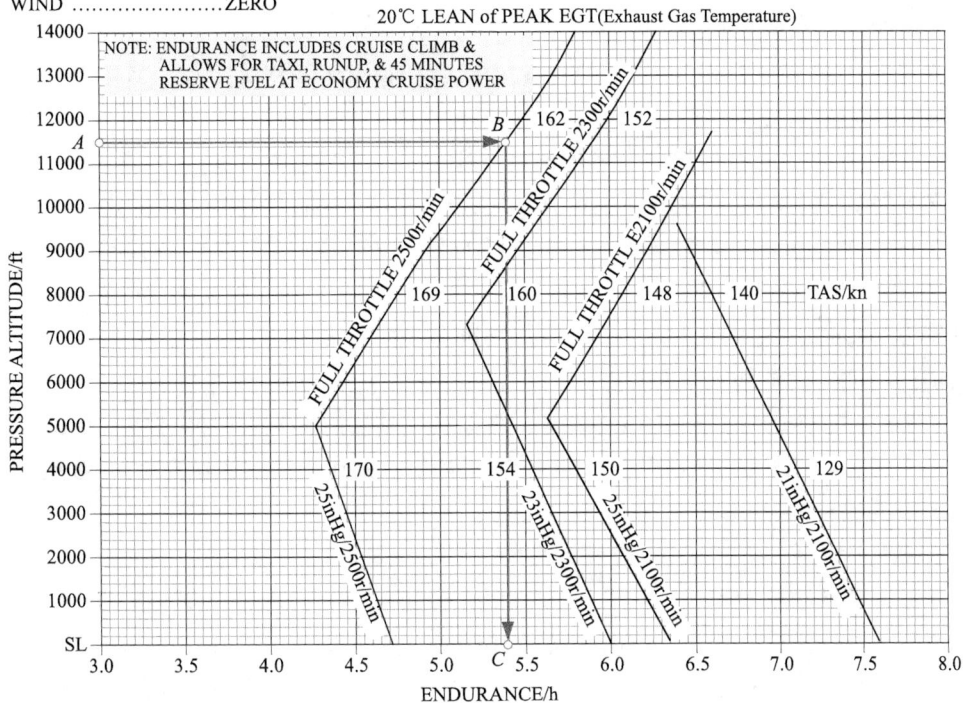

图 8-5 航时图

例 8-5 某单发螺旋桨飞机,起飞条件如下:发动机启动前重量 3663lb;燃油为航空汽油;燃油比重 6.0lb/gal;初始燃油 74gal(US)(包括试车、起飞滑行、爬升、巡航、45min 备份燃油等全部飞行所需燃油);起飞机场高度海平面;静风;标准大气条件。发动机设置为满油门(25inHg/2500r/min),预计巡航高度 11500ft。试根据图 8-5 确定其航时和巡航的真实空速。

解：根据本次飞行符合图 8-5 中所给的使用条件，确定该次飞行航时的步骤如下。

第一步，根据巡航高度 11500ft，在图 8-5 的左侧巡航高度纵坐标轴中找出其对应的 *A* 点。

第二步，从 *A* 点作水平线与发动机设置满油门(FULL THROTTLE 2500r/min)曲线相交于 *B* 点(图 8-5 中给出了 4 条发动机设置曲线，需要根据发动机的具体设置确定该交点)。

第三步，从 *B* 点向下作垂线与横坐标航程轴相交于 *C* 点，*C* 点对应的时间即为给的使用条件的航时，本例求得的航时为 5.4h(5h24min)(更精确的数值应为 5.39h)。

为了得到巡航真实空速通常需要插值计算，其步骤如下。

从图 8-5 中可以读出对应所给的发动机设置曲线中，在 8000ft 高度巡航时其对应的真实空速是 169kn，12000ft 时是 162kn，经线性插值可得 11500ft 高度巡航的真实空速是 163kn。

8.4.2　多发活塞式发动机飞机的简易飞行计划图表的使用

对于常用的多发活塞式发动机飞机制作飞行计划常用的相关图表，其使用方法基本与单发活塞发动机飞机类似，通过实例分别介绍。

1. 爬升时间、消耗的燃油和飞过的水平距离

多发活塞式发动机飞机，用于计算其爬升时间、消耗的燃油和飞过的水平距离的典型用图如图 8-6 所示，该活塞式发动机飞机为双发恒速螺旋桨，可收放式起落架，最大起飞重量 4750lb，最大无燃油重量 4470lb，最大着陆重量 4513lb，最大燃油量 123gal(US)，燃油密度 6lb/gal。图 8-6 给出了该飞机从标准海平面且无风条件下，爬升到任一巡航高度所需的时间、燃油和水平距离。

例8-6　根据图 8-6 试确定该飞机在下列条件下使用时的爬升时间、燃油和水平距离。

使用条件起飞机场气压高度 3200ft，温度 17℃；预计爬升到巡航高度 16500ft，已知该高度上的温度为-13℃；

若爬升期间平均顺风+20kn。爬升期间飞过的水平距离是多少？

解：先查找由标准海平面爬升至 16500ft 的时间、燃油和距离，步骤如下。

第一步，根据所给条件爬升顶点高度 16500ft 的温度是-13℃，在图 8-6 中找到 *A* 点。

第二步，由 *A* 点向上作垂线至高度 16500ft(由于 16500ft 在图中所给的 16000ft 和 18000ft 之间，可以分别查找这两个高度对应的时间、燃油和距离，再按线性插值得出)得到图 8-6 中所示的 *B* 点。

第三步，从 *B* 点向左作水平线，分别与图 8-6 中的时间、燃油和距离曲线相交于 *C*、*D*、*E* 点。

第四步，分别从 *C*、*D*、*E* 点向下作垂线与横坐标轴相交，其交点的数值即为爬升时间 27min、燃油 15gal、距离 50n mile。

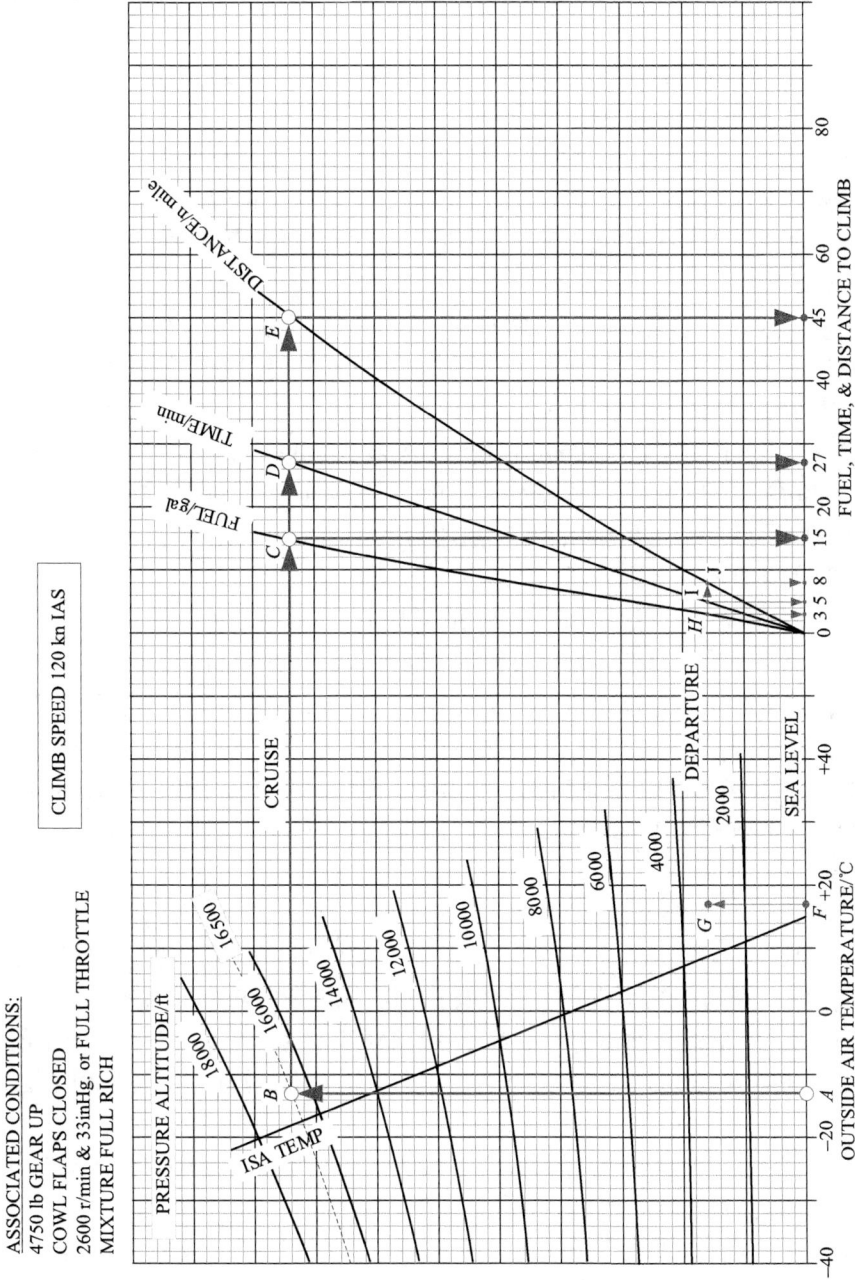

图 8-6　爬升时间、燃油和距离

第五步，对起飞机场的修正。该次飞行是从气压高度 3200ft 的机场起飞，该高度之下是不需要爬升的。从标准海平面高度爬升至 3200ft、温度 17℃ 的时间、燃油和距离需要减掉，其步骤如下。在图 8-6 所示的由点 $F \rightarrow G$，再由 $G \rightarrow H、I、J$，分别从 $H、I、J$ 点向下作垂线与横坐标轴相交，其交点的数值分别为爬升时间 3min、燃油 5gal、距离 8n mile。

经修正后此次飞行的爬升时间为 15min－3min＝12min、所需燃油为 27gal－5gal＝22gal、飞过的水平距离 50n mile－8n mile＝42n mile。

需要对风进行修正。水平风不影响爬升时间和燃油，仅需要对水平距离进行修正。根据所给的平均顺风+20kn，水平距离为 42n mile+20kn×(12÷60)h＝46n mile。

最后得到所给条件下的爬升时间 12min、燃油为 22gal、水平距离 46n mile。

2. 航程(标准温度)图

通常根据飞机的起飞重量及其构型、燃油量、爬升和下降方式等条件计算出的航程范围绘制成航程图，典型的标准温度航程图如图 8-7 所示。其使用方法见例 8-7。

例 8-7　飞机的起飞条件为重量 4750lb，燃油量 123gal(含试车、滑行、起飞等全部燃油)，以最大功率爬升、下降率 1000ft/min 和指示空速 IAS145kn 下降，巡航高度 16500ft，长航程巡航发动机功率设置 45%。试根据图 8-7 确定其静风时：①剩余以功率 45% 飞行 45min 备份燃油的航程；②消耗完备份燃油的航程。

解：本次飞行的条件与图 8-7 相符。使用图 8-7 计算航程的步骤如下。

第一步，在左侧坐标轴找到巡航高度 16500ft 对应的 A 点(图 8-7)。

第二步，从 A 点向右作水平线，分别与剩余以功率 45% 飞行 45min 备份燃油区域的 45% 功率设置曲线相交于 B 点，与消耗完备份燃油区域的 45% 功率设置曲线相交于 C 点。

第三步，从 B 点向下作垂线至横坐标轴交点对应的值为 942n mile，因此保留 45min 备份燃油的航程为 942n mile；从 C 点向下作垂线至横坐标轴交点对应的值为 1060n mile，因此不保留备份燃油的航程为 1060n mile。

3. 巡航功率设置和燃油流量

飞机典型的巡航功率设置和燃油流量如表 8-3 所示。该类表给出了标准大气条件下，选择不同的发动机功率(75%、65%、55%、45%，表 8-3 中的第一行)对应的燃油流量(表 8-3 中的第二行)；在每个发动机功率下选择高速、经济或长航程巡航方式(以发动机转速 2100~2600r/min 表示，表 8-3 中的第三行)所对应的进气压力(表 8-3 中的第五行及之后)。对于有 ISA 偏差时需要按照要求表 8-3 中的说明进行修正。具体使用方法见例 8-8。

例 8-8　已知巡航时发动机功率选择 65%，转速 2600r/min，巡航高度 6000ft，ISA+12℃，试利用表 8-3 确定其燃油流量和进气压力。

解：首先根据表 8-3 在标准大气条件下功率 65% 对应的燃油流量为 23.3GPH，功率 65% 且 2600r/min 在 6000ft 巡航时的进气压力应设置为 30.3inHg。

然后，对 6000ft 高度 ISA+12℃ 进行修正。按表 8-3 中所给的修正方法可得以下结果。燃油流量为

$$23.3\text{GPH}+23.3\text{GPH}×12℃×1\%/6℃ = 23.766\text{GPH} \approx 23.8 \text{ GPH}$$

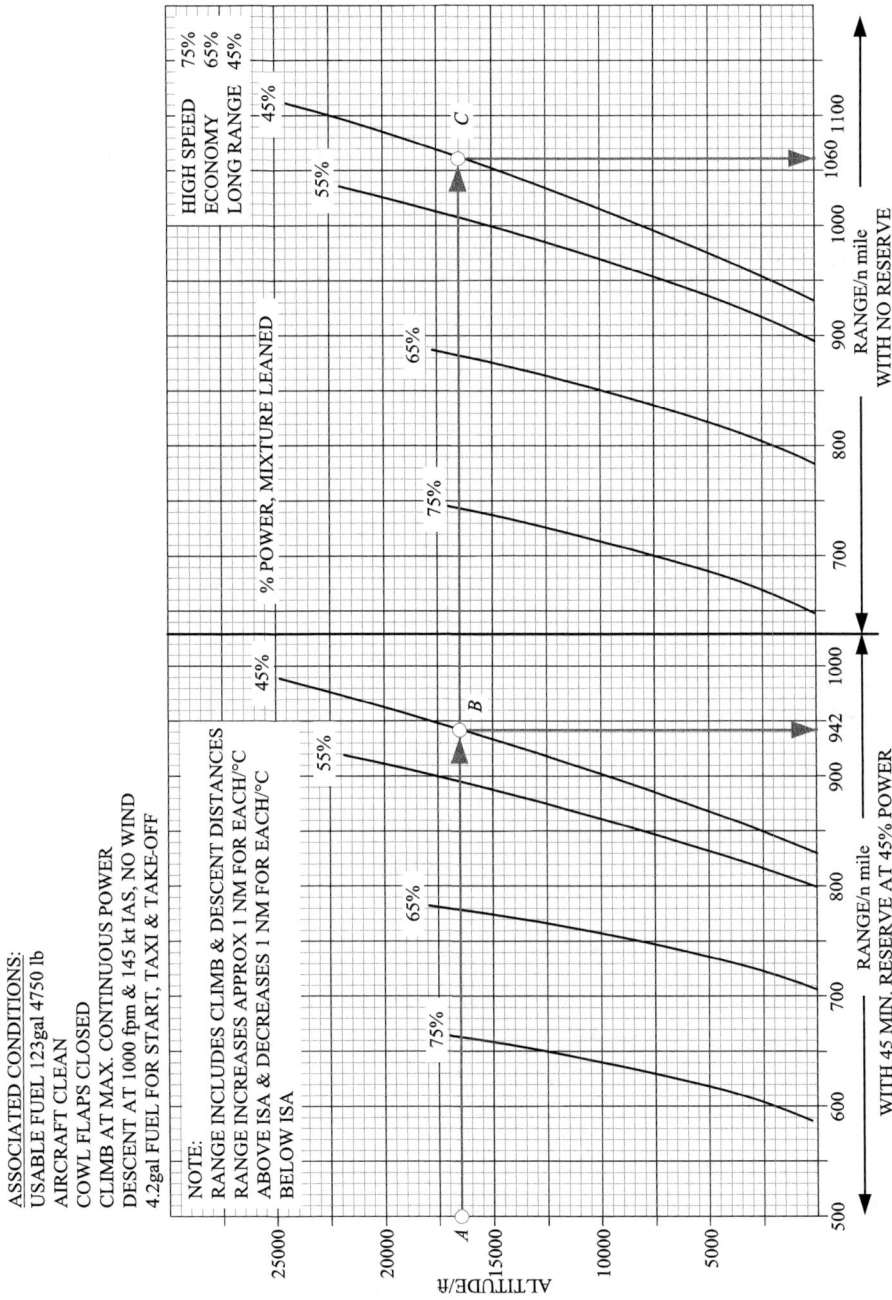

图 8-7 标准温度航程图

表 8-3　功率设置表

POWER		75%		65%			55%						45%					
FUELFLOW		29.0 GPH		23.3 GPH			18.7 GPH						16.0 GPH					
RPM		2500	2600	2400	2500	2600	2100	2200	2300	2400	2500	2600	2100	2200	2300	2400	2500	2600
PRESS ALT/ft	ISA /℃	MANIFOLD ABSOLUTE PRESSURE/inHg																
0	15	34.0	33.0	33.8	32.0	31.0	31.2	30.3	29.4	28.2	27.2	26.3	27.1	26.4	25.5	24.3	23.3	22.5
2000	11	33.8	32.7	33.2	31.7	30.7	30.5	29.7	28.8	27.8	26.8	26.0	26.4	25.8	24.6	23.7	22.8	22.1
4000	7	33.6	32.4	32.8	31.5	30.5	30.0	29.2	28.3	27.4	26.4	25.6	25.8	25.0	24.0	23.2	22.3	21.8
6000	3	33.4	32.2	32.5	31.2	30.3	29.7	28.8	28.0	27.0	26.2	25.3	25.3	24.5	23.5	22.8	21.9	21.5
8000	−1	33.1	32.0	32.3	31.0	30.1	29.4	28.4	27.7	26.8	25.7	25.0	24.8	24.0	23.0	22.4	21.6	21.2
10000	−5	33.0	31.9	32.0	30.9	30.0	—	28.3	27.5	26.5	25.5	24.7	24.4	23.7	22.8	22.0	21.4	21.0
12000	−9	32.5	31.8	31.8	30.7	29.8	—	28.3	27.2	26.3	25.3	24.6	24.0	23.3	22.5	21.7	21.2	20.9
14000	−13	—	31.7	—	30.5	29.7	—	—	27.1	26.1	25.2	24.4	—	23.0	22.3	21.4	21.1	20.8
16000	−17	—	31.6	—	30.4	29.5	—	—	—	25.9	25.0	24.3	—	—	22.0	21.3	21.0	20.6
18000	−21	—	—	—	—	29.4	—	—	—	—	25.0	24.2	—	—	—	21.2	20.9	20.5
20000	−25	—	—	—	—	29.3	—	—	—	—	—	24.2	—	—	—	21.2	20.8	20.4
22000	−28	—	—	—	—	—	—	—	—	—	—	24.1	—	—	—	—	—	20.4
MAX EGT		1525°F		1650°F														
24000	−33	—	—	—	—	—	—	—	—	—	—	—	—	—	—	—	—	20.4
25000	−34	—	—	—	—	—	—	—	—	—	—	—	—	—	—	—	—	20.4

NOTE: These tables are for ISA deviation 0℃. To maintain constant power at temperature deviations other than 0℃ the manifold pressure must be corrected by adding 1% for each 6℃ above the standard temperature or by subtracting 1% for each 6℃ below the standard temperature.

进气压力为

$$30.3\text{inHg} + 30.3\text{inHg} \times 12℃ \times 1\%/6℃ = 30.906\text{inHg} \approx 30.9\text{inHg}$$

4. 真实空速图

真实空速图是根据巡航重量、巡航高度及其温度，以及对应于不同的发动机功率设置（以低压转子 N1 百分比表示）和其他使用条件，绘制到一张图中，以便于实际使用，图 8-8 所示即为某飞机的真实空速图。其使用方法见例 8-9。

例 8-9　已知使用条件为巡航高度 16500ft 且温度−13℃，发动机功率 55%。利用图 8-8 根据以下条件确定飞机巡航飞行的真实空速。

解：首先在横坐标轴左侧的环境温度中找出−13℃对应的点 A，从 A 点向上作垂线至巡航高度 16500ft 曲线交于 B 点（与前面相关的图类似，可以根据所给的 16000ft 和 18000ft 两条曲线之间等比例确定出 16500ft 的曲线位置，也可以分别查出 16000ft 和 18000ft 所对应的真实空速再线性插值计算得到 16500ft 对应的真实空速）；由 B 点作水平线以 55% 功率曲线相较于 C 点；从 C 点向下作垂线与和坐标轴的交点对应的值 172kn 即为所给条件的真实空速。

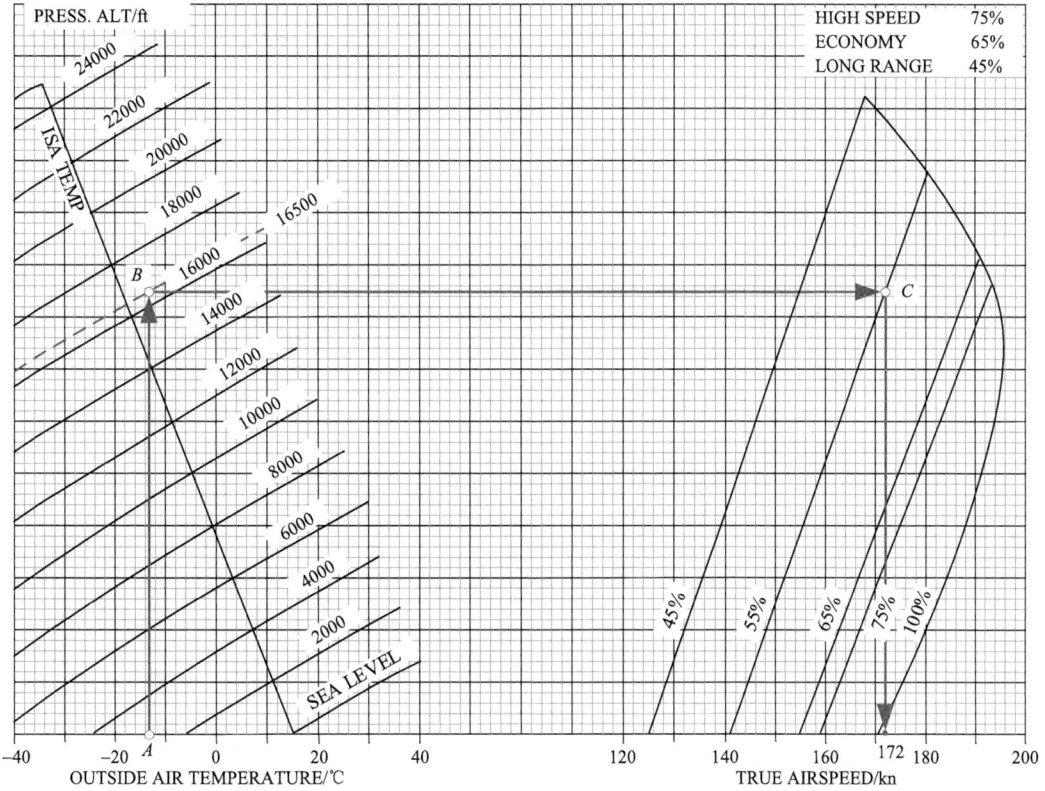

ASSOCIATED CONDITIONS:
MIXTURE FULL RICH ABOVE 75% POWER
MIXTURE LEANED IN ACCORDANCE WITH SECTION 4.37
COWL FLAPS CLOSED
AIRCRAFT CLEAN
MID CRUISE MASS (4450lb)

图 8-8　真实空速图

5. 航时图

为了便于计算飞机的航时能力，通常根据飞机的起飞重量及其构型、燃油量、爬升和下降方式等条件计算出的其飞行时间并绘制成航时图，图 8-9 所示即为某飞机的航时图，其使用方法见例 8-10。

例 8-10　已知飞机起飞重量 4750lb，全部燃油 123gal（含试车、滑行、起飞等全部燃油），以最大功率爬升，以下降率 1000ft/min 和等指示空速 IAS145kn 下降，巡航高度16500ft，以发动机功率 45% 的长航程方式巡航，无风。试根据图 8-9 确定：①剩余以功率 45% 飞行 45min 备份燃油的航时；②消耗完备份燃油的航时。

解：首先在图 8-9 左侧坐标轴找到 16500ft 对应的 A 点；再从 A 点向左作水平线，与剩余以功率 45% 飞行 45min 备份燃油区域的 45% 功率曲线相交于 B 点，与消耗完备份燃油区域的 45% 功率曲线相交于 C 点；然后由 B 点向下作垂线与横坐标的交点所对应的数值即为剩余以功率 45% 飞行 45min 备份燃油的航时是 6.2h；由 C 点向下作垂线与横坐标的交点所对应的数值即为消耗完备份燃油的航时是 6.95h。

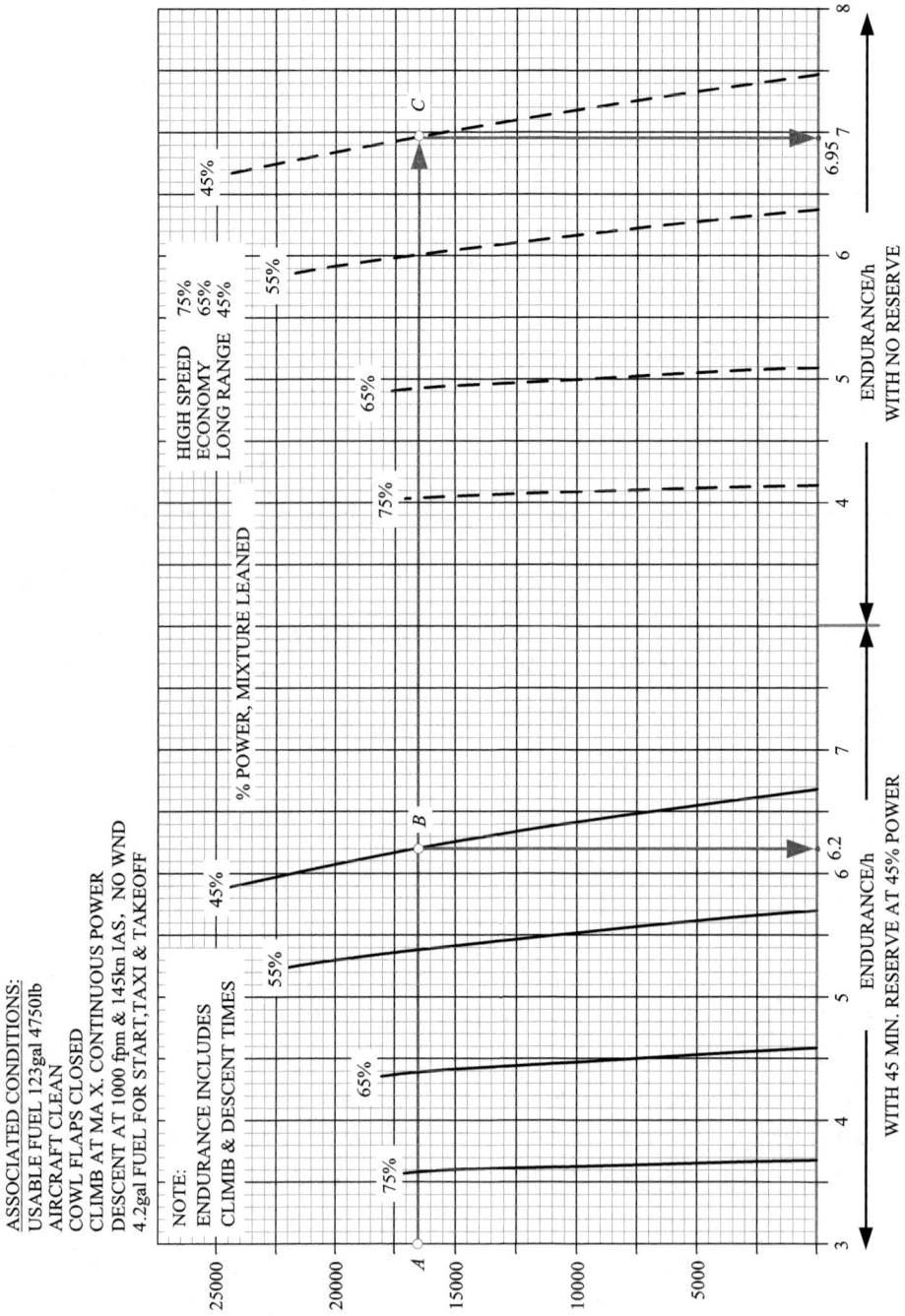

图 8-9 航时图

6. 下降燃油、时间和距离图

典型的多发活塞式发动机飞机，用于计算其下降时间、消耗的燃油和飞过的水平距离的图如图8-10所示，该飞机为双发恒速螺旋桨，可收放式起落架，最大起飞重量4750lb，最大无油重量4470lb，最大着陆重量4513lb，最大燃油量123gal（US），燃油密度6lb/gal。利用图 8-10 可以计算该飞机从任一巡航高度在无风条件下，下降到某一高度所需的时间、燃油和水平距离。其使用方法类似于爬升图，见例 8-11。

例 8-11 利用图 8-10，已知飞机从高度为 16500ft 且温度为 –13℃ 的巡航飞行转为下降飞行，下降方式是等指示空速 145kn、下降率为 1000ft/min；目的地机场的气压高度3000ft、温度 22℃，试计算其下降时间、燃油和水平距离。

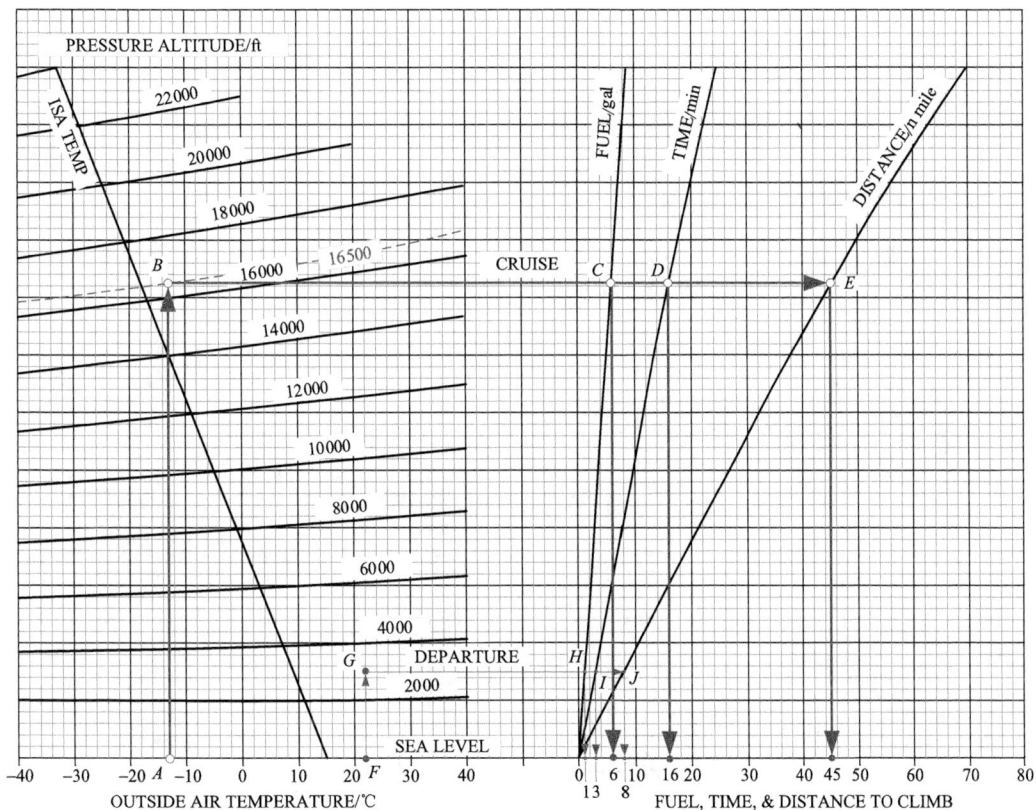

图 8-10 下降燃油、时间和距离图

解：利用图 8-10 可以直接查出从任一高度下降到标准海平面所需的燃油、时间和距离，本次飞行的目的地机场气压高度是 3000ft，飞机不需要 3000ft 以下的下降高度，因此需要对机场高度进行修正。

第一步，根据巡航条件，确定需要的下降时间、燃油和飞过的水平距离。

（1）在图 8-10 左下栏横坐标轴上，根据给定巡航高度的温度 –13℃ 找出对应的点 A，

由 A 点向上作垂线,与给定的巡航高度 16500ft 相交于 B 点。

(2)从 B 点向右作水平线,分别相交于消耗的燃油、下降所需的时间和飞过的水平距离曲线相交于 C、D、E 点。

(3)分别从 C、D、E 点向下作垂线,便可得到下降需要所需的燃油 6.0gal、时间 16.0min 和水平距离 45.0n mile。

第二步,对着陆机场条件进行修正的数据。

(1)在图 8-10 左下栏横坐标轴上,由给定的着陆机场的温度 22℃得到 F 点,从 F 点向上作垂线,与给定的着陆机场气压高度 3000ft 相交于 G 点。

(2)从 G 点向右作水平线,分别相交于燃油、时间和距离曲线 H、I、J 点。

(3)分别从 H、I、J 点,向下作垂线,便可得到从 3000ft 下降到标准海平面所需的燃油 1.0 gal(US)、时间 3.0 min 和水平距离 8.0 n mile。

第三步,计算修正后的下降所需燃油、时间和水平距离。

$$下降需要的燃油 = 6.0 \text{ gal} - 1.0 \text{ gal} = 5.0 \text{ gal}$$
$$下降时间 = 16.0 \text{ min} - 3.0\text{min} = 13.0 \text{ min}$$
$$下降飞过的水平距离 = 45.0 \text{ n mile} - 8.0\text{n mile} = 37.0\text{n mile}$$

8.4.3 喷气式运输机的飞行计划图表的使用

通常根据飞机使用限制和使用条件等因素,将其相关的计算结果以图表的形式给出,这类图表通常在其飞行手册等文件中提供,以便于使用。

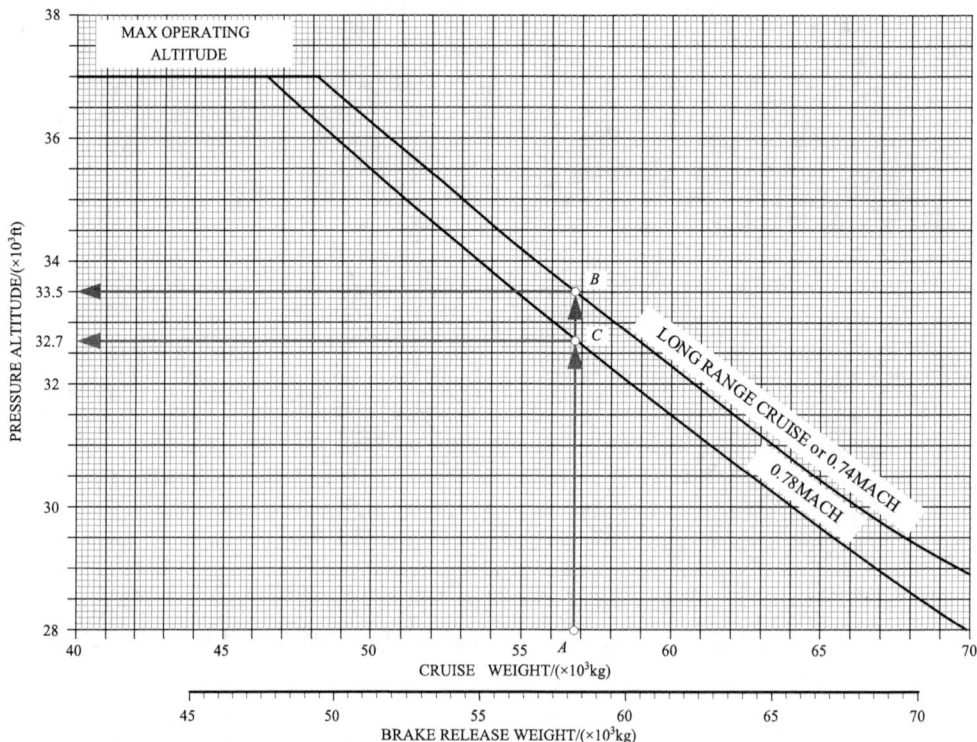

图 8-11 最佳巡航高度

1. 最佳巡航高度图

实际飞行中，不同的重量和所选的巡航方式（长航程巡航、等马赫数巡航等）往往对应一个燃油最少的最佳巡航高度。如某可收放起落架、双发涡轮喷气飞机，最大滑行质量 63060kg，最大起飞质量 62800kg，最大着陆质量 54900kg，最大无燃油质量 51300kg，最大燃油装载量 5311gal（US）（16145kg，燃油比重 3.04kg/gal（US））。其最佳巡航高度如图 8-11 所示，当巡航高度为非最佳高度时，会导致燃油历程损失，该飞机的燃油里程损失如表 8-4 所示。该图和表的使用方法见例 8-12。

表 8-4　非最佳巡航高度的燃油里程损失表

Off-Optimum Condition	Fuel Mileage Penalty/%	
	LRC or Mach 0.74	Mach 0.78
2000ft above	−1	−1
Optimum	0	0
2000ft below	−2	−2
4000ft below	−4	−4
8000ft below	−10	−11
12000ft below	−15	−20

例 8-12　已知飞机巡航重量 56800kg，利用图 8-11 和表 8-4，根据所给条件回答下列问题：①分别以长航程（LRC）和等马赫数 $M=0.78$ 方式巡航的确定最佳高度；②若飞机的实际飞行高度是 FL300，对应于长航程（LRC）和等马赫数 $M=0.78$ 的巡航，其燃油里程损失是多少？

解：（1）确定最佳巡航高度。

在图 8-11 的巡航重量横坐标轴上找出飞机巡航重量 56800kg 对应的 A 点。

从 A 点向上作垂线分别与图中的长航程巡航曲线相交于 B 点、与等马赫数 $M=0.78$ 曲线相交于 C 点。

由 B 点向左作直线，与纵坐标轴的交点对应的值 33500ft，即为给定条件下以长航程方式巡航的最佳高度。

由 C 点向左做直线，与纵坐标轴的交点对应的值 32700ft，即为给定条件下以等马赫数 $M=0.78$ 方式巡航的最佳高度。

（2）非最佳高度巡航的燃油里程损失。

①长航程方式巡航的燃油里程损失。

根据所给条件飞机以长航程方式巡航的最佳高度为 33500ft，而实际飞行时的巡航高度是 30000ft，因此巡航高度比最佳高度低 3350ft，由表 8-4 可知，低于最佳高度 2000ft 燃油里程损失 2%，低于最佳高度 4000ft 燃油里程损失 4%，经线性插值可得低于最佳巡航高度 3350ft 的燃油里程损失为 3.35%。

②根据所给条件飞机以等马赫数 $M=0.78$ 方式巡航的最佳高度为 32700ft，而实际飞

行时的巡航高度是 30000ft，因此巡航高度比最佳高度低 2700ft，由表 8-4 可知，低于最佳高度 2000ft 燃油里程损失 2%，低于最佳高度 4000ft 燃油里程损失 4%，经线性插值可得低于最佳巡航高度 2700ft 的燃油里程损失为 2.7%。

2. 短航程巡航高度图

实际运行中如果航程较短（通常在 300n mile 以内），如调机飞行，通常飞机无法达到最佳巡航高度，为了提高运行效率便于使用，飞行手册中会提供根据航程、环境温度、松刹车重量的条件绘制的短距离巡航高度图，典型的如图 8-12（该图与图 8-11 为同一型号的飞机）所示。其使用方法见例 8-13。

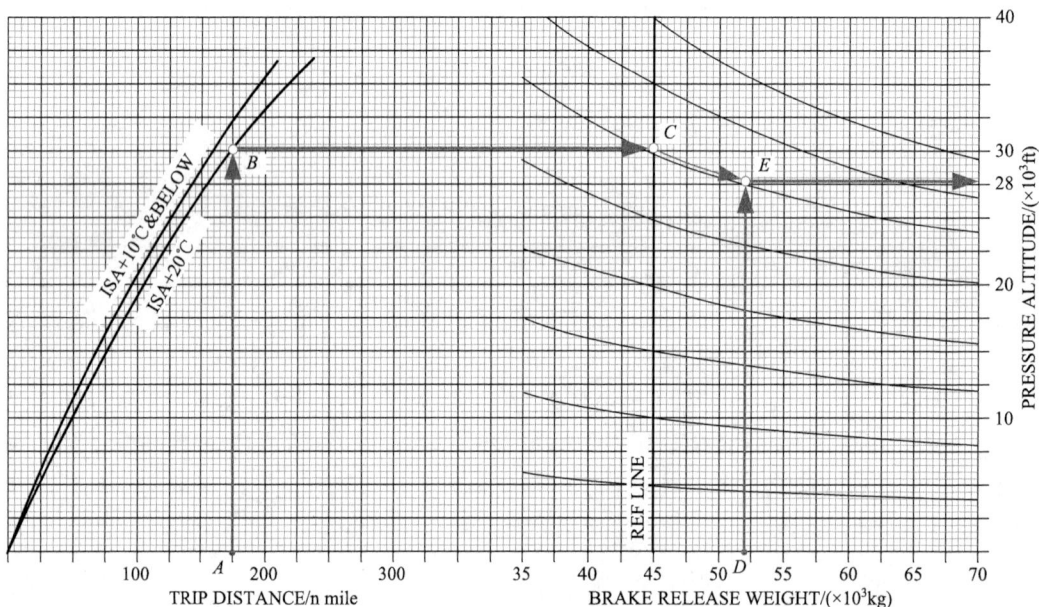

图 8-12　短航程巡航高度

例 8-13　已知飞机航程 175n mile，环境温度 ISA+20℃。试根据其短航程巡航高度图 8-13 确定其巡航高度。

解：如图 8-12 所示，确定巡航高度的步骤如下。

（1）在图 8-12 最下端的横坐标轴航程中找到航程 175n mile 对应的 A 点。

（2）由 A 点向上作垂线与环境温度 ISA+20℃ 曲线相交于 B 点。

（3）由 B 点向右作水平线，与右侧松刹车重量栏的参考线（REF LINE）交于 C 点。

（4）由 C 点作与其邻近的指引线或称引导线的平行线，该平行线与由松刹车重量确定的 D 点向上的垂线相交于 E 点。

（5）由 E 点作水平线与右侧纵坐标轴交点为 28000ft，即为本次飞行条件下确定的巡航高度。

3. 简易飞行计划图

通常简易飞行计划图按照长航程、等马赫数（$M=0.74$ 或 0.78）等巡航方式分别给出，针对每种巡航方式又根据航程分为近程、中程、远程，分别给出。图 8-13～图 8-15 即为某型号飞机长航程巡航航程 100～600n mile、200～1200n mile、1000～3000n mile 航程范围的简易飞行计划图。

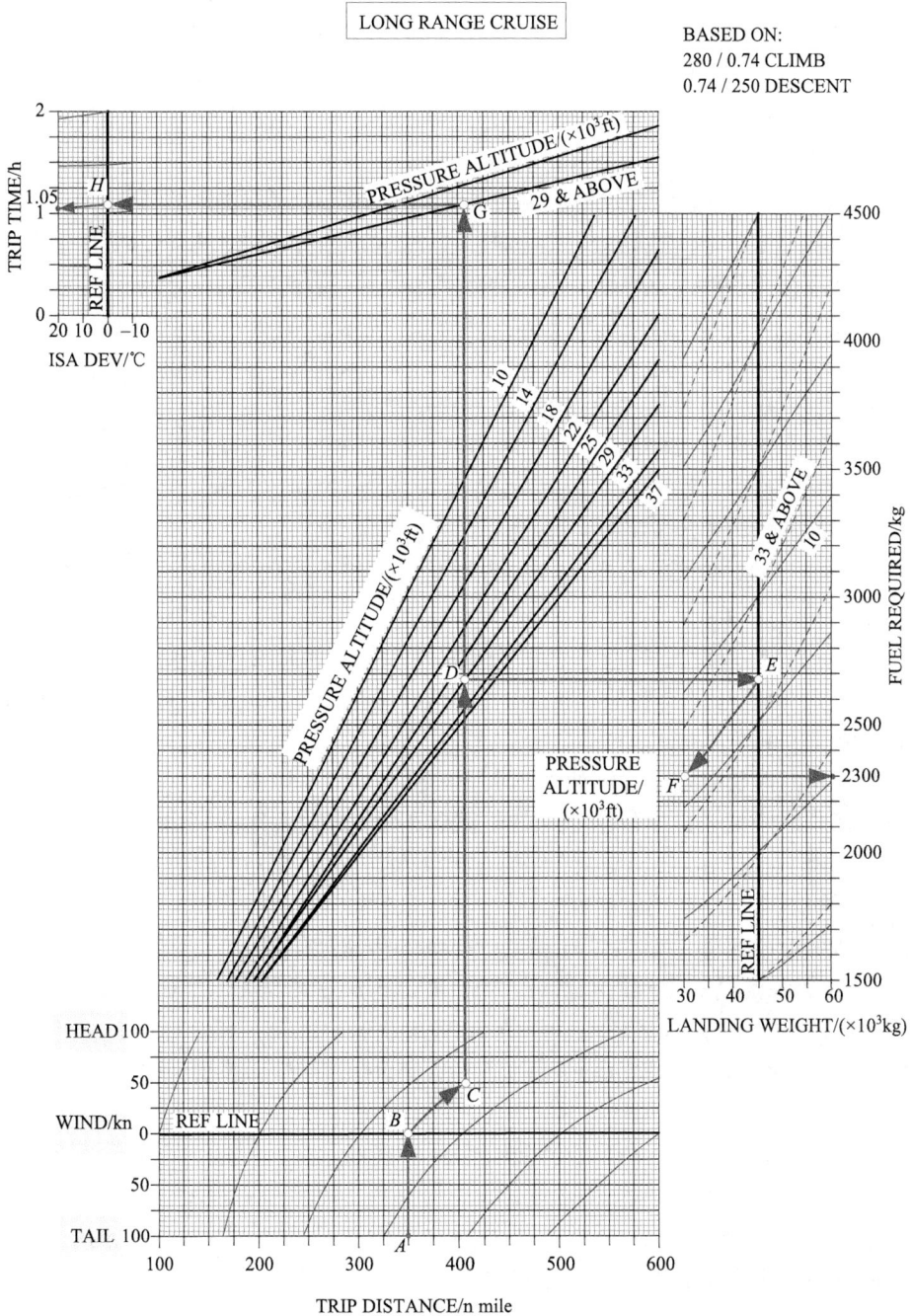

图 8-13　简易飞行计划用图（航程 100～600n mile）

例 8-14　已知某飞机航程 350n mile，巡航高度 29000ft，温度 ISA+20℃，逆风 50kn，预计着陆重量 30000kg，爬升方式 280 / 0.74，下降方式 0.74/250，试利用图 8-13 确定其在给定条件下的燃油消耗和飞行时间。

解：利用图 8-13 确定燃油消耗和飞行时间的步骤如下(图 8-13)。

(1)在表格最下端的横坐标轴找出航程距离 350n mile 对应的 A 点。

(2)由 A 点向上作垂线与风修正栏的参考线相交于 B 点，从 B 点作与其邻近的指引线的平行线(逆风向上)至逆风 50kn 得到点 C。

(3)从点 C 继续向上作垂线与给定的巡航高度 29000ft 交于 D 点。

(4)从 D 点向右作水平线，与图右侧栏(其和坐标轴为着陆重量、纵坐标轴为燃油消耗)中所示的横轴的参考线(对应于着陆重量 45000kg)交于 E 点。

(5)由 E 点作与其邻近指引线(图 8-13 中若巡航高度 33000ft 及以上选虚线作指引线，本例中巡航高度 FL290 选实线指引线)的平行线修正到着陆重量 30000kg(若着陆重量恰为参考线上的重量如图 8-13 中所示的 45000kg，则不需要重量修正，直接由 E 点向右作水平线即可得到燃油值)得到 F 点。

(6)从 F 点向右作水平线与纵坐标交点对应的 2300kg 即为本次飞行的燃油消耗。

(7)从 C 点继续向上作垂线，与巡航气压高度线相交。

(8)由航程经风修正后得到的 C 点向上作垂线，与时间坐标轴左侧的气压高度 29000ft 曲线交于 G 点。

(9)从 G 点向左作水平线与左上端的 ISA 温度的参考线交于 H 点。

(10)由 H 点作指引线的平行线修正到 ISA+20℃，恰与左上端的纵坐标轴相交，该交点对应值 1.05h 即为飞行时间。

从而得到，本次航班飞行燃油消耗 2300kg，飞行时间 1.05h。

例 8-15　已知某飞机航程 940n mile，巡航高度 37000ft，温度 ISA+10℃，顺风 45kn，预计着陆重量 50000kg，爬升方式 280/0.74，下降方式 0.74/250 试利用图 8-14 确定其在给定条件下的燃油消耗和飞行时间。

解：利用图 8-14 确定燃油消耗和飞行时间的步骤如下。

(1)确定燃油消耗的步骤：A(航程 940n mile)→B(参考线)→C(顺风 45kn)→D(巡航高度 37000ft)→E(参考线)→F(着陆重量 50000kg)→G(燃油消耗 5000kg)；

(2)确定飞行时间的步骤：C→H(巡航高度 37000ft)→I(参考线)→J(温度 ISA+10℃)→K(飞行时间 2.075h)。

因此，在所给条件下，飞行的燃油消耗为 5000kg，飞行时间为 2.075h。

例 8-16　已知某飞机航程 2160n mile，巡航高度 37000ft，温度 ISA−10℃，逆风 25kn，预计着陆重量 40000kg，爬升方式 280 / 0.74，下降方式 0.74 / 250。试利用图 8-15 确定其在给定条件下的燃油消耗和飞行时间。

解：利用图 8-15 确定燃油和时间的步骤如下。

(1)确定燃油消耗的步骤：A(航程 2160n mile)→B(参考线)→C(逆风 25kn)→D(巡航高度 37000ft)→E(参考线)→F(着陆重量 40000kg)→G(燃油消耗 11800kg)。

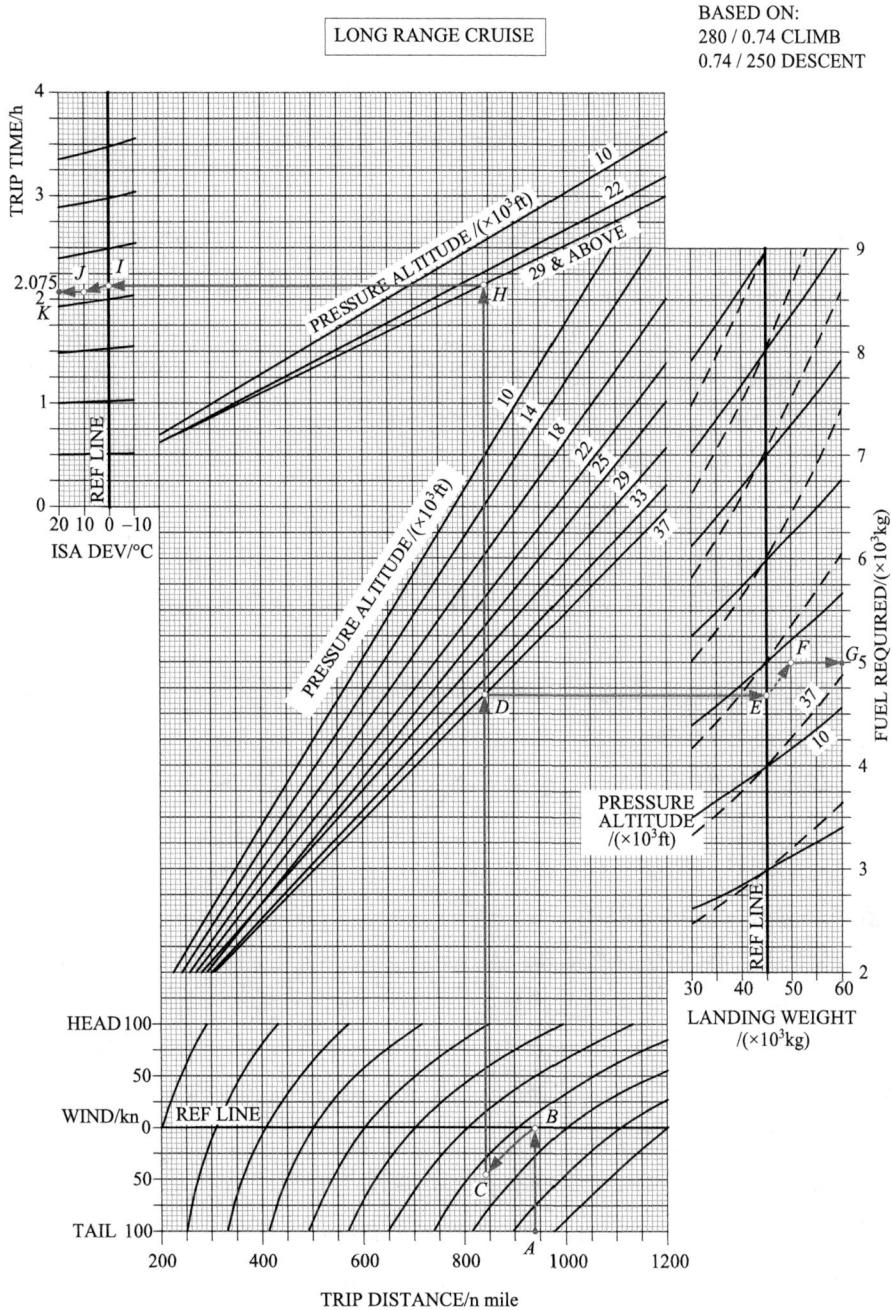

图 8-14 简易飞行计划用图(航程 200~1200n mile)

(2)确定飞行时间的步骤:$C \rightarrow G$(巡航高度 37000ft)$\rightarrow H$(参考线)$\rightarrow I$(温度 ISA–10℃)$\rightarrow K$(飞行时间 5.6h)。

因此,在所给条件下,飞行的燃油消耗为 11800kg,飞行时间为 5.6h。

例 8-17 已知某飞机航程 2160n mile,巡航高度 37000ft,温度 ISA–10℃,逆风 25kn,

起飞重量为 62000kg，爬升方式 280 / 0.74，下降方式 0.74 / 250。试利用图 8-15 确定其在给定条件下的燃油消耗和飞行时间。

解：本例与例 8-16 唯一的不同是已知起飞重量，而在图 8-15 中右侧栏中的横、纵坐标轴给出的是着陆重量和燃油消耗，在已知起飞重量的情况下无法直接从图 8-15 中得到燃油消耗。通常此时需要根据起飞重量等于着陆重量与航程燃油消耗之和画一条辅助线。在图 8-15 右侧坐标栏中，假设着陆重量为 55000kg，则航程燃油为 7000kg（起飞重量 62000kg–着陆重量 55000kg），可以得到如图 8-15 所示的 L 点；再假设着陆重量为 40000kg，则航程燃油 22000kg，得到图 8-15 中的 M 点。连接 K 和 M 点即得到所需的辅助线，该辅助线的意义是只要是起飞重量为 62000kg，则其着陆重量与燃油消耗之和一定位于该辅助线上。

利用图 8-15 确定燃油和时间的步骤如下。

（1）确定燃油消耗的步骤：A（航程 2160n mile）→B（参考线）→C（逆风 25kn）→D（巡航高度 37000ft）→E（参考线），由 E 点向辅助线的方向作指引线的平行线并与辅助线交于 N 点，再从 N 点向右作平行线交燃油坐标轴于 P 点，P 点对应的值 13200kg 即为燃油消耗。

（2）确定飞行时间的步骤：C→G（巡航高度 37000ft）→H（参考线）→I（温度 ISA–10℃）→K（飞行时间 5.6h）。

因此，在所给条件下，飞行的燃油消耗为 13200kg，飞行时间为 5.6h。

4. 阶梯爬升巡航的简易飞行计划图

飞机在巡航期间，随着燃油消耗重量不断减小，其最佳巡航高度是逐渐增加的，在飞行手册中会给我出阶梯巡航的简易飞行计划图。图 8-16 所示的为某型号飞机，以 4000ft 为阶梯增加巡航高度，巡航高度高于最佳高度 4000～2000ft，按照长航程或等马赫数 $M = 0.74$ 方式巡航的简易飞行计划图。

例 8-18　已知某飞机航程 2280n mile，温度 ISA–10℃，逆风 30kn，阶梯巡航，爬升方式 280 / 0.74，下降方式 0.74 / 250，松刹车重量 60000kg，试利用图 8-16 确定其在给定条件下的燃油消耗和飞行时间。

解：根据所给条件利用图 8-16 确定燃油消耗和飞行时间的步骤如下。

（1）确定燃油消耗的步骤：A（航程 2280n mile）→B（风修正栏的参考线）→C（逆风 30kn）→D（松刹车重量 60000kg）→E（燃油消耗 21800kg）。

（2）确定飞行时间的步骤：A（航程 2280n mile）→B（风修正栏的参考线）→C（逆风 30kn）→F（松刹车重量 60000kg）→G（松刹车重量 60000kg）→H（温度 ISA–10℃）→I（飞行时间 6.1h）。

因此，在所给条件下，飞行的燃油消耗为 21800kg，飞行时间为 6.1h。

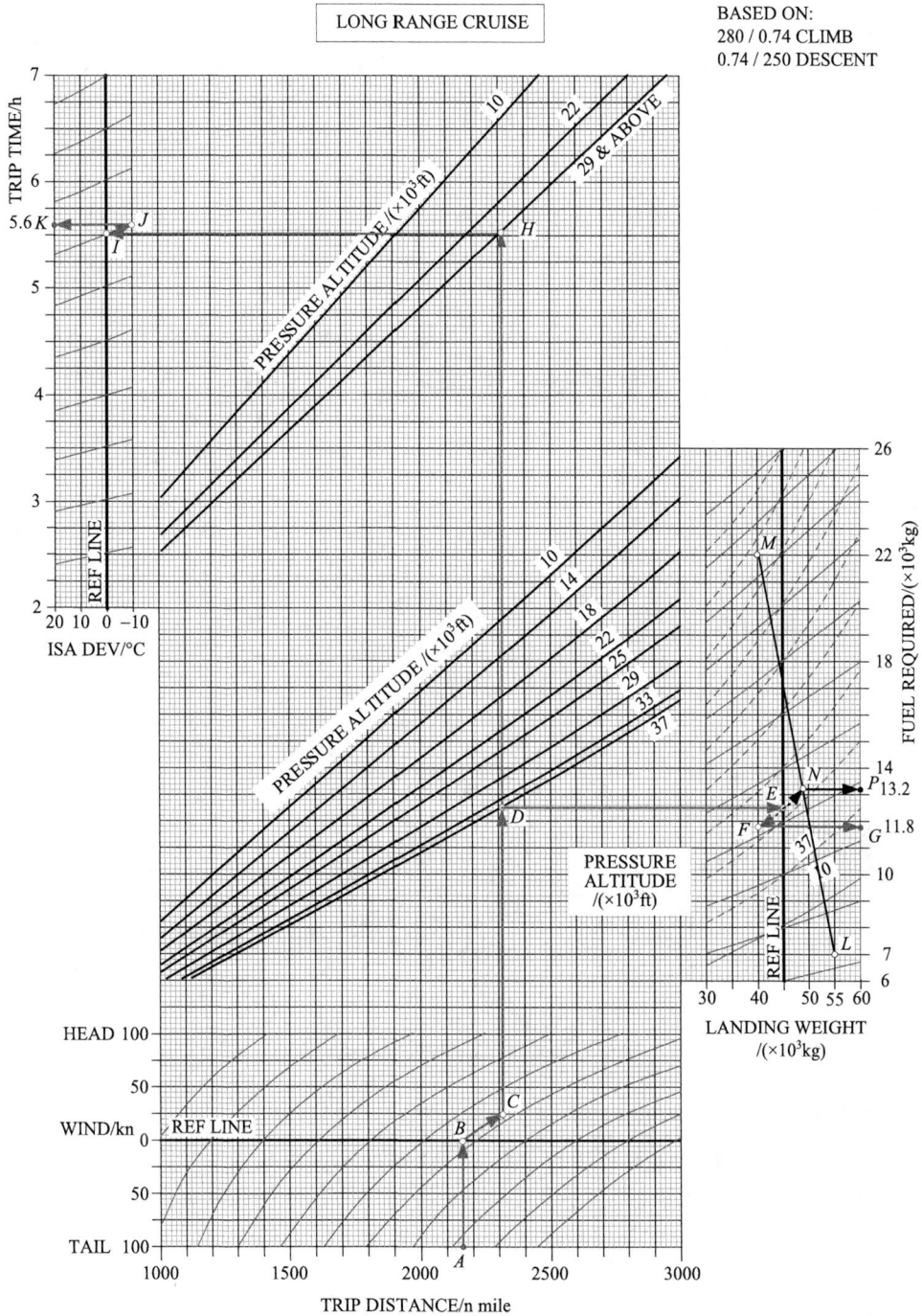

图 8-15　简易飞行计划用图(航程 1000～3000n mile)

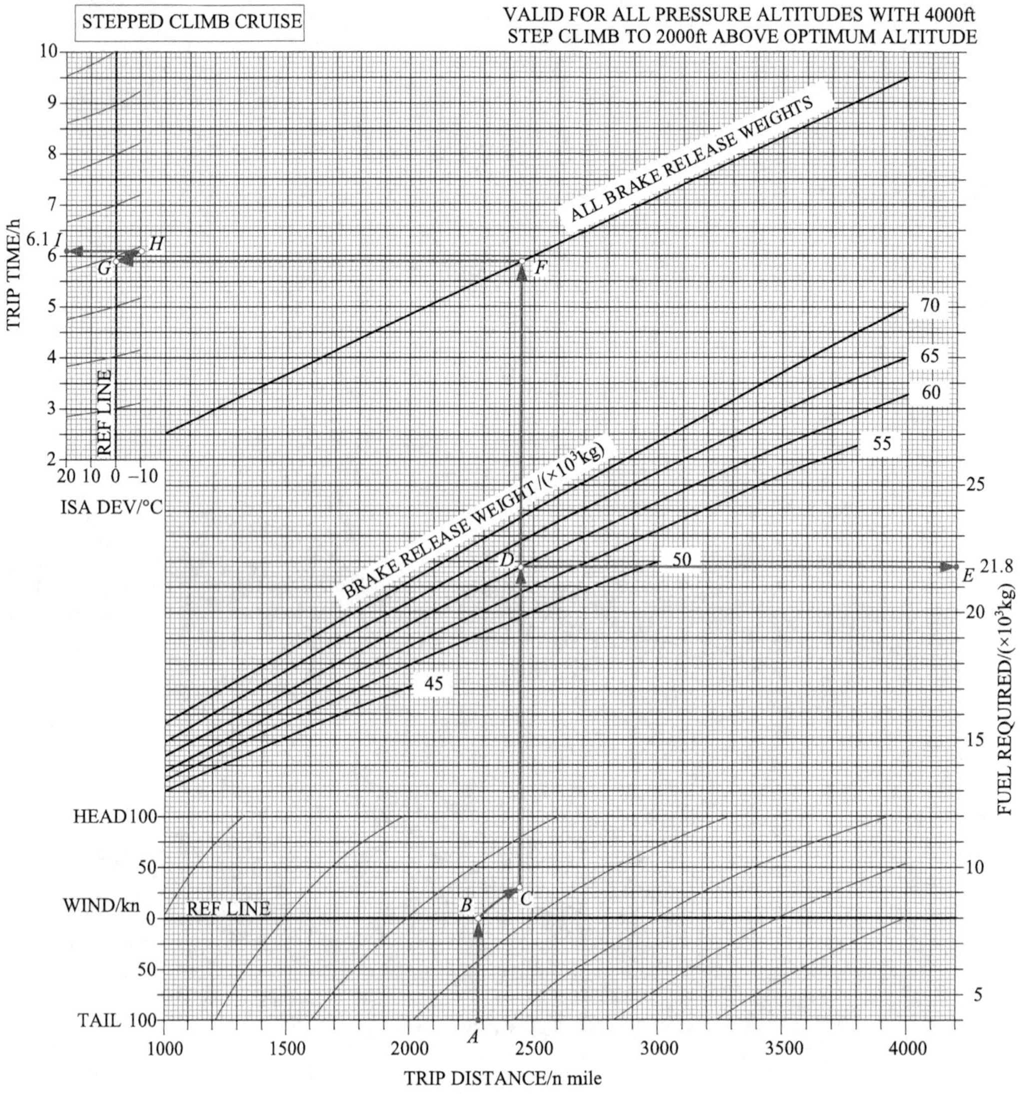

图 8-16　阶梯巡航飞行计划图（航程 1000～4000n mile）

5. 简易备降飞行计划图

对于飞往备降场的燃油和时间的简易飞行计划，可以根据到备降机场的距离使用如图 8-13 和图 8-14 所示的简易飞行计划图（按照所选定的长航程、马赫数、等指示空速巡航方式查找相应的图）；如果备降距离较短，通常查找飞行手册中提供的简易备降飞行计划图（图 8-17）确定备降燃油和飞行时间。

例 8-19　已知某飞机到备降机场的距离为 360n mile，逆风 50kn，阶梯巡航，爬升方式 280 / 0.74，下降方式 0.74 / 250，备降机场着陆重量 50000kg，试利用图 8-17 确定其在给定条件下的备降燃油消耗和飞行时间。

ALTERNATE PLANNING LONG RANGE CRUISE

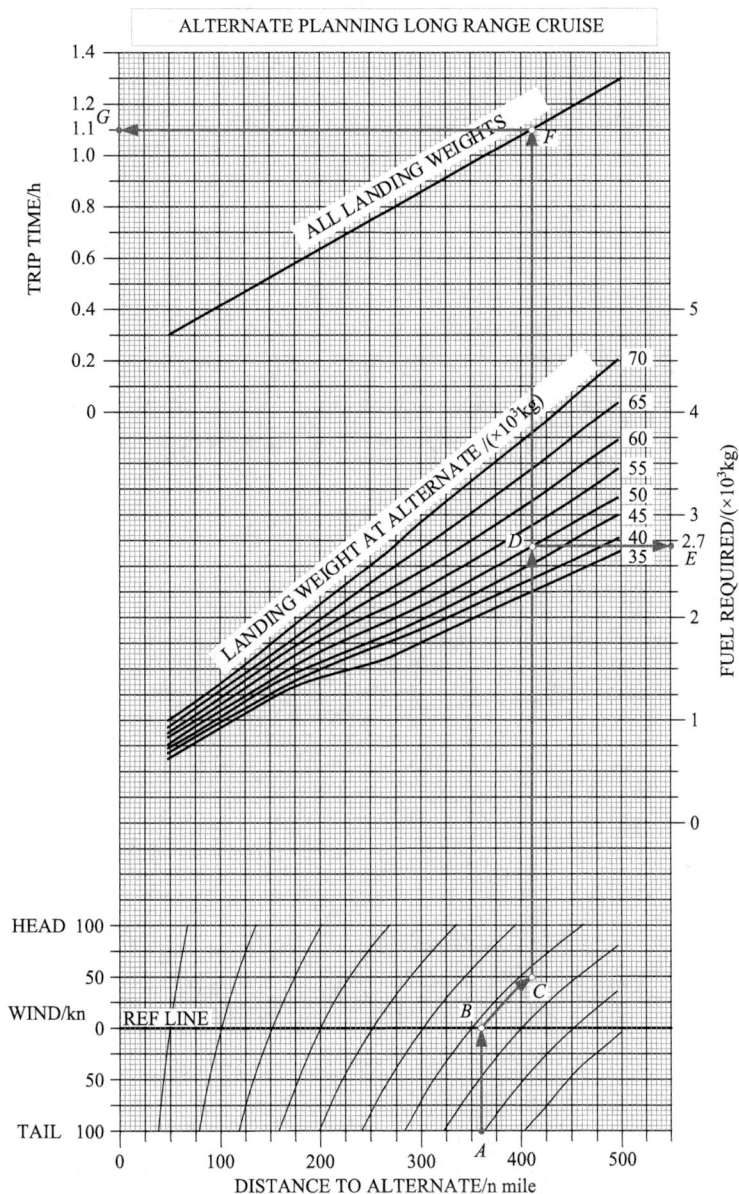

图 8-17　简易备降飞行计划图（备降距离到 500n mile）

解：根据所给条件利用图 8-17 确定备降燃油消耗和飞行时间的步骤如下。

（1）确定备降燃油消耗的步骤：A（航程 3600n mile）→B（风修正栏的参考线）→C（逆风 50kn）→D（备降机场着陆重量 50000kg）→E（燃油消耗 2700kg）。

（2）确定飞行时间的步骤：A（航程 360n mile）→B（风修正栏的参考线）→C（逆风 50kn）→F（备降机场着陆重量 50000kg）→G（飞行时间 1.1h）。

因此，在所给条件下，飞行的备降燃油消耗为 2700kg，飞行时间为 1.1h。

6. 等待燃油计划图表

等待飞行的燃油需求，通常根据规章要求，按照在机场上空 1500ft 高度上，以跑马场型等待航线飞行 30min 所需的燃油进行计算。一般在飞行手册中会以图 8-18 或表 8-5 的形式给出。

例 8-20　已知飞机无燃油重量为 44600kg，机场气压高度为 1500ft，保持机场上空 1500ft 高度等待飞行（以跑马场型等待航线飞行）。试根据图 8-18 确定等待飞行 30min 所需的燃油量。

解：根据已知条件利用图 8-18 确定等待燃油的步骤如下。

方法一（图 8-18）：A（机场气压高度 1500ft，在机场上空 1500ft 等待飞行，因此飞行高度为 3000ft）→B（根据所给的零燃油重量为 44600kg，在图中所给的 44t 和 46t 曲线之间等比例确定 44.6t 的位置）→C（对应的值即为等待燃油 1310kg）。

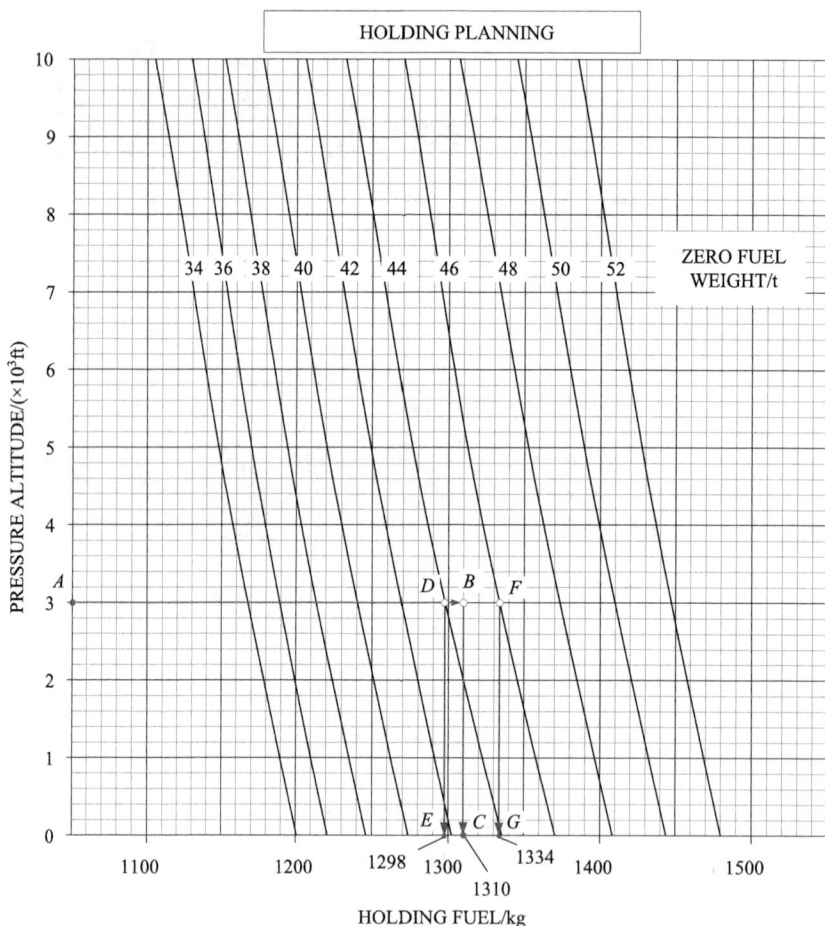

图 8-18　确定等待燃油图

方法二（图 8-18）：A（机场气压高度 1500ft，在机场上空 1500ft 等待飞行，因此飞行高度为 3000ft）→D（与图中所给的无燃油重量为 44t 时的曲线相交）→E（对应的值为无燃油量 44t 时的等待燃油 1298kg)；$A→F$(与图中所给的无燃油重量为 46t 时的曲线相交)→G(对应的值为无燃油重量 46t 时的等待燃油 1334kg)。通过无燃油重量为 44000kg 时等待燃油 1298kg，无燃油重量为 46000kg 时等待燃油 1334kg，经线性插值可得，给定的无油重量为 44600kg 时，等待燃油为 1310kg。

例 8-21　已知飞机开始等待重量为 53000kg，机场气压高度为 1750ft，保持机场上空 1500ft 高度以 IAS210kn 等待飞行(以跑马场型等待航线飞行)。试根据表 8-5 确定等待飞行 30min 所需的燃油量。

表 8-5　等待燃油量(襟翼收上)

Press Alt. /ft	Weight/(×10³ kg)													
	66	64	62	60	58	56	54	52	50	48	46	44	42	40	38
	FUEL FLOW/(kg/h)													
37000					2740	2540	2400	2260	2160	2080	1980	1900	1800	1740	1680
35000		3020	2820	2660	2520	2420	2320	2220	2140	2060	1960	1880	1800	1720	1660
30000	2840	2740	2660	2560	2480	2400	2300	2220	2140	2060	1960	1880	1800	1740	1680
25000	2840	2760	2660	2580	2500	2420	2320	2240	2160	2080	2000	1920	1840	1780	1720
20000	2840	2760	2680	2580	2500	2420	2340	2260	2180	2100	2020	1940	1860	1800	1760
15000	2880	2800	2700	2620	2540	2460	2380	2300	2220	2140	2060	1980	1920	1860	1800
10000	2920	2820	2740	2660	2580	2500	2420	2340	2260	2180	2100	2020	1980	1920	1880
5000	2960	2860	2780	2700	2620	2540	**2460**	**2380**	2300	2220	2140	2080	2020	1960	1920
1500	3000	2900	2820	2740	2660	2580	**2520**	**2440**	2360	2280	2220	2140	2080	2020	1980

NOTE: (1) Enter Table with the Pressure Altitude at which the hold is planned and the weight at the start of the hold, interpolating as required.

(2) Extract the holding fuel flow in kg per hour.

(3) The fuel flow is based on a racetrack pattern at the minimum drag KIAS. The minimum speed that is permitted to be flown is 210 KIAS.

(4) If the hold is to be conducted in straight and level flight, reduce the fuel flow by 5%.

解：根据所给条件可知，飞机等待飞行的气压高度为 1750ft＋1500ft＝3250ft。由于开始等待重量 53000kg 位于表 8-5 中所给重量 54000kg 和 52000kg 之间，因此需要作线性插值。先计算等待重量为 54000kg 时，由表 8-5 可查得对应于等待高度 5000ft、1500ft 时的燃油流量分别为 2460kg/h、2520kg/h，经线性插值可得等待高度为 3250ft 时的燃油流量为 2490kg/h；当等待重量为 52000kg 时，由表 8-5 可查得对应于等待高度 5000ft、1500ft 时的燃油流量分别为 2380kg/h、2440kg/h，经线性插值可得等待高度为 3250ft 时的燃油流量为 2410kg/h；再由等待高度为 3250ft 时等待重量 54000kg 和 52000kg 的等待燃油流量分别为 2440kg/h、2410kg/h，经线性插值计算可得对应于等待重量 53000kg 时的燃油流量为 2425kg/h。由此可得 30min 所需的等待燃油为 2425kg/h×(30÷60)h＝1212.5kg。

7. 积分航程表

积分航程表主要适用于巡航阶段的燃油计算。通常根据发动机、空调的使用，以及巡航方式(长航程、等马赫数、等指示空速等),针对不同高度(表 8-6 和表 8-7)分别给出不同重量下静风时对应的航程能力,可以根据起始巡航重量、飞行距离计算出航程燃油消耗。

例 8-22 已知某飞机某航路巡航段长度为 937n mile,逆风 40kn,开始巡航重量是 52850kg,长航程巡航,巡航高度 33000ft,ISA+10℃。试利用积分航程表 8-6 计算其燃油消耗。

表 8-6　积分航程表(LRC, 33000ft)

GROSS WT/kg	TAS /kn	0	100	200	300	**400**	**500**	600	700	**800**	**900**
		\multicolumn{10}{c}{}									

GROSS WT/kg	TAS /kn	All Engines				Maximum Cruise Thrust Limits			A/C Auto		
		\multicolumn{3}{c}{PRESSURE ALTITUDE　33000ft}				\multicolumn{4}{c}{LONG RANGE CRUISE}			
		0	100	200	300	**400**	**500**	600	700	**800**	**900**
		\multicolumn{10}{c}{CRUISE DISTANCE NAUTICAL AIR MILES/n mile}									
35000	400	0	23	46	69	92	115	138	161	184	207
36000	405	230	252	275	298	320	343	366	389	411	434
37000	408	457	479	502	524	547	569	591	614	636	659
38000	412	681	703	725	747	770	792	814	836	858	880
39000	415	902	924	946	968	990	1012	1034	1055	1077	1099
40000	419	1121	1143	1164	1186	1207	1229	1251	1272	1294	1315
41000	421	1337	1358	1380	1401	1422	1444	1465	1486	1508	1529
42000	424	1550	1571	1593	1614	1635	1656	1677	1698	1719	1740
43000	426	1761	1782	1803	1823	1844	1865	1886	1907	1928	1948
44000	428	1969	1990	2010	2031	2051	2072	2092	2113	2134	2154
45000	430	2175	2195	2215	2235	2256	2276	2296	2317	2337	2357
46000	432	2377	2397	2417	2437	2458	2478	2498	2518	2538	2558
47000	433	2578	2597	2617	2637	**2657**	**2677**	2696	2716	2736	2756
48000	433	2775	2795	2814	2834	2854	2873	2893	2912	2932	2951
49000	433	2971	2990	3009	3029	3048	3067	3087	3106	3125	3144
50000	433	3164	3183	3202	3221	3240	3259	3278	3297	3316	3335
51000	433	3354	3373	3392	3411	3429	3448	3467	3486	3505	3523
52000	**433**	3542	3561	3579	3598	3617	3635	3654	3672	**3691**	**3709**
53000	433	3728	3746	3765	3783	3801	3819	3838	3856	3874	3893
54000	433	3911	3929	3947	3965	3983	4001	4019	4038	4056	4074
55000	433	4092	4110	4127	4145	4163	4181	4199	4216	4234	4252
56000	433	4270	4287	4305	4323	4340	4358	4375	4393	4410	4428
57000	433	4445	4463	4480	4497	4515	4532	4549	4567	4584	4601
58000	433	4619	4636	4653	4670	4687	4704	4721	4738	4755	4772
59000	433	4789	4806	4823	4840	4856	4873	4890	4907	4924	4940
60000	433	4957	4974	4990	5007	5024	5040	5057	5073	5090	5106
61000	433	5123	5139	5155	5172	5188	5204	5221	5237	5253	5270

续表

GROSS WT/kg	TAS /kn	0	100	200	300	**400**	**500**	600	700	**800**	**900**
		CRUISE DISTANCE NAUTICAL AIR MILES/n mile									
62000	433	5286	5302	5318	5334	5350	5366	5382	5398	5414	5430
63000	433	5446	5462	5478	5493	5509	5525	5541	5557	5572	5588
64000	433	5604	5619	5635	5650	5666	5681	5697	5712	5728	5743
65000	433	5759	5774	5789	5804	5820	5835	5850	5865	5880	5896
66000	433	5911	5926	5941	5956	5970	5985	6000	6015	6030	6045
67000	433	6060	6075	6089	6104	6118	6133	6148	6162	6177	6191

NOTE 1: OPTIMUM WEIGHT FOR PRESSURE ALTITUDE IS 58200kg
(1) THRUST LIMITED WEIGHT FOR ISA +10 AND COLDER EXCEEDS STRUCTURAL LIMIT.
(2) THRUST LIMITED WEIGHT FOR ISA +15 EXCEEDS STRUCTURAL LIMIT.
(3) THRUST LIMITED WEIGHT FOR ISA +20 IS 66400kg.
NOTE 2: ADJUSTMENTS FOR OPERATION AT NON-STANDARD TEMPERATURES.
(1) INCREASE FUEL REQUIRED BY 0.6 PERCENT PER 10 DEGREES C ABOVE ISA.
(2) DECREASE FUEL REQUIRED BY 0.6 PERCENT PER 10 DEGREES C BELOW ISA.
(3) INCREASE TAS BY 1 KNOT PER DEGREE C ABOVE ISA.
(4) DECREASE TAS BY 1 KNOT PER DEGREE C BELOW ISA.

解：(1) 根据开始巡航重量确定飞机在开始巡航时具有的航程能力。已知开始巡航重量是 52840kg，在表 8-6 中重量为 52800kg 和 52900kg 对应的航程能力分别为 3691n mile 和 3709n mile，经线性插值可得开始巡航重量是 52850kg 时的航程能力为 3700n mile。

(2) 修正风对航段距离的影响。由于表 8-6 中给出的是空中距离(NAM)，需要计算在航段地面距离(NGM) 937n mile 在逆风 40kn 时需要飞过的空中距离：①计算真实空速，从表 8-6 可以查得 52000～52900kg 对应的真实空速为 433kn，根据表 8-6 中给出的非标准大气条件修正方法，即每高于标准大气 1℃真实空速增加 1kn，由飞行条件 ISA+10℃ 可知真实空速需要增加 10kn，即真实空速 V_{TAS} 为 443kn；②计算地速，逆风 V_W=40kn 时 $V_{GS} = V_{TAS} - V_W = 403$kn；③空中距离 NAM $= V_{TAS} \div V_{GS} \times$ NGM $= 1030$n mile。

(3) 巡航结束时的剩余航程能力。由开始巡航重量 52850kg 时的航程能力为 3700n mile，在给定条件下需要飞过的空中距离 1030n mile，巡航结束的剩余航程能力为 2670n mile (3700n mile–1030n mile)。

(4) 完成本航段巡航结束重量。从表 8-6 中可查得航程能力为 2657n mile 和 2677n mile 时对应的重量分别为 47400kg 和 47500kg，经线性插值计算可得剩余航程能力为 2670n mile 时的重量为 47465kg。

(5) 本航段的燃油消耗。燃油消耗=起始重量−结束重量=52840kg−47465kg=5375kg。

(6) 非标准大气修正燃油量。根据表 8-6 所给的修正方法，即每高于标准大气 10℃ 燃油增加 0.6%，在给定条件下 ISA+10℃ 本航段的燃油消耗为

$$5375\text{kg}+(0.6\%/10℃)\times10℃\times5375\text{kg}=5407\text{kg}$$

例 8-23　已知飞机巡航重量 57650kg，以等马赫数 $M = 0.78$ 的方式巡航，巡航高度为 33000ft，且大气温度 ISA–15℃，航路巡航飞行距离（NGM）1359n mile，且分为 2 个航段，第 1 航段 571n mile（NGM）顺风 20kn，第 2 航段 788n mile（NGM）逆风 30kn。试根据表 8-7 确定完成巡航飞行的燃油量和飞行时间。

表 8-7　积分航程表（$M = 0.78$，33000ft）

	All Engines		Maximum Cruise Thrust Limits				A/C Auto		
	PRESSURE ALTITUDE 33000ft				MACH 0.78 CRUISE		TAS 454kn		
GROSS	0	100	200	300	**400**	**500**	**600**	**700**	800	900
WT/kg	CRUISE DISTANCE NAUTICAL AIR MILES/n mile									
35000	0	21	42	63	84	106	127	148	169	191
36000	212	233	254	275	296	317	338	359	381	402
37000	423	444	465	485	506	527	548	569	590	611
38000	632	652	673	694	715	735	756	777	797	818
39000	839	859	880	900	921	941	962	982	1003	1023
40000	1044	1064	1084	1105	1125	1145	1166	1186	1206	1227
41000	1247	1267	1287	1307	1327	1347	1367	1387	1407	1428
42000	1448	1467	1487	1507	1527	1547	1567	1587	1606	1626
43000	1646	1666	1685	1705	1724	1744	1764	1783	1803	1822
44000	1842	1861	1881	1900	1920	1939	1958	1978	1997	2016
45000	2036	2055	2074	2093	2112	2131	2150	2169	2189	2208
46000	2227	2246	2264	2283	2302	2321	2340	2359	2378	2396
47000	2415	2434	2452	2471	2490	2508	2527	2545	2564	2582
48000	2601	2619	2638	2656	2674	2593	2711	2729	2748	2766
49000	2784	2802	2820	2838	**2856**	**2874**	2893	2911	2929	2947
50000	2965	2982	3000	3018	3036	3054	3071	3089	3107	3125
51000	3142	3160	3177	3195	3212	3230	3248	3265	3283	3300
52000	3318	3335	3352	3369	3387	3404	3421	3438	3456	3473
53000	3490	3507	3524	3541	3558	3575	3592	3609	3626	3643
54000	3660	3677	3693	3710	3727	3744	3760	3777	3794	3810
55000	3827	3844	3860	3877	3893	3909	3926	3942	3959	3975
56000	3992	4008	4024	4040	4056	4073	4089	4105	4121	4137
57000	4153	4169	4185	4201	4217	4233	**4249**	**4265**	4281	4296
58000	4312	4328	4344	4359	4375	4390	4406	4422	4437	4453
59000	4469	4484	4499	4515	4530	4545	4561	4576	4591	4607
60000	4622	4637	4652	4667	4682	4697	4712	4727	4742	4757

续表

GROSS WT/kg	0	100	200	300	**400**	**500**	**600**	**700**	800	900
	CRUISE DISTANCE NAUTICAL AIR MILES/n mile									
61000	4772	4787	4802	4817	4832	4846	4861	4876	4891	4905
62000	4920	4935	4949	4963	4978	4992	5007	5021	5036	5050
63000	5065	5079	5093	5107	5121	5136	5150	5164	5178	5192
64000	5206	5220	5234	5248	5262	5275	5289	5303	5317	5331

NOTE 1: OPTIMUM WEIGHT FOR PRESSURE ALTITUDE IS 56000kg

(1) THRUST LIMITED WEIGHT FOR ISA +10 AND COLDER IS 63700kg.

(2) THRUST LIMITED WEIGHT FOR ISA +15 IS 61600kg.

(3) THRUST LIMITED WEIGHT FOR ISA +20 IS 59500kg.

NOTE 2: ADJUSTMENTS FOR OPERATION AT NON-STANDARD TEMPERATURES

(1) INCREASE FUEL REQUIRED BY 0.6 PERCENT PER 10 DEGREES C ABOVE ISA.

(2) DECREASE FUEL REQUIRED BY 0.6 PERCENT PER 10 DEGREES C BELOW ISA.

(3) INCREASE TAS BY 1 KNOT PER DEGREE C ABOVE ISA.

(4) DECREASE TAS BY 1 KNOT PER DEGREE C BELOW ISA.

解：(1) 计算给定条件下起始巡航重量 57650kg 时具有的航程能力。由表 8-7 可知，当巡航重量为 57600kg 和 57700kg 时对应的航程能力分别为 4249n mile 和 4265n mile，经线性插值可得巡航重量 57650kg 对应的航程能力为 4257n mile。

(2) 计算需要飞过的空中距离。先修正真实空速，根据表 8-7 可知，巡航时的真实空速是 454kn，每低于标准大气 1℃ 真实空速减少 1kn。已知巡航高度上温度是 ISA–15℃，因此真实空速 $V_{TAS}=454kn–1kn/℃×15℃=439kn$。

① 已知第 1 航段地面距离为 571n mile，顺风 20kn，地速为

$$V_{GS1}=V_{TAS1}+V_{W1}=439kn+20kn=459kn$$

第 1 航段的空中距离为

$$NAM1=V_{TAS}÷V_{GS}×NGM1=439kn÷459kn×571n\ mile=546n\ mile$$

② 第 2 航段地面距离 788n mile 逆风 30kn，第 2 航段的地速为

$$V_{GS1}=V_{TAS}–V_W=439kn–30kn=409kn$$

第 2 航段的空中距离为

$$NAM2=V_{TAS}÷V_{GS}×NGM2=439kn÷409kn×788n\ mile=846n\ mile$$

③ 巡航的空中距离为

$$NAM=NAM1+NAM2=546n\ mile+846n\ mile=1392n\ mile$$

(3) 巡航结束时剩余的航程能力为

$$4257n\ mile–1392n\ mile=2865n\ mile$$

(4) 计算巡航结束重量。由表 8-7 可查得当剩余航程能力为 2856n mile 和 2874n mile 时，重量分别为 49300kg 和 49400kg，经线性插值可得剩余航程能力为 2865n mile 对应的重量为 49450kg。

(5)计算巡航阶段消耗的燃油量。

消耗燃油量=起始巡航重量－结束巡航重量＝57650kg－49450kg＝8200kg。

(6)燃油量的修正。由表 8-7 可知，每低于标准大气 10℃减少 0.6%燃油消耗。燃油消耗为

$$8200\text{kg}+8200\text{kg}\times(0.6\%/10℃)\times(-15℃)=8126.2\text{kg}$$

(7)计算飞行时间。飞行时间 t 为

$$t=\text{NAM}\div V_{\text{TAS}}=1392\text{n mile}\div439\text{kn}=3.17\text{h}$$

或

$$t=\text{NGM1}\div V_{\text{GS1}}+\text{NGM2}\div V_{\text{GS2}}=571\text{n mile}\div459\text{kn}+788\text{n mile}\div409\text{kn}=3.17\text{h}$$

8.5 延程运行与极地运行简介

为了保障飞行安全，1936 年 FAA 就规定，要求所有的飞机在飞行航线上任意一点，都要在距离一个合格的机场 100mile 以内的区域中飞行。1953 年 FAA 针对当时活塞式发动机的可靠性限制，制定了 FAR121.161 条款的"60min 法则"，即双发飞机一发故障后必须在 60min 内能飞到一个备降机场着陆。随着科学技术的进步，动力装置可靠性的大幅提高，于 20 世纪 80 年代初国际民航组织(International Civil Aviation Organization, ICAO)建立了一个双发飞机延程飞行(extended range twin-engine operations, ETOPS)研究组，确定了以涡轮为动力的双发飞机，在一发故障后允许飞行时间超过 60min 限制的安全性标准。1985 年 FAA 发布了咨询通告 AC-121-42，确定了可以做 120min 延程飞行的标准，若可以进一步满足专门的标准，则允许再增加 15%即 138min 的延程飞行。1985年 B767 飞机首个获得了 ETOPS 许可，允许执行 90min 延程飞行，随后又获得了 120min该延程飞行时间。

极地运行是指在北纬 78°以北(北极区域)或南纬 60°以南(南极区域)区域的运行。通常实现极地运行的先决条件是具有至少 180min 的延程运行能力。实现极地运行，在降低燃油消耗、减少飞行时间、增加有效商载、减少技术经停、避开拥堵航路等方面带来的益处是显著的，对节能减排具有重要意义。同时，在极地运行时将面临宇宙辐射、低温、可选备降场，以及对导航、通信系统的要求等一系列需要解决的问题。

CCAR-121.157 条中关于飞机的航路类型限制明确提出，"除经依据本规则 W 章(延程运行与极地运行)的规定得到局方批准且满足合格证持有人运行规范许可的条件下，合格证持有人不得使用以涡轮发动机为动力的飞机实施以下运行：①延程运行；②在北极区域内的运行；③在南极区域内的运行"。

在 CCAR-121 中的 W 章进一步强调了"合格证持有人除经局方批准外不得实施延程运行，即在飞机计划运行的航路上，至少存在一点到任一延程运行可选备降机场的距离超过飞机在标准条件下静止大气中以经批准的一台发动机不工作时的巡航速度飞行60min 对应的飞行距离(以两台涡轮发动机为动力的飞机)或超过 180min 对应的飞行距离(以多于两台涡轮发动机为动力的载客飞机)的运行"。在该章中对于实施延程运行与极

地运行提出了明确的规定，包括：飞机获得延程运行型号设计批准，制定适用于延程运行的持续适航维修方案并获得局方批准，对通信系统、签派放行、机组与签派员的培训，备降和改航机场等内容。同时，为了便于管理和运行，颁布了关于延程运行的咨询通告（AC-121-FS-2019-009R2），明确了延程运行的规定和运行要求以及申请、审查、验证、批准、批准后持续完善等环节要求，为批准和实施延程运行提供指导。

　　延长航程飞行的意义在于更可能开辟直达航线或开辟过去无法飞的航线；有更多的备降机场可供选择；可以选择飞行时间最短的航路飞行；可以选择更有利风向的航路飞行；使飞行员和签派员有更大的灵活性选择航线。由图 8-19 可见，若不实施延程运行，则双发飞机执飞 P1 机场到 P6 机场的航班，其最短的飞行路径须经图中所示的 A1、A2、A3、A4 点才能抵达；若实施 120min 的双发延程运行后，只需经 C 点即可抵达。从图 8-19 中可以看出，实施延程运行后可以大大节省飞行距离。

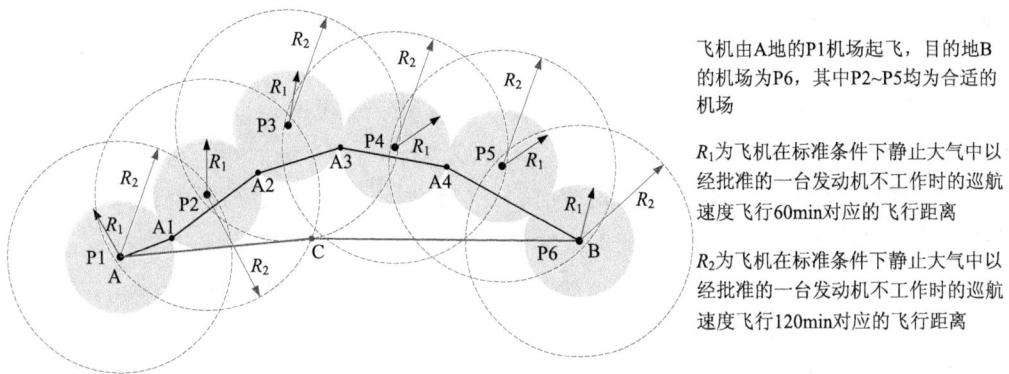

图 8-19　延程运行航线示意图

8.5.1　延程运行与极地运行的相关概念

　　为了规范地开展 ETOPS 工作，民航局颁布了咨询通告《延程运行和极地运行》（AC-121-FS-2019-009R2），其中对涉及的主要名词术语定义如下。

　　（1）经批准的一台发动机不工作的巡航速度：是指合格证持有人选定且经局方批准的在飞机使用限制范围内的一个速度，用于：①计算一台发动机不工作时所需燃油；②确定在延程运行中飞机能否在批准的最大改航时间内飞抵延程运行指定备降机场。

　　（2）门限时间（threshold time）：在标准条件下静止大气中以经批准的一台发动机不工作时的巡航速度飞行 60min 对应的飞行航程（以时间表示）（以两台涡轮发动机为动力的飞机）或 180min 对应的飞行航程（以时间表示）（以多于两台涡轮发动机为动力的载客飞机）。

　　（3）延程运行：是指在飞机计划运行的航路上，至少存在一点到任一延程运行可选备降机场的距离超过飞机在标准条件下静止大气中以经批准的一台发动机不工作时的巡航速度飞行 60min 对应的飞行距离（以两台涡轮发动机为动力的飞机）或超过 180min 对应的飞行距离(以多于两台涡轮发动机为动力的载客飞机)的运行。本咨询通告中的延程运行 ETOPS(extended range operations)和延伸航程运行 EDTO(extended diversion time operations)同义。

(4)延程运行可选备降机场(suitable ETOPS alternate):对于特定延程运行航线,不考虑当时的临时状况,列入合格证持有人运行规范的可选航路备降机场。这些机场必须满足 CCAR-121 中 121.197 条规定的着陆限制要求,它可能是下列两种机场之一。

① 经审定适合大型飞机公共航空运输承运人所用飞机运行的,或等效于其运行所需安全要求的机场,但不包括只能为飞机提供救援和消防服务的机场。

② 对民用开放的、可用的国内外军用机场。如果某某军用机场满足合格证持有人安全运行的基本要求,其军方主管部门以某种形式宣布向民用航空提供紧急情况下备降的服务支持,合格证持有人已经获得该机场运行的必要资料并且向局方证明可以在延程运行期间随时与该机场运营人之间建立可靠的通信联系,那么可以将该军用机场列为延程运行可选备降机场。

(5)延程运行指定备降机场(designated ETOPS alternate):是指列入了合格证持有人的运行规范,并且考虑到当时的状况,在签派或飞行放行时预计可以供延程运行改航备降使用的且在签派或飞行放行中指定的航路备降机场。这一定义适用于飞行计划,并不限制机长在最终改航备降决策时根据实际情况选择其他的备降机场。

(6)延程运行区域(ETOPS area):延程运行区域是指对于以两台或两台以上涡轮发动机为动力的飞机,延程运行区域是超过其门限时间才能抵达一个延程运行可选备降机场的区域。

(7)延程运行航线(ETOPS route):是指计划航路上,包括灵活航路,至少有一点处在延程运行区域内的航线。在这样的航线上实施延程运行需要获得局方的批准,并在运行规范中列明。特定的延程运行航线是通过起飞机场和目的地机场以及两者之间的航路来确定的。

(8)延程运行航段(ETOPS segment):是指计划航路上处在延程运行区域中的部分。一条延程运行航线上可能存在多段延程运行航段。每一段延程运行航段都是由前后两个延程运行指定备降机场来确定的。

(9)延程运行进入点(ETOPS entry point,EEP):是指延程运行航路上进入延程运行航段的进入点。

(10)延程运行等时点(ETOPS equal-time point,ETP):延程运行航路中的一点,考虑到预计飞行高度和预报风的影响,自该点以经批准的一台发动机不工作的巡航速度飞向相邻两个延程运行指定备降机场的计划飞行时间是相等的。

(11)延程运行退出点(ETOPS exit point,EXP):是指延程运行航路上退出延程运行航段的退出点。

(12)批准的最大改航时间(maximum authorized diversion time):为了延程运行航路计划之用,经局方批准在合格证持有人运行规范中列明的延程运行可使用的最大改航时间。

在计算最大改航时间所对应的飞行距离时，假设飞机在标准条件下静止大气中，以经批准的一台发动机不工作的巡航速度飞行。对于某特定机身发动机组合，批准的最大改航时间对应的是经局方批准的最大改航距离。

(13)最早预计到达时刻(earliest ETA)：对于每一延程运行指定备降机场，假设飞机飞抵前一个相关等时点然后以经批准的一台发动机不工作的巡航速度直线飞抵该机场的时刻。

(14)最晚预计到达时刻(latest ETA)：对于每一延程运行指定备降机场，假设飞机飞抵下一个相关等时点然后以经批准的一台发动机不工作的巡航速度直线飞抵该机场的时刻。

(15)指定备降机场的改航备降关注时间段：是指从最早预计到达时刻开始，至最晚预计到达时刻之间的时间范围。

(16)燃油关键点(fuel critical point)：延程运行航线各等时点中，所需临界燃油量大于根据正常备份油量计算出的飞行计划中在该点的预计剩余燃油量且差值最大，或者，所需临界燃油量等于或小于根据正常备份油量计算出的飞行计划中在该点的预计剩余油量且差值最小，该点称为燃油关键点。

(17)临界燃油量(critical fuel)：假设飞机在燃油关键点一台发动机失效，按照合格证持有人延程运行临界燃油量的相关要求，飞抵延程运行指定备降机场所需的最少燃油量。

(18)旅客航程恢复计划(passenger recovery plan)：在航班改航备降之后，合格证持有人应当恰当地安置旅客和机组，保障旅客和机组的基本生存条件，满足旅客和机组的基本需要，并尽快安排旅客恢复其前往原定目的地的旅程。针对上述整个过程，合格证持有人所制定的方案就是旅客航程恢复计划。

(19)延程运行合格人员：是指圆满完成了合格证持有人的延程运行培训，为合格证持有人从事延程运行相关工作的人员。

(20)延程运行关键系统(ETOPS significant system)：是指包括发动机在内的飞机系统，其失效或发生故障时会危及延程运行安全，或危及飞机在延程运行改航备降时飞行和着陆的安全。延程运行关键系统被分为一类和二类延程运行关键系统。

① 一类延程运行关键系统(ETOPS group 1 significant system)。

(a)对飞机发动机数量所提供的安全冗余度产生直接影响的，具有"失效后安全"特征的系统。

(b)在发生故障或失效时可能导致空中停车、推力控制丧失或其他动力丧失的系统。

(c)能在一台发动机失效时提供额外的安全冗余度，进而显著提高延程运行改航备降过程中安全水平的系统。

(d)在一台飞机发动机不工作的飞行高度上保持长时间运行必不可少的系统。

② 二类延程运行关键系统(ETOPS group 2 significant system)是除一类延程运行关键系统之外的延程运行关键系统。二类延程运行关键系统的失效不会导致航空器飞行性

能的丧失或客舱环境问题，但可能导致航空器返航或改航备降。

(21)时限系统：是指那些预计在导致飞机改航备降最临界的情况出现后，为了保障改航备降的安全运行必须持续工作，且具有最高连续工作时间限制的飞机系统。典型的例子是货舱抑火系统等。

(22)构型、维修和程序(configuration, maintenance, and procedures，CMP)文件：是指为了满足延程运行型号设计批准的要求，经局方批准的特定机身发动机组合的构型、维修和程序文件。该文件包括最低构型、运行和维修相关要求、硬件寿命限制和最低设备清单等。

(23)空中停车(in-flight shut-down，IFSD)：是指飞机在空中，发动机因其自身原因诱发、飞行机组引起或外部因素导致的失去推力并停车。

(24)双重维修(dual maintenance)：或者称为相同维修、多重维修和同时维修，是指对相同或相似的延程运行关键系统实施的维修。"相同的"延程运行关键系统中进行的双重维修是指在同一次例行维修或非例行维修时，对相同的但是独立的延程运行关键系统的相同部件进行的维修。"相似的"延程运行关键系统的双重维修是指在同一次维修中，对两个发动机中发动机驱动部件所实施的维修。

(25)北太平洋区域：是指北纬40°以北的太平洋区域，主要包括北太平洋空中交通服务航路，以及公布的位于日本和北美之间的北太平洋编组航路系统(pacific organized track system，PACOTS)中的航路。

(26)偏远机场(remote airport)：是指坐落在人烟稀少，可用机场分布稀少的区域，距离其他机场距离较远，较少被使用的机场。

(27)极地区域(polar area)：包括北极区域和南极区域。

(28)北极区域：是指北纬78°以北的整个区域。

(29)南极区域：是指南纬60°以南的整个区域。

(30)ER(extended range)：某些飞机制造厂家和合格证持有人在主最低设备清单MMEL(master minimum equipment list)和最低设备清单 MEL(minimum equipment list)中使用的缩略词，用来表示延程运行。但是在其他很多情况下，这个缩略语仅是指飞机具备更长的续航能力。

(31)程序(process)：为了在持续进行的工作中获得期望的结果，按照固定模式实施的一系列步骤和过程。

(32)程序的验证(process verification)：如果在程序中，明确定义并落实了下列要素，那么可以确定该程序已经获得了验证。

① 程序中的要素被准确定义并形成文件。

② 程序中相关的岗位和职责被准确定义。

③ 对于程序和程序中要素的验证包括：程序稳定性和可靠性的指标；验证和监控(测量)的参数；评估和验证的周期。

④ 在实际运行中，保证程序有效性和可靠性的监控方法。

8.5.2 延程运行与极地运行的批准等级和最低要求

1. 延程运行的批准等级和最低要求

为了能在保障安全的条件下，充分发挥双发飞机的能力，满足持续适航的相关要求，ETOPS 资格需要适航当局批准。通常要具有以下几方面的条件。

(1)飞机应具有延长航程飞行的能力。

航空公司在申请 ETOPS 时，执行航班的机型必须是已被有关适航部门批准具备 ETOPS 能力的飞机。

(2)航空公司应具备延程运行相关的能力。

飞机具有 ETOPS 的能力，证明其可靠性和安全性符合进行 ETOPS 飞行。但是运营该飞机的航空公司也必须具备执行 ETOPS 的能力。

为了确保安全，适航部门一般还要对运营该机型的航空公司进行一段时间的审核，以确保该航空公司有足够的保障能力、ETOPS 运营经验，经过这些程序之后，才会批准其执行 ETOPS 航班运营。相关机构会持续性地监督检查 ETOPS 航班的运营情况，如果航空公司在运行 ETOPS 航班中保障不力，或经常发生安全隐患，也会被取消执行 ETOPS 的资格。航空公司获得延程运行的条件，在咨询通告"延程运行和极地运行"(AC-121-FS-2019-009R2)中对包括延程运行的维修及其培训、飞行运行及其培训等内容提出了明确的要求。航空公司必须能证明其能在延伸航程的情况下安全实施运行，且其维修能力可以使飞机在批准的构型下保持高水平的可靠性，并具备全部符合要求的延程运行合格人员。一般申请的延长航程时间等级越高(时间越长)，则相应的要求也越高，如表 8-8 所示。

表 8-8 双发飞机获得 ETOPS 批准等级与最低要求

批准等级	最低要求
75min	1. 机身发动机组合无需具备延程运行型号设计批准 2. 局方评估机身发动机组合，确保没有影响安全运行的因素 3. 机身发动机组合具备局方认可的足够的可靠的运行经历 4. 合格证持有人必须确保飞机最严格的时限系统可以满足(75+15)min 的要求 5. 除改航降落后再次起飞离场时不要求完成延程运行放行前维护检查工作的情况以外，合格证持有人必须按照 CCAR-121.719 条维修方案的要求完成放行前维护检查工作 6. 合格证持有人必须满足 CCAR-121 部和本咨询通告中关于飞行运行的要求 7. 合格证持有人无需满足 MMEL 中关于 120min 延程运行的规定 8. 合格证持有人必须按照其运行规范中批准的延程运行要求实施运行
90min	1. 机身发动机组合必须具备 120min 或以上延程运行型号设计批准 2. 机身发动机组合具备局方认可的足够的可靠的运行经历 3. 除改航降落后再次起飞离场时不要求完成延程运行放行前维护检查工作的情况以外，合格证持有人必须按照 CCAR-121.719 条维修方案的要求完成放行前维护检查工作 4. 合格证持有人必须满足 CCAR-121 部和本咨询通告中关于飞行运行的要求 5. 合格证持有人必须满足 MMEL 中关于 120min 延程运行的规定 6. 合格证持有人必须按照其运行规范中批准的延程运行要求实施运行

批准等级	最低要求
120min	1. 机身发动机组合必须具备 120min 或以上延程运行型号设计批准 2. 机身发动机组合具备近期连续 12 个日历月的运行经历。如合格证持有人具备其他机身发动机组合的 120 min 或以上的延程运行批准，并能够证明所申请的机身发动机组合具备相同的可靠性水平，运行经历要求可缩减至最少 6 个月；如果具备相似或同系列机身发动机组合的 120min 或以上的延程运行批准，局方可免除该机身发动机组合的最低运行经历要求 3. 合格证持有人必须满足 CCAR-121 部和本咨询通告中关于飞行运行和维修的要求 4. 合格证持有人必须满足 MMEL 中关于 120min 延程运行的规定 5. 合格证持有人必须按照其运行规范中批准的延程运行要求实施运行 6. 如果由于政治、军事活动、火山活动、临时机场条件限制或机场天气标准低于签派或飞行放行标准等，在 120min 范围内无法找到一个可用的延程运行备降机场的情况下，可以申请 138min 延程运行批准。在每次按照 138min 标准签派或飞行放行时，合格证持有人必须通知机组成员，并告知这样放行的理由 7. 当进行 138min 例外批准时，合格证持有人必须满足在 MMEL 中关于 180min 延程运行的规定，如果没有针对该机身发动机组合的 180min 延程运行 MMEL，合格证持有人必须向局方申请批准适用于 138min 延程运行的 MEL 附加要求。合格证持有人必须确保飞机最严格的时限系统可以满足(138+15)min 的要求。并且记录例外次数
180min	1. 机身发动机组合必须具备 180min 或以上延程运行型号设计批准 2. 机身发动机组合具备近期连续 12 个日历月的 120min 延程运行经历。局方可以对这一要求进行增加或缩减，也可以决定哪些经历可以代替 120min 延程运行经历，如合格证持有人具备其他机身发动机组合的 120min 或以上的延程运行批准，并能够证明所申请的机身发动机组合具备相同的可靠性水平，运行经历要求可缩减至 6 个月；若其具备其他机身发动机组合的 180min 或以上的延程运行批准，运行经历要求可缩减至 3 个月；若其具备相似或同系列机身发动机组合的 180min 或以上的延程运行批准，可免除该机身发动机组合的运行经历要求 3. 合格证持有人必须满足 CCAR-121 部和本咨询通告中关于飞行运行和维修的要求 4. 合格证持有人必须满足 MMEL 中关于 180min 延程运行的规定 5. 合格证持有人必须按照其运行规范中批准的延程运行要求实施运行 6. 在北太平洋区域的运行，或者由于政治、军事活动、火山活动、临时机场条件限制或机场天气标准低于签派或飞行放行标准等，在 180min 范围内无法找到一个可用的延程运行备降机场的情况下，可以申请 207min 延程例外运行批准。在每次按照 207min 标准签派或飞行放行时，合格证持有人必须通知机组成员，并告知这样放行的理由 7. 使用例外放行时，机身发动机组合必须具备 180min 或以上延程运行型号设计批准。如果型号设计仅被批准实施180min 延程运行的机身发动机组合，合格证持有人必须确保飞机最严格的时限系统可以满足 207+15min 的要求 8. 当进行 207min 例外批准时，合格证持有人在获得 180min 延程运行批准之后，该机身发动机组合的延程运行经历原则上不少于连续 6 个日历月 9. 除了在合格证持有人的最低设备清单的用于 180min 延程运行的设备要求外，下列系统必须在签派或飞行放行时是正常工作的： (1)燃油油量指示系统 (2)APU，当延程运行需要使用 APU 时 (3)自动油门系统 (4)CCAR-121.97 或 CCAR-121.714 条要求的通信系统 (5)一台发动机失效后的自动着陆能力(如果飞行计划是基于该功能制定的) 10. 合格证持有人在签派或飞行放行中必须使用在改航时间 207min 范围内最近的可用延程运行备降机场 11. 合格证持有人必须跟踪记录使用 207min 例外批准的次数

续表

批准等级	最低要求
240min	1. 机身发动机组合必须具备 180min 或以上延程运行型号设计批准。如果型号设计仅被批准实施 180min 延程运行的机身发动机组合，合格证持有人必须确保飞机最严格的时限系统可以满足(240+15)min 的要求 2. 合格证持有人已经获得该机身发动机组合 180min 延程运行的批准 3. 合格证持有人在获得 180min 延程运行批准之后，该机身发动机组合的运行经历不少于 8000 飞行小时，且不少于连续 12 个日历月 4. 在实际运行中，合格证持有人必须在可能的情况下，尽量计划 180min 或以内的延程运行 5. 在每次飞机按照 240min 标准签派或飞行放行时，合格证持有人必须通知机组成员，并告知这样放行的理由 6. 除了在合格证持有人的最低设备清单的用于 180min 延程运行的设备要求外，下列系统必须在签派或飞行放行时是正常工作的：燃油油量指示系统；辅助动力装置 APU(auxiliary power unit)(包括满足其设计标准的电源和气源的供应能力)，当延程运行需要使用 APU 时；自动油门系统；CCAR-121.97 或 CCAR-121.714 条要求的通信系统一台发动机失效后的自动着陆能力(如果飞行计划是基于该功能制定的) 7. 合格证持有人必须满足 CCAR-121 部和咨询通告《延程运行和极地运行》中关于飞行运行和维修的要求 8. 合格证持有人在签派或飞行放行中必须使用在改航时间 240min 范围内最近的可用延程运行备降机场 9. 在实施此类飞行时，合格证持有人必须考虑空中交通服务常规使用的航路 10. 合格证持有人为签派员和飞行机组提供的手册中应当明确界定，极端天气条件达到什么样的标准不再考虑使用某备降机场。该标准应该获得局方的认可 11. 合格证持有人必须按照其运行规范中批准的延程运行要求实施运行
超过 240min	1. 机身发动机组合必须具备 180min 或以上延程运行型号设计批准。如果型号设计仅被批准实施 180min 延程运行的机身发动机组合，合格证持有人必须确保飞机最严格的时限系统可以满足申请的最大改航时间+15min 的要求 2. 合格证持有人已经获得该机身发动机组合 240min 延程运行的批准 3. 合格证持有人在获得 180min 延程运行批准之后，该机身发动机组合的运行经历不少于 16000 飞行小时，且不少于 24 个日历月 4. 合格证持有人在获得 240min 延程运行批准之后，该机身发动机组合的运行经历不少于 12 个日历月 5. 在实际运行中，合格证持有人必须在可能的情况下，尽量计划 180min 或 180min 以内的延程运行 6. 在每次飞机按照超过 240min 标准签派或飞行放行时，合格证持有人必须通知机组成员，并告知这样放行的理由 7. 除了在合格证持有人的最低设备清单的用于 180min 延程运行的设备要求外，下列系统必须在签派或飞行放行时是正常工作的 (1)燃油油量指示系统 (2)APU(包括满足其设计标准的电源和气源的供应能力)(当延程运行需要使用 APU 时) (3)自动油门系统 (4)CCAR-121.97 或 CCAR-121.714 条要求的通信系统 (5)一台发动机失效自动着陆能力(如果飞行计划是基于该功能制定的) 8. 合格证持有人必须满足 CCAR-121 部和本咨询通告《延程运行和极地运行》中关于飞行运行和维修的要求 9. 合格证持有人在签派或飞行放行中必须列明使用在改航时间超过 240min 范围内最近的可用延程运行可选备降机场 10. 在实施此类飞行时，合格证持有人必须考虑空中交通服务常规使用的航路 11. 合格证持有人为签派员和飞行机组提供的手册中应当明确界定，极端天气条件达到什么样的标准不再考虑使用某备降机场。该标准应该获得局方的认可 12. 合格证持有人必须按照其运行规范中批准的延程运行要求实施运行

2. 极地运行的批准等级和最低要求

极地运行的本质通常同时属于延程运行，在满足延程运行的基础上，针对极地运行的特点，对改航机场、飞机性能、通信导航能力、发动机及燃油系统、相关人员的培训等进一步提出要求。批准的等级为极地运行，除表 8-2 中的适用要求之外，合格证持有人的手册系统中还必须至少包括以下内容。

极地航线可选的改航机场，以及在改航备降关注时间段内这些机场需满足的条件。

除全货机补充运行外，每个改航机场的旅客航程恢复计划。

防燃油结冰政策与燃油结冰监控程序。

确保极地运行通信能力的计划。

极地运行 MEL。

极地运行的训练和培训计划。

在太阳耀斑活动期间，减轻机组人员暴露在辐射中的方案。

每架实施极地运行的飞机上配备至少两套专用防寒抗浸服的要求。对于不会发生极端寒冷天气不需要配备这些设备的季节，局方可以放松该项要求。

局方认为必要的其他要求。

8.5.3　延程运行有关图表的使用

在制定延程飞行的飞行计划时，特别考虑一发失效时飞行的燃油量、距离、时间等要求，保证在改航飞行时有足够的油量飞到航路中预定的备降场。

并考虑全发、一发失效两种情况，并以最大的油量为准。

1. 临界储备燃油

在实施延程运行时,通常需要考虑飞机在临界点(主要指等时点)处的最低燃油储备,即临界储备燃油, 通常该临界储备燃油包括应急下降至 10000ft 并继续巡航飞行、在 1500ft 上空等待 15min、完成一次复飞、进近着陆所需要的燃油,如果该最低储备燃油大于在该临界点的计划剩余燃油, 则需要预先调整计划燃油量。一般在飞行手册或其他文件中提供该临界储备燃油相关图(图 8-20 和图 8-21)。

例 8-24　已知飞机抵达临界点的重量为 55000kg，10000ft 高度上 ISA+20℃，逆风 50kn，临界点至改航机场的距离为 680n mile。当发动机和机翼的防冰打开时，试利用图 8-20 和图 8-21 计算临界储备燃油。

解：(1)计算单发时的临界燃油储备。利用图 8-20 计算临界燃油储备的步骤如下。

第一步，根据已知飞行条件，A(飞至改航机场 680n mile)→B(风修正的参考线)→C(逆风 50kn 修正)→D(临界点的重量 55000kg)→E(对应的值 7100kg)。

第二步，ISA 偏差修正的临界燃油储备量，根据表 8-20 给的修正率为每高于标准大气 10℃燃油增加 0.5%，经 ISA+20℃修正的临界燃油储备量为

$$7100kg +7100kg×(0.5\%/10℃)×20℃ =7171kg$$

第三步，防冰使用的修正。按照图 8-20 中所给的当发动机和机翼的防冰打开时燃油增加 20%，可得使用防冰的临界燃油储备为

$$7171kg +7171kg×20\%= 8605kg$$

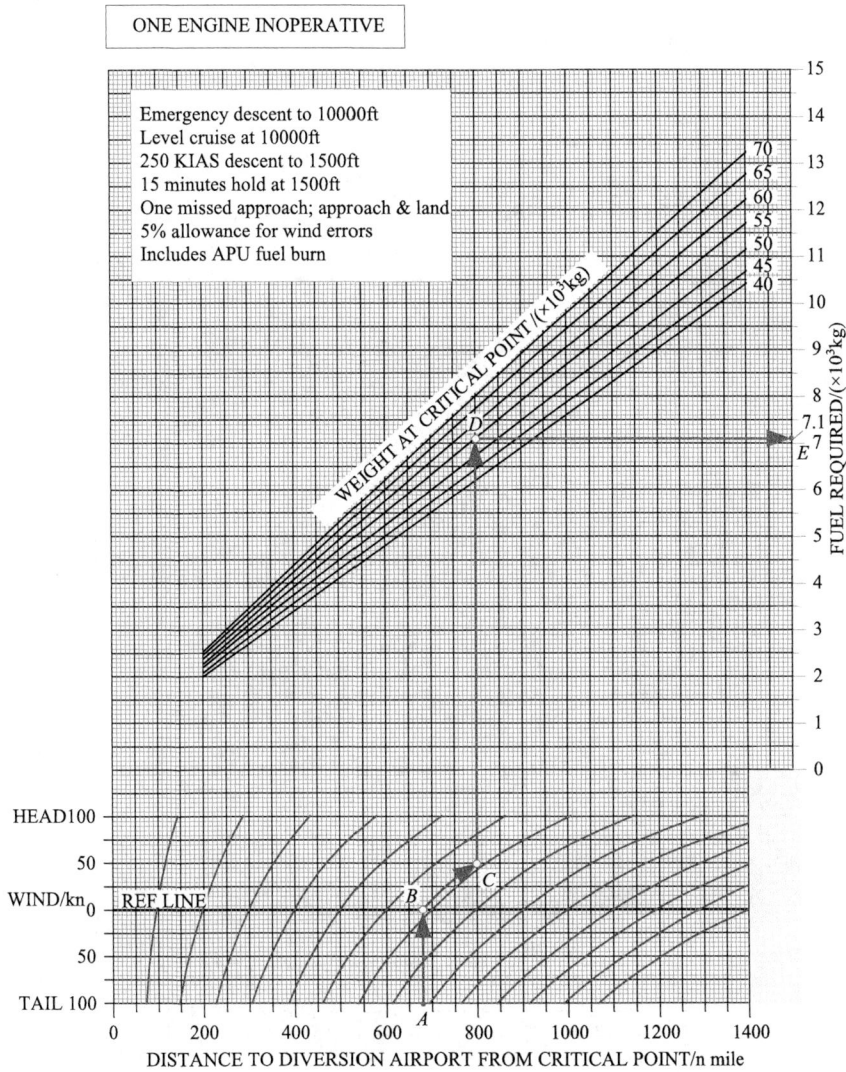

Critical Fuel Reserve– One Engine Inoperative

图 8-20 单发失效时的临界燃油储备

ALL ENGINES OPERATIVE

Emergency descent to 10000ft
Level cruise at 10000ft
250 KIAS descent to 1500ft
15 minutes hold at 1500ft
One missed approach; approach & land
5% allowance for wind errors

WEIGHT AT CRITICAL POINT/(×10³kg)

FUEL REQUIRED/(×10³kg)

15
14
13
12
11
10
9
8
7.4
7
6
5
4
3
2
1
0

70
65
60
55
50
45
40

HEAD 100
50
WIND/kn 0   REF LINE
50
TAIL 100

0   200   400   600   800   1000   1200   1400
DISTANCE TO DIVERSION AIRPORT FROM CRITICAL POINT/n mile

INCREASE FUEL REQUIRED BY 0.5% FOR EACH 10°C HOTTER THAN ISA CONDITIONS.
IF ICING CONDITIONS EXIST, INCREASE FUEL REQUIRED BY 18% TO ACCOUNT FOR
ENGINE & WING A.I. ON & ICE ACCUMULATION ON UNHEATED SURFACES.
ALLOWANCE FOR PERFORMANCE DETERIORATION NOT INCLUDED.
COMPARE THE FUEL REQUIRED FROM THIS CHART WITH CRITICAL FUEL RESERVES
FOR ONE ENGINE INOPERATIVE. USE THE HIGHER OF THE TWO.

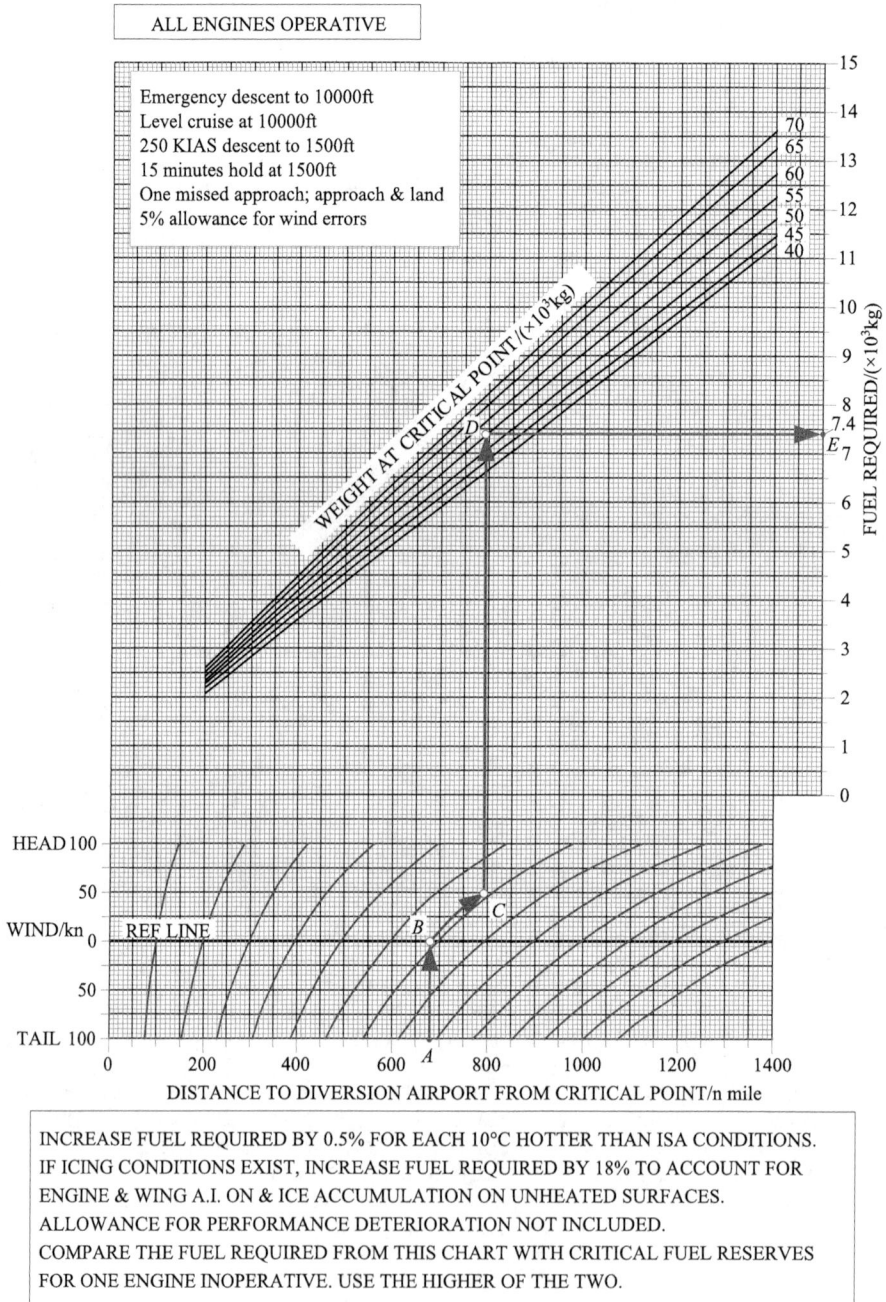

Critical Fuel Reserve–All Engines Operating

图 8-21　全发工作时的临界燃油储备

(2)计算双发的临界燃油储备。利用图 8-21 计算临界燃油储备的步骤如下。

第一步，根据已知飞行条件，A(飞至改航机场 680n mile)→B(风修正的参考线)→C(逆风 50kn 修正)→D(临界点重量 55000kg)→E(对应的值 7400kg)。

第二步，ISA 偏差修正的临界燃油储备量，根据图 8-21 给的修正率为每高于标准大气 10℃燃油增加 0.5%，经 ISA+20℃修正的临界燃油储备量为

$$7400kg +7400kg×(0.5\%/10℃)×20℃ = 7474kg$$

第三步，防冰使用的修正。按照图 8-21 中所给的当发动机和机翼的防冰打开时燃油增加 18%，可得使用防冰的临界燃油储备为

$$7474kg +7474kg×18\% = 8819kg$$

根据要求所计算的临界燃油储备应取单发和双发情况中的较大值，因此所给条件下的临界燃油储备为 8819kg。

2. 运行区域改航距离

通常在获得批准的延程运行(ETOPS)区域内，要确保在标准大气条件和静风时，航路上任一点以单发巡航速度飞至改航机场的时间不得大于所批准等级，因此延程运行的批准等级(时间)会限制该行距离，该距离通常可以从相关表(表 8-9)中查得。

表 8-9　单发失效时的改航距离　　　　　　　　　(单位：n mile)

Speed *M*/KIAS	Div. Wt /(×10³ kg)	TIME/min														
		60	70	80	90	100	110	120	130	140	150	160	170	180	190	200
0.70/280	35	406	472	539	605	672	738	805	871	938	1004	1071	1137	1204	1271	1337
	40	402	467	533	598	663	729	794	860	925	990	1056	1121	1187	1252	1318
	45	397	462	526	590	654	718	782	846	910	975	1039	1103	1167	1231	1295
	50	392	454	517	580	642	705	768	830	893	956	1018	1081	1144	1207	1269
	55	385	446	507	568	630	691	752	813	875	936	997	1058	1119	1181	1242
	60	377	437	497	557	616	676	736	796	855	915	975	1035	1094	1154	1214
	65	369	427	486	544	602	660	718	776	835	893	951	1009	1067	1125	1183
	70	363	419	476	532	589	645	702	758	815	871	928	985	1041	1098	1154
0.74/290	35	412	478	545	612	678	745	811	878	945	1011	1078	1145	1211	1278	1345
	40	409	474	540	606	672	737	803	869	935	1000	1066	1132	1198	1263	1329
	45	404	469	533	598	663	727	792	856	921	986	1050	1115	1180	1244	1309
	50	400	463	526	590	653	717	780	844	907	970	1034	1097	1161	1224	1288
	55	393	455	517	579	641	704	766	828	890	952	1014	1077	1139	1201	1263
	60	386	447	508	568	629	690	751	812	872	933	994	1055	1116	1176	1237
	65	378	437	497	556	615	675	734	793	853	912	971	1031	1090	1149	1209
	70	372	430	488	546	603	661	719	777	835	893	950	1008	1066	1124	1182
0.74/310	35	415	482	548	615	681	748	814	881	948	1014	1081	1147	1214	1280	1347
	40	413	479	545	611	677	743	810	876	942	1008	1074	1140	1206	1272	1338
	45	410	476	541	607	672	737	803	868	933	999	1064	1130	1195	1260	1326
	50	407	472	536	601	665	730	794	859	923	988	1052	1116	**1181**	1245	1310

Speed M/KIAS	Div. Wt /(×10³ kg)	TIME/min														
		60	70	80	90	100	110	120	130	140	150	160	170	180	190	200
0.74/310	55	402	466	529	592	656	719	783	846	908	973	1036	1100	1163	1226	1290
	60	397	459	521	583	646	708	770	833	895	957	1019	1082	1144	1206	1269
	65	391	452	513	574	635	696	757	818	879	940	1002	1063	1124	1185	1246
	70	385	445	505	565	625	685	744	804	864	924	984	1044	1103	1163	1223
0.74/330	35	416	482	548	614	680	746	811	877	943	1009	1075	1141	1207	1273	1339
	40	415	481	547	613	678	744	810	875	941	1007	1072	1138	1204	1270	1335
	45	414	480	545	610	676	741	806	871	937	1002	1067	1133	1198	1263	1328
	50	412	477	542	607	671	736	801	865	930	995	1059	1124	1189	1254	1318
	55	408	472	536	600	664	728	792	856	920	984	1048	1112	1176	1240	1304
	60	404	467	530	593	656	719	783	846	909	972	1035	1098	1161	1224	1287
	65	399	461	523	586	648	710	772	834	896	958	1020	1082	1144	1207	1269
	70	395	457	518	579	640	701	762	823	884	945	1006	1067	1128	1190	1251
LRC	35	368	428	488	548	608	668	728	787	847	906	965	1024	1083	1141	1200
	40	372	433	493	554	614	674	735	794	854	914	973	1032	1092	1151	1209
	45	376	437	497	558	619	679	739	799	859	919	979	1038	1097	1157	1216
	50	379	440	501	561	622	682	**742**	803	862	922	982	1041	**1101**	1160	1219
	55	380	441	502	562	623	683	743	803	863	922	982	1041	1100	1159	1218
	60	381	442	503	563	624	684	744	804	863	923	982	1041	1100	1159	1218
	65	381	442	503	563	623	683	742	802	861	921	980	1038	1097	1156	1214
	70	383	444	504	564	623	683	742	802	860	919	978	1036	1094	1152	1210

NOTE: BASED ON DRIftDOWN STARTING AT OR NEAR OPTIMUM ALTITUDE.

例 8-25 已知飞机在某改航点的重量为 50000kg，利用表 8-9，分别计算按速度 0.74/310 和 LRC 飞行，ETOPS 等级时间分别为 120min 和 180min 时的最大改航距离。

解： 由表 8-9 第一列找出飞行速度 0.74/310 对应的区域，再找出该区域内改航点重量 50000kg 对应的行，其对应的 120min 和 180min 对应的最大改航距离分别为 794n mile 和 1181n mile；同理，LRC 方式飞行时，与 120min 和 180min 对应的最大改航距离分别为 742n mile 和 1101n mile。

3. 飞行中单发失效的改航计划

当飞机发生单发失效时空中改航飞行至备降机场的飞行计划可以根据所选择的等马赫数或 LRC 等飞行方式查相关图表获得，图 8-22 所示的是单发情况 LRC 巡航时的改航所需燃油和时间。

ONE ENGINE INOPERATIVE

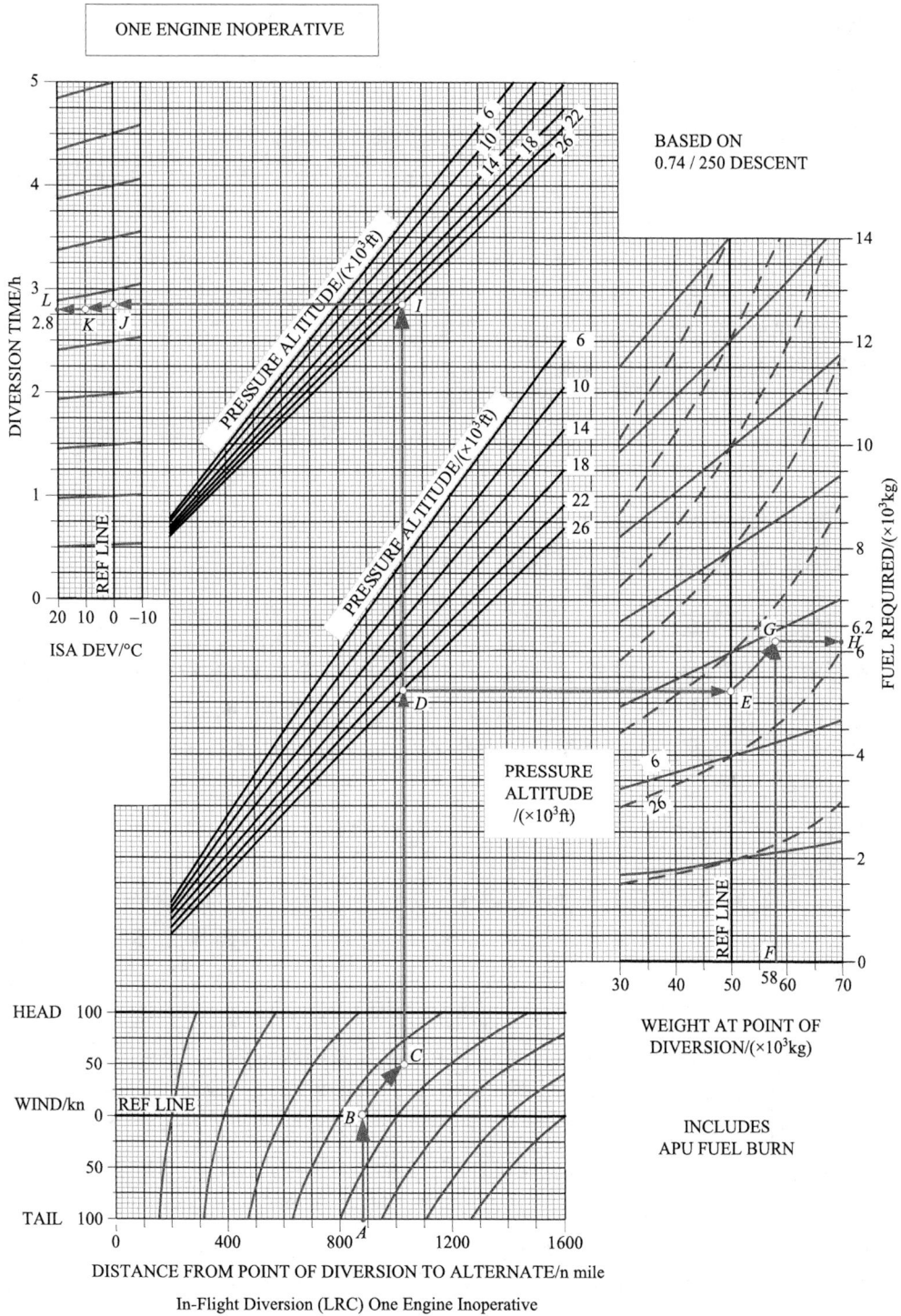

BASED ON
0.74 / 250 DESCENT

PRESSURE ALTITUDE/(×10³ft)

PRESSURE
ALTITUDE
/(×10³ft)

FUEL REQUIRED/(×10³kg)

DIVERSION TIME/h

ISA DEV/°C

REF LINE

WEIGHT AT POINT OF
DIVERSION/(×10³kg)

INCLUDES
APU FUEL BURN

HEAD 100

WIND/kn

REF LINE

TAIL 100

DISTANCE FROM POINT OF DIVERSION TO ALTERNATE/n mile

In-Flight Diversion (LRC) One Engine Inoperative

图 8-22 单发失效长航程(LRC)方式改航燃油和时间

例 8-26　飞机单发失效后，由改航点至备降机场的距离是 880n mile，飞机在改航点的重量 58000kg，采取 0.74/250 下降方式至 FL260，气象条件是 ISA+10℃且逆风 50kn。如果采用单发长航程巡航，则根据图 8-22 确定改航燃油和时间。

解：根据所给条件，利用图 8-22 确定改航燃油和时间的过程如下。

(1)确定改航燃油。A(改航距离　880n mile)→B(风修正参考线)→C(修正至逆风 50kn)→D(26000ft 单发巡航高度)→E(改航点重量参考线)→与自点 F(修正至改航点重量 58000kg)向上的垂线交于 G→H(对应的燃油量 6200kg)，即为本次改航燃油。

(2)确定改航时间。A(改航距离　880n mile)→B(风修正参考线)→C(修正至逆风 50kn)→I(26000ft 单发巡航高度)→J(标准大气修正的参考线)→K(修正 ISA+10℃)→L(对应的时间 2.8h(168min))，即为本次改航时间。

8.6　二次放行简介

飞机在如国际航班的远程飞行时，受最大起飞重量等限制和携带最低燃油等规章的要求，经常会发生减载的现象，即减少商载重量换取航程的情况。

8.6.1　二次放行的基本思想

按照 CCAR-121 中 121.657 条规定，飞机必须携带的燃油包括滑行燃油、航程燃油(W_{TF})、不可预期燃油(W_{UF})、备降燃油(W_{AF})、最后储备燃油(W_{FRF})、酌情携带的燃油六部分。其中，滑行燃油和酌情燃油通常变化不大，因此航班飞行时所携带的燃油其余四部分将根据实际情况发生较大的变动。

不可预期燃油(W_{UF})要取 10%计划航程燃油(10%W_{TF})与在目的地机场上空 450m(1500ft)高度上在标准条件下飞行 15m 所需的燃油量($W_{HF15min}$)两者中的较大值，这部分油量主要是为了补偿航班飞行中若遇到不可预见的因素所需的燃油量，如应付领航和导航误差、航路天气预报误差、驾驶员的操纵误差和空中交通延误等情况，随着现代科学技术的发展，飞机的领航和导航误差逐渐减小，天气预报的准确性不断提高，导航设施和空中交通服务系统日益完善，飞机的全程监控系统已经建立，在实际飞行中需要使用应急燃油的情况越来越少，从而经常出现航班在目的地机场落地后，机上剩余油量较多的情况，使得运营成本增大。尤其是对于长距离的航线，如越洋国际航班，该部分燃油量主要取决于 10%计划航程燃油，航程越远该部分燃油越多，往往会导致到达目的地机场时飞机会剩余较多的燃油。这将造成航班业载的减小，同时也会导致因飞行重量大燃油消耗增加。为了提高航班运行效益，在保障安全和规章要求的前提下，对于航程远的航班充分利用不可预期燃油，通过二次放行的飞行计划予以实现。因此，二次放行的基本思想就是合理地利用其必须携带的不可预期燃油，以达到增加业载或减小起飞重量的目的。

8.6.2　二次放行的实施条件

依据二次放行的基本思想，如图 8-23 所示的二次放行典型飞行剖面图，飞机执飞由

A 机场至 B 机场航班，假设选择 C 为备降机场，其飞行计划中需要携带的燃油量为 W_{AB}（表 8-10）；若采取二次放行，选择 A 和 B 机场之间的 D 机场（通常该机场更靠近 B 机场）作为初始放行目的地机场，E 为其备降机场，二次放行点 P 位于 D 机场上空。此时按照规章要求首先计算出由 A 至 D 并备降 E 所需携带的燃油量 W_{AC}（表 8-10）；其次计算由 P 点飞抵 B 并备降 C 的所需燃油量 W_{PB}（表 8-10）。此时如果在 P 点飞机剩余的燃油量（$W_{P\text{-}R}$）满足由 P 飞至 B 燃油要求（W_{PB}），即 $W_{P\text{-}R} \geqslant W_{PB}$，则二次放行便可实施。

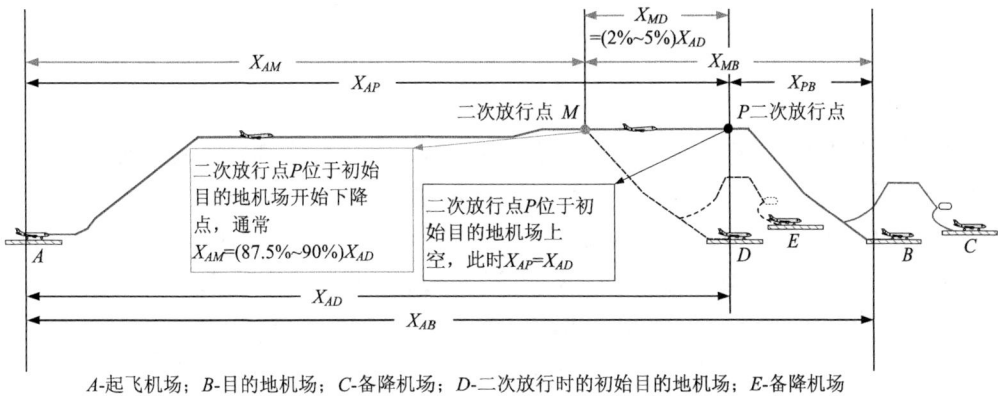

A-起飞机场；B-目的地机场；C-备降机场；D-二次放行时的初始目的地机场；E-备降机场

图 8-23　二次放行飞行剖面

表 8-10　飞行计划与二次放行飞行计划携带的燃油量比较

	不实施二次放行的飞行计划	二次放行飞行计划	
	$A \to B$（备降 C）	$A \to D$（备降 E）	$P \to B$（备降 C）
1. 滑行燃油	W_{GTF}	$W_{\text{GTF-R}}$	
2. 航程燃油	$W_{\text{TF-}AB}$	$W_{\text{TF-}AD}$	$W_{\text{TF-}PB}$
3. 不可预期燃油	$W_{\text{UF-}AB}=$ $\max\{10\%\,W_{\text{TF-}AB}, W_{\text{HF15min}}\}$	$W_{\text{UF-}AD}=$ $\max\{10\%\,W_{\text{TF-}AD}, W_{\text{HF15min}}\}$	$W_{\text{UF-}PB}=$ $\max\{10\%\,W_{\text{TF-}PB}, W_{\text{HF15min}}\}$
4. 备降燃油	$W_{\text{AF-}BC}$	$W_{\text{AF-}DE}$	$W_{\text{AF-}BC}$
5. 最后储备燃油	$W_{\text{FRF-}C}= W_{\text{HF30min}}$	$W_{\text{FRF-}E}= W_{\text{HF30min}}$	$W_{\text{FRF-}C}= W_{\text{HF30min}}$
6. 酌情携带的燃油	W_{DF}	$W_{\text{DF-R}}$	$W_{\text{DF-R}}$
起飞燃油	$W_{AB}= W_{\text{GTF}} + W_{\text{TF-}AB} + W_{\text{UF-}AB}$ $+ W_{\text{AF-}BC} + W_{\text{FRF-}C} + W_{\text{DF}}$	$W_{AD\text{-R}}= W_{\text{GTF}} + W_{\text{TF-}AD} + W_{\text{UF-}AD}$ $+ W_{\text{AF-}DE} + W_{\text{FRF-}E} + W_{\text{DF-R}}$	
目的地为 B 机场与二次放行初始机场为 C 时携带燃油比较	1. 滑行燃油：可以认为地面滑行燃油相等 2. 航程燃油：$W_{\text{TF-}AB} > W_{\text{TF-}AD}$ 3. 不可预期燃油：$W_{\text{UF-}AB} > W_{\text{UF-}AD}$ 4. 备降燃油：$W_{\text{AF-}BC} \approx W_{\text{AF-}DE}$（实际运行时可能会存在差别） 5. 最后储备燃油：$W_{\text{FRF-}C}= W_{\text{FRF-}E}= W_{\text{HF30min}}$ 6. 酌情携带的燃油：$W_{\text{DF}} \approx W_{\text{DF-R}}$		

	不实施二次放行的飞行计划	二次放行飞行计划	
	$A \to B$(备降 C)	$A \to D$(备降 E)	$P \to B$(备降 C)
由二次放行点 P 至 B 机场的所需燃油			$W_{PB} = W_{TF-PB} + W_{UF-PB}$ $+ W_{AF-BC} + W_{FRF-C} + W_{DF-R}$
至二次放行点 P 消耗的燃油	W_{TF-AP}	$W_{TF-AP-R}$(=W_{TF-AD},当 P 点位于机场 D 上空时)	
至二次放行点 P 剩余的燃油	$W_P = W_{AB} - W_{TF-AP}$	$W_{P-R} = W_{AD-R} - W_{TF-AP-R}$	
实施二次放行的条件		$W_{P-R} \geqslant W_{PB}$	

8.6.3　二次放行点的选择

在制定二次放行飞行计划时，必须要满足规章对携带燃油量的要求，飞机飞至二次放行点所剩的燃油必须等于或多于按照规章要求的由二次放行点到最终目的地机场所需的燃油量。显然，如果初始目的地机场即二次放行点选得越靠近目的地机场，则飞机到达二次放行点时的剩余燃油越多，则越有可能满足剩余燃油等于或大于从二次放行点至目的地机场所需燃油的要求，反之出现剩余燃油不够的可能性越大。

如图 8-23 和表 8-10 列出的燃油消耗关系，当不实施二次放行时所需的燃油量 W_{AB} 为

$$W_{AB} = W_{GTF} + W_{TF-AB} + W_{UF-AB} + W_{AF-BC} + W_{FRF-C} + W_{DF} \tag{8-1}$$

实施二次放行时飞行计划燃油量 W_{AD-R} 为

$$W_{AD-R} = W_{GTF-R} + W_{TF-AD} + W_{UF-AD} + W_{AF-DE} + W_{FRF-E} + W_{DF-R} \tag{8-2}$$

从二次放行点 P 飞至最终目的地机场 B 所需燃油 W_{PB} 为

$$W_{PB} = W_{TF-PB} + W_{UF-PB} + W_{AF-BC} + W_{FRF-C} + W_{DF-R} \tag{8-3}$$

在实施二次放行时飞到 P 点的剩余燃油 W_{P-R} 为

$$W_{P-R} = W_{AD-R} - W_{TF-AP-R} = (W_{TF-AD} - W_{TF-AP-R}) + W_{UF-AD} + W_{AF-DE} + W_{FRF-E} + W_{DF-R} \tag{8-4}$$

对于如何选择二次放行点位置，以说明原理和方法的可行性为目的，对于实施二次放行和不适用二次放行两种情况下的相关燃油量做如下假设。

(1)滑行燃油相等：$W_{GTF} = W_{GTF-R}$。

(2)备降燃油相等：$W_{AF-BC} = W_{AF-DE}$(实际运行时会因备降距离不同存在差别)。

(3)最后储备燃油相等：$W_{FRF-C} = W_{FRF-E} = W_{HF30min}$。

(4)酌情携带的燃油相等：$W_{DF} = W_{DF-R}$(实际运行时会因二次放行的航程不同存在差别)。

(5)不可预期燃油取决于10%航程燃油(即假设10%航程燃油大于15min的等待燃油)。

(6)是否做二次放行飞机的燃油里程(SR)保持不变。

在上述假设下，二次放行点的位置分别选在机场上空 P 点和位于到初始放行机场下降点 M(图 8-23)两种情况分别讨论。

第一种情况，二次放行点选在初始目的地机场上空，即图 8-23 中的 P 点，则有 A

至 D 的距离 X_{AD} 等于 A 至 P 点的距离 X_{AP}，即 $X_{AD}=X_{AP}$，则式(8-3)中的 $W_{TF\text{-}AD}=W_{TF\text{-}AP\text{-}R}$。飞机在二次放行点的剩余燃油 $W_{P\text{-}R}$ 等于从二次放行点飞至最终目的地机场所需燃油 $W_{PB}(W_{P\text{-}R}=W_{PB})$ 即可满足规章要求，由式(8-3)和式(8-4)可得

$$W_{UF\text{-}AD}=W_{TF\text{-}PB}+W_{UF\text{-}PB} \tag{8-5}$$

式(8-5)表明，二次放行点的位置选择，应该使其不可预期燃油量(起飞机场至初始目的地机场航程燃油量的 10%)恰好等于从二次放行点飞抵最终目的地机场的航程燃油与其不可预期燃油量之和。

根据假设(6)及图8-23中航程 X 符号的意义，可知 $W_{TF\text{-}AB}=X_{AB}/S_R$，$W_{UF\text{-}AB}=0.1X_{AB}/S_R$，$W_{TF\text{-}AD}=X_{AD}/S_R$，$W_{UF\text{-}AD}=0.1X_{AD}/S_R$。在式(8-5)中 $W_{TF\text{-}PB}=X_{PB}/S_R$，$W_{UF\text{-}PB}=0.1X_{PB}/S_R$，从图8-23中可知 $X_{PB}=X_{AB}-X_{AP}$，再考虑到 $X_{AD}=X_{AP}$，由式(8-5)可得

$$0.1\,X_{AP}/S_R=(X_{AB}-X_{AP})/S_R+0.1\,(X_{AB}-X_{AP})/S_R \tag{8-6}$$

即 $1.1\,X_{AB}=1.2\,X_{AP}=1.2\,X_{AD}$，因此有

$$X_{AP}=X_{AD}=91.7\%X_{AB} \tag{8-7}$$

从式(8-7)可以看出，在如上所做的假设(1)~(6)条件下，二次放行点位于全航程的91.7%位置即可。

第二种情况，二次放行点一般选在从巡航开始向初始放行机场下降点，如图8-23中所示的 M 点。一般飞机下降期间飞过的水平距离通常为100~150n mile，大约占总航程的2%~5%，因此有 $X_{MD}=(2\%~5\%)X_{AD}$ 或 $X_{AM}=(95\%~98\%)X_{AD}$，飞到 M 点的航程燃油记为 $W_{TF\text{-}AM}$，由 M 点到 D 机场航程燃油记作 $W_{TF\text{-}MD}$，则有 $W_{TF\text{-}MD}=W_{TF\text{-}AD}-W_{TF\text{-}AM}$，飞到 M 点的剩余燃油 $W_{M\text{-}R}$(与 P 点作为二放点相比，多剩余由 M 点到 D 机场航程燃油 $W_{TF\text{-}MD}$)为

$$W_{M\text{-}R}=(W_{TF\text{-}AD}-W_{TF\text{-}AM})+W_{UF\text{-}AD}+W_{AF\text{-}DE}+W_{FRF\text{-}E}+W_{DF\text{-}R}$$
$$=W_{TF\text{-}MD}+W_{UF\text{-}AD}+W_{AF\text{-}DE}+W_{FRF\text{-}E}+W_{DF\text{-}R} \tag{8-8}$$

从二次放行点 M 飞至最终目的地机场 B 所需燃油 W_{MB} 为

$$W_{MB}=W_{TF\text{-}MB}+W_{UF\text{-}MB}+W_{AF\text{-}BC}+W_{FRF\text{-}C}+W_{DF\text{-}R} \tag{8-9}$$

同样在上述假设条件下，比较式(8-8)和式(8-9)可得
当 $W_{M\text{-}R}=W_{MB}$ 时即可选 M 点作为二次放行点。

$$W_{UF\text{-}AD}+W_{TF\text{-}MD}=W_{TF\text{-}MB}+W_{UF\text{-}MB} \tag{8-10}$$

同样根据假设是否做二次放行其飞行时的燃油里程 (S_R) 保持不变，由式(8-10)可得

$$0.1\,X_{AD}/S_R+X_{MD}/S_R=(X_{AB}-X_{AM})/S_R+0.1\,(X_{AB}-X_{AM})/S_R$$
$$0.1\,X_{AD}+1.1\,X_{AM}+X_{MD}=1.1\,X_{AB} \tag{8-11}$$

在式(8-11)中，当由 M 点到初始放行机场 D 的下降距离占其航程的2%即 $X_{MD}=2\%X_{AD}$ 时，则有 $X_{AM}=98\%X_{AD}$，因此有 $X_{MD}=0.024X_{AM}$，$X_{AD}=1.02X_{AM}$，将其代入式(8-11)可得 $X_{AM}=90\%X_{AB}$；当由 M 点到 D 机场的下降距离占其航程的5%即 $X_{MD}=5\%X_{AD}$ 时，则有 $X_{AM}=95\%X_{AD}$，因此有 $X_{MD}=0.053X_{AM}$，$X_{AD}=1.053X_{AM}$，将其代入式(8-11)可得，$X_{AM}=87.5\%X_{AB}$；考虑到飞机下降阶段的航程约占总航程(到初始放行机场)的2%~5%，

当二次放行点选在飞至初始放行机场的下降点时，该点一般位于总航程(到目的地机场)的 87.5%～90%。

由式(8-7)和式(8-11)可以看出，在初步估算二次放行点时，其位置在机场上空的 P 点或在到初始放行机场的起始下降点 M 上，其结果略有不同。上述结论均是在如上假设 (1)～(6)条件下获得的。实际飞行运行时，必须考虑实际可以选择的初始放行机场和备降机场的位置、改航距离、气象条件等情况具体分析计算。一般二次放行点均选择大约在起飞机场到最终目的地机场的 87.5%～91.7%。

基于以上假设，由式(8-1)和式(8-2)可得二次放行时所携带燃油的减少量(记作 ΔW_F)为

$$\Delta W_F = W_{AB} - W_{AC\text{-}R} = (W_{TF\text{-}AB} + W_{UF\text{-}AB}) - (W_{TF\text{-}AD} + W_{UF\text{-}AD})$$
$$= 1.1(W_{TF\text{-}AB} - W_{TF\text{-}AD}) \tag{8-12}$$

从式(8-12)可以看出，二次放行时减少的携带燃油量大约为从起飞机场到最终目的地机场的航程燃油与到初始放行机场航程燃油差的 1.1 倍。该燃油减少量可用于增加实际的商载，进而实现提高航班运行效益的目的。

8.7 燃油差价的合理使用

由于世界各地机场的燃油价格不同，如果目的地机场的燃油价格高于起飞机场的燃油价格，航班实际运行时可以考虑携带额外(多余规章要求之外部分燃油)的燃油用于返程的燃油需求，以达到降低航班燃油成本的目的。但此时必须考虑到携带额外燃油导致的飞机重量增加，从而会增加飞行时的燃油消耗，这部分多余的燃油消耗会使燃油成本增加。很显然，在权衡是否携带额外燃油时，主要取决于起飞和目的地机场的燃油价格差和额外消耗的燃油量。假设起飞和目的地机场的燃油单位价格分别为 a_1 和 a_2，显然有 $a_2 > a_1$，其差值记作 $\Delta a = a_2 - a_1$，携带的额外燃油量为 W_{TF}。因此，携带额外燃油节省的成本 $C_{TF} = \Delta a \cdot W_{TF}$；但携带额外燃油导致重量增加多消耗的燃油记作 ΔW_{TF}，这部分多消耗的燃油使成本增加值为 $C_{SF} = a_1 \cdot \Delta W_{TF}$。当携带额外燃油节省的成本与多消耗的燃油增加的成本相等，即 $C_{TF} = C_{SF}$ 时，可以视为一个是否携带额外燃油的平衡点或参照点，只有当 $C_{TF} > C_{SF}$ 时携带额外燃油才是有意义的。基于此在飞行手册或运行的其他手册中给出如图 8-24 和图 8-25 所示的相关计算图，以方便实际使用。

例 8-27 已知某航班的航程 1600n mile，长航程巡航，高度 33000ft，不含额外燃油的着陆重量为 95000lb。

(1)试利用图 8-24 确定被多消耗的燃油占额外燃油的比例。若拟携带 2000gal(US) 额外燃油，被多消耗的燃油量是多少？

(2)若起飞机场燃油单价是 100cents/gal(US)(美分/加仑)，试利用图 8-25 确定目的地机场平衡点的燃油单价。

解：(1)利用图 8-24 确定被多消耗燃油量的步骤(图 8-24)如下。

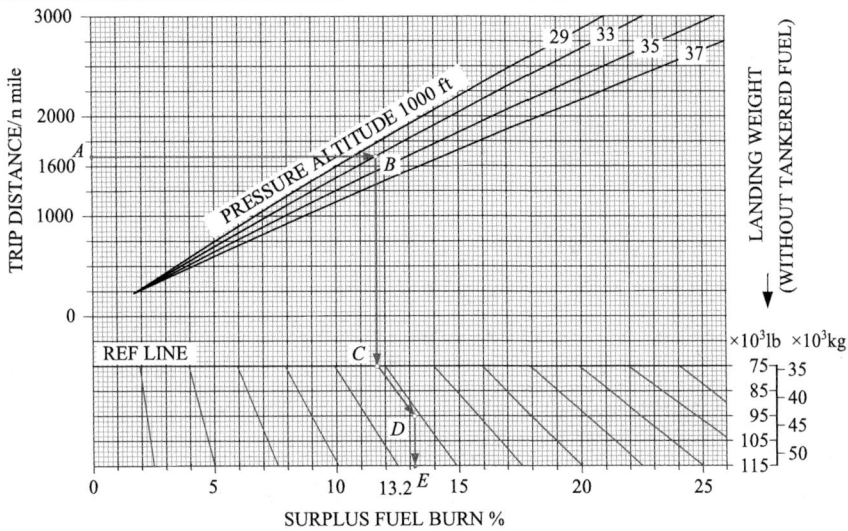

图 8-24 飞行所携带的额外燃油被消耗的比例

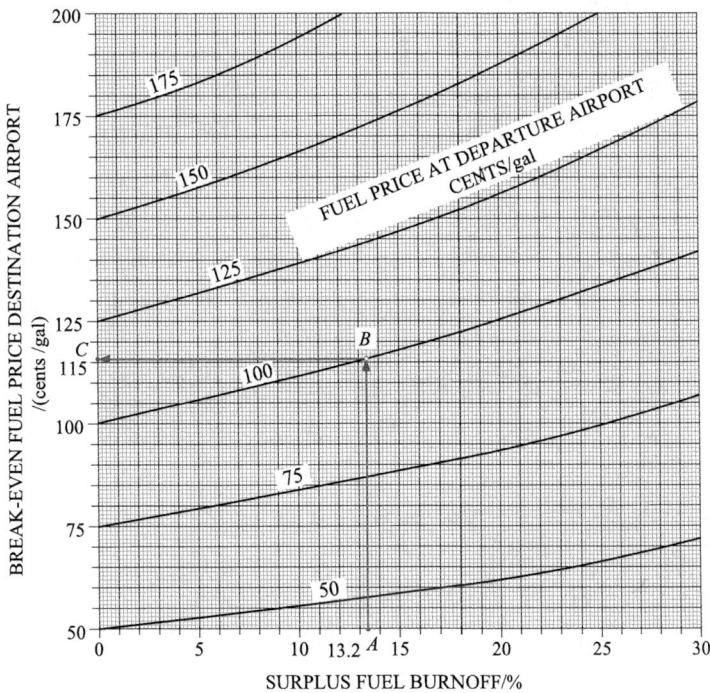

图 8-25 燃油价格差异图

A(航程 1600n mile)→B(巡航高度 33000ft)→C(着陆重量参考线)→D(平行于引导线修正至着陆重量 95000lb)→E，E 点对应的 13.2%即为额外燃油被消耗的比例。由此可得被多消耗的燃油量为 2000gal(US)×13.2%＝264gal(US)。

(2)利用图 8-25 确定目的地机场平衡点的燃油单价的步骤(图 8-25)如下。

A(被多消耗的燃油比例)→B(起飞机场燃油单价 100 cents/gal)→C，C 点对应的

115cents/gal 即为目的地机场平衡点的燃油单价。因此在目的地机场的燃油单价高于 115cents/gal 时，携带额外燃油将有利于降低燃油成本，否则就不要携带额外燃油。

习　　题

8-1　按照 CCAR-91 部运行的飞机，目视飞行规则条件和仪表飞行规则条件下飞行的起飞前燃油是如何要求的？

8-2　按照 CCAR-121 部运行的飞机，起飞前燃油是如何要求的？

8-3　利用图 8-2，给定使用条件为：起飞机场压力高度位于标准海平面，预计巡航高度 11000ft，该高度温度−10℃；爬升重量 3000lb。试确定无风时的爬升时间、需要的燃油和飞过的水平距离。

8-4　利用图 8-2，试确定在给定下列使用条件且爬升期间平均顺风 10kn 时的爬升时间、需要的燃油和飞过的水平距离。

使用条件为：飞机起飞重量 3300lb；起飞机场：海拔 2000ft，20℃，QNH1020hPa；爬升到 8500ft，该高度预计温度 7℃。

8-5　某单发螺旋桨飞机的经济巡航动力设置如表 8-2 所示。巡航条件为：高度 100000ft，ISA+20℃；功率设置为：21.0inHg（或全富油），2100r/min。试确定其进气压力、燃油流量、飞行速度。若需要巡航飞行 80n mile 试确定所需的飞行时间和燃油量。

8-6　某单发螺旋桨飞机，起飞条件如下：发动机启动前重量 3663lb；燃油为航空汽油；燃油比重为 6.0lb/gal；初始燃油为 74gal（US）（包括试车、起飞滑行、爬升、巡航、45min 备份燃油等全部飞行所需燃油）；起飞机场高度为海平面；静风；标准大气条件。发动机设置为满油门（25inHg 和 2500r/min），预计巡航高度 11000ft。试根据图 8-4 确定其航程和巡航的真实空速。

8-7　根据图 8-6 试确定该飞机在下列条件下使用时的爬升时间、燃油和水平距离。

使用条件为：起飞机场气压高度 4000ft，温度 10℃；预计爬升到巡航高度 14000ft，该高度上的温度为−10℃。

8-8　已知巡航时发动机功率选择 65%，转速 2600r/min，巡航高度 8000ft，ISA+12℃，试利用表 8-3 确定其燃油流量和进气压力。

8-9　已知该飞机巡航高度 18000ft 且温度为−20℃时，以指示空速 145kn 且下降率 1000ft/min 方式下降；目的地机场气压高度 4000ft，温度 20℃，利用图 8-10，试确定其下降时间、燃油和水平距离。

8-10　已知飞机巡航重量 57000kg，利用图 8-11 和表 8-4，根据所给条件回答下列问题。①分别以长航程和等马赫数 $M = 0.78$ 方式巡航确定最佳高度；②若飞机的实际飞行高度是 30000ft，对应于长航程和等马赫数 $M = 0.78$ 的巡航，其燃油里程损失是多少？

8-11　已知某飞机航程 400n mile，巡航高度 29000ft，温度 ISA+10℃，逆风 25kn，预计着陆重量 35000kg，爬升方式 280 / 0.74，下降方式 0.74 / 250，试利用图 8-13 确定其在给定条件下的燃油消耗和飞行时间。

8-12　已知某飞机航程 900n mile，巡航高度 33000ft，温度 ISA+20℃，顺风 50kn，

预计着陆重量 50000kg，爬升方式 280 / 0.74，下降方式 0.74 / 250，试利用图 8-14 确定其在给定条件下的燃油消耗和飞行时间。

8-13 已知某飞机航程 2200n mile，巡航高度 37000ft，温度 ISA+10℃，顺风 25kn，预计着陆重量 50000kg，爬升方式 280 / 0.74，下降方式 0.74 / 250，试利用图 8-15 确定其在给定条件下的燃油消耗和飞行时间。

8-14 已知某飞机航程 2500n mile，温度 ISA–10℃，逆风 30kn，阶梯巡航，爬升方式 280 / 0.74，下降方式 0.74 / 250，松刹车重量 65000kg，试利用图 8-16 确定其在给定条件下的燃油消耗和飞行时间。

8-15 已知某飞机到备降机场的距离为 375n mile，顺风 25kn，阶梯巡航，爬升方式 280 / 0.74，下降方式 0.74 / 250，备降机场着陆重量 50000kg，试利用图 8-17 确定其在给定条件下的备降燃油和飞行时间。

8-16 已知某飞机某航路巡航段长度为 937n mile，逆风 30kn，开始巡航重量是 5600kg，长航程方式巡航，巡航高度 33000ft，ISA+10℃。试利用积分航程表 8-6 计算其燃油消耗。

8-17 已知飞机抵达临界点的重量为 50000kg，10000ft 高度上 ISA+20℃，逆风 30kn，临界点至改航机场的距离为 700n mile。当发动机和机翼的防冰打开时，试利用图 8-20 和图 8-21 确定临界储备燃油量。

8-18 飞机单发失效后，由改航点至备降机场的距离是 800n mile，飞机在改航点的重量 60000kg，采取 0.74/250 下降方式至 26000ft，气象条件是 ISA+10℃且逆风 50kn。如果单发长航程方式巡航，根据图 8-22 确定改航燃油消耗量和时间。

8-19 已知某航班的航程 1500n mile，长航程方式巡航，高度 35000ft，不含额外燃油的着陆重量为 95000lb。

(1)试利用图 8-24 确定被多消耗的燃油占额外燃油的比例。若拟携带 2000gal 额外燃油，被多消耗的燃油量是多少？

(2)若起飞机场燃油单价是 100cents/gal，试利用图 8-25 确定目的地机场平衡点的燃油单价。

参 考 文 献

陈红英, 2019. 飞机性能工程[M]. 大连: 大连海事大学出版社.

陈延楠, 2007. 飞机飞行性能品质与控制[M]. 北京: 国防工业出版社.

陈治怀, 古润平, 刘俊杰, 2006. 飞机性能工程[M]. 北京: 兵器工业出版社.

丁兴国, 陈昌荣, 2012. 民航运输机飞行性能与计划[M]. 北京: 清华大学出版社.

董彦非, 李继广, 屈高敏, 2021. 飞机飞行力学与控制[M]. 西安: 西北工业大学出版社.

菲力普利, 2022. 先进飞机飞行性能[M]. 郁新华, 张琳, 林宇, 等译. 北京: 国防工业出版社.

傅职忠, 2003. 飞行计划与装载配平[M]. 北京: 中国三峡出版社.

傅职忠, 2008. 简明空气动力学[M]. 北京: 中国民航出版社.

傅职忠, 谢春生, 王玉, 2012. 飞行计划[M]. 北京: 中国民航出版社.

黄太平, 2005. 飞机性能工程[M]. 北京: 科学出版社.

金长江, 范立钦, 周士林, 1983. 飞行动力学−飞机飞行性能计算[M]. 北京: 国防工业出版社.

孔金凤, 2017. 航空法规[M]. 大连: 大连海事大学出版社.

刘晓明, 苏彬, 孙宏, 2003. 飞行性能与计划[M]. 成都: 西南交通大学出版社.

萨德拉伊, 2022. 飞机飞行性能计算[M]. 王海涛, 等译. 北京: 国防工业出版社.

斯瓦顿, 2022. 飞行员手册之飞机性能理论与实践[M]. 2 版. 张子健, 龚喜盈, 杨会涛, 译. 北京: 航空工业出版社.

万青, 2004. 飞机载重平衡[M]. 北京: 中国民航出版社.

王可, 2017. 飞机重量与平衡[M]. 大连: 大连海事大学出版社.

王小宛, 张永顺, 邢万红, 2005. 航线飞行工程学[M]. 北京: 北京航空航天大学出版社.

王岳, 2020. 飞行性能与计划[M]. 北京: 中国民航出版社.

向小军, 2017. 飞机性能[M]. 大连: 大连海事大学出版社.

肖艳平, 2017. 飞行计划[M]. 大连: 大连海事大学出版社.

余江, 2021. 飞行性能与运行[M]. 成都: 西南交通大学出版社.

赵克良, 傅职忠, 2014. 民用飞机设计及飞行计划理论[M]. 上海: 上海交通大学出版社.